Der Band entstand in Zusammenarbeit mit:
Astrid Drabant-Schwalbach
Dr. Joachim Klewes
Gisela Leinberger
Uli Mayer
Dr. Jürgen Schulz

Klaus Schmidbauer und Eberhard Knödler-Bunte

Das Kommunikationskonzept
Konzepte entwickeln und präsentieren

university press UMC POTSDAM

Deutsche Erstausgabe

ISBN 978-3-937894-00-3
© 2004 by university press UMC POTSDAM
www.umc-unipress.de

Inhalt

Vorbemerkung

Mut zur Praxis

Mit unserem Konzeptionsband möchten wir praxisnahe Hinweise zur Entwicklung von guten, das heißt effektiven PR- und Kommunikations-Konzepten vermitteln. Das Entwickeln von Konzepten ist keine primär theoretische Angelegenheit, obwohl eine gute Konzeption analytische Arbeit voraussetzt. Ein guter Konzeptioner ist vielleicht am ehesten mit einem Kunsthandwerker vergleichbar, der technisches Wissen mit viel Erfahrung und noch mehr Kunstfertigkeit verknüpft, um für eine bestimmte Situation eine adäquate, kreative und effektive Lösung zu finden. Deshalb enthält der Beitrag neben den unvermeidlichen Arbeitsschritten, wie sie in den verschiedenen Konzeptionsmodellen enthalten sind, und der Darstellung der Methoden und Instrumente der Kommunikationsplanung auch eine Vielzahl von Schaubildern, Übungsaufgaben, Beispielen und Impressionen aus der Praxis.

Wir wollen Ihnen mit unserem Band „Das Kommunikationskonzept" Mut zur Praxis machen. Beziehen Sie die Tipps und Erfahrungen, die in diesem Band stecken, auf Ihre eigenen Lebens- und Berufserfahrungen und fangen Sie einfach an. Konzipieren lernt man nur durch wiederholtes Konzipieren. Einmal angefangen, finden Sie in unserem Konzeptionsband eine Vielzahl von nützlichen Hinweisen, Methoden und Instrumenten, die Sie unterstützen und hin und wieder auch Checklisten, in denen Sie nachsehen können, ob Sie wichtige Punkte in Ihrem Konzept vergessen haben. Vertrauen Sie aber nicht darauf, dass Checklisten Ihre Arbeit strukturieren können. Sie nehmen Ihnen keine Denkarbeit ab – aber sie sind, wo sie aus der Praxis kommen, ein Kontroll-Instrument für das eigene Machen. Denken Sie immer daran: Es gibt keinen one best way. Entwickeln Sie Ihren eigenen Weg.

Das gilt im Übrigen auch für alle vorgestellten Instrumente und Methoden der Konzeptionsarbeit. Wir haben für Sie „Werkzeuge" zusammengetragen, von denen wir glauben, dass sie für Ihre Konzeptionsarbeit nützlich sind. Diese Werkzeuge werden Sie in den seltensten Fällen alle komplett einsetzen. In der Regel wählen Sie die aus, die Sie für die Lösung einer Problemstellung brauchen und mit denen Sie auch umgehen können. Die Problemstellung, für die Sie kommunikative Lösungen finden wollen, bestimmt die Auswahl der eingesetzten Mittel und nicht umgekehrt. Noch einmal: es gibt keinen one best way.

Wir haben dieses Buch geschrieben, weil wir draußen im Kommunikationsalltag immer wieder feststellen mussten, dass viel zu wenig mit Konzepten gearbeitet wird. Und nicht überall wo Konzept drauf steht, steckt dann auch ein Konzept drin. Durchdachte Konzepte sind eher Mangelware. Vor allem in mittelständischen Unternehmen und in öffentlichen Institutionen

9

regiert mancherorts das taktische Planen und Handeln die gesamte Kommunikationsfunktion. Die PR- und Kommunikationsverantwortlichen stecken bis zum Hals in der Alltagsarbeit und verlieren so schnell den Überblick. „Wissen Sie, für großartige Konzepte fehlt uns einfach die Zeit", hört man die stressgeplagten Praktiker klagen.

Wir stellen die These auf: Gerade im Zeitalter der integrierten Kommunikation mit ihrem komplexen Instrumentarium führt kein Weg mehr an systematischer Konzeptionsarbeit vorbei. Konzepte halten die Kommunikation auf Kurs. Ohne durchdachtes Konzept sind die kommunikativen Herausforderungen der nächsten Jahre nicht zu bewältigen.

Dieses Buch wendet sich an Kommunikationsfachleute aus Agenturen, Unternehmen und Institutionen. Es wendet sich an den Nachwuchs – also an all diejenigen, die das Geschäft der PR und Kommunikation gerade erst erlernen. Nicht zuletzt wendet es sich auch an alle Entscheider, die zwar selbst nie an einem Konzept mitarbeiten, die aber die Kommunikationsetats vergeben und deshalb die zugrunde liegenden Konzepte bewerten müssen.

In vielen Fachbüchern rund um die Kommunikationsplanung wird von spannenden Millionenetats berichtet und von den komplexen Lösungen, an denen ganze Teams generalstabsmäßig mehrere Monate gearbeitet haben. Unser Buch übt sich da eher in Bescheidenheit. Es wendet sich vorrangig an die vielen Öffentlichkeitsarbeiter und Kommunikationsfachleute im Land, die mit knappen Etats und kleinen Teams über die Runden kommen müssen und dennoch gute Kommunikation machen wollen.

Die Heimat unseres Buches ist die PR. Die Herkunft der Autoren aus der Kernmannschaft des PR Kolleg Berlin (einem Institut für Kommunikationsmanagement, das der UMC POTSDAM angeschlossen ist) macht diese Grundrichtung nahe liegend. Aber wir bleiben nicht in der vertrauten PR-Heimat, sondern brechen auf in die weite Welt der Kommunikation. Dieses Buch reagiert auf die Zeichen der Zeit. Ob man es nun Paradigmenwechsel nennt oder nicht, der Kommunikationsmarkt ist im Umbruch. Der Auftraggeber fordert heutzutage ganzheitliche Problemlösungen für seine Kommunikationsprobleme. Dafür braucht er ganzheitliche Konzepte, die den gesamten Horizont der Kommunikation im Blick behalten und für jeden Einzelfall das optimale Instrumentarium übergreifend zusammenstellen.

Das klassische PR-Konzept der 90er Jahre ist ein Auslaufmodell. Mit unserem Buch wollen wir eher einen Prototyp für die nächsten Jahre entwickeln. Seien Sie deshalb nicht überrascht, wenn wir auf den nächsten knapp 300 Seiten ein paar alte Gewohnheiten und Wahrheiten der PR kurzerhand über Bord werfen und uns auf den Weg zu neuen Ufern machen. Entdecken Sie mit uns das noch weitgehend unerforschte Land der integrierten Kommunikation aus dem Blickwinkel der PR.

Kommunikationskonzeptionen folgen einem gewissen zeitlich strukturierten Ablauf – in wie viele Phasen man diesen Prozess auch einteilen mag. Um Ihnen die Arbeit zu erleichtern, haben wir deshalb unserem ‚Werkzeugkasten' eine Ordnung zugrunde gelegt. Die Werkzeuge haben wir so angeordnet, dass sie mit dem zeitlichen Ablauf Ihrer Konzeptionsarbeit korrelieren.

Taktgeber war für uns die Abfolge der einzelnen Konzeptionsphasen, die wir Ihnen später noch genauer vorstellen wollen.

Lassen Sie eine Problemlösung oder einen Fall unverkrampft auf sich zukommen. Sie werden sehen, dass Sie auf viele Fragen intuitiv eine Antwort oder eine Lösungsrichtung wissen. Dieses Wissen mag noch sehr unstrukturiert und unvollständig sein, aber es ist Ihre Basis für die sich anschließende Konzeptionsarbeit. Intuition ist nicht gleichbedeutend mit Irrationalität oder Emotionalität und schon gar nicht der Gegenbegriff von Wissen. Intuitionen sind verdichtete Lebenserfahrungen und damit die wichtigste Quelle unserer Kreativität und unserer praktischen Intelligenz. Gute Konzeptionen in PR und Kommunikation bewegen sich dicht an unseren Lebens- und Berufserfahrungen. Konzeptionsmodelle können helfen, unsere Problemlösungen zu strukturieren, aber die Lösungspraxis müssen wir selbst durch Wissen und Erfahrung organisieren. Für sich betrachtet sind Konzeptionsmodelle hölzerne Konstrukte, denen erst noch Leben eingehaucht werden muss. Hat man das durch seine eigene Konzeptionsarbeit mehrmals getan, dann verblassen diese Modelle, weil sie in Fleisch und Blut übergegangen sind.

In unserem Text haben wir durchgängig zwei Textebenen voneinander unterschieden. Der systematisch orientierte Text vermittelt das praktische wie theoretische Wissen, das Sie für die einzelnen Konzeptionsphasen benötigen. Die vielen konkreten praktischen Erfahrungen, die wir in unserer täglichen Konzeptionsarbeit gewonnen haben, erzählen wir mit Hilfe von eingeschobenen Texten und Beispielen. Diese Texte reflektieren Ereignisse und Einsichten, die im Prozess der Konzeptentwicklung gemacht werden und die in der herkömmlichen Lehrbuchsystematik meist gar nicht zur Sprache kommen. Sie berichten vom Spannungsverhältnis von Auftraggeber und Auftragnehmer, erzählen von Irritationen, Abhängigkeiten und Zufällen, und sie geben Tipps und praktische Hinweise, um besser über die Runden zu kommen.

Unser vorrangiges Ziel war es, ein verständliches Buch für die Praxis der Arbeit und des Lernens zu schreiben. Dies hatte zur Folge, dass wir eine Balance halten mussten zwischen systematischer Darstellung und didaktisch-methodischer Vermittlung. Deshalb stehen theoretische Erläuterungen neben praktischen Beispielen, Begriffsdefinitionen neben Situationsbeschreibungen, handfeste Checklisten neben lebendigen Szenen aus dem Alltag des Konzeptionierens.

Die eingefügten Übungen vermitteln Möglichkeiten zur Selbstüberprüfung der einzelnen Lernschritte und regen zum eigenen Erproben an. Wir raten Ihnen: Diskutieren Sie diese Aufgaben mit Ihren Kollegen, Kommilitonen oder Freunden. Dies ist die beste Möglichkeit, die Empfehlungen dieses Buches zu vertiefen – und kritisch zu bewerten.

Eine kommentierte Literaturliste und Hinweise zu interessanten Websites finden Sie auf den letzten Seiten. Sie erleichtern Ihnen den Einstieg in einzelne Anwendungsbereiche. Sie entdecken dort vertiefende Materialien zu den Bereichen, mit denen Sie in der Konzeptionspraxis zu tun haben.

Der vorliegende Konzeptionsband ist aus der Arbeitsgruppe Kommunikationsplanung des PR Kolleg Berlin entstanden, an der außer uns Gisela Leinberger und Dr. Jürgen Schulz teilgenommen haben. Sie haben sich durch eine Vielzahl von Anregungen und Kritik an diesem Band beteiligt. Uli Mayer, Chief Executive Officer und Mitgründerin der MetaDesign AG, hat uns bei der Konzeptionsphase Kreatives Konzept mit wertvollen Erfahrungen und Thesen ein großes Stück weitergeholfen. Für unseren Beitrag zur Briefingphase haben wir uns auf den Studienband Kommunikationsplanung bezogen, den Dr. Joachim Klewes, Geschäftsführer von k. brain Düsseldorf, für das PR Kolleg Berlin geschrieben hat. Astrid Drabant-Schwalbach hat unser Konzept als Erste gelesen und uns mit vielen konstruktiven Anmerkungen weitergeholfen. Wir danken allen herzlich für die sehr anregende und produktive Zusammenarbeit.

Wir hoffen, dass Ihnen unser Buch Lust auf die Konzeptionsarbeit macht und Ihnen einige Erfahrungen und Methoden vermittelt, die Ihnen die Arbeit erleichtern.

Berlin, März 2004

Klaus Schmidbauer, Eberhard Knödler-Bunte

Funktionen eines PR- und Kommunikationskonzepts

Was ist ein Konzept?

Das Konzept ist das Herzstück der Kommunikationsplanung. In ihm verknüpfen sich die verschiedenen strategischen und kreativen Ansatzpunkte für eine kommunikationspolitische Lösung mit der Planung der einzusetzenden Instrumente und Ressourcen.

Die PR- und Kommunikationskonzeption ist ein methodisch entwickeltes und übersichtlich gegliedertes Planungspapier, dessen Umfang je nach Konzeptionstyp und Aufgabenstellung von 3 bis gut 100 Seiten reichen kann. Gleichzeitig ist dieses Planungspapier so angelegt, dass es als Grundlage einer mündlichen Präsentation dient.

Aus der Marketing-Perspektive gesehen ist die dokumentierte Konzeption eine Angebots- und Verkaufsbroschüre, die ein Leistungsangebot für eine Kommunikationsaufgabe mit möglichst stringenten Argumenten in ästhetisch attraktiver Aufmachung enthält. Wie viel Herzblut und unbezahlte Überstunden immer auch in eine Konzeption eingeflossen sind, sie ist ein Verkaufsinstrument, das den Kunden zur Auftragserteilung motivieren soll. Vorsicht ist geboten, wenn das Konzept zum reinen Angebotspapier zu verkommen droht – das eventuell sogar noch honorarfrei entwickelt wird. Der Auftraggeber erkennt dann den Wert der konzeptionellen Arbeit nicht mehr. Er hält die Konzeption für einen Bestandteil der Akquisition. Die konzeptionellen Inhalte werden zur Verhandlungsmasse.

Vorrangiges Ziel eines Konzepts ist es, die Aufgabenstellung und das damit verbundene Kommunikationsproblem des Auftraggebers möglichst wirksam und effizient zu lösen. Das Konzept ist das strategische Scharnier zwischen Kommunikationsproblem und Problemlösung. Alles in allem geht es in einem Konzept darum:

- strategische Wege und Netze für die Kommunikation aufzubauen,
- situationsspezifische griffige Kommunikationslösungen zu finden,
- konkrete Handlungsoptionen auszuarbeiten, zu vergleichen und zu bewerten,
- die personellen und finanziellen Ressourcen zu berücksichtigen und deren Einsatz zu optimieren,
- Entscheidungsprozesse vorzubereiten und zu strukturieren,
- Risiken zu vermeiden oder zu minimieren.

Welche sinnvollen Anlässe fallen Ihnen für die Entwicklung einer PR- und Kommunikationskonzeption ein? Skizzieren Sie mindestens je drei Anlässe für ein Unternehmen, für eine Non-Profit-Organisation, für eine Behörde und für einen Verband. Ihnen fällt nichts ein? Mögliche Anregungen finden Sie z. B. in der Berichterstattung der Tagespresse.

Wann wird ein Konzept entwickelt?

Kommunikation – ob für ein Unternehmen, ein Produkt oder eine Person – ist ein permanenter Prozess, der ständig immer wieder angekurbelt und in die richtige Richtung gelenkt werden muss. Ein Konzept ist das wichtigste Navigationsinstrument für die gesamte Kommunikation. In zwei Grundsituationen kommt das Instrument zum Einsatz:

- *Sequentielle Konzeption* – Konzepte stellen einen Regelmechanismus dar. Sie werden in periodischen Abständen entwickelt und begleiten den Kommunikationsprozess kontinuierlich. Sie steuern, stabilisieren, mobilisieren – oder bremsen bisweilen. Üblicherweise werden sie jährlich im Herbst für das folgende Jahr erarbeitet. Sie laufen auf der strategischen Ebene mit einem Horizont von bis zu drei Jahren. Auf der operativen Ebene konzentrieren sie sich auf das jeweils anstehende Planungsintervall.
- *Punktuelle Konzeption* – Konzepte werden zu einer Art „Eingreiftruppe". Sie entwickeln in bestimmten Problemsituationen punktgenau Lösungen für ein akut anstehendes Problem. Sie haben die Aufgabe, drohenden Risiken vorzubeugen oder in Krisen gegenzusteuern. Im Positiven ist es ihr Job, anstehende Chancen und sich bietende Hebelpunkte zu nutzen.

In gut organisierten Unternehmen laufen sequentielle und punktuelle Konzeptionsarbeit parallel. Die Kommunikation wird langfristig konzeptionell begleitet. Gleichzeitig werden für die Wechselfälle des Kommunikationslebens zusätzlich konkrete Projektkonzepte auf Schiene gebracht. In der Praxis erstaunlich häufig anzutreffen ist eine andere Variante: Die gesamte Kommunikation wird taktisch aus dem Bauch heraus gesteuert. Maßnahme reiht sich an Maßnahme. Erst wenn plötzlich kritische Punkte entstehen, wird der Ruf nach einem Konzept laut, das dann punktuell zur Problemlösung eingesetzt wird. Danach geht es wieder per Bauchentscheidung weiter.

Welche Funktionen hat ein Konzept?

Ein Konzept ist in manchen unschönen Fällen nur geduldiges Papier. Es wird entwickelt, niedergeschrieben, präsentiert und verschwindet dann in irgendeiner Schublade. Alle machen weiter wie gehabt. So darf es nicht laufen. In der modernen Kommunikation hat das Konzept eine Schlüsselfunktion.

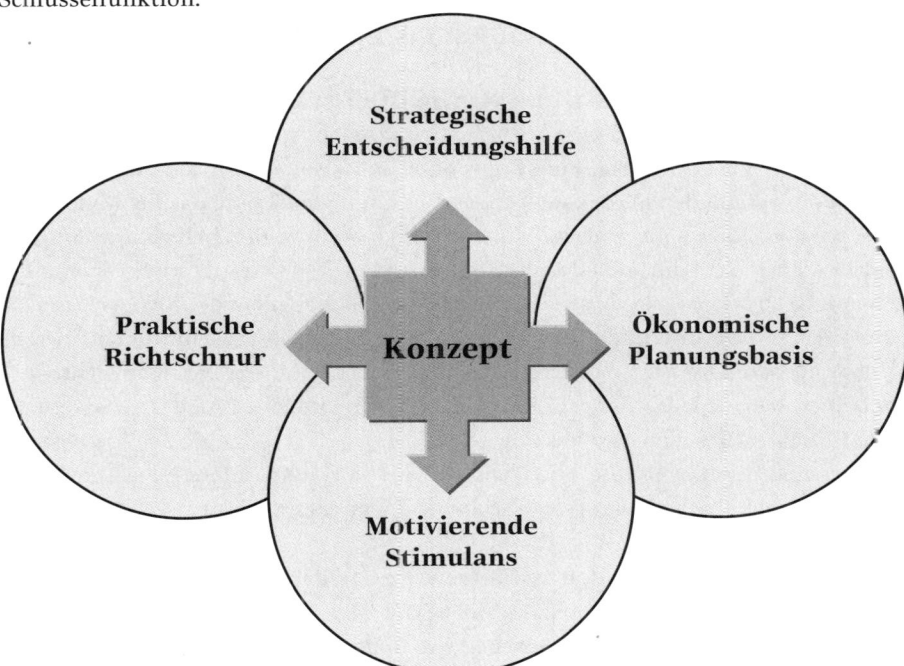

Ein Konzept hat für die Kommunikation des Auftraggebers im Wesentlichen vier Grundfunktionen:

- *Strategische Entscheidungshilfe* – Das Konzept öffnet den Blick für den gesamten Horizont der Kommunikation, macht die Kommunikationsrelationen transparent und gibt neue Impulse. Es ist Katalysator für die Diskussion und Entscheidungsfindung im Unternehmen.
- *Praktische Richtschnur* – Das Konzept ist wie eine Gebrauchsanweisung. Es zeigt den Kommunikationsbeteiligten, wo und wie es lang gehen soll. Die Richtschnur des Konzepts wird zu einem großen Strang, an dem alle ziehen.
- *Ökonomische Planungsbasis* – Für die Etatverantwortlichen und Controller ist das Konzept eine handfeste Planungsgrundlage. Es dokumentiert, welche Leistungen mit welchem Aufwand zu welchem Nutzen erbracht werden.

- *Motivierende Stimulans* – Ein gutes Konzept hat auch eine wichtige psychologische Funktion: Es begeistert und zieht mit. Es erzeugt eine Aufbruchstimmung. Jeder ist gerne dabei und legt sich ins Zeug.

Was zeichnet eine gute PR- und Kommunikationskonzeption aus?

Ein gutes Konzept ist keine große Kunst. Davon sind wir fest überzeugt: Jeder kann es. Für den Einstieg kommt es darauf an, ein paar wichtige Grundregeln zu beachten:

- *Einfachheit in der Darstellung*: Eine Konzeption muss so einfach sein, dass sie von allen Beteiligten verstanden wird: vom Auftraggeber und vom Team, das die Konzeption realisiert. Das ist alles andere als selbstverständlich. Aber schließlich geht es um Wirkung und Resonanz, und die stellen sich nicht ein, wenn vor lauter komplizierten Ableitungen, Analysen und Begründungen der Kern der Aussagen nicht deutlich wird und schnell genug „rüber"-kommt. In der gelungenen Darstellung und Präsentation bleiben die Anstrengungen, die für die Erstellung eines Konzepts notwendig waren, unsichtbar.
- *Sorgfältige Analyse*: Jedes Konzept muss auf einer gründlichen Analyse basieren. Gleichgültig, um was für einen Typ von Konzept es sich handelt, ohne eine solide Bestandsaufnahme, eine intelligente Situationsanalyse und vor allem analytische Durchdringung des Sachverhalts stehen alle strategischen Überlegungen und kreativen Ideen auf tönernen Füßen.
- *Klare Strategie*: Eine Konzeption muss eine klare und nachvollziehbare Strategie ausdrücken. Die Betonung liegt auf „klar". Eine Strategie, die alle nur denkbaren Variablen berücksichtigt, die es allen recht machen will und sich nach jeder Seite abzusichern versucht, mag „richtig" in dem Sinne sein, dass sie einer komplexen Problemlage Rechnung trägt. Sie führt aber selten zum Erfolg. Warum? Weil eine entsprechend komplexe Maßnahmen-Realisierung kaum steuerbar sein wird und so die ganze Denkanstrengung durch Verzettelung verpufft. Eine klare Strategie enthält bewertete und gewichtete Aussagen zu einem ganzen Set von strategischen Fragestellungen – von der Bezugsgruppen-Definition bis zur Ressourcen-Planung.
- *Intelligente und kreative Lösungen*: Eine Konzeption muss intelligent und kreativ sein. Was intelligente und kreative Lösungen sind, lässt sich nicht vorab definieren. Intelligent und kreativ sind Lösungen immer nur in Bezug auf die Aufgaben, die einem gestellt werden. Wenn man sich Fallbeispiele aus der Agentur- und Unternehmenspraxis ansieht, dann wird sehr schnell deutlich, ob Standardlösungen angewendet wurden. Aber eine exzellente Konzeption zeichnet sich eben dadurch aus, dass man neue und originäre Lösungen findet. Denn nur damit erreicht man einen Aufmerksamkeitswert, den Auftrag-

geber genauso benötigen wie Journalisten und nicht zuletzt die Bezugs- und Zielgruppen selber, mit denen man in Kommunikation treten möchte.

● *Realistische und pragmatische Lösungen*: Eine Konzeption muss realistisch und pragmatisch sein. Realistisch heißt, dass sie den personellen und wirtschaftlichen Bedingungen ebenso Rechnung trägt wie der Situation, in der sich ein Unternehmen oder eine Organisation befindet. Pragmatisch ist eine PR-Konzeption dann, wenn die aufgewendeten Mittel, um ein Konzept zu realisieren, in einem wirtschaftlich sinnvollen Verhältnis zu den erwarteten Resultaten stehen. Wenn ein kreatives und intelligentes PR-Konzept im Rahmen eines Briefing oder in einer Präsentation nicht funktioniert oder sich nur mit hohem Aufwand umsetzen ließe, dann taugt es nichts. Wer auch immer der Auftraggeber einer Konzeption ist: sie soll helfen, seine Probleme zu lösen und nicht das kreative Potential einer Agentur oder einer Abteilung für Unternehmenskommunikation verwirklichen.

Eine Konzeption, die diese fünf Kriterien erfüllt, hat gute Chancen, sich im Wettbewerb durchzusetzen. Dabei geht es um eine gute Balance der sich wechselseitig beeinflussenden Kriterien.

PR und Marketing — Versuch einer Standortbestimmung

PR ist mehr – oder weniger

Ich liebe Streitgespräche. Besonders die, bei denen es mir nicht gelingt, auch nur einen argumentativen Stich zu machen. Dieser Tage hatte ich wieder ein solches Gespräch am Rande eines kalten Buffets, ein Schüsselchen mit grüner Grütze in der Hand. Mein Gegenüber war der Leiter der Presseabteilung eines großen Unternehmens. Uns beschäftigte die Frage, wo sich denn Public Relations im Unternehmensgefüge einordnen ließen.

„Ist die PR nicht auch ein zentrales Marketing-Instrument?", fragte ich vorsichtig tastend.

Wenn es sich um pure Produkt-PR handle, könne er mir zustimmen, meinte mein Gegenüber. Aber darüber hinaus sei das Feld der PR doch viel weiter gefasst. Seine Abteilung sei beispielsweise direkt der Geschäftsleitung zugeordnet.

„Und wenn es bei Ihnen um die Marketing-Planung geht?", fragte ich.

Da sei er außen vor, winkte mein Gegenüber ab und machte sich über ein Stück geeiste Melone her. Auf den Marketing-Sitzungen sei er nicht zugegen. Die aktuelle Marketing-Planung kenne er nur vom Hörensagen. Das alles interessiere ihn auch gar nicht.

„Wer da meint, über den Dingen zu stehen, gerät leicht ins Abseits", hätte ich ihm an dieser Stelle gerne geantwortet. Aber ich habe mich nicht getraut. Mal ehrlich, wären Sie so mutig gewesen?

Ganzheitliches Marketing

Grundsätzlich findet Marketing eben nicht nur in der Marketing-Abteilung statt. Die Zukunft gehört dem ganzheitlichen Marketing. Alle betrieblichen Funktionen – ohne Ausnahme – sind marktorientiert. Alle stellen die Interessen der Kunden in den Mittelpunkt, ohne Wenn und Aber. Die „Marketing-Denke" reicht von der Werbeabteilung bis in die Beschaffung, vom Pförtner am Tor bis hinauf in die oberste Chefetage. Die Bereitschaft zum Marketing prägt und durchdringt die gesamte Unternehmenshierarchie. Und in diesem Sinne sind auch die Public Relations den Grundprinzipien des Marketing verpflichtet – egal, wo sie sich im Unternehmen organisatorisch ansiedeln. Mehr noch: PR-Arbeit mit ihrer Kommunikationsaufgabe prägt das Marketing an ganz entscheidender Stelle mit. Deshalb ist es eine Herausforderung für jeden PR-Chef, die Marketingfunktion seines Hauses engagiert mitzugestalten.

Marketing ohne Grenzen?

Ich höre schon, wie mein Gegenüber vom kalten Buffet sich beschwert, ich würde alles auf Unternehmen und „Business" fokussieren. Zu Public Relations würden aber auch gesellschaftliche Bereiche wie Kultur, Sport, Staat oder Sozialwesen gehören.

Da hätte er Recht. Ich schreibe ständig PR-Konzepte für diese Bereiche – marketingorientierte Konzepte. Denn was dort in aller Munde ist, sind Begriffe wie Social Marketing, Sportmarketing oder Kulturmarketing. Auch Vereine und Behörden haben erkannt, wie wichtig es ist, ihre Klientel in den Mittelpunkt zu stellen und ihre Arbeit daran auszurichten.

Also, Marketing ohne Grenzen? Nein, Marketing hat seine Grenzen – und zwar dort, wo Marketing anfängt, die Freiheit einzuschränken, wo Marketing das solidarische Prinzip unserer Gesellschaft unterläuft. Aber das ist schon wieder ein anderes Thema. Beim nächsten Gespräch am kalten Buffet bin ich gerne bereit, es zu vertiefen.

Ein Konzept für das Konzept

Konzepte schreiben ist nicht schwer

Ist das Konzeptschreiben eine Kunst? In manchen verklausulierten Fachbüchern mag der Eindruck entstehen, aber dieser Ansicht kann ich nur vehement widersprechen. Meine jahrelange Erfahrung ist: Konzepte schreiben ist nicht schwer, man macht es sich nur schwer.

Die nachfolgenden „goldenen" Grundregeln sollen Neu- und Quereinsteigern eine erste Orientierungshilfe für die Arbeit am Konzept geben.

18

1. Regel: Schreiben Sie Konzepte!

Ich war zu einem Vortrag nach Hamburg eingeladen. Etwa 40 Zuhörer – alle aus der Öffentlichkeitsarbeit und viele davon aus bekannten Unternehmen – saßen mir gegenüber und ich redete wieder einmal über mein Lieblingsthema: das Kommunikationskonzept. Zum Abschluss fragte ich in die Runde, in welchen der in der Runde vertretenen Unternehmen denn regelmäßig Strategien, Jahrespläne und Kampagnenkonzepte entwickelt würden. In die Höhe gingen 3 Finger. In Worten: d r e i. Alle anderen erzählten mir, dass sie gefangen seien von den Routinen der Öffentlichkeitsarbeit. Ihr Tag wäre zugeschüttet mit Alltagsarbeit, so dass der Kopf voll und die Perspektive komplett verloren sei.

Es sollte sich jeder zur Pflicht machen, mindestens ein Mal im Jahr an der konzeptionellen Linie seiner Aufgabe zu arbeiten oder wenigstens arbeiten zu lassen. So ein Konzept gibt der Kommunikationsarbeit Horizont und Weitblick. Es befreit aus den Zwängen der Routine. Ein Konzept ist wie ein Vitaminstoß für die Kommunikationsarbeit.

2. Regel: Es gibt keine goldenen Regeln

Die gesamte Kommunikation ist keine empirisch abgesicherte Wissenschaft mit fest gefügten Wahrheiten. Setzen Sie fünf Konzeptioner an das gleiche Kommunikationsproblem und geben Sie ihnen allen haargenau das gleiche Briefing und dennoch werden Sie fünf unterschiedliche Lösungen bekommen. Alle werden Ihnen schlüssig und logisch erscheinen. Es kommt darauf an, dass Sie sich Ihren eigenen Weg suchen. Lesen Sie Bücher wie dieses durch, hören Sie Vorträge an, lesen Sie Fachartikel, reden Sie mit Experten. Dann verbinden Sie das, was Ihnen einleuchtend und schlüssig erscheint, mit Ihrer eigenen Erfahrungswerten. Finden Sie eine eigene konzeptionelle Richtung, die Sie mit viel, viel innerer Überzeugung vertreten.

3. Regel: Konzepte bedeuten Veränderung

Wer nur das Vorjahreskonzept aus der Schublade holt, die Daten anpasst und das dann als Arbeitsgrundlage verkauft, der entwickelt keine Konzepte. Wer in seinen Konzeptpapieren nur Bekanntes, Gewohntes und Todsicheres zusammenbaut, der schreibt keine Konzepte.

Ein gutes Konzept wagt sich hinaus, geht neue Wege. Es verändert und entwickelt weiter. Denn das Geheimnis des Erfolgs ist es, stets einen Schritt weiter zu sein als alle anderen. Das aber gelingt nur, wenn man auf Veränderung setzt und ein Risiko eingeht.

4. Regel: Keine Angst vor Fehlern

Da gibt es dieses berühmte Zitat von Henry Ford, Sie kennen es wahrscheinlich: „50% meiner Kommunikation geht schief, wenn ich nur vorher wüsste welche 50%".

Ein Konzept bedeutet Veränderung, Veränderung bedeutet Risiko. Es werden Fehler gemacht. Und es geht auch gar nicht ohne. Deshalb heißt die Devise: Nur Mut zum Konzept und keine Angst vor Fehlern. Denn aus Fehlern kann man lernen, Schritt für Schritt besser zu werden und auf den Erfolg hinzuarbeiten. Von dem deutschen Philosophen Hegel stammt der Satz: „Die Furcht zu irren ist der Irrtum selber! Noch schlimmer als zu irren ist die Furcht vor dem Irrtum."

5. Regel: Konzepte vollbringen keine Wunder

Ich bekam einen Anruf, ob ich nicht Lust hätte, das PR-Konzept für einen Kinospielfilm zu machen. Super, dachte ich, eine tolle Aufgabe! Ich war sofort Feuer und Flamme. Doch der Film, er war ganz einfach schlecht. So viel ich auch konzeptionierte, so viele Strategien und Ideen ich in mein Konzept steckte, der Film blieb schlecht. Entsprechend fiel die Medienresonanz aus und auch die Zuschauerresonanz war grottenschlecht – Filmriss.

Ich habe aus diesem Debakel gelernt. Sie können allein mit Kommunikation aus einem schlechten Produkt keinen Publikumsrenner machen. Sie können desgleichen kein fades Provinzunternehmen zum dynamischen Weltkonzern hochstilisieren. Die Wirklichkeit holt Sie immer wieder ein und schlägt gnadenlos zu.

Mit PR und Werbung lassen sich vorhandene Meinungs- und Bedürfnisströmungen verstärken. Man kann sie ein wenig umlenken und für sich nutzen. Aber man kann die Zielgruppen nicht einfach umdrehen. Wo kein Bedarf ist, werden Sie keine Nachfrage wecken. Ihre Kommunikation braucht ganz einfach Substanz, braucht Werte. Ohne diese Grundlagen fallen Sie zurück in die Parameter der Propaganda – in billige Reklame.

6. Regel: Konzeption ist ein Prozess

Manch lieber Kollege setzt sich an sein Notebook, tippt ein wirklich gutes Konzept – und damit fertig. Der Auftrag ist erfüllt, die Rechnung bezahlt und was dann kommt: après moi le deluge (Nach mir die Sintflut).

Sicherlich ist es wichtig, dass ein Konzept schriftlich ausgearbeitet wird, denn damit entsteht eine feste, überprüfbare Messlatte, an der sich alle orientieren können. Aber mit der Übergabe dieser Messlatte an den Kunden ist die Arbeit des Konzeptioners noch lange nicht beendet. Denn bereits in der ersten Minute der Umsetzung kann die Wirklichkeit zuschlagen und das Konzept aus den Fugen bringen. Darum sollten Sie ein waches Auge auf die Umsetzung Ihres Konzepts haben.

Der Konzeptioner ist also nicht nur Schreibtischtäter. Er ist auch Berater, der möglichst die gesamte Projektumsetzung begleitet und dafür Sorge trägt, dass die konzeptionelle Linie nicht zwischen den Sachzwängen der Kommunikationsrealität zerrieben wird.

7. Regel: Konzepte wollen präsentiert werden

Manch einer scheut eine Präsentation seines Konzepts. Sich vor den Leuten frontal hinzustellen und einfach loszulegen, bereitet ihm schlaflose Nächte. Also wird in die Gremien nur das schriftliche Papier gegeben, denn da steht ja schließlich alles drin. Wenn das Konzept dann zurückkommt, wundert man sich, dass es nicht selten bis zur Unkenntlichkeit zerstückelt wurde.

Die Präsentation ist die einmalige Gelegenheit, ein Konzept in seiner Gesamtheit geschlossen vorzustellen. Eine Präsentation gibt Ihrem Konzept mehr Integrität, mehr Präsenz und wesentlich mehr Überzeugungskraft. Konzepte dürfen nicht allein gelassen werden. Sie brauchen die Macher, die voll hinter ihnen stehen.

Practise makes perfect

Wie lernen Sie am besten, selbst ein Konzept zu entwickeln? Nun – lesen Sie dieses Buch, saugen Sie den Honig daraus und dann gibt es keine Ausrede mehr. Wie lautete noch die erste Regel? Schreiben Sie Konzepte! Practise makes perfect.

Typen einer Konzeption

Von kleinen und großen Konzepten

Ist es richtig, dass „große" Konzeptionen, wie z. B. die Planung der Gesamtkommunikation eines Unternehmens oder einer Organisation über einen längeren Zeitraum hinweg, schwieriger zu erarbeiten sind als „kleine" Konzeptionen in Form von Projektplanungen? Natürlich ist es sehr viel aufwendiger, eine Drei-Jahres-Planung für einen diversifizierten Industriekonzern zu entwickeln als ein Detailkonzept für ein Event. Aber dafür stehen andererseits unvergleichlich größere Ressourcen für den Planungsprozess zur Verfügung, es wirken viele – meist erfahrene – Profis daran mit und für die Planung steht in der Regel ungleich mehr Zeit zur Verfügung als für die konzeptionelle und operative Vorbereitung einer Veranstaltung.

Respekt gehört trotzdem deshalb all denen, die eine „saubere" Projektkonzeption erarbeiten, mindestens genauso wie denen, die mit großen Masterplänen der Gesamtkommunikation brillieren. Jeder Konzepttyp und jedes Konzept stellen eine Herausforderung dar.

Das Strategie-Szenario

Ein Strategie-Szenario wird eingesetzt, wenn es darum geht, für einen längeren Zeitraum – mindestens über drei Jahre hinweg – die Entwicklung der Kommunikation in Beziehung zu Markt, Zielgruppen und Konkurrenz zu setzen.

Das Strategie-Szenario analysiert Markt- und Zielgruppenentwicklungen und skizziert vor diesem Hintergrund die notwendigen Kommunikationskonsequenzen.

Konkrete Maßnahmenpläne werden von einem Strategie-Szenario nicht erwartet, wohl aber eine Reflexion mit Weitblick und Tiefgang. Die Analyse von Zielgruppen, die Etablierung von Themenfeldern, die Skizzierung von Maßnahmenplattformen oder die Schaffung von strategischen Allianzen oder Kooperationen sind typische Felder, mit denen sich eine Konzeption dieses Typs auseinandersetzt. Das Strategieszenario ist in allen Feldern der Kommunikation zu finden – von den Public Affairs für einen großen Verband bis hin zur Vermarktungskommunikation für Immobilien.

Der Masterplan

Ein Masterplan ist wesentlich konkreter als das Strategie-Szenario und er bezieht sich auch auf konkrete Aufgabenstellungen. Der Masterplan kann sich über einen Zeitraum von bis zu drei Jahren erstrecken und bereits in der Anfangsplanung einen erheblichen Detaillierungsgrad aufweisen.

Der Masterplan beschreibt – ausgehend von der Analyse der Marktsituation – die gesamte strategische Wegführung und skizziert dabei auch schon das Maßnahmensystem. Wichtig ist die

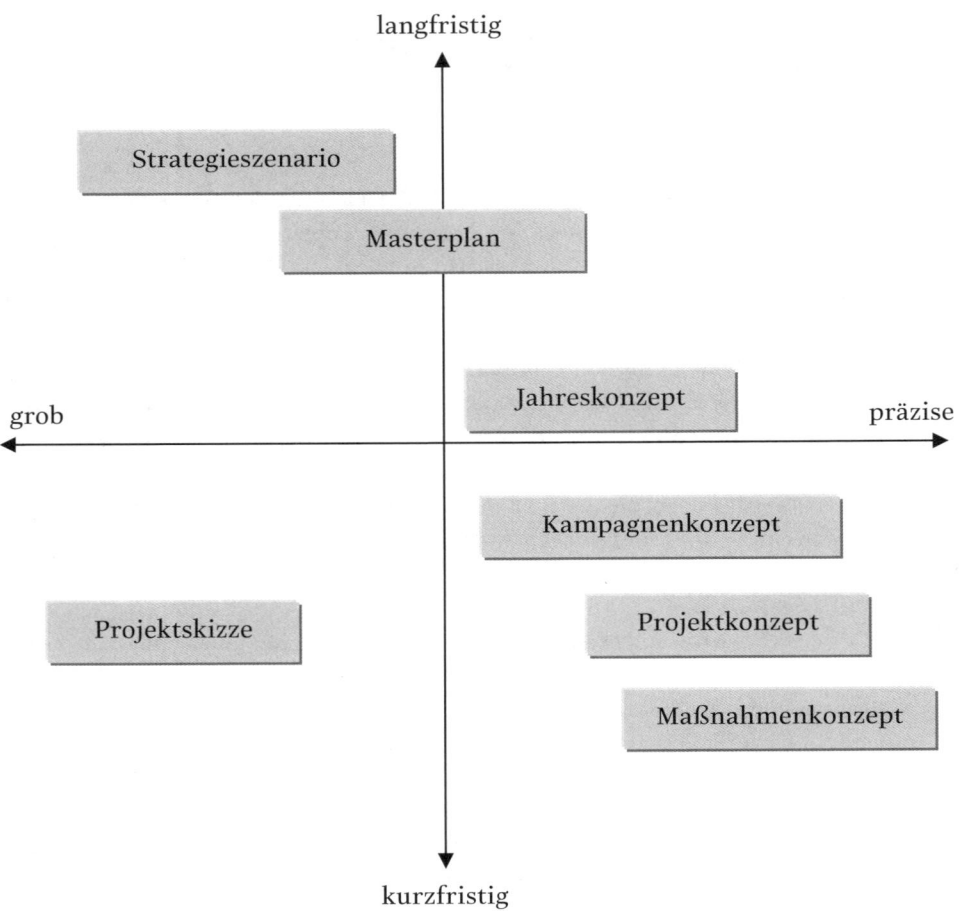

langfristig

Strategieszenario

Masterplan

Jahreskonzept

grob — präzise

Kampagnenkonzept

Projektskizze

Projektkonzept

Maßnahmenkonzept

kurzfristig

übergreifende Funktion des Masterplans: Alle Bereiche der Kommunikation sind einbezogen. Verbindungslinien zu parallel laufenden Themen und Kampagnen werden aufgezeigt.
Die Funktion des Masterplans liegt nicht nur in der Bereitstellung von strategischen Leitlinien. Ein Masterplan hat darüber hinaus die Funktion, bereits konkrete Handlungsnotwendigkeiten aufzuzeigen. Im Militärischen würde man den Masterplan als „Generalstabsplan" bezeichnen.

Das Jahreskonzept

Das Jahreskonzept ist mit dem in vielen Organisationen üblichen jährlichen Budgetieren der Bereichsaktivitäten aufs engste verbunden. Das Konzept dient der vorausschauenden Planung und zugleich der Legitimation des beanspruchten Budgets.

Eine Fülle von Aktivitäten werden mit dem Jahreskonzept auf Schiene gebracht: Messetermine, Ausstellungen, Bilanzpressekonferenzen, Redaktionspläne, Standortfeste etc. Sie alle können entsprechend den im Kontext der Jahresplanung neu gesetzten strategischen Akzenten konkret geplant und budgetiert werden.

Intern ist das Jahresprogramm für viele Kommunikationsleute in Unternehmen und Organisationen – und natürlich für ihre Agenturen – ein Planungsereignis, in dem sich die gesamte Arbeit des Jahres widerspiegelt. In großen Organisationen ist die Entscheidungsfindung über das Jahreskonzept häufig institutionalisiert und Gegenstand von zahlreichen Gremienberatungen.

Problematisch ist, dass in einigen Unternehmen und Organisationen die einzelnen Kommunikationsbereiche ihre eigenen Jahreskonzepte vorlegen. Da gibt es dann einen Werbeplan, einen PR-Plan, einen Verkaufsförderungsplan und wohlmöglich noch ein eigenes Messekonzept. Im Nachhinein wird versucht, die einzelnen Bausteine mühsam zusammenzufügen und es entsteht doch nur Stückwerk. Unsere Empfehlung: Es muss für das neue Jahr unbedingt ein einheitliches Dachkonzept für alle Kommunikationsbereiche gemeinsam entwickelt werden – eines für alle.

In den letzten Jahren hat das Jahreskonzept allerdings an Bedeutung verloren. Während bei öffentlichen Einrichtungen, die dem Haushaltsrecht unterliegen, die im Jahresplan festgelegte Etatisierung der einzelnen Kostenstellen nach wie vor eine dominante Rolle spielt, greifen immer mehr Unternehmen zum flexibleren Mittel des Projektkonzepts. Die beschleunigten Markt- und Unternehmensprozesse verändern offensichtlich immer mehr die internen Planungsprozesse und zwingen zu schnelleren und kurzfristigeren Reaktionen, gerade in der Kommunikationsplanung. Der Planungshorizont wird kürzer, die Projekte müssen oft kurzfristig realisiert werden. Aus diesem Grund begnügen sich viele Unternehmen mit einem Rahmenplan, der Eckdaten fixiert, aber noch ausreichend Raum lässt für eine flexible Steuerung von Projekt- und Maßnahmenplänen.

Diese Flexibilisierung der Planung erzeugt allerdings auf der Seite der beauftragten Agenturen eine zunehmende Planungsunsicherheit und eine Vervielfachung der Wettbewerbsanstrengungen. Wenn die Etats nur noch entlang von Projektplänen vergeben werden, wird ein langfristige Finanz- und Organisationsplanung für Agenturen immer schwieriger. Eine weitere Folge davon ist die Inflation der Pitches (Konzept-Präsentationen konkurrierender Agenturen), an denen sich zu beteiligen für viele Agenturen zu einem kostspieligen Vabanque-Spiel geworden ist.

Das Kampagnenkonzept

Eine Kampagne konzentriert sich auf ein Produkt, ein Thema oder ein Kommunikationsproblem, das über einen fest definierten Zeitraum systematisch angegangen wird. Das Kampagnenkonzept analysiert die Situation und entwickelt eine schlagkräftige Strategie. Der Schwerpunkt liegt allerdings auf dem konkreten Maßnahmensystem, das innerhalb der Kampagne umgesetzt werden soll. Wichtige Kennzeichen einer Kampagne sind die zeitliche Begrenzung, der hohe Kommunikationsdruck sowie die zeitliche Dramaturgie – d. h., in einer Kampagne sollte der Ablauf der Maßnahmen einen gewissen Spannungsbogen bekommen.

Eine kurze Kampagne läuft über mehrere Wochen. Ist der Zeitraum noch kürzer, würde man eher von einer „Aktion" sprechen. Eine lange Kampagne kann durchaus bis zu drei Jahren dauern, wobei lange Zeiträume in der Regel in mehrere Intervalle – so genannte Kampagnen-wellen – unterteilt werden.

Ein klassisches Beispiel für eine Sozialkampagne war die Kampagne „Gib AIDS keine Chance" Ende der 80er Jahre. Sie war über drei Jahre angelegt, thematisch auf das Thema AIDS begrenzt und besaß eine innere Dramaturgie. Diese Dramaturgie konstruierte einen Spannungsbogen, innerhalb dessen sowohl die inhaltlichen Elemente als auch die technischen Kommunikations-mittel ihren zeitlichen Einsatzpunkt fanden. Dabei wurden zahlreiche Kommunikationsmittel eingesetzt: Kino- und TV-Spots, Großplakate, Zeitungsanzeigen, Aufklärungsbroschüren, Hot-line-Beratungsangebote, Events mit VIP's etc., begleitet von einer umfangreichen Presse- und Medienarbeit. Ziel der Anti-AIDS-Kampagne war es, Aufmerksamkeit für ein brisantes gesell-schaftliches Thema zu erzeugen, Problembewusstsein zu vermitteln und Verhaltensänderun-gen zu induzieren.

Das Projektkonzept

Das Projektkonzept ist die inzwischen wohl am weitesten verbreitete Form, in der Aufträge in der Kommunikationsbranche erteilt werden. Das Konzept bezieht sich auf eine klar umrissene und kompakte Projektaufgabe. Es ist auf einen kurz- bis mittelfristigen Zeitraum angelegt. Das Konzept enthält neben Analyse und Strategie vor allem ein genau ausgearbeitetes Maß-nahmenbündel. Im Unterschied zum Kampagnenplan hat das Projektkonzept einen kürze-ren Zeithorizont und eine gezieltere Aufgabenstellung. Im Schnitt enthält ein Projektkonzept auch ein kompakteres Maßnahmenbündel als ein Kampagnenplan.

In Bezug auf unser AIDS-Beispiel wäre ein Projektkonzept beispielsweise, die Einführung des Themas in den Schulunterricht kommunikativ zu begleiten, oder die Kommunikation für eine Anti-AIDS-Konzerttournee quer durch Deutschland auf die Beine zu stellen.

Die Projektskizze

Die Projektskizze ist gewissermaßen die kleinere Schwester des Projektkonzepts: weniger aus-gereift im Vergleich zum Projektkonzept, oftmals aber eher mit einem inhaltlich-kreativen Akzent versehen. Die Projektskizze wird typischerweise eingesetzt, wenn es darum geht, an-dere von der Sinnhaftigkeit einer bestimmten Idee zu überzeugen. Hier zählt die strategische Stimmigkeit oftmals etwas weniger als die Eleganz oder Originalität der Idee, die eben nicht bis ins letzte ausgefeilt und konkretisiert sein muss.

Das Maßnahmenkonzept

Ein Maßnahmenkonzept beschreibt eine bestimmte Kommunikationsmaßnahme. Es definiert bei welchen Zielgruppen und mit welchen Zielen die Maßnahme auf Schiene gesetzt wird. Danach folgt die genaue Beschreibung der kreativen und organisatorischen Umsetzung dieser Maßnahme. Oft handelt es sich um Maßnahmen, die bereits in einem Masterplan oder einem Jahreskonzept angerissen und in den Gesamtkontext der Kommunikation eingeordnet wurden.

Einige, vor allem kleinere Agenturen, arbeiten hauptsächlich auf der Basis von Maßnahmenkonzepten. Sie schlagen ihrem Auftraggeber ein Spektrum von Maßnahmen vor und der sucht sich dann die passenden aus. Eine große konzeptionelle Linie fehlt. Solche Agenturen leben riskant. Sie werden schnell zu reinen Kommunikations-Handwerkern, die der Kunde für ersetzbar hält.

Maßnahmenkonzepte sind handfeste Arbeitspapiere. Sie beinhalten genaue Struktur-, Zeit- und Kostenpläne. Sie sind aber keinesfalls als Routine zu sehen. Auch Maßnahmenkonzepte leben erst durch gute kreative Ideen richtig auf.

Übung

Ihr Auftraggeber beschreibt Ihnen ein Kommunikationsproblem und Sie sollen ein Konzept dafür entwickeln. Ordnen Sie den folgenden Problemen jeweils einen Konzepttyp zu:

- Ihr Kunde braucht bis übermorgen ein Konzept für seine Mitarbeiterversammlung. Eigentlich wollte er die Veranstaltung in Eigenregie durchführen, aber das ist ihm nun doch zu heiß geworden.
- Ein großes Unternehmen überlegt, einen ganz neuen Unternehmensbereich auf die Beine zu stellen, der sich mit Servicedienstleistungen beschäftigt. Wie das kommunikativ in den Griff zu bekommen ist, weiß vor Ort keiner. Ein Konzept muss her.
- Ein sozialer Verein kommuniziert Jahr für Jahr mit seinen Mitgliedern über verschiedene Druckwerke, eine Veranstaltungsreihe und andere Kommunikationskanäle. Mit einem Konzept will man mehr Ordnung in die Maßnahmen bringen. Große strategische Brückenschläge sind nicht gefragt.
- Ein Kunde wünscht sich für die Einführung seines neuen Corporate Design einen „bunten Strauß von Ideen" – wie er es selber nennt. „Ein Konzept muss gar nicht sein", verkündet er der betreuenden Agentur.

Konzeptions-Kulturen

In der praktischen Ausgestaltung von PR- und Kommunikationskonzeptionen für unterschiedliche Unternehmen – und unterschiedliche Unternehmenskulturen – gibt es erfahrungsgemäß große Unterschiede und Variationsmöglichkeiten. Das Stereotyp von der gründlichen deutschen Konzeption, das am ausführlichsten in Organisationen mit relativ vielen Mitarbeitern und – was nicht automatisch zusammengeht – relativ viel verfügbarer Planungszeit anzutreffen ist, scheint sich zu bestätigen. Demgegenüber vertrauen Unternehmen aus dem angelsächsischen Wirtschaftsraum lieber auf das pragmatische Planungspapier, während Unternehmen aus einigen Mittelmeerländern eher auf kreative Konzepte setzen und mehr Spielraum für kurzfristige Konzeptionen einbauen. Bei großen internationalen Konzernen dominiert – je nach Organisationsstruktur – die Führungskultur der Zentrale oder eine Mischung entlang national-kultureller Besonderheiten.

Allerdings beginnt sich auch in Deutschland unter dem Einfluss der Globalisierung und der damit verbundenen Beschleunigung von Unternehmensprozessen die Planungskultur deutlich zu verändern. Wir haben dies am Beispiel der Konjunktur von Projektkonzepten kurz dargestellt. Der Planungshorizont schrumpft, die Planungszyklen überlagern sich und werden kurzfristiger. Schnelligkeit und Flexibilität werden als wichtige Wettbewerbsfaktoren identifiziert, denen gegenüber die alten Werte von Gründlichkeit und solider Durcharbeitung in den Hintergrund treten. Viele Unternehmen – auch in Deutschland – wollen keine ausführlichen und detaillierten Kommunikationskonzeptionen mehr und begnügen sich mit einer Chart-Präsentation (Chart = Folie zur visuellen Unterstützung). Aber es wäre ein Trugschluss, wollte man daraus folgern, eine Konzeption könnte sich in jedem Fall mit der Produktion von Charts begnügen. Es kommt auf den Auftraggeber an. Außerdem behaupten wir: man sieht es einer guten Konzeption an, ob sie aus schnell gestrickten Charts besteht oder ob ihnen eine sorgfältige und überlegte Konzeptionsarbeit zugrunde liegt.

Das Primat der Chart-Präsentation heißt nur, dass der Auftraggeber sich nicht mit den komplexen Überlegungen des Planungsprozesses befassen möchte. Was er möchte, sind intelligente, kreative und realistische Lösungen. Und die sind das Resultat von anstrengender Konzeptionsarbeit. Schnellschüsse können mitunter ins Schwarze treffen, aber vereinzelte Treffer reichen selten aus, um eine überzeugende und umsetzungsstarke Konzeption zu platzieren.

Die in der Praxis anzutreffende Vielfalt von Konzeptionsstilen ist ein starkes Argument dagegen, dass man mit einem Standardraster von Konzeptionsinhalten erfolgreich konzipieren kann. Dennoch sei an dieser Stelle noch einmal nachdrücklich an die (vielleicht wichtigste) Funktion von Kommunikationskonzeptionen erinnert, die bereits zu Beginn dieses Kapitels erwähnt wurde: Der Prozess der Konzeptionsentwicklung erleichtert in einer Organisation die Entscheidungsfindung, er hilft Fehler zu vermeiden und er strukturiert den Diskussionsprozess für das künftige Handeln. Und genau für diese Strukturierung ist es wesentlich, dass bestimmte Konzeptionselemente auch tatsächlich berücksichtigt werden – und nicht als selbstverständlich gelten oder unreflektiert vernachlässigt werden.

Stellen Sie sich vor, Sie stehen als frischgebackener PR-Chef eines mittelständischen Unternehmens vor der Aufgabe, Ihre erste PR-Jahreskonzeption zu entwickeln.

- Welche anderen Personen, Abteilungen oder Bereiche innerhalb oder außerhalb des Unternehmens würden Sie einbeziehen?
- Wie würden Sie den Prozess der Konzeptionsentwicklung grob strukturieren? Nach welchen Kriterien würden Sie Gewichtungen vornehmen?
- Wie viel Arbeitszeit veranschlagen Sie für die PR-Jahreskonzeption?

Strategieszenario und Maßnahmen-, bzw. Handlungskonzept

An zwei Gliederungen lässt sich ganz gut der Unterschied zwischen einer strategischen Konzeptskizze und einem handfesten Handlungskonzept darstellen.

Gliederung eines Strategieszenarios

Das strategische Konzept skizziert die Kommunikationskonturen für den Start eines Seniorenportals im Internet. Es war ausgetextet 16 Seiten lang.

- Aufgabenstellung für die Agentur
- Marktsituation
  - Status Internet
  - Status Senioren im Internet
  - Status Portale im Internet
- Analyse
  - Stärken und Schwächen
  - Fazit aus Sicht der Kommunikationsagentur
- Definition der Ziele
  - Kurzfristige Kommunikationsziele
  - Langfristiger Zielhorizont
- Zielgruppen
  - Als Nutzer: Senioren und ihre Bezugspersonen
  - Als Mittler: Medien und Meinungsbildner
  - Als Werbesponsor: Business-Partner
- Positionierung
  - Variante A: Schwerpunkt Service- und Infoportal
  - Variante B: Schwerpunkt Community
- Strategische Umsetzung
  - Die Botschaften

- ○ Die Dramaturgie
- ○ Die Gestaltung
- • Das Maßnahmensystem im Überblick
  - ○ Aktivitäten mit Zielrichtung Senioren
  - ○ Ansprache der Medien und Meinungsbildner
  - ○ Gewinnung von Business-Partnern
- • Perspektive: Das Portal im Jahr 2003

Gliederung eines detaillierten Maßnahmen-, bzw. Handlungskonzepts

Das ausführliche Handlungskonzept entwickelte ein Maßnahmensystem für die neu gegründete Tochter eines Softwareunternehmens, die im Bereich Linux reüssieren will. Das Konzept hat eine komplette Arbeitswoche am Schreibtisch gekostet. Es ist alles in allem 57 Seiten lang.

1. Situation
   1.1 Aufgabe
   1.2 Marktsituation
   1.3 Chancen und Risiken
2. Strategie
   2.1 Differenzierte Zielgruppenstrategie mit Branchenschwerpunkt
   2.2 Hauptziel: Feedback erzeugen
   2.3 Positionierung
   2.4 Themen und Botschaften
   2.5 Timing der Kommunikation
3. Gestaltungslinie
   3.1 Logo als sympathischer Blickfang
   3.2 Erste Sloganvorschläge
   3.3 Corporate Design
   3.4 Manual und Schulung zum Corporate Design
4. Basisinstrumente klassische Werbung
   4.1 Geschäftsausstattung
   4.2 Imagebroschüre
   4.3 Imagefolder
   4.4 Website
   4.5 Mobiler Infostand
5. Basisinstrumente PR
   5.1 Pressedatenbank
   5.2 Basispressematerial
   5.3 Pressespiegel

Schlagtlicht Praxis

Schlaglicht Praxis

Phasen einer Konzeption

Die Konzeptionsphasen im Überblick

Die wichtigsten Elemente einer Konzeption lassen sich anhand eines Planungszyklus darstellen. Dieser Planungszyklus wird in der Fachliteratur auch als Konzeptionsmodell beschrieben. Wir stellen Ihnen das Neun-Phasen-Modell des PR Kolleg Berlin vor und erläutern die einzelnen Konzeptionsschritte.

Natürlich gibt es auch Konzeptionsmodelle, die mit weniger Konzeptionsphasen auskommen (z. B. das Sechs-Phasen-Modell von Klaus Dörrbecker) oder die einzelnen Schritte noch weiter unterteilen. Wir haben mit dem Neun-Phasen-Modell einen Mittelweg gewählt zwischen didaktischer Vereinfachung und analytischer Komplexität. Schließlich soll uns ein Konzeptionsmodell einen glatt gespannten Faden an die Hand geben, der uns durch die einzelnen Konzeptionsphasen führt. Aber auch dieses Bild von einem Faden, an dem man sich entlang hangelt, ist nicht ganz richtig. Gerade ein Konzeptionsmodell darf nicht als lineares Abfolge- und Ablaufmodell verstanden werden. In der Planungswirklichkeit haben wir es oft mit Feedback-Schleifen zu tun: mit jedem Schritt, den wir tun, erzeugen wir Wirkungen, die unsere Ausgangsbedingungen beeinflussen. In der personalen Kommunikation tarieren wir diesen ständigen Feedbackprozess intuitiv aus, ohne dass er uns bewusst wäre.

Insofern ist es richtig, wenn manche Autoren wie Dr. Joachim Klewes von einem iterativen, sich selbst wiederholenden Konzeptionsprozess reden. Linear und in sich logisch ist ein Konzeptionsprozess nur, wenn man ihn vom Ende her rekonstruiert. Im Prozess selber reagieren wir ständig auf Veränderungen, Irritationen, entscheiden uns für Alternativen und schließen andere aus, verändern die Annahmen über die Ausgangssituation und über die Ziele, weil wir im Laufe des Prozesses bemerken, dass mit den neuen Kernbotschaften sich vielleicht auch die Zielgruppen verändert haben. Ein weiteres Argument gegen lineare Konzeptionsmodelle liegt in dem Umstand begründet, dass wir alle sehr unterschiedliche Vorlieben und Gewohnheiten haben, wie wir mit Problemen umgehen. Der eine benötigt erst eine klare Analyse, ehe er eine Konzeption entwickelt: Der andere ist angewiesen auf eine sinnlich-visuelle Vision, eine Leitidee oder ein Lösungsbild, von dem aus er die Konzeption aufbaut, und wieder andere setzen aus einer Fülle von kreativen Einfällen, gepaart mit vielen Erfahrungen, ein Konzept zusammen, das sie dann erst im zweiten Schritt analytisch untermauern.

Nützlich sind Konzeptionsmodelle, weil sie uns an wichtige Merkmale und Anforderungen erinnern, die wir bearbeiten müssen. Am Ende ist ein Konzeptionsmodell wie eine Leiter, die wir wegwerfen können, wenn wir bei der Lösung angekommen sind. Wie viele Sprossen diese Leiter hatte und wie viele wir davon vielleicht in einem Satz übersprungen haben, ist für eine

1. Briefing
Mit welchen Problemen haben wir es zu tun?

2. Recherche
Wie beschaffen wir uns die relevanten Informationen?

3. Analyse
Wo liegen die Ursachen und die Kernprobleme und wie bewerten wir sie?

4. Zielgruppen und Ziele
Was wollen wir bei wem erreichen?

5. Positionierung
Wie positionieren wir uns im Kommunikationsfeld?

6. Botschaften und kreative Leitidee
Wie gestalten wir die Ideen und die Kommunikationsinhalte?

7. Maßnahmenplanung
Mit welchen Mitteln und Maßnahmen wollen wir kommunizieren?

8. Erfolgskontrolle
Was haben wir erreicht und mit welchen Methoden belegen wir den Erfolg unserer Maßnahmen?

9. Präsentation und Dokumentation
Wie präsentieren wir unser Kommunikationskonzept und wie dokumentieren wir die Ergebnisse unserer Arbeit?

gute Konzeption nicht entscheidend. Viel wichtiger ist die innere Stimmigkeit des Konzepts und seine Angemessenheit an die gestellte Aufgabe.

Das Neun-Phasen-Modell hat das PR Kolleg Berlin aus seiner jahrelangen Tätigkeit in der PR-Aus- und Weiterbildung entwickelt. Aber in ihm sind auch sehr viele Erfahrungen mit der Konzeptionsarbeit in Agenturen und Unternehmen verarbeitet. Dies gilt vor allem auch für das Konzeptionsmodell von Burson-Marsteller – eine der größten internationalen Kommunikationsagenturen. Uns hat an diesem Modell gefallen, dass es nicht wie in der deutschen

Tradition mit Ober- und Unterbegriffen arbeitet, sondern mit klaren, einfachen Fragestellungen. Wir haben deshalb in unseren Charts diese Form des Fragens beibehalten, auch wenn wir in einigen Punkten das Modell von Burson-Marsteller verändert haben. Uns kam es darauf an, die einzelnen Konzeptionsschritte entlang eines Weges zu beschreiben, der seinen Anfang in einem ersten Briefing nimmt und mit einer Präsentation und Dokumentation abschließt.

Das Neun–Phasen–Konzeptionsmodell

1. Briefing
Am Anfang jeglicher Kommunikationsplanung steht das Briefing. Im Briefing werden die Erwartungen des Auftraggebers an die Konzeption definiert. Hier werden die Fragen gestellt, die durch den Konzeptionsprozess beantwortet werden sollen. Ein gutes Briefing vermittelt eine möglichst vollständige Problemwahrnehmung aus der Sicht des Auftraggebers.

2. Recherche
Aufgabe der Agentur ist es, sich durch zusätzliche Recherchen ein eigenes Bild der Situation zu verschaffen. Weil das Thema Recherche im Zeitalter der globalen Informationen eine immer wichtigere Rolle spielt, haben wir daraus eine eigenständige Phase gemacht.

3. Analyse
Im dritten Schritt geht es um die Analyse der relevanten Fakten und Daten, die in Briefing und Recherche gesammelt wurden. Die Analyse filtert und verdichtet die Vielzahl der Daten und Fakten zu einer aussagekräftigen Essenz. Ein klares Bild der Ist-Situation entsteht. Was hier nicht analysiert und bewertet wird, kann auch nicht in die Kommunikationskonzeption mit eingehen.

4. Zielgruppen und Ziele
Auf der Basis einer gründlichen Analyse folgt dann die Phase der Erarbeitung der Kommunikationsziele in Bezug auf die anzusprechenden Ziel- und Bezugsgruppen. In dieser Verknüpfung von Kommunikationszielen mit den Adressaten liegt eine wichtige kreative Leistung der Konzeptionsarbeit. Hier geht es um die Ableitung von Kommunikationszielen aus den zumeist vorgegebenen Unternehmens- und Marketingzielen und um die möglichst präzise Bestimmung der Ziel- und Bezugsgruppen. Dies ist eine wichtige Phase der Konzeption, denn wer das Ziel nicht genau im Auge hat, der wird später in der Umsetzung wohl kaum einen Treffer landen.

Analytischer Bereich			Strategischer Bereich			Operativer Bereich		
Briefing	Recherche	Analyse	Zielgruppen Ziele	Positionierung	Botschaft Kreative Leitidee	Maßnahmen	Erfolgskontrolle	Präsentation Dokumentation
1.	2.	3.	4.	5.	6.	7.	8.	9.

5. Positionierung

Die Positionierung bringt das Selbstverständnis und den Anspruch eines Unternehmens und seiner Produkte und Dienstleistungen gegenüber seinen Mitbewerbern auf den Punkt. Die Positionierung lokalisiert das Unternehmen in seinen verschiedenen Bezugsfeldern. Die Positionierung ist die wichtigste Orientierungsgröße für die gesamte Kommunikationsstrategie, an der sich alle Botschaften, kreativen Umsetzungen und Maßnahmen ausrichten. Die Positionierung macht Ihnen deutlich, wie Sie sich taktisch aufstellen müssen: in Ihrem Spannungsfeld von strategischen Zielen, Zielgruppen und Themen und in Ihrem Bezugsfeld konkurrierender Produkte und Botschaften. Insofern wirkt die Positionierung wie ein Strukturgeber, mit dessen Hilfe Sie das Beziehungsgeflecht von Zielen, Zielgruppen und Themen auf Ihre erwünschte Position hin abstimmen und damit optimieren können.

6. Botschaften und kreative Leitidee

Wenn die angestrebte Positionierung klar ist, dann lassen sich auch die Themen und Botschaften leichter fokussieren. Themen sind immer Themen für andere. Insofern setzt die Themenfindung die Analyse und Segmentierung der Zielgruppen voraus. Gleichzeitig sind Themen immer auch zielgerichtete Botschaften, die etwas erreichen wollen. Die Themenfindung setzt daher voraus, dass Sie Ihre Ziele kennen, die Sie mit Hilfe einer zielgerichteten Kommunikation erreichen wollen. Aber erst die bewusst angestrebte Kommunikationsposition macht es Ihnen möglich, sich von anderen Akteuren im Kommunikationsfeld zu unterscheiden.
Außerdem kommt es in diesem Schritt darauf an, die kommunikative Leitidee zu entwickeln. Die Leitidee setzt Positionierung und Botschaften reizvoll in Szene. Die Leitidee macht aus dem theoretischen Konstrukt des Konzepts einen lebenden Organismus.

7. Maßnahmenplanung

Mit der siebten Phase der Maßnahmenplanung wechselt der Konzeptioner von der strategischen Ebene auf die der operativen Planung. Hier kommt es darauf an, die Maßnahmen zu konzipieren, mit denen sich die strategischen Ziele am wirkungsvollsten umsetzen lassen. Die vorgesehenen Maßnahmen müssen in dieser Phase aber auch budgetiert und in einen zeitlichen Ablaufprozess eingebettet werden. Eine detaillierte Maßnahmenplanung erfordert in der Konzeptionsarbeit einen hohen zeitlichen Aufwand. Nicht nur bei der praktischen Umsetzung der Maßnahmen werden hier die meisten finanziellen wie personellen Ressourcen benötigt. Auch in der Konzeptionsarbeit und im Konzeptionspapier nimmt die Darstellung der Maßnahmen den größten Raum ein.

8. Erfolgskontrolle

In der achten Phase hat der Konzeptioner die nicht einfache Aufgabe, die beabsichtigte Wirkung und die Resonanz der geplanten Maßnahmen überprüfbar zu machen. Gerade weil immer mehr Auftraggeber wissen möchten, ob sich die eingesetzten Mittel auch rechnen und in welchem Verhältnis Aufwand und Resultat stehen, muss der Konzeptioner in der Lage sein, Methoden und Instrumente einer nachträglichen Erfolgskontrolle anzugeben.

9. Präsentation / Dokumentation

Höhepunkt einer PR-Konzeption ist natürlich ihre Präsentation, die wir in der neunten Konzeptionsphase darstellen. Hier zeigt sich, ob ein stimmiges und überzeugendes Konzept sich durch eine überlegte Dramaturgie der eingesetzten Mittel genauso stimmig darstellen kann. Ob dies gelingt, hängt freilich in nicht geringem Maße von den präsentierenden Personen und ihrer kommunikativen Kompetenz ab.

Neun Phasen auf einen Streich

An der Übersicht der verschiedenen Konzeptionsphasen wird deutlich, dass in einer Konzeption sehr verschiedene Kompetenzen und Qualifikationen miteinander verzahnt werden müssen.
Das Briefing braucht ein hohes Maß an situativer und kommunikativer Einfühlung, an Problemwahrnehmung und an Problembewusstsein sowie an Erfahrungen, zielorientiert die richtigen Fragen zu stellen. Dies ist der Grund, weshalb in Agenturen diese Rolle häufig von erfahrenen Konzeptionern und Beratern wahrgenommen wird.
Recherche und Analyse leben von methodischer Gründlichkeit und analytischen Fähigkeiten. Auch eine gewisses Maß an detektivischem Gespür kann nicht schaden.
Zielsetzung und Zielgruppendefinition brauchen neben analytischem Geschick strategische Weitsicht und das Talent, das Machbare gekonnt auszutarieren.
Bei der Positionierung und den Botschaften steht die Kompetenz im Vordergrund, die Dinge auf den Punkt zu bringen. Gleichzeitig gewinnt die kreative Leistung an Gewicht. Gemeint ist die Kunst, das Gewohnte immer wieder anders zu platzieren und ins Gespräch zu bringen. Bei der kreativen Leitidee, dreht sich alles um den berühmten Funken, der der Kommunikation das

nötige Leben einhaucht. Kreative Gestaltungsideen und innovative Umsetzungskonzepte sind auch bei der Konzeption und Gestaltung von originellen Maßnahmen gefragt. Die Werbeagenturen haben für diesen Bereich ihren Creative Director mit seinem Team. In der PR-Branche ist die kreative und ästhetische Dimension von Kommunikation leider etwas „unterbelichtet". Aber die Forderung nach einer Integration der Kommunikation wird auch die PR-Profis dazu bringen, sinnlich-gestalterische Elemente ernst zu nehmen und als integrativen Bestandteil in ihre Konzepte einzubauen.

Beim zeitlich aufwendigen Entwickeln der Mittel und Maßnahmen ist neben kreativen Impulsen vor allem Erfahrung gefragt. Nur wer das weite Terrain der Kommunikation überblicken und einschätzen kann, ist in der Lage, für jedes Kommunikationsproblem die richtige Lösung zu finden. Wer noch nicht über die nötige Erfahrung verfügt, sollte sich an dieser Stelle die Unterstützung von Kollegen oder Beratern holen.

Ein Kapitel für sich ist schließlich die Präsentation des Konzepts. Hier braucht es den Mut, die Informationsmenge auf die Essenzen zu reduzieren und mit ein wenig „Entertainment" zu würzen. Derjenige, der das Konzept entwickelt hat, sollte es auch präsentieren, denn er steckt im Thema – und das spürt der Auftraggeber.

Die Struktur des Neun-Phasen-Modells ist eine wichtige Führungshilfe, vor allem für den Anfang. Wir raten Ihnen, sich eine zeitlang an diese Struktur zu halten. Sie garantiert Ihnen, dass Ihr Konzept den Qualitätsansprüchen genügt und das Ziel erreicht. Erst wenn Sie über einige konzeptionelle Erfahrung verfügen, sollten Sie sich daran machen, die Struktur zu verändern und quasi „freihändig" zu konzeptionieren.

Konzept in Planung

Informationskampagne eines Bundesministeriums

Im unten stehenden Zeitplan für die Entwicklung eines PR-Konzepts spiegeln sich die wesentlichen Schritte des Neun-Phasen-Modells in der Praxis wider.

Ein Ministerium schreibt eine Kampagne aus und lässt den Agenturen etwa drei Wochen Zeit bis zur Präsentation. Der interne Zeitplan ist eng, die Wochenenden sind voll eingeplant. Der Plan zeigt die Abläufe der konzeptionellen Arbeiten. Unnötig zu sagen, dass in der Umsetzung viele Termine so nicht eingehalten wurden. Der nachfolgende Zeitplan beinhaltet die jeweilige Aktion, gleich daneben, wer für die Aktion verantwortlich ist. Zudem werden der Fertigstellungstermin und die verfügbare Zeit festgelegt.

Aktion	Verantwortlich	Termin	Aufwand
Fragen für Briefing entwickeln	KS	08.07.	3 Std.
Briefinggespräch im Ministerium	MV, KS	10.07.	2 Std.
Recherche (Internet, Bibliothek)	KS, JT	11.07. - 13.07.	24 Std.
Analyse-Meeting	KS, JT, MV	14.07. / 17:00	2 Std.
Entwicklung Strategie (Ziele, Zielgruppen, Positionierung, Botschaften)	KS, JT	14.07. - 15.07.	16 Std.
Interne Abstimmung Strategie	KS, JT, MV	16.07. / 11:00	3 Std.
Re-Briefing Kunde	KS, MV	16.07. / 15:00	2 Std.
Internes Briefing Grafik, Text	KS, TT, Lö	17.07. / 09:00	3 Std.
Entwicklung Maßnahmenteil des Konzepts	KS	17.07. - 19.07.	24 Std.
Erste Texte an Grafik	Lö	18.07.	8 Std.
Briefing Maßnahmen Media, Produktion	KS, MV, RT, DD, ZS	20.07. / 12:00	3 Std.
Vorlage des ersten Layout Grafik	KS, MV, TT, Lö	20.07. / 13:00	20 Std.
Ausformulierung des Konzepts	KS	21.07. - 22.07.	12 Std.
Korrekturlesen Konzept	AM	23.07.	4 Std.
Entwicklung Präsentationscharts	KS	23.07.	4 Std.
Vorlage weiterentwickelter Layouts Grafik	TT, MV, KS	23.07. / 19:00	24 Std.
Entwicklung Media-, Kosten- und Zeitplan	MV, ZS, DD	23.07. - 24.07.	16 Std.
Präsentation grafisch aufpeppen	TT	24.07.	6 Std.
Letzte Korrekturen Konzept, Zeit- und Kostenplan	MV, KS, ZS, DD	25.07.	4 Std.
Endabnahme Grafik	KS, TT, MV	26.07. / 09:00	2 Std.
Produktion Konzept-Booklet	AM	26.07.	4 Std.
Produktion Zeit- und Kostenplanung	AM	26.07.	4 Std.
Probepräsentation	Alle	27.07. / 10:00	2 Std.
Puffer für letzte Änderungen Präsentation	KS, TT	27.07.	8 Std.
Präsentation im Ministerium	KS, MV	28.07. / 09:30	3 Std.

Pitch as Pitch can

Anmerkungen zur neuen deutschen Pitch-Kultur

Jeder hat so seine kleine heimliche Obsession. Meine ist das Lesen der Handelsregistereintragungen. Gestern stieß ich unter der Rubrik Löschungen mal wieder auf eine Werbeagentur. Keine von den kleinen stürmischen Buden, die viel Staub aufwirbeln und dann ist schon alles vorbei – nein, in diesem Fall dürften so etwa 30 Mitarbeiter ihren

39

Arbeitsplatz verloren haben. Da ich einen der Ehemaligen ziemlich gut kenne, griff ich kurzerhand zum Telefon und fragte nach Gründen für den Konkurs.

„Zu viele Pitches in Serie verloren" war die Antwort. Die ganze Agentur lief auf Hochtouren und kam doch nicht von der Stelle. Jede Menge gute Ideen, die keiner kaufen wollte. Das ist die Tragik der neuen Pitch-Kultur.

Immer mehr! Immer mehr!

Als ich Ende der 80er Jahre mit dem Konzepte-Schreiben anfing, da brachte ich es bei voller Arbeitsauslastung auf etwa 12 Wettbewerbspräsentationen im Jahr. Im letzten Jahr waren es schon über 40 Pitches. Die gehören inzwischen zu meinem Alltag wie ein Spieltag der Fußballbundesliga.

In Agenturen, die gut im Pitch-Geschäft sind, laufen die Teams ständig auf Hochtouren. In der Arbeitszeit wird das normale Kundengeschäft abgewickelt. Für die anstehenden Wettbewerbspräsentationen bleiben nur noch die Abende, Nächte und Wochenenden.

Harte Konkurrenz

Ende der 80er Jahre waren an den Wettbewerbsausschreibungen üblicherweise drei Agenturen beteiligt. Im Maximum kamen hier und da fünf zusammen. Heute sind sieben Agenturen schon fast der Normalfall. Mein persönlicher Rekord liegt übrigens bei 24 Agenturen im Pitch. Der Kunde hatte zwei Präsentationsräume, zwischen denen er alle 20 Minuten wechselte.

Sind die Kunden glücklich mit dieser Entwicklung? Nicht unbedingt. Neulich nahm mich ein Geschäftsführer nach der Präsentation zur Seite.

„Vier von sieben Agenturen haben eine wirklich überzeugende Lösung präsentiert", vertraute er mir an. Dann fuhr er fort: „Alle Konzepte erscheinen mir goldrichtig, nur dass jedes einen ganz anderen Weg beschreitet. Jetzt bin ich genauso schlau wie vorher."

Ganz klar, mit steigender Konkurrenz im Wettbewerb sinken die Erfolgschancen. Man lernt, sich mit der Niederlage anzufreunden. Nur wenn die Freundschaft zu innig wird, dann ... siehe oben.

Projekte statt Gesamtetats

Die deutschen PR- und Werbekunden – so scheint es – vergeben nicht mehr gern komplette Etats. Immer weniger Kunden lassen sich auf einen festen Vertrag mit einer Agentur ein, die dann auf Dauer das gesamte Kommunikationsgeschäft abwickelt.

Und so kommt es zu einem weiteren Phänomen der deutschen Pitch-Kultur. Ein größer werdender Anteil dieser Wettbewerbe gilt nur noch einzelnen Projekten. Die Agentur gewinnt nur kurz Arbeit und Umsatz. Schnell ist man wieder aus dem Geschäft und darf sich freuen, wenn der Kunde die Agentur auch zur nächsten Wettbewerbsausschreibung einlädt. So bin ich z. B. für ein großes Dienstleistungsunternehmen immerhin vier Mal zum Pitch angetreten. Für jedes größere Einzelprojekt gab es eine neuerliche Ausschreibung.

So kommt es, dass für die Agenturen zwar die Konkurrenz ständig größer wird, der Durchschnittsumsatz pro gewonnener Präsentation aber spürbar sinkt.

Alles umsonst!

Sollte ich den Auftrag bekommen, für die neue deutsche Pitch-Kultur einen Slogan zu entwickeln, dann würde ich „Alles umsonst!" vorschlagen. Nicht nur, weil ich aufgrund der beschriebenen Konkurrenzsituation nicht immer, aber immer öfter verliere. Und dann landet wieder eines meiner Konzepte im Papierkorb. Unsereins braucht einen großen Papierkorb.

Es gibt noch einen zweiten Grund. Immer mehr ausschreibende Unternehmen und Institutionen sind der Meinung, die Agenturen sollten ohne Präsentationshonorar antreten. „Die Zahlung eines Ausfallhonorars ist nicht vorgesehen", steht teilweise sogar schon in den Ausschreibungsunterlagen.

Es gibt eine Spielregel in der PR- und Werbebranche, die festlegt, dass keine Agentur ohne Präsentationshonorar antritt. In Interviews der einschlägigen Branchenmagazine bekennen sich auch ständig Agenturchefs zu diesem Grundsatz. Aber in der Wirklichkeit machen es (fast) alle auch umsonst.

Der Hang zur Perfektion

„Warum haben Sie uns hier so eine Studentenpräsentation vorgestellt?", fragte mich ein Kunde, gerade als ich meinen Präsentationszuhörern für ihre Aufmerksamkeit danken wollte. Ich hatte den Beamer zu Hause gelassen und die gute alte Pappenschacht als Präsentationsform gewählt, weil so viel Grafik zu zeigen war. Muss denn für den Pitch immer so viel Aufwand getrieben werden? Es muss!

Ohne Notebook und Beamer geht im Pitch-Alltag fast nichts mehr. Die Technik wirkt professioneller, macht den Vortrag scheinbar aufwendiger und wichtiger.

Ist Grafik gefragt, traut sich keine Agentur mehr mit Skribbles und Rohentwürfen zum Kunden. Das gesamte Layout wird perfekt im Computer ausgefeilt – sieht schon ganz so aus wie das spätere Original. Ich arbeite beispielsweise für eine Agentur, die feilt für wichtige Pitches sogar die Copytexte der Anzeigen aus.

Mir fällt in diesem Zusammenhang die Ausschreibung eines Ministeriums ein. Da stand sinngemäß: „Bitte präsentieren Sie uns erste grobe konzeptionelle Überlegungen." Ich hatte die Ausschreibung beim Wort genommen und verloren. Denn drei andere Agentu-

41

ren präsentierten komplett ausgearbeitete Konzepte. Seitdem gehe ich bei jedem Pitch in die Vollen und scheue mich, nur halbe Sachen abzuliefern, auch wenn es in der Ausschreibung gewünscht ist.

Warten will gelernt sein

In der neuen Pitch-Kultur herrschen lockere Sitten. So nimmt es kein Wunder, dass eine weitere Unsitte um sich greift. Statt des entscheidenden Anrufs gibt es nach dem Pitch erst einmal ein langes Schweigen. Mehr und mehr Kunden entscheiden sich nicht. Die Begründungen sind vielfältig, die Folgen für die Agentur eindeutig: nervendes Warten, Planungsunsicherheit und kein Geld. Teilweise zieht es sich Monate hin, bis die Entscheidung fällt.

Und meldet sich der Kunde schnell, dann kann das auch bedeuten, dass er eine zweite Runde ankündigt. „Mehrere Agenturen liegen gleichauf und wir konnten uns nicht entscheiden", heißt es dann. Oft ist diese Ankündigung verbunden mit dem Hinweis, dass dies und jenes im Konzept noch nicht so ganz rund sei. Für das Agenturteam bedeutet das: noch mal an die Arbeit und alles geben für den Pitch.

Ein versöhnlicher Ausklang

Sie merken schon: meine Anmerkungen zur neuen Pitch-Kultur werden fast zur Abrechnung – aber eben nicht ganz.

Denn irgendwie brauche ich ihn – den Pitch. Er belebt meine Arbeit ganz ungemein. Er bringt mich voran. Er ist mein thrill. Und wenn es mal ein paar Wochen keinen Pitch geben sollte, dann fehlt mir was.

1. Phase: Das Briefing

Briefing kommt oft zu kurz

„Sie haben doch Kontakt zu einer Agentur, die für uns den letzten Messestand konzipiert hat. Die macht doch einen ganz ordentlichen Eindruck. Laden Sie diese Agentur doch nächste Woche zu uns ein. Wir müssen wieder mehr in die Öffentlichkeit, vor allem auch mit unseren neuen Produkten. Außerdem brauchen wir eine neue Broschüre für unsere Geschäftskunden. Und unser Erscheinungsbild ist auch nicht mehr auf dem neuesten Stand. Als Verantwortlicher für Marketing und Vertrieb können Sie schon einmal viele Materialien zusammenstellen. In zwei Wochen bin ich wieder von meiner Geschäftsreise zurück, und dann können wir uns mal die ersten Ergebnisse anschauen."

Mit diesen zielsetzenden Anweisungen tritt der Chef eines alteingesessenen schwäbischen Unternehmens für Sicherungstechnik seine Geschäftsreise nach Fernost an.

So oder ähnlich beginnt häufig die Agentur-Odyssee eines neuen Auftrags: Der Auftraggeber möchte vieles verändern, aber welche Ziele er mit welchen Mitteln realisieren möchte, ist ihm selbst nicht klar. Entsprechend zufällig fällt die Wahl auf eine Agentur, zu der man schon Kontakte hat. Zu Rückfragen bleibt dem Marketing-Leiter wegen der Geschäftsreise auch keine Gelegenheit, aber alles ist wieder einmal sehr eilig. Wie der Marketing-Leiter aus diesen wenigen vagen Vorgaben des Chefs sich ein Briefing-Konzept erarbeiten soll, bleibt ihm überlassen: die systematische Bearbeitung des Materials, die Herausarbeitung der Zielsetzungen und der Prioritäten und die Formulierung von konkreten Erwartungen an die Agentur. Selbst wenn der Marketing-Leiter schon viele Erfahrungen im Umgang mit Agentur-Briefings hat, beginnt man zu ahnen, wie das Briefing ablaufen wird.

Für die Agentur bedeutet dies, dass sie in Vorgesprächen und im Briefing zunächst versuchen muss, den Auftraggeber strategisch zu beraten. Denn nur wenn die Ziele und die Aufgaben klar formuliert sind, kann ein Briefing zu Ergebnissen führen.

Ist obiges Beispiel eine Ausnahme? Nein, so oder ganz ähnlich sieht die tägliche Briefing-Realität von Agenturen aus. Entweder weiß der Auftraggeber gar nicht, was er genau von der Agentur verlangt und welche Aufgaben sie lösen soll, oder der Kunde weiß alles schon viel besser und betrachtet die Agentur nur als Umsetzer seiner Ideen. Zwischen diesen beiden Polen verläuft der Agenturalltag, und deshalb spielt das Briefing eine Schlüsselrolle im Verhältnis von Auftraggeber und Agentur. Ein Konzept kann aber nur so gut sein wie das Briefing.

1. Phase: Briefing

Mit welchen Problemen haben wir es zu tun?

Bedeutung des Briefing

Der Briefingprozess
Vor-Briefing/ Vor-Recherche
Schriftliches Briefing
Check- und Fragelisten
Mündliches Briefing
Briefingbericht
Internes Agentur-Briefing
Re-Briefing
De-Briefing

Inhalte des Briefing

Briefingtipps für Agenturen

Briefingtipps für Auftraggeber

Definition Briefing

Das Briefing ist die gründliche und umfassende Information von Seiten des Auftraggebers über alle Fakten, Hintergründe und Meinungen, die im Zusammenhang mit den gesuchten Problemlösungen für den Konzeptioner von Bedeutung sein können.

Das Wort Briefing kommt ursprünglich aus dem amerikanischen Militärjargon, wo es die Lagebesprechung (mit der Beschreibung der Lage) bezeichnete. Die beiden Werbepioniere Rosser Reeves und David Ogilvy haben diesen Begriff in den 20er Jahren in die Marketing-, Werbe- und PR-Branche eingeführt.

Dort meint Briefing eine spezifische Kommunikationsplattform von Auftraggebern und Auftragnehmern, bei denen der Auftraggeber die aus seiner Sicht wichtigen Informationen über die Aufgaben- und Problemstellung, seine aktuelle Situation und seine Strategien darlegt. Dieses Kunden-Briefing wird dann durch die beauftragte Agentur intern fortgesetzt, um die relevanten Fakten und Schlussfolgerungen in einem Agentur-Briefing an die eigenen Teams weiterzugeben.

Ein Briefing beinhaltet eine schriftliche und/oder mündliche Aufgabenstellung. Ein solches Briefing ist für einen Auftragnehmer, z. B. eine PR- oder Werbeagentur, die Grundlage zur Erarbeitung eines Konzepts oder einer Kampagne. Je nachdem, wer am Briefing beteiligt ist und welche spezifischen Inhalte zur Sprache kommen, spricht man auch von einem Team-Briefing, einem Media-Briefing, einem Anzeigen-Briefing etc.

Ein gutes Briefing zu entwickeln und zu geben ist keine Kunst, sondern Handwerk und damit harte gedankliche Arbeit – es zu verstehen und in die Sprache der kreativen Planung (gleichgültig für welche Kommunikationssparten) zu übersetzen, genauso. Diese Arbeit zu leisten, verlangt vor allem geistige Disziplin und klare eigene Zielvorstellungen. Anders ist es nicht möglich, das viele „Auch-Wichtige" vom wenigen „Wirklich-Wichtigen" zu trennen. Hilfreich sind dafür Briefing-Checklisten, die das Themenfeld strukturieren und das gezielte Nachfragen erleichtern. Sie sorgen zudem dafür, dass kein wichtiger Bereich vergessen wird. Aber diese Checklisten sind nicht dafür da, dass sie systematisch abgearbeitet werden. Sie dienen lediglich der Orientierung. Erfahrene Konzeptioner stellen sich je nach Auftraggeber und Problemstellung individuelle und auf den Auftraggeber zugeschnittene Checklisten zusammen.

Es ist kein Zufall, dass viele große Agenturen und Auftraggeber solche Checklisten für ihre Briefings einsetzen. Sie dienen nicht nur als Leitfaden für gezielte Fragen in der Briefing-Situation sondern kennzeichnen gleichzeitig Merkposten für spätere Recherchen und Analysen.

Bereits im Briefing, in der Breite des abgesteckten Terrains und in der Zentrierung der Fragen und Antworten, zeigt sich, wie im Hinblick auf die strategische Kompetenz die Karten zwischen Auftraggeber und Agentur gemischt sind. Erwartet der Kunde lediglich eine Übersetzung seiner strategischen Überlegungen in Kreation? Spricht aus dem Kampagnen-Briefing die Bereitschaft zur strategischen Diskussion oder ist strategische Hilflosigkeit zu spüren? Gleichgültig wie im Detail die Briefing-Checkliste (die natürlich je nach Kommunikationsproblem unterschiedlich konstruiert sein wird) formuliert ist oder wo die strategische Schnittstelle zwischen Agentur und Kunde liegt: In jedem Fall ist der durch den mehr oder weniger ritualisierten Akt des Briefing ausgelöste Diskussions- und Denkprozess für das Ergebnis der entscheidende Punkt.

Eine Abstimmung im Briefing zwischen den Schlüsselpersonen auf Kundenseite hilft jedenfalls vor allem, die Erwartungen im Hinblick auf das Ergebnis der geplanten Kommunikation zu präzisieren. Diese Klärung der Zielvorstellungen beschleunigt den späteren Entscheidungsprozess. Sie beseitigt nicht zuletzt auch unfaire Fallstricke für die beauftragten Agenturen. Wenn es gelingt, im Briefing eine offene Kommunikationssituation entstehen zu lassen, dann lassen sich auch unartikulierte Hintergründe und implizite Grundannahmen des Auftraggebers besser verstehen.

In der Agentur schließlich sind es ebenfalls die durch ein gutes Briefing ausgelösten Diskussionen und Interpretationen, die jene produktive Spannung entstehen lassen, aus der sich (manchmal) brillante Strategien und große Ideen entwickeln.

Der Briefingprozess

Das Telefon in der Agentur klingelt und ein neuer Kunde ruft an. In dem ersten Kontaktgespräch werden am Telefon die grundsätzliche Aufgabenstellung und einige wichtige Fakten vorgeklärt. Dieses erste Gespräch führt zumeist der Chef persönlich oder einer der Senior-Berater. Das Konzeptionsteam erfährt so erstmal nur aus zweiter Hand von der neuen Aufgabe.

Im allerersten Schritt macht sich das Team an eine Vor-Recherche. Über Internet und über gute Kontakte werden Informationen zu Auftraggeber und Auftrag gesammelt. Ein erstes – wenn auch noch rudimentäres – Bild entsteht. Man ist nicht mehr ganz dumm.

Im einleitenden Telefongespräch hat der neue Kunde ein schriftliches Briefingpapier angekündigt, auf das alle schon gespannt warten, denn erst danach kann es so richtig zur Sache gehen. Manchmal ziert sich der Auftraggeber und will kein schriftliches Briefing abgeben. Das kann unterschiedliche Gründe haben. Das Briefing kostet ihn Zeit, die er nicht hat. Oder er hat einfach keine Ahnung, wie er ein solches Briefing aufbauen soll. Bisweilen will er sich auch einfach nicht festlegen – und ein schriftliches Briefingpapier legt ihn gegenüber seinem eigenen Unternehmen und der Agentur fest. Ganz egal, welche Gründe das Zögern hat, versuchen Sie auf einem schriftlichen Briefing zu bestehen. Es ist für Sie und Ihr Team existenziell wichtig, denn es schafft eine klare und unverrückbare Faktenplattform. Zudem führt das schriftliche Briefing auch zu einem wichtigen Bewusstwerdungsprozess auf Kundenseite. Der Kunde ist gezwungen, sein Kommunikationsproblem auf wenigen Seiten auf den Punkt zu bringen. Oft führt gerade dieser Prozess des Nachdenkens zu einer deutlichen Verschärfung des Problembewusstseins.

Endlich trifft das schriftliche Briefing ein. Es wird vom Team studiert und seziert. Und es ist immer wieder das Gleiche: Es tauchen tausend Fragen auf. Die Erfahrung zeigt, dass ein schriftliches Briefing nie(!) ausreicht. Versuchen Sie deshalb in jedem Fall mit dem Kunden einen Termin für ein mündliches Briefinggespräch auszumachen.

Ist der Kunde dazu nicht bereit, dann spricht das nicht unbedingt für seine Marketing-Professionalität. Mag sein, er hat noch viele andere Agenturen aufgefordert, und mit allen zu reden, wird ihm einfach zu viel. Denkbar auch, das Konzept ist nur eine Pflichtübung, die er mit möglichst wenig Aufwand abfeiern will.

Was uns in der Praxis immer wieder völlig überrascht, ist die Tatsache, dass viele Agenturen auf das mündliche Briefing komplett verzichten. Sie sichten das Briefingpapier, stellen am Telefon noch drei, vier Fragen und dann geht es ab. Eine solche Vorgehensweise ist sträflich. Ein kritisch prüfender Auftraggeber müsste eigentlich jede Agentur aus dem Rennen kippen, die derart oberflächlich arbeitet.

Das mündliche persönliche Briefinggespräch hat wenige, aber dafür umso wichtigere Aufgabenstellungen:

- Sie stellen die zusätzlichen Fragen, die sich aus den Inhalten des Briefingpapiers ergeben.

- Sie durchleuchten kritisch bestimmte Fakten und Haltungen, die im Briefingpapier wiedergegeben sind. Der Kunde meint nämlich nicht immer genau das, was er da schwarz auf weiß zu Papier gegeben hat.
- Sie lassen den Kunden bestimmte Aussagen des Briefingpapiers interpretieren. Steht da „Wir erwarten eine moderne, kreative Umsetzung", dann kann dieser Satz bei Kunde A etwas ganz anderes bedeuten als bei Kunde B.
- Sie sammeln zusätzliche Informationen und Fakten. Selten ist ein Briefingpapier perfekt. Oft fehlen ganze Themenbereiche, die für Ihre Arbeit wichtig sind.
- Sie versuchen hinter die Kulissen zu schauen und informelle Informationen zu bekommen, die so nie in einem offiziellen Papier erscheinen würden, die aber für Ihre Arbeit von ganz entscheidender Bedeutung sind. So erfahren Sie vielleicht, dass die PR-Abteilung gerade personell erheblich gestutzt wurde und die Stimmung mies ist. Sie hören, dass der Vertriebschef sich ständig in die Kommunikationsarbeit einmischt und auch bei der Konzeptpräsentation mit am Tisch sitzt – und Ihnen klingeln die Ohren!
- Sie bauen erste Kontakte zu Ihrem Gegenüber auf. Man kommt sich näher, man spürt, wie der andere tickt und man lernt sich darauf einzustellen. Nicht selten ist diese menschliche Beziehung für das weitere Fortkommen des Konzepts von großer Bedeutung.

Das Briefinggespräch hat Schlüsselfunktion. Darum sollten Sie nicht einfach in dieses Gespräch hineinstolpern, sondern sich vernünftig darauf vorbereiten. Wahrscheinlich gibt es in Ihrer Agentur oder Ihrer Abteilung eine Briefing-Checkliste. In dieser Checkliste wurde eine lange Reihe von Kundenfragen in strukturierter Form zusammengestellt. Manche dieser Checklisten sind wahre Fleißarbeiten mit 20 bis 30 Seiten Länge. Nehmen Sie diese Checkliste zur Hand und nutzen Sie die dort gesammelten Fragen als Stichwortgeber. Mit diesem Stichwortgeber im Hintergrund entwickeln Sie eine Frageliste maßgenau zugeschnitten auf das kommende Briefinggespräch. Disziplinieren Sie sich und versuchen Sie die Fragen, auf die wirklich wichtigen zu konzentrieren. Eine Seite, höchstens zwei, mehr sollten es aber auf keinen Fall sein.

Die Frageliste legen Sie auf das Fax oder packen sie in den Anhang einer Mail und schicken sie an den Kunden. Warum das? Auch das ist wieder ein Erfahrungswert. Überraschen Sie den Kunden direkt im Gespräch mit Ihren Fragen, so werden Sie feststellen, dass er an manchen Stellen passen muss und an anderen Stellen nur Teilantworten geben kann. Die Informationsausbeute sinkt um zweistellige Prozentwerte.

Hat der Kunde im Vorfeld die Frageliste bekommen, dann kann er sich gezielt vorbereiten, dann kann er gegebenenfalls im Haus schon notwendige Informationen einsammeln – und siehe da: Ihre Informationsausbeute steigt erheblich, oft sogar deutlich über 100 Prozent, weil Ihr Gesprächspartner, anregt durch Ihre Liste, Fakten gefunden hat, an die Sie selbst noch gar nicht gedacht hatten.

Der Gesprächstermin ist da. Gehen Sie nie allein in ein solches Briefinggespräch. Es gibt zumindest zwei Rollen, die auf Auftragnehmerseite besetzt werden müssen: der Fragensteller/Gesprächsführer und der Mitschreiber. Beides zusammen bekommt man nie in den Griff. Es gibt nur wenige Naturtalente, die gleichzeitig ein Gespräch geschickt führen und noch detailliert mitschreiben können. Falls Sie sich entschließen, dass Mitschreiben jemand anderem zu überlassen, vergewissern Sie sich, dass diese Person auch gut mitschreiben kann. Das will gelernt sein.

Im Wort Briefing steckt die englische Bezeichnung „brief", was im Deutschen „kurz" bedeutet. Das Briefinggespräch sollte sich also durch eine erfrischende Kürze auszeichnen. Im Normalfall müsste eine Stunde ausreichen. Zugegeben, es gibt Kunden, die sehr weitschweifig antworten, dann mag das Gespräch auch schon 2-3 Stunden dauern.

Halten Sie sich nicht sklavisch an Ihre Frageliste. Lassen Sie das Gespräch fließen. Fallen Ihnen zusätzliche Fragen ein: Raus damit. Bisweilen merkt man, dass es nicht möglich ist, in der zur Verfügung stehenden Zeit alle Fragen abzuarbeiten. Um dieses Problem aufzufangen, empfiehlt es sich, auf der Frageliste die entscheidenden Fragen zu markieren. Die markierten Fragen sollten auf jeden Fall abgearbeitet werden. Alle Informationen, die sie den Unterlagen z. B. Geschäftsberichten entnehmen können, brauchen Sie nicht abzufragen.

Zurück in der Agentur setzen Sie sich sofort an den Schreibtisch, nehmen die handschriftliche Gesprächsmitschrift zur Hand und tippen Sie die in die Textverarbeitung. Sie schreiben einen Briefingbericht mit allen Daten und Fakten, die das Gespräch ergeben hat.

Es ist aufschlussreich, dass aus manchen 3-Stunden-Gesprächen nur zwei Seiten Briefingbericht entstehen, während ein anderes Mal ein 1-Stunden-Gespräch elf Seiten Mitschrift ergeben hat. Falls die Infoausbeute zu gering sein sollte, denken Sie über die Ursachen nach und versuchen Sie, an den Fehlern zu arbeiten.

Der fertige Briefingbericht enthält alle offiziellen Fakten. Das, was Sie an persönlichen und informellen Impressionen gesammelt haben, gehört selbstredend nicht in ein solches Papier. Der fertige Bericht wird als Nächstes an den Kunden gefaxt oder per Mail versandt – verbunden mit der Bitte, den Text zu lesen und bei Fehlern und Missverständnissen zu reagieren. Das ist ein wichtiger Zusatz, denn Sie werden merken, es gibt kaum einen Briefingbericht, bei dem man nicht daneben gehauen hat. Vor allem, wenn die Materie neu und ungewohnt ist, häufen sich die Fehler.

Der Auftraggeber schickt Ihnen das Briefingpapier mit Anmerkungen versehen zurück und Sie arbeiten die Anmerkungen in einer zweiten Version ein. Fertig. Wenn alles gut gelaufen ist, dann haben Sie jetzt, das schriftliche Briefing des Auftraggebers, Ihren eigenen Briefingbericht und ergänzende Briefingmaterialien auf Ihrem Tisch liegen – den Grundstock Ihrer Konzeptarbeit.

Im nächsten Schritt entwickeln Sie ein *Agenturbriefing* – das heißt, Sie schaffen die Arbeitsgrundlagen für alle Mitglieder Ihres Konzeptteams. Das Briefing sollte wieder schriftlich erfolgen, damit sich hinterher keiner herausreden kann (in Agenturen gibt es Weltmeister im Herausreden). Im Agenturbriefing ordnen und bewerten Sie die gesammelten Fakten in Hinblick auf die Aufgabenstellung. Sie filtern und verfeinern also das Kundenbriefing. Es zeigt sich, dass es nicht sinnvoll ist, dem Team einfach die gesammelten Briefingunterlagen des Auftraggebers an die Hand zu geben. Vielen gelingt es nicht, die Menge der Fakten zu überblicken und zu bewerten. Sie verlieren sich und geraten auf konzeptionelle Abwege. Um genau das zu verhindern, gibt es das schriftliche Agenturbriefing.

Weil Papier geduldig ist, muss es unbedingt auch ein mündliches Briefinggespräch mit Ihrem Team geben. Im Gespräch beginnt sich das Team zu formieren. Kritische Punkte werden diskutiert, erste Ideen entstehen, das Konzept fängt an zu wachsen.

Bleibt noch der Hinweis auf zwei Briefing-Varianten, die erst später im Konzeptionsprozess wichtig werden:

- Das *Re-Briefing* hakt immer dann ein, wenn im konzeptionellen Entwicklungsprozess Knoten entstehen, zu deren Lösung man das Gespräch mit dem Auftraggeber braucht.
- Das *De-Briefing* steht am Schluss einer Kampagne oder eines Projekts, alle Beteiligten kommen zu einer Art „Manöverkritik" zusammen und analysieren Erfolge und Probleme der vorangegangenen Kommunikationsaktivitäten.

Auf diese beiden Briefing-Spielarten wird an anderer Stelle des Buches noch näher eingegangen.

Inhalte des Briefing

Wir haben sie ja schon erwähnt – die Checkliste – die dann Grundlage für die Erstellung der konkreten Frageliste zum jeweiligen Auftrag ist. Zu klären ist, welche Themen in eine solche Checkliste gehören. Oder anders gesagt, was in einem Briefing abgefragt werden sollte.

Zuerst einmal kommt es darauf an, relevante Grundinformationen zum Unternehmen bzw. zur Institution zu bekommen. Sie lernen Ihren Auftraggeber kennen:

- Unternehmensgröße, Umsatzzahlen;
- Standorte, Mitarbeiter;
- Leistungs- und Angebotsspektrum;
- Unternehmensleitbild, Unternehmenshistorie.

Danach interessieren Informationen zum Markt, zur Branche und zum Umfeld, in dem sich das Unternehmen bewegt:

- Größe des Marktes, Struktur des Marktes, Marktanteile;
- Entwicklung des Marktes und Prognosen;
- Einschätzung der Marktsituation und der eigenen Marktposition;
- regionale bzw. lokale Standortsituation;
- Beziehungen zu politischen und gesellschaftlichen Entscheidern;
- Mitgliedschaft in Vereinen, Gremien und Interessenvertretungen;

- Lage in der direkten Nachbarschaft;
- mögliche Gegenöffentlichkeiten und Kritiker;
- mögliche Restriktionen durch Gesetze, Branchenvereinbarungen etc.

Wie sieht die Konkurrenzsituation aus? Auch dazu muss das Konzeptionsteam einiges in Erfahrung bringen:

- Zahl, Größe und Marktanteile der Konkurrenz;
- Stärken und Schwächen der Konkurrenz;
- Positionierung und Kernbotschaften der Konkurrenz;
- kommunikativer Auftritt der Konkurrenten;
- mögliche indirekte Konkurrenzverhältnisse.

Falls das Kommunikationsobjekt nicht direkt das Unternehmen ist, sondern ein Produkt oder eine Dienstleistung, dann muss Transparenz geschaffen werden:

- Grund- und Zusatznutzen des Produkts;
- Stärken und Schwächen aus Sicht des Kunden;
- Marktanteile, Geschichte des Produkts;
- Positionierung und USP (= Unique Selling Proposition; einzigartiger Verkaufsvorteil) des Produkts;
- Qualität, Design, Verpackung;
- Preis, Konditionen und Service;
- Distributionswege, Distributionspartner, Situation am Point of Sale (=Verkaufsort);
- kommunikativer Auftritt des Produkts.

Ganz entscheidend für die Ausrichtung des Konzepts ist die Zielgruppe. Der Auftraggeber ist gefordert, die Zielgruppe aus seiner Sicht zu schildern:

- Typologie und soziodemographische Daten zur Zielgruppe;
- Verhalten, Meinungen und Einstellungen der Zielgruppe;
- persönliche Erfahrungen des Auftraggebers mit der Zielgruppe;
- für das Unternehmen relevante Medien;
- Profil der Mittler und Partner: Absatzmittler, Lieferanten, Geschäftspartner;
- Eingrenzung von Partnern für Kooperationen und Allianzen;
- Profil der Interessen- und Bezugsgruppen aus Politik, Wirtschaft, Kultur;
- Angaben zu den Mitarbeitern, von Stimmungslage bis zur Mitarbeiterfluktuation.

Um im Kontext des Unternehmens korrekt arbeiten zu können, müssen Sie die relevante Zielkonstellation in Erfahrung bringen:

- Unternehmensziele;
- relevante Marketingziele;
- vorgegebene Kommunikations- und PR-Ziele.

Falls der Auftraggeber neu ist, wird es wichtig, zu erfahren, wie bisher seine Kommunikationsfunktion gelaufen ist:

- Struktur und Leistungspotential der Kommunikations- bzw. PR-Abteilung;
- organisatorische Einbindung der Kommunikation im Unternehmen;
- bisherige Zusammenarbeit mit externen Partnern;
- Kommunikationskonzepte der Vorjahre;
- Beispiele für die Kommunikationsmaßnahmen und -gestaltung;
- Sammlung der eigenen Pressematerialien der letzten 2-3 Jahre;
- Presseclippings von erschienenen Berichten der letzten Zeit;
- Studien und Tests des Unternehmens zur Kommunikation.

Der Kunde hat eine spezielle Aufgabenstellung, für die er sich eine Konzeption maßschneidern lassen will. Diese Aufgabe muss klar umrissen werden:

- Definition der gestellten Aufgabe;
- Hintergrund der Aufgabe;
- Umfang und Spielraum der Aufgabe;
- feste strategische und gestalterische Vorgaben (z. B. Corporate Design);
- Vorgaben im Bereich von Maßnahmen und Partnern.

Weiterhin gilt es, die Rahmenbedingungen für den anstehenden Kommunikationsauftrag zu klären:

- Terminvorstellungen des Kunden;
- zur Verfügung stehender Etatrahmen, Spielräume im Etat;
- Verantwortlichkeiten und Ansprechpartner im Haus;
- informelle Situationen im Hause.

Last but not least sollten Sie ein paar gezielte Fragen zur Konzeption und zur Präsentation stellen:

- Umfang des Konzepts;
- Umsetzung in Präsentation und/oder Booklet;
- Anforderungen an die Kalkulation;
- Honorar bzw. Ausfallhonorar für das Konzept;
- Präsentationstermin und Dauer der Präsentation;
- Präsentationsteilnehmer, Angaben zu den Entscheidern;
- Angaben zum Präsentationsort (Größe, Technik etc.);
- Anzahl der beteiligten Agenturen (bei Wettbewerben);
- eventuell Namen der beteiligten Agenturen;
- Möglichkeiten eines Re-Briefing.

Diese Fragepunkte bilden ein Raster, das Ihnen helfen kann, sich besser auf Ihr nächstes Briefinggespräch vorzubereiten. In jedem Einzelfall wird es nötig sein, dieses Grundraster anzupassen und auf die essentiellen Fragestellungen einzudampfen.

Briefingtipps für Agenturen

Die Briefingphase steht ganz am Anfang. Alles, was man hier falsch macht, hat weitreichende Folgen. Es strahlt auf die gesamte Konzeption ab. Darum haben wir einige Praxistipps zusammengetragen, die Sie sich auf Agenturseite bei den nächsten Briefinggelegenheiten zu Herzen nehmen sollten:

- Verlangen Sie ein schriftliches Briefing – und das mit Nachdruck. Das beste Briefing ist mündlich, das sicherste schriftlich.
- „Trauen" Sie keinem schriftlichen Briefingpapier. Überprüfen Sie es auf Stimmigkeit und Lücken. Die eigene Briefing-Checkliste Ihrer Agentur kann dabei helfen, schnell die Lücken zu finden.
- Denken Sie immer daran, dass ein Briefingpapier offizielle, abgestimmte Inhalte transportiert, die aber oft von den eigentlichen Intentionen und Problemen der Auftraggeber abweichen. Lernen Sie, zwischen den Zeilen zu lesen.
- Halten Sie während der Briefingphase intensiven Kontakt zu mehreren Personen auf der Kundenseite. Nutzen Sie das Briefing als Dialogchance und nutzen Sie Chancen zu Einzelgesprächen.
- Versuchen Sie, Briefinggespräche in kleinen Runden anzusetzen. Je größer der Teilnehmerkreis, desto geringer wird die Chance, dass Sie Informelles erfahren und persönlichen Kontakt aufbauen können.
- Versuchen Sie, einen informellen Einstieg in das Briefinggespräch zu finden und den Kontakt „vorzuwärmen", bevor Sie zur Sache kommen.
- Nehmen Sie Ihr Kernteam mit zum Gesprächstermin. Es gibt nichts Besseres, als den O-Ton des Kunden zu hören. Dieses Kernteam sollte aber nicht zu groß werden, sonst wirkt es wie ein „Überfallkommando". Wenn Sie mit mehr als drei Personen beim Kunden auftauchen, sollten Sie das vorher ankündigen.
- Stellen Sie sich und Ihre Begleiter vor, so dass der Auftraggeber ein Bild vom Team bekommt. Nehmen Sie niemand nur zum Zuhören mit. Jeder, der mitkommt, hat eine aktive Rolle.
- In manchen Unternehmen spielt die hierarchische Ordnung noch eine wichtige Rolle. Daher macht es oft Sinn, einen Geschäftsführer oder Vorstand beim Gespräch dabeizuhaben. Mancher Kunde fühlt sich sonst nicht wichtig genommen.
- Erfragen Sie nicht nur Daten und Fakten, sondern öffnen Sie sich für die impliziten Inhalte (Stimmungen, emotionale Äußerungen, Andeutungen, Nebenbemerkungen etc.) und versuchen Sie, hinter die Kulissen zu sehen.
- Gehen Sie nicht mit Schablonen und Vorurteilen in das Briefing. Sie sollten in dieser frühen Phase noch keine vorgefasste Meinung haben, sondern offen für alles sein.
- Unterlassen Sie es nicht, bei einem unkonzentrierten Briefinggespräch des Kunden eigene Prioritäten zu formulieren. Führen Sie den Kunden.

- Vergessen Sie nicht zu fragen, welche Punkte aus dem Briefing Ihrem Kunden wirklich wichtig sind. Erfahrungsgemäß enthält ein schriftliches Briefingpapier viel Füllmaterial und wenige Schlüsselstellen – und die müssen Sie finden.
- Halten Sie fest, wenn Ihnen während des Briefing erste strategische Ausrichtungen einfallen. Gute Briefinggespräche sind wie „Brainstormings" – ab und zu entstehen während des Gesprächs schon die ersten Grundzüge des Konzepts vor Ihrem geistigen Auge.
- Falls in der Vorarbeit bereits erste konzeptionelle Ideen entstanden sind, können Sie diese im Gespräch schon vorchecken. Erwecken Sie dabei aber nie den Eindruck, fertige Lösungen zu haben.
- Ergänzen Sie das Briefing immer durch eigene Recherche und erarbeiten Sie sich ein eigenes Bild.
- Leisten Sie mehr, als das Briefing fordert. Positive Überraschungen kommen immer gut an.
- Ziehen Sie sich bei Misserfolg in einer Wettbewerbspräsentation niemals auf die Schmollwinkel-Position „Wir hatten wohl ein falsches Briefing ..." zurück – warum haben Sie sich kein besseres geholt?
- Setzen Sie das Kreativteam ohne Briefing nicht „schon einmal" an die Arbeit. Sie bekommen nur Ideen, die nicht richtig ins Konzept passen.
- Machen Sie das Briefing in geeigneter Form für alle in der Agentur verfügbar, die es angeht. Komprimieren Sie es für die Kreation, ohne den „Geruch des Kunden" übermäßig zu desodorieren.
- Halten Sie das Briefing für alle verschlossen, die es nichts angeht – schließlich enthält es vertrauliche Kundeninformationen.
- Das interne Teambriefing in der Agentur sollte immer in schriftlicher und zusätzlich in mündlicher Form erfolgen.
- Geben Sie sich beim internen Briefingpapier viel Mühe, die wichtigsten Punkte und Zielrichtungen sorgfältig auszuarbeiten. Spätere Kurswechsel werfen das Team oft aus der Bahn.
- Beziehen Sie möglichst früh alle relevanten Mitarbeiter in das Briefing ein. Nehmen Sie Bedenken, Einwände und Anregungen des Teams ernst.
- Formulieren Sie Ihr internes Briefingpapier so, dass alle Beteiligten sich einbringen und Ansatzpunkte für ihre eigene Arbeit erkennen können.

Briefingtipps für Auftraggeber

Denken Sie als Auftraggeber immer daran, dass Sie mit Ihren Briefingangaben quasi „den Fallschirm packen", mit dem das Konzeptionsteam der Agentur später springen muss. Je besser Ihr Briefing, desto punktgenauer die Agenturarbeit. Je schlechter das Briefing, je höher das Risiko, dass die beauftragte Agentur schlichtweg abstürzt.

Daran sollten Sie als Auftraggeber beim nächsten Briefing denken:

- Entwickeln Sie in einer freien Stunde eine unternehmensspezifische Briefing-Checkliste, die Sie für zukünftige Gespräche und Briefingpapiere nutzen.
- Erarbeiten Sie für jeden Auftrag ein schriftliches Briefing. Der Briefingtext braucht nicht länger als 2-5 Seiten sein. Alle weiteren Informationen hängen Sie als Briefingmaterial hinten dran.
- Überschütten Sie die Agenturen nicht mit Material. Geben Sie nur weiter, was wirklich themenrelevant ist. Strukturieren Sie das Briefingmaterial, um den Agenturen den Einstieg zu erleichtern.
- Geben Sie den Auftragnehmern immer die Chance eines persönlichen Briefinggesprächs.
- Stellen Sie den Agenturen das schriftliche Briefing rechtzeitig vor dem Briefinggespräch zur Verfügung, so dass genügend Vorbereitungszeit bleibt.
- Stimmen Sie vor dem Briefing unbedingt intern die Erwartungen an die Agentur(en) und die Zielprioritäten ab – und teilen Sie diese eindeutig mit.
- Stellen Sie den Agenturen eindeutig den Umfang und die Termine der geforderten Arbeit dar. Setzen Sie, wenn es geht, nicht zu enge Termine. Gute Konzepte brauchen Zeit zu reifen.
- Bestehen Sie darauf, dass Sie im Briefinggespräch und in der späteren Präsentation schon das Team kennen lernen, das Sie später betreuen soll. Viele Agenturen schicken in dieser frühen Phase gerne Ihre Spitzenleute nach vorne. Später werden Sie dann nur noch von der „zweiten Reihe" betreut, die das Niveau der Spitze bei weitem nicht halten kann.
- Lassen Sie der Agentur Raum für eigene und unerwartete Lösungen. Legen Sie die beteiligten Konzeptioner nicht zu sehr an die enge Leine.
- Zeigen Sie umgekehrt aber auch die Grenzen klar auf – Agenturen pflegen sonst gerne mal mit ihren Konzepten „ins Kraut zu schießen".
- Falls Ihnen die Einhaltung bestimmter Kriterien herausragend wichtig ist, machen Sie diese zu Ausschlusskriterien. Das heißt: eine Agentur, die sich nicht daran hält, ist automatisch aus dem Rennen.
- Vermeiden Sie Kurswechsel während des Briefing-Prozesses und der anschließenden Konzeptionsentwicklung. Wenn allerdings eine Briefingkorrektur nicht zu vermeiden ist, dann sollten Sie den Agenturen entsprechend mehr Zeit geben und eventuell auch das Ausfallhonorar erhöhen.
- Laden Sie nie mehrere Agenturen zu einem Gruppenbriefing ein. Sie nehmen den Agenturen die Möglichkeit, analytisch nachzufragen, denn alle haben Angst, durch ihre Fragen zu viel zu verraten.
- Bleiben Sie während des gesamten Konzeptionsprozesses für die Agenturen erreichbar. Verschließen Sie sich Wünschen zu einem Re-Briefing nicht.

- Beziehen Sie ins abschließende De-Briefing auch die Bewertung des Briefing ein. Ermuntern Sie Ihre Agentur, offen mögliche Schwachpunkte beim Namen zu nennen. Sie können so nur dazulernen.

Die Kunst des schriftlichen Briefing

Wie sieht ein schriftliches Briefing aus? Die Frage lässt sich schwer beantworten. Denn vieles ist möglich. Von einer 4-zeiligen E-Mail bis zu einer 80-seitigen Abhandlung ist mir schon alles unter die Finger gekommen. Es gibt allerdings – verständlicherweise – die Tendenz zum kurzen Briefingpapier. Anbei zwei leicht modifizierte Exemplare aus meiner Praxis.

Ausschreibung für den PR-Etat zum ersten Spatenstich

Das erste Briefing hat ein Immobilienmanager verfasst und es kommt relativ gut auf den Punkt. Ich habe es problemlos als Sprungbrett nutzen können:

Sehr geehrter Herr Schmidbauer,

die MEGON hat sich auf den Bau und die Verwaltung von Wohnbauten in ganz Deutschland spezialisiert. Seit Mitte der achtziger Jahre entwickeln wir erfolgreich so genannte City-Quartiere. Das sind moderne innerstädtische Wohnimmobilien mit multifunktionaler Nutzung.

Die Hannoveraner Leibnitz-Kolonnaden sind unser neuestes Projekt. Es steht für eine neue Generation von Wohnimmobilien, die den Bewohnern durch ein umfangreiches Servicekonzept viel mehr als nur Wohnraum bieten. Wir nennen das die „dienende Immobilie".

Die Leibnitz-Kolonnaden umfassen rund 14.000 qm Fläche. Der prädestinierte Standort liegt dicht am Zentrum von Hannover am Rande eines weitläufigen Parks.

Die Bauarbeiten werden voraussichtlich noch im Jahr 2002 beginnen. Die Einweihung ist für Mitte 2003 geplant. Der gesamte Komplex besteht aus mehreren Gebäuden und umfasst:
- Wohnbereich mit 6.000 qm,
- Einkaufs- und Gastronomiebereich mit 4.000 qm,
- Bürobereich mit 2.000 qm,
- Freizeitbereich auf etwa 2.000 qm.

Wahrzeichen des Objekts ist eine große Brunnenanlage, die von einem renommierten Künstler in Zusammenarbeit mit unseren Architekten gestaltet wurde. Blickfang des Brunnens ist ein computergesteuertes Wasserspiel. Ein vergleichbares Objekt ist in Hannover nicht bekannt.

Die Leibnitz-Kolonnaden verstehen sich als Topmarke auf dem Hannoveraner Immobilienmarkt. Sie zeichnen sich durch eine exklusive Ausstattung, ihren besonderen Nutzungsmix und das umfassende Servicekonzept aus.

Zielgruppe der Vermarktung sind für uns in erster Linie Mieter für den Einkaufs-, Gastronomie- und Bürobereich. Hier besteht der größte Vermarktungsbedarf. Mieter für den Freizeitbereich sind größtenteils schon gefunden. Der Vertrieb der Wohnungen soll erst Anfang 2003 beginnen. Die Preise liegen deutlich über dem Hannoveraner Durchschnitt.

Das erste große baubegleitende Ereignis wird der „Erste Spatenstich" im März 2002 sein. Ein genauer Termin steht noch nicht fest. Wir rechnen mit etwa 150 Gästen aus Politik, Wirtschaft und Gesellschaft. Wir planen, dieses Ereignis medienwirksam in Szene zu setzen.

Zur Durchführung dieser Aufgabe suchen wir eine versierte PR-Agentur. Ihre Aufgabe ist die Durchführung des eigentlichen Events, die begleitende Pressearbeit und weitere notwendige Kommunikationsmaßnahmen im Umfeld. Für das gesamte Projekt steht ein Etat von 150.000 Euro zur Verfügung.

Bitte entwickeln Sie ein erstes Grobkonzept für die Veranstaltung und die begleitenden Maßnahmen. Uns kommt es auf erste Ideen und eine erkennbare strategische Linie an. Planerische Details sind nicht gefragt.

Zur Präsentation Ihrer Vorschläge möchten wir Sie am 1. Dezember 2001 in unser Haus I Raum 08 einladen. Die entstehenden Kosten werden von uns nicht übernommen.

Für weitere Fragen stehen wir Ihnen jederzeit zur Verfügung.

Mit freundlichen Grüßen

K. Kranzler
(Öffentlichkeitsarbeit)

Imagekonzept für die Stadt Lohfelde als Wirtschaftsstandort

Das zweite Briefing ist eher als Negativbeispiel gedacht. Es zeigt, dass die Kunst des Briefing-Schreibens nicht allzu verbreitet ist. Der Konzeptioner – in diesem Falle ich – blieb nach der Lektüre ratlos.

Aufgabe

Entwicklung einer Kampagne und Erarbeitung einer Werbebroschüre zur Verbesserung des Images der Stadt Lohfelde insbesondere als Wirtschaftsstandort.

Grundlage der Kampagne ist das Struktur- und Standortkonzept für Lohfelde, das von einer namhaften Unternehmensberatung entwickelt und vom Rat der Stadt beschlossen wurde. Das Konzept ist aus Vertraulichkeitsgründen für die Agenturen zurzeit nicht einsehbar.

Erforderlich für die angemessene Imagepräsentation ist eine glaubwürdige Herausarbeitung der Stärken von Lohfelde, insbesondere der hervorragenden „weichen Standortfaktoren".

Mit der Entwicklung des Konzepts erwarten wir klare Aussagen zu Maßnahmen, Zeitplanung, Zielgruppen und Veranstaltungen.

Die Stärken der Stadt sollten dabei über die Region hinaus national und auch international dargestellt werden.

Für die Werbebroschüre gehen Sie bitte von einer Auflage von 10.000 Exemplaren aus. Davon sollten 2.000 Exemplare auf Wunsch des Bürgermeisters in englischer Sprache gedruckt werden. Das Format ist mit DIN-A 5 und die Seitenzahl mit 16 Seiten bereits festgelegt.

Verfahren

Für das Konzept und die Realisierung steht pro Jahr ein Etat von 140.000 DM zur Verfügung. Der Etatrahmen ist bindend.

Die an der Ausschreibung teilnehmenden Agenturen werden gebeten, bis zum 12. Januar schriftlich erste konzeptionelle Vorstellungen und Kostenschätzungen einzureichen. Aus allen Einsendungen werden wir 3 Agenturen auswählen und Ende Januar zu einer Präsentation ihrer Vorstellungen in den Wirtschaftsausschuss der Stadt einladen.

Die Agentur, die den Zuschlag erhält, muss das detaillierte Imagekonzept bis April 2000 ausarbeiten und vorlegen. Start der Imagekampagne soll nach der Sommerpause sein.

Wir bitten Sie weiterhin, ein Kurzportrait der Agentur und einige Referenzen beizulegen. Bitte beachten Sie, dass für den ersten konzeptionellen Schritt noch keine grafische Gestaltung erwartet wird.

Dieses zweite Briefing wirft viele Fragen auf und lässt gefährlich breite Interpretationsspielräume. Warum sollen eine Imagebroschüre und ein Imagekonzept parallel entwickelt werden? Wie kann eine Agentur ein Standortkonzept als Arbeitsgrundlage nehmen, das sie nicht kennt? Worin liegen die Stärken der Stadt Lohfelde? Warum wird nur das Instrument der Veranstaltung namentlich genannt? Welchen internationalen Radius stellt sich die Stadt in Anbetracht des geringen Etats vor?

Wer nicht fragt, bleibt dumm

Verlasse dich nie auf das schriftliche Briefing. Es ist ein offizielles Papier – und Papier ist geduldig. Um Fingerspitzengefühl zu entwickeln und hinter die Kulissen zu schauen, braucht es unbedingt ein persönliches Briefinggespräch.

Damit der Auftraggeber bei diesem Gespräch nicht ständig ratlos mit den Schultern zuckt, sei empfohlen, ihm vorher eine kompakte (!) Liste mit den interessanten Fragen zur Verfügung zu stellen.

Sanatron AG: Fragen zur Internen Kommunikation

Unternehmen

- Wo steht die Sanatron heute im Markt? Welche Erfolge gibt es? Welche Probleme?
- Welche unternehmerischen Ziele/Marketingziele hat das Unternehmen?
- Welche Produkte verkauft das Unternehmen? Welche Stärken haben die Produkte?
- Welche Kunden hat Sanatron? Wie sieht die Konkurrenzsituation aus?
- Wie ist das neue Corporate Design angekommen? Bei Kunden? Bei Mitarbeitern?

Mitarbeiter

- Wie viele Mitarbeiter hat die Sanatron? Wie ist die Alters- und Geschlechtsstruktur?
- Wie viele Mitarbeiter arbeiten in der Produktion und in der Verwaltung?
- Wie groß ist die Zahl der Führungskräfte in der ersten und zweiten Ebene?
- Wie lange sind die Mitarbeiter durchschnittlich im Unternehmen?
- Wie hat sich die Mitarbeiterzahl in den letzten Jahren entwickelt?
- Wie ist die momentane Stimmung unter den Mitarbeitern?
- Welche Ängste/Hoffnungen haben die Mitarbeiter?
- Welche „Problemgruppen" gibt es in der Belegschaft?
- Wurden Mitarbeiterbefragungen durchgeführt? Können wir die Ergebnisse einsehen?

Status Interne Kommunikation

- Welche Instrumente setzte Sanatron bisher ein? Mit welchem Erfolg?
- Welche Funktion hat die Mitarbeiterzeitschrift? Sind Optimierungen möglich/nötig?
- Welche Mitarbeiterveranstaltungen wurden in den letzten zwei Jahren durchgeführt?

- Gibt es ein Vorschlagswesen? Werden verdiente Mitarbeiter ausgezeichnet?
- Welche Schulungs- und Weiterbildungsprogramme werden angeboten?
- Welche Sozialleistungen bietet das Unternehmen?
- Werden auch die Angehörigen in die interne Kommunikation einbezogen?

Aufgaben des Konzepts
- Welche Ziele soll das Konzept erreichen?
- Welche vorhandenen Instrumente sind ins Konzept einzubeziehen?
- Wer im Hause ist für die Durchführung der Maßnahmen verantwortlich?
- Welche Etatmittel stehen zur Verfügung?
- Welchen Planungszeitraum soll das Konzept vorlegen?
- Wann soll das Konzept fertiggestellt sein?

Besser alles schwarz auf weiß

Tja, und dann ist es soweit. Das Briefinggespräch läuft und hoffentlich gelingt es, die essentiellen Informationen zu sammeln. Damit Missverständnisse nicht zu Kursfehlern bei der Agentur führen, verfasst jede gute Agentur einen schriftlichen Gesprächsbericht und schickt ihn an den Kunden zur Durchsicht und Reaktion.

Der folgende Gesprächsbericht war im Original acht Seiten lang. Ich habe ihn auf ein erträgliches Maß gekürzt. Man beachte die kleingedruckte Unterzeile.

Briefinggespräch bei der FIT-Krankenkasse

Datum:	12.10.99
Ort:	Hauptverwaltung FIT
Teilnehmer:	Herr Sommer (Geschäftsführung)
	Frau Fritsche (Öffentlichkeitsarbeit)
	Herr Schmidbauer (Agentur)
Thema:	Briefing für begleitende PR und Werbung zum „Starter-Workshop"
Inhalte:	FIT ist mit 480.000 Mitgliedern eine der großen Krankenkassen in Sachsen. Durch eine zielgruppenorientierte Dialogkommunikation soll die Position als moderner Dienstleister rund um die Krankenversicherung weiter ausgebaut werden.

Problematisch ist die Entwicklung bei den jungen Versicherten in der Ausbildung. In den letzten drei Jahren hat FIT im Schnitt jährlich rund ein Drittel der Versicherten mit Abschluss der Ausbildung an eine andere Kasse verloren.

59

In Gesprächen mit jungen Leuten wurden als Hauptgründe die fehlende jugendgerechte Ansprache und die überdurchschnittlichen Beiträge genannt.

Da junge Zielgruppen für FIT ein wichtiges „Zukunftskapital" darstellen, wurden in Abstimmung mit der Unternehmenszentrale spezielle Bindungsmaßnahmen entwickelt. Dazu gehören ein zwei Mal im Jahr erscheinendes Jugendmagazin, eine Promotionstour durch die Diskotheken des Landes und eine CD-ROM mit Infos und Spielen rund um das Thema Fitness.

Eine zentrale Aktivität der Bindungsmaßnahmen 2000 ist der „Starter-Workshop", der ab Frühjahr 2000 den Auszubildenden im letzten Ausbildungsjahr angeboten werden soll. Zurzeit sind etwa 5.900 Versicherte im letzten Jahr ihrer Ausbildung. Sie sollen mit dem Workshop gezielt angesprochen werden.

Der Workshop wird im März 2000 insgesamt neun Mal durchgeführt. Der halbtägige Workshop hilft und unterstützt die jungen Versicherten bei der Berufsbewerbung. Experten geben Tipps und Hilfestellung vom Bewerbungsbrief bis zum Vorstellungsgespräch. Die Workshops erfolgen mit Unterstützung der lokalen Arbeitsämter.

Aufgabe der Agentur ist es, ein Konzept gezielt für die Bekanntmachung und Teilnehmererwerbung der Workshops zu entwickeln. Ein Etat von 80.000 DM steht zur Verfügung. Als Ansprechpartner für weitere Fragen steht Frau Fritsche zur Verfügung. Sie wird der Agentur bis zum 1. Nov. das Planungspapier der Veranstaltungsagentur zusenden Die Präsentation findet am 15. November um 10:00 Uhr in den Räumen der FIT-Hauptverwaltung statt. Als Ausfallhonorar für die Präsentation wurde ein Betrag von 1.600 DM vereinbart.

Dieser Gesprächsbericht ist Grundlage unserer konzeptionellen Arbeit. Der Bericht gilt als genehmigt, wenn der Kunde nicht innerhalb von 7 Arbeitstagen Änderungen angibt.

2. Phase: Die Recherche

Auf der Suche

Eine Kommunikationskonzeption fängt mit dem Briefing an, aber der erste eigenständige Leistungsschritt einer Agentur ist die Recherche. Nur wenn dieser Schritt sorgfältig durchgeführt wird, können Konzepte entwickelt, Entscheidungen getroffen und Strategien für eine effektive Kommunikation gestaltet werden.

> ### Definition Recherche
>
> Die Recherche ist die systematische und umfassende Sammlung von Informationen aller Art mit der Zielsetzung, die problemrelevanten Zusammenhänge zu erkennen und zu verstehen.

Wir unterscheiden zwei Arten des Suchens und Sammelns: die Sekundär-Recherche und die Primär-Recherche. Bei der Sekundär-Recherche geht es um das Sammeln und Bewerten von bereits vorhandenem Informationsmaterial. Bei der Primär-Recherche wird man selbst aktiv, geht nach draußen, sammelt eigene Informationen und bereitet sie auf.

Das vorangegangene Briefing hat die Sicht der Dinge aus der Perspektive des Auftraggebers vermittelt. Weil die Sicht des Auftraggebers geprägt wird von seinen Handlungsbedingungen, seinen Interpretationen und Situationsdeutungen, ist das Briefing nur die halbe Wahrheit. Der Auftraggeber steckt seit Jahren mittendrin und ihm fehlen oft die nötige Distanz und der rechte Überblick. Für den Konzeptioner ist die Kundensicht der Dinge eine notwendige, aber noch längst nicht zureichende Ausgangsbasis. Die Qualität des Briefing reicht in den seltensten Fällen aus, um ein Kommunikationskonzept zu entwickeln. Das hat je nach Unternehmen und Ansprechpartner ganz unterschiedliche Gründe:

- Der Auftraggeber ist kein Kommunikationsexperte. Die Bedeutung und Mechanik des Briefing ist ihm nicht klar. Er verfügt nicht über das notwendige Kommunikations-Fachwissen, um kompetent und umfassend briefen zu können.
- Dem Auftraggeber fehlen bestimmte Informationen. Sie schienen für ihn bisher nicht relevant. Er weiß auch nicht, woher er sie kurzfristig bekommen könnte. Er reagiert überrascht: „Was Sie so alles wissen wollen!"
- Der Auftraggeber steht im Stress. Er hat keine Zeit oder keine Lust für ein vernünftiges Briefing. Vielleicht hat er ein Dutzend Agenturen zum Wettbewerb aufgefordert und merkt plötzlich, dass er es nicht mehr schafft, sich um jede einzelne angemessen zu kümmern.

2. Phase: Recherche

Wie beschaffen wir uns die relevanten Informationen?

Einführung in die Recherche
Bedeutung der Recherche
Definition
Gewichtung der Recherche

Phasen der Recherche
Vor-Recherche
Haupt-Recherche
Nach-Recherche

Arten der Recherche
Sekundär-Recherche
Primär-Recherche

Inhalte der Recherche

Rechercheplanung

Informationsbearbeitung

Re-Briefing

- Der Auftraggeber sagt beim Briefing nicht die Wahrheit – bewusst oder unbewusst. Das ist gar nicht mal so selten der Fall. Viele Unternehmen haben neurotische Strukturen ausgebildet und die Mitarbeiter verhalten sich entsprechend. Es entwickeln sich ganz eigene Wahrheiten und Marktsichten, die nicht unbedingt etwas mit der Realität zu tun haben.
- Der Auftraggeber gibt bewusst kein richtiges Briefing. Im positiven Fall will er die Agentur testen. Hat sie Biss genug, um sich selbst in das Problem hineinzuarbeiten? Im negativen Fall hat er kein gesteigertes Interesse an der Agentur. Sie wurde ihm möglicherweise von oben aufgezwungen.

Die Recherche hat also die Aufgabe, die vorhandenen Lücken des Briefing zu schließen. Gleichzeitig hat sie die Aufgabe, die Innensicht des Unternehmens durch die Außensicht des Marktes

62

zu relativieren. Erst in der Kombination der beiden Sichtweisen bekommt der Konzeptioner den notwendigen Überblick.

Konzeption braucht Recherche

Die Recherche ist sozusagen „investigative Arbeit". Für einige Zeit wird der Konzeptioner zu Sam Spade oder Philip Marlow und bleibt seinem Kommunikationsproblem auf der Spur. Die zur Verfügung stehende Zeit kann dabei recht unterschiedlich sein. Bei einem kleinen Konzept stehen vielleicht nur ein paar Stunden für die Recherche zur Verfügung. Im Regelfall sind es ein paar Tage. Bei ganz großen und komplizierten Konzepten kommen auch mal 1-2 Monate zusammen.

Innerhalb der gesamten konzeptionellen Arbeit kann die Recherche ein erhebliches Gewicht bekommen. Ist das Thema neu und komplex, sind die Marktverhältnisse schwierig, dann fließt durchaus bis zu 50% der gesamten Konzeptionszeit allein in die Recherchephase. Denn die Regel lautet: Erst wenn die Situation transparent ist, darf die strategische Arbeit am Konzept beginnen. Wird ein Auftraggeber schon länger betreut, kennt der Konzeptioner Umfeld und Zielgruppe, dann sinkt der Zeitaufwand für die Recherche erheblich. Er liegt dann je nachdem zwischen 5 und 15%. Grundsätzlich aber darf es kein Konzept ohne Recherche geben.

Wenn die gesamte Recherchearbeit keine großartigen Neuigkeiten ergibt und das Briefing des Kunden im Grunde nur bestätigt, dann ist die Darstellung der Rechercheergebnisse im schriftlichen Konzept und in der Präsentation ausgesprochen kurz. Es empfiehlt sich nicht, den Kunden mit Bekanntem und Redundantem zu langweilen. Nur wenn man interessante neue Daten, Fakten und Einschätzungen zu Markt, Zielgruppe und Konkurrenz gefunden hat, die für den Auftraggeber wohlmöglich noch völlig unbekannt sind, dann lohnt es sich, die Darstellung der Rechercheergebnisse auszubauen. Man bringt den Kunden damit auf den gleichen Wissensstand.

Die Präsentation der Rechercheergebnisse hat auch eine wichtige psychologische Funktion. Sie vermittelt dem Kunden, dass sich Konzeptioner und Agentur auf seinem Markt und bei seiner Zielgruppe auskennen. Das baut Vertrauen auf.

Phasen der Recherche

Recherche hat viel mit Routine zu tun. Hat man es ein paar Mal gemacht, dann bekommt man die Recherche relativ schnell in den Griff. Man braucht ein paar Grundkenntnisse in Recherchetechnik, sowie viel Geduld und Sorgfalt.

Viele Konzeptioner haben es sich angewöhnt, die Recherchearbeit nicht mehr selbst in die Hand zu nehmen, sondern die lästige Routine an Assistenten oder Azubis zu delegieren. Das ist legitim und erhöht die Effizienz des Teams.

Es sind dabei aber zwei kritische Punkte zu beachten. Erstens: Nicht jeder Mitarbeiter ist gut in der Recherche. Man braucht Geduld, Biss, systematische Arbeitsweise und ein wenig Talent dazu. Wer sich die falschen „Opfer" für die Recherche auswählt, der erhält als Arbeitsergebnis einen Haufen Infomüll. Zweitens: Einem Konzeptioner, der sich komplett aus der Recherche heraushält, fehlt am Ende die authentische Erfahrung. Es ist etwas völlig anderes, Ergebnisse nur zu sichten oder sie selbst auch zu suchen und einzusammeln. Jeder Konzeptioner ist darum „moralisch" verpflichtet, wenigstens einen Teil der Recherchearbeit selbst zu übernehmen. Vor allem, wenn es um Primär-Recherche geht – also z. B. um Interviews mit Kunden oder einen Roundtable mit Absatzmittlern – darf er solche wichtigen Meilensteine nicht allein seinen Assistenten überlassen. Hier muss er selbst auf Tuchfühlung mit seinem Auftrag gehen.

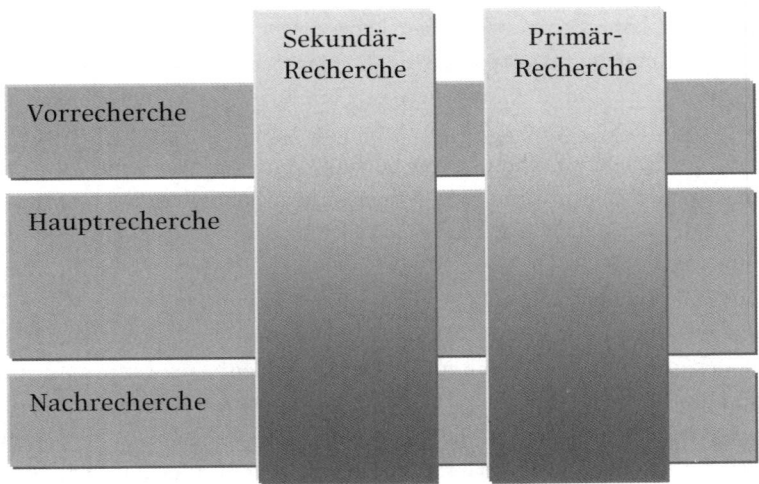

Jede Recherche läuft in einem simplen Dreischritt ab. Wir unterscheiden bei Sekundär- wie Primär-Recherche nach Zeit und teilen in die Vor-, die Haupt- und die Nach-Recherche ein. Die Vor-Recherche liegt ganz am Anfang der gesamten konzeptionellen Arbeit. Sie kann sogar schon vor dem Briefing beginnen. Bereits nach dem ersten Telefongespräch mit dem Kunden beginnt der Konzeptioner mit der Vor-Recherche. Diese erste Recherche ist nicht systematisch strukturiert, sondern sie dient der Gewinnung eines ersten Gesamteindrucks vom Auftraggeber und seiner Problemstellung. Die Vor-Recherche hat drei Aufgaben:

- Der Konzeptioner schnuppert ins Thema. Er verschafft sich einen ersten groben Überblick. Er versucht einen Eindruck zu gewinnen, wie der Auftrag beschaffen sein könnte und ob die Agentur den gestellten Anforderungen überhaupt mit ihren Mitarbeitern gerecht werden könnte.
- Die Vor-Recherche verbessert die Basis für die Briefinggespräche. Die Resultate der Vor-Recherche machen Sie sicherer im Umgang mit dem Auftraggeber. Gleichzeitig ver-

schaffen Sie sich damit einen Deutungsrahmen, innerhalb dessen Sie Äußerungen Ihres Auftraggebers besser interpretieren können.

- Die Vor-Recherche hilft, erste Markierungspunkte für die anschließende Haupt-Recherche zu setzen. Man stolpert nicht blind ins Thema, sondern hat schon erste Konturen erkannt. Man geht gezielter und effizienter an die Recherchearbeit.

Es wird nicht sehr viel Zeit in die Vor-Recherche gesteckt. Sie wird kurz und kompakt angegangen. Die Vor-Recherche bezieht beide Recherchearten ein. Auf der Sekundärebene ist es ratsam, z. B. einfach mal ins Internet zu gehen und sich eine knappe Stunde einen Überblick zu verschaffen – auf der Homepage des Kunden, auf der Website des relevanten Verbandes oder auf dem Informationsportal der Branche.

Auf der Primärebene nutzen Sie das informelle Netz der Agentur. Sie erkundigen sich bei Mitarbeitern, bei Freunden und Bekannten aus Ihrem Umfeld und vielleicht auch bei befreundeten Journalisten, um erste Informationen über Ihren Kunden einzuholen. Auf diese Weise entsteht ein erstes Bild, das Sie durch weitere Informationen festigen und überprüfen können.

Übung

Nehmen Sie ein Ihnen bekanntes Unternehmen und geben Sie sich eine Stunde Zeit für eine Vor-Recherche. Notieren Sie an Hand der im vorangegangenen Kapitel vorgestellten Briefing-Checkliste, auf welche Fragen Sie innerhalb der einstündigen Recherche eine Antwort bekommen. Sie werden sehen, wie schnell man sich mit Hilfe von Websites, Suchmaschinen und Datenbanken Zugang zu wichtigen Fakten verschaffen kann.

Mit der Haupt-Recherche ist das so eine Sache. Methodisch wäre es besser, mit der Haupt-Recherche erst zu beginnen, wenn das Briefing abgeschlossen ist. Nach dem Briefing weiß man schon relativ viel über Markt, Zielgruppen und andere wichtige Faktoren. Das Recherecheteam könnte so gezielter und selektiver an die Arbeit gehen. Allein in der Praxis herrscht immer Zeitdruck – und die Recherche kostet Zeit. Um keine wertvolle Arbeitszeit zu verlieren, empfiehlt es sich folglich, sehr früh mit der Haupt-Recherche zu beginnen. Oft läuft sie schon parallel zu den Briefinggesprächen auf vollen Touren. Damit das gut geht, braucht es eine Querverbindung zwischen den beiden Arbeitsebenen. Die Erkenntnisse des Briefing fließen über diese Verbindung sofort in die Recherche ein und umgekehrt.

Kommen wir zur Nach-Recherche. Es gilt der Richtsatz: Die Recherche geht nie zu Ende. Während der gesamten konzeptionellen Arbeit bleiben die Antennen ausgefahren. Das Konzeptionsteam hält die Augen offen und bleibt an interessanten Quellen dran. Es werden permanent weitere Informationen gesammelt, die dann sukzessive in das Konzept einfließen. Teilweise kommen noch am Tag vor der Konzeptfertigstellung – quasi last minute – neue Rechercheergebnisse dazu. Wenn sie Gewicht haben und das Konzept weiterbringen, werden sie auch im letzten Moment noch berücksichtigt.

Der häufigste Grund für eine Nach-Recherche sieht so aus: Der Konzeptioner steckt schon mitten in der Entwicklung der Kommunikationsstrategie, als er plötzlich über eine Informationslücke stolpert. Nehmen wir an, dass er bei der Definition der Zielgruppe die Absatzmittler in den Brennpunkt gestellt hat, aber kaum verlässliche Daten und Fakten zu dieser Zielgruppe in seinen Unterlagen findet. Augen zu und durch? Nein, die einzig richtige Konsequenz kann nur sein, nachzurecherchieren und den Informationsrückstand aufzuholen.

Die Sekundär-Recherche

In der Sekundär-Recherche sammeln und sichten Sie vorhandenes Material. Im Recherchealltag heißt die pragmatische Devise: Sekundär-Recherche geht vor Primär-Recherche. Es sollten so viele Recherchebereiche wie möglich über den sekundären Weg abgearbeitet werden. Sekundär-Recherche ist bequemer, geht schneller und kostet weniger Geld. Darum läuft in der Praxis der Löwenanteil der Recherche über Sekundärmaterial. Nur wenn bestimmte Informationsbereiche über das Sekundärmaterial nicht abgedeckt werden können, erst dann entscheiden sich die Agenturen für den primären Weg.

Es sollte aber auch kein Konzept ganz ohne den primären Weg geben. Zu einer guten konzeptionellen Arbeit gehört einfach, dass man sich jenseits des Schreibtisches hautnah und direkt mit Zielgruppen, Konkurrenz und Kommunikationsproblemen auseinandersetzt.

Zum sekundären Material gehören zu allererst die hoffentlich vielfältigen Materialien, die Ihnen der Auftraggeber im Laufe der Briefinggespräche zur Verfügung stellt. Dazu gehören Geschäftsberichte, Unternehmenspublikationen wie Fest- und Jubiläumsschriften oder Mitarbeiter- und Kundenzeitschriften, Imagebroschüren sowie andere PR- und Werbematerialien. Vielleicht erhalten Sie auch Pressemitteilungen der vergangenen Monate sowie Auswertungen von Clippings. Wenn Ihnen ein Weg in das Unternehmensarchiv geöffnet wird, dann sollten Sie die Chance nutzen, mit dem dort zuständigen Mitarbeiter zu sprechen. Er wird Ihnen sicher Materialien an die Hand geben, die für Sie von Interesse sind.

Was Sie nicht direkt vom Unternehmen bekommen, müssen Sie sich durch eigene Suche erarbeiten. Das kann unter Umständen langwierig sein und verursacht Kosten. Dabei ist auf die Qualität des Materials zu achten. Nicht alles, was irgendwo geschrieben steht, ist auch glaubwürdig. Auch die richtige Informationsmenge spielt eine Rolle. Wobei die Tendenz dahin geht, lieber etwas mehr Material auf dem Schreibtisch liegen zu haben als zu wenig. Des Weiteren hat die Aktualität eine hohe Bedeutung. In manchen Branchen wirkt ein halbes Jahr schon fast wie eine Ewigkeit. Die Marktverhältnisse drehen sich in rasantem Tempo und älteres Infomaterial ist mit Vorsicht zu genießen.

Beim Sammeln gibt es drei Wege. Erstens: Sie machen es selbst. Das ist eigentlich der beste Weg, aber es kostet Zeit, die oft nicht zur Verfügung steht. Zweitens: Sie delegieren an einen Mitarbeiter. Das geht aber nur, wenn Sie jemand im Team haben, der sich in das Thema hineindenkt und engagiert an die Arbeit geht. Drittens: Sie geben die Sekundär-Recherche nach draußen. Es gibt inzwischen fast überall in Deutschland so genannte „Infobroker", die sich auf das gezielte Sammeln von Informationen spezialisiert haben.

Bei der Sichtung der einschlägigen Materialien hilft es Ihnen wenig, wenn Sie einen Mitarbeiter an die Arbeit setzen, der Ihre Suchkriterien nicht genau kennt. Sie sind dann sehr viel effektiver, wenn Sie mit einem eigenen Schnellsuchsystem sich einen Überblick verschaffen. Auch wenn man keine Zeit zur sorgfältigen Lektüre hat, kann man aus Klappentexten von Büchern, aus Inhaltsverzeichnis und Kapitelüberschriften, aus Einleitung, Nachwort und Zusammenfassungen die wichtigsten Informationen herausziehen. Die Alternative, entweder alles zu lesen oder überhaupt nicht damit anzufangen, können Sie sich als Kommunikations-Profi ohnehin nicht leisten.

Es gibt die unterschiedlichsten Quellen für Ihre Recherche, die Sie alle anzapfen können. Je nach Thema sprudeln sie manchmal reichhaltig und man droht im Material zu ertrinken. Manchmal kommt nur ein dünnes Rinnsal zustande – die Informationen wollen nicht fließen, verwertbare Daten und Fakten machen sich rar. Schauen wir uns die möglichen Quellen im Überblick an. Die Informationen kommen:

- aus dem Unternehmen selbst (Geschäftsberichte, Reden des Vorstands, Pressemitteilungen etc.),
- aus den Tiefen des Internet (über Suchmaschinen, Suchkataloge, Datenbanken, Branchenportale etc.),
- aus Zeitungen und Zeitschriften (vor allem den relevanten Fach- und Branchenzeitschriften),
- aus Büchern (lieferbare Bücher über den Handel; ältere Werke lassen sich über Bibliotheken und Archive einsehen. Man sollte auf jeden Fall über Leseausweise der wichtigen Bibliotheken in der Stadt verfügen),
- aus dem Fundus von Diplom- und Doktorarbeiten (die über entsprechende Datenbanken im Internet gesucht und dann gekauft werden),
- aus aktuellen Studien und Statistiken (die von Marktforschungsinstituten, Verbänden und großen Verlagen veröffentlicht werden),
- über Material der relevanten Interessenvertretungen (Verbände, Vereine und Initiativen der entsprechenden Branchen),
- über öffentliche Institutionen (Veröffentlichungen der Ministerien, der Statistischen Landesämter, der Stiftung Warentest etc.).

Schwerpunkt: Internet-Recherche

Bis Mitte der 90er Jahre hat der Konzeptioner sein Material noch vielfach per Telefon angefordert oder in Bibliotheken fotokopiert. In letzter Zeit gab es allerdings einen Paradigmenwechsel in der Recherche. Heutzutage läuft der Großteil der Sekundär-Recherche über das Internet.

Dort ist die Informationsmenge nahezu unerschöpflich. Zu fast jedem denkbaren Thema lassen sich Fakten und Meinungen aufspüren. Außerdem ist es bequem und geht schnell, wenn man über das weltweite Netz recherchiert. In kürzester Zeit hat man einen dicken Stapel an Informationen angesammelt. Auch kann man jederzeit und sofort auf die Informationen zugreifen. Es gibt keine Öffnungs- und Lieferzeiten mehr.

Aber wo Licht ist, gibt es auch Schatten. Die Internet-Recherche bringt neue Probleme mit sich. Die immense Menge der Informationen macht die Orientierung schwer. Man verliert im virtuellen Wald der Fakten den Überblick. Man verliert sich in den Tiefen, fasziniert von den Möglichkeiten und verplempert am Ende nur noch Zeit. Aber wenn es nur das wäre! Viel schwerwiegender ist, dass die Qualität der Daten und Fakten sehr durchwachsen ist. Jeder Spinner kann im Netz seinen Senf dazugeben. Wobei die Spinner nicht das Problem sind. Man erkennt sie sofort und kann ihre Resultate aussieben. Schlimmer sind die selbsternannten Experten und Expertensites, die das Vokabular der Branche nutzen, alle aktuellen Trends der Branche präsentieren, aber dennoch nur Halbgares, Selbstgedrehtes und Windschiefes produzieren. Als Außenstehender, der sich gerade erst in die besagte Branche hineinfindet, sind solche Pseudo-Expertenquellen nur schwer zu erkennen. Wie kann man sich schützen? Schwer, denn das Internet wird zu Recht auch das „Wild West Web" genannt. Es gibt wenig Gesetzmäßigkeiten und Ordnungsprinzipien. Der einzige Tipp, der zumindest eine gewisse Sicherheit gibt: Schauen Sie sich das Impressum der Site an. Gibt es keines oder ist es undurchsichtig, dann vergessen Sie diese Seiten, egal was darin steht. Werden im Impressum Ross und Reiter genannt, dann lassen Sie die Quelle von einem Branchenkenner – beispielsweise Ihrem Auftraggeber – bewerten.

Über welche Kanäle läuft die Suche im Internet? Eigentlich sind es immer die gleichen Startrampen, die für eine effiziente Web-Recherche genutzt werden sollten:

- *Suchmaschinen* – Suchen und finden Sie eine Suchmaschine Ihres Vertrauens und arbeiten Sie sich in die Maschine ein, damit Sie fit sind, wenn der Recherchedruck da ist. Überprüfen Sie die Ergebnisse der favorisierten Suchmaschine immer mal wieder mit den Ergebnissen von ein oder zwei anderen großen Suchmaschinen. Oder Sie arbeiten gleich mit einer Meta-Suchmaschine, deren Spezialität es ist, mehrere Suchmaschinen gleichzeitig auszuwerten, die Ergebnisse abzugleichen und gemeinsam aufzulisten. Neben den bekannten Suchmaschinen für die Universalsuche wie Google, Lycos, Fireball oder Yahoo gibt es hunderte von Spezialsuchmaschinen, die in ihrem jeweiligen Fachgebiet mit weit besseren Ergebnissen glänzen können als die Universalisten. Es gibt wiederum Verzeichnisse von Suchmaschinen (Webadressen im Anhang), bei denen man schauen kann, ob es für das anstehende Thema einen Spezialsucher im Netz gibt.
- *Suchkataloge und -verzeichnisse* – Der bekannteste Katalog ist wohl web.de. Im Gegensatz zu Suchmaschinen sind Kataloge die Adressbücher des Internets. Sie sind in unzählige Sachgebiete unterteilt und listen innerhalb der Sachgebiete die vorhandenen Websites

auf. Über die Kataloge stößt man oft auf kleine und spezielle Websites, die man in der Infoflut der klassischen Suchmaschine wie die Stecknadel im Heuhaufen suchen müsste. Da es keine Qualitätskontrolle gibt, finden sich gerade in großen Katalogen viele der erwähnten Pseudo-Expertensites ungefiltert wieder.

- *Datenbanken* – Wir unterscheiden zwischen kostenlosen und kostenpflichtigen Datenbanken. Die Kostenlosen werden immer weniger, denn wer einen guten Content bietet, muss ihn auch finanzieren. Unter www.berlin-online.de ist z. B. noch das Volltextarchiv der Berliner Zeitung abzufragen. Es gibt außerdem eine ganz praktikable Online-Ausgabe des Encarta-Lexikons von Microsoft. Die Forschungsdatenbanken der EU sind nach wie vor ohne Bezahlung zugänglich. Der Schwerpunkt der Datenbank-Recherche verlagert sich aber eindeutig zu den kostenpflichtigen Anbietern wie genios und gbi. Ihr Fundus ist nahezu unerschöpflich. Hier können mehrere Jahrgänge von großen Tageszeitungen, Magazinen und vielen Fachzeitschriften ausgewertet werden. Die Validität der Information gilt als relativ gesichert und die Suche ist komfortabel. Wer nicht komplett low budget arbeitet, sollte das Potential dieser Datenbanken nutzen.

- *Themenportale* – Wenn Sie beispielsweise die Architektur als Grundthema Ihres nächsten Konzepts haben, dann gehen Sie am besten auf die einschlägigen Architekturportale. Das Portal www.arcguide.de der Deutschen Verlags-Anstalt wäre hier beispielsweise ein möglicher Anlaufpunkt. Sie finden auf diesem und anderen Portalen fast alles, was den Architekten von heute interessiert – und das ein oder andere ist auch für Ihr Konzept interessant. Ähnliche Portale gibt es für viele große Branchen. Bei einigen muss man sich allerdings anmelden, um auf die gesamte Info-Tiefe zugreifen zu können.

- *Newsgroups* – Vielleicht gibt es gerade zu Ihrem Thema eine oder mehrere Newsgroups. Das sind virtuelle Diskussions- und Erfahrungsaustauschrunden, die jedem offen stehen. Zehntausende haben sich im Netz etabliert. Zuerst schaut man sich die laufenden Fragen und Antworten an, man sammelt so Informationen und vor allem Stimmungsbilder. Man kann aber auch eingreifen und den Teilnehmern der Newsgroup „sachdienliche" Fragen stellen. Ist die Gruppe engagiert und lebendig, dann laufen schon nach ein paar Stunden interessante Erfahrungsberichte und Hinweise der Gruppenteilnehmer ein. Der Schlüssel zu den Newsgroups liegt in Outlook oder einem anderen Mail-Programm. Dort kann man Newsgroups auswählen und die aktuellen Statements der Gruppen auf den PC laden.

- *Online-Verzeichnisse von Doktor- und Diplomarbeiten* – Unzählige Dissertationen können in speziellen Datenbanken recherchiert werden. In der Regel kann man eine Zusammenfassung oder das Inhaltsverzeichnis kostenlos einsehen. Scheint der Inhalt hilfreich für die eigene Arbeit, dann muss man bezahlen und kann sich die Arbeit downloaden. Es passiert nicht selten, das irgendjemand in Deutschland seine Diplomarbeit zur gleichen Problematik geschrieben hat, die Sie gerade bearbeiten. Also warum das Rad neu erfinden? Allerdings sind die Arbeiten teilweise überteuert. Zudem sind manche Dissertationen so theoretisch und schweratmig, dass sie für die praktische Arbeit kaum zu gebrauchen sind.

- *Online-Studien* – Viele Verlage und manche Marktforschungsinstitute stellen ihre Analysen und Studien online. Der Burda-Verlag verrät unter www.tdwi.de (Typologie der Wünsche intermedia) viel Aufschlussreiches über den deutschen Konsumenten. Sehr empfehlenswert ist auch www.rheingold-online.de. Das Marktforschungsinstitut hat sich auf qualitative Mafo spezialisiert und einige seiner Studien online gestellt.

Okay – jetzt wissen Sie, wo Sie ansetzen können. Damit kann es losgehen. Die Internet-Recherche beginnt. Nein, halt! Machen Sie sich zuerst ein kleines Konzept. Schreiben Sie auf einen Zettel, was Sie herausbekommen wollen, wo Sie bevorzugt suchen werden und vor allem, wie viel Zeit Sie sich für die Internet-Recherche geben. Unser Tipp: Halten Sie sich an dieses Zeitfenster. Wenn die vorgegebene Zeit vorbei ist, machen Sie Feierabend.

So, genug der Vorrede. Starten Sie – am besten in einer Suchmaschine. Geben Sie die für Ihr Thema relevanten Schlüsselbegriffe ein. Sichten Sie die Treffer. Die besten Ergebnisse stehen immer oben. Es reicht also in der Regel, sich die ersten Seiten der Suchergebnisse anzuschauen. Variieren Sie die Suchworte und nutzen dabei die Booleschen Operatoren, um präziser zu suchen und Streuverluste zu minimieren.

Verknüpfung	Operator lang	Operator kurz	Was passiert?
Oder-Verknüpfung	OR	Leerzeichen zwischen den Suchworten	Seiten, die beide oder eines der Suchworte enthalten
Und-Verknüpfung	AND	+	Seiten mit allen Suchworten
Nicht-Verknüpfung	NOT	-	Seiten, die nicht die Suchworte enthalten
Gruppen-Verknüpfung	„ ... "	„ ... "	Seiten, die exakt die Wortfolge enthalten

Über die Suchmaschine gelangen Sie auf einzelne Websites. Schauen Sie sich die Homepage an. Sie gibt oft schon einen aufschlussreichen Überblick. Danach suchen Sie nach der Sitemap. Das ist eine Seite, die eine komplette Inhaltsstruktur der Website abbildet. Machen Sie zusätzlich ein oder zwei Stichproben und gehen auf Seiten, deren Themen Sie interessieren und schauen sich den Inhalt kurz an. Jetzt treffen Sie Ihre Entscheidung. Entweder die Website ist aufschlussreich, dann steigen Sie tiefer ein. Oder die Website ist unerheblich, dann kehren Sie zurück zur Suchmaschine.

Wir nehmen an, die Site war interessant und Sie sind geblieben. Fangen Sie nicht an, die Texte der einzelnen Seiten zu studieren. Sie sind in der Einsammelphase. Werfen Sie nur einen kurzen Blick darauf und urteilen Sie: Seite ist relevant? Lautet die Antwort ja, dann laden Sie sich diese Seite herunter und speichern sie ab. In dieser frühen Sammelphase sollte man die

Seiten noch nicht ausdrucken, man erzeugt sonst nur eine Papierflut und vergeudet teure Druckertinte.

Suchen Sie nicht nur nach Daten und Fakten, sondern auch nach interessanten Links. Gerade diese Links führen Sie häufig in die Tiefen und Dimensionen des Themas ein. Manche Internet-Rechercheure schreiben sich die Links auf, bleiben auf Ihrer Recherchelinie und besuchen alle Links in einem zweiten Arbeitsdurchgang. Die anderen sind neugierig und begeben sich unmittelbar auf die Spur der Links.

Nutzen Sie den Aufenthalt auf der Website auch, um nach neuen Schlüsselwörtern Ausschau zu halten. Da wird z. B. ein Professor als der führende Experte auf Ihrem Wissensgebiet genannt. Geben Sie den Namen des Professors in die Suchmaschine ein und Sie erleben ein „Sesam öffne dich".

Arbeiten Sie sich systematisch nach dem Rechercheplan voran und halten Sie sich an den Plan. Denken Sie daran, das Internet ist wie ein Informations-Dschungel, in dem Sie sich leicht verlieren können. Wenn schließlich das Zeitfenster durchgelaufen ist, heißt es: Feierabend! Die Internet-Recherche ist beendet.

Die Primär-Recherche

Welche Methoden Sie für Ihre Primär-Recherche verwenden, hängt von der Aufgabenstellung, vom Auftraggeber wie von den vorgegebenen zeitlichen und finanziellen Rahmenbedingungen ab. Komplizierte Recherchearbeiten sollten Sie, falls ausreichend Mittel vorhanden sind, an Dritte vergeben, indem Sie Gutachten und Studien in Auftrag geben oder Umfragen bestellen. Aber leider ist viel zu selten das nötige Geld für solche professionelle Basisarbeit vorhanden. Mit externer Unterstützung können Sie sich sehr viel Arbeit ersparen. Was Sie sich aber nicht ersparen können, ist, sich selbst ein Bild von der Situation zu verschaffen. Der Augenschein, die Vor-Ort-Erkundung ist durch nichts zu ersetzen. Aus der Büroperspektive einer Agentur erschließt sich jedenfalls kein zureichendes Bild von der Wirklichkeit. Deshalb ist es unumgänglich, sich von dem Unternehmen und dem Handlungsfeld, das Sie konzeptionell bearbeiten sollen, ein unmittelbares Bild vor Ort zu machen. Dazu gehören die Besichtigung des Unternehmens, der persönliche Eindruck von den handelnden und entscheidenden Akteuren, die Kontaktaufnahme zu Vertretern der Ziel- und Bezugsgruppen sowie das Einholen von Expertenmeinungen aus den relevanten Bereichen. Der persönliche Eindruck und das direkte Gespräch sind immer noch die probatesten Mittel, schnell an komplexe Informationen und Situationsdeutungen heranzukommen.

An diesem Punkt zahlt es sich aus, wenn man mit leichter Hand Kontakte aufbauen kann und wenn man über ein breites Netz von Kontakten verfügt. Wir haben die Erfahrung gemacht, dass der gute Draht zu einigen Journalisten und Multiplikatoren sehr hilfreich ist, wenn es um schnelle Informationen und Beurteilungen geht.

Das Konzeptionsteam „lebt sich" so in seinen Fall hinein. Es baut eine persönliche Beziehung zum Kommunikationsproblem auf. Das ist Pflicht. Kommen wir zur Kür-Seite. Wenn bestimmte Recherchebereiche nicht über Sekundärmaterial abgedeckt werden konnten und am Ende wichtige Daten und Fakten fehlen, um die Kommunikationssituation wirklich beurteilen zu können, dann kommt die Stunde der Wahrheit. Ist genügend Geld und Zeit da, um die notwendigen Infos über den primären Weg zu sammeln? Oder begnügt man sich mit seinem wagen Bauchgefühl und geht an die strategische Arbeit? Primär-Recherche scheitert oft an den Kosten.

Umfragen, die repräsentative Ergebnisse erzielen sollen, wird man gewöhnlich bei entsprechenden Markt- und Meinungsforschungsinstituten in Auftrag geben. Aber Befragungen im unmittelbaren Umfeld kann man mit Hilfe qualitativer Befragungs- und Auswertungstechniken selbst in Gang setzen. Dazu eignen sich z. B. offene Interviews, Gruppendiskussionen oder Diskussionen mit Fokusgruppen. Selbst informelle Gespräche mit Zielgruppenvertretern können helfen, einen unmittelbaren Eindruck davon zu bekommen, wie bestimmte Fragen thematisiert und bewertet werden.

Primär-Analyse muss gar nicht so teuer sein. Man kann z. B. einen kleinen Fragebogen entwickeln und damit die Praktikanten der Agentur auf die Straße schicken. 200 durchgeführte Interviews ergeben zwar keine statistisch abgesicherten Ergebnisse, aber Trends sind allemal zu erkennen. Trends, die interpretiert und vorsichtig bewertet werden müssen. Dieser Do-it-yourself-Weg ist in jedem Fall besser, als wenn man ein vages Bauchgefühl zur Grundlage der konzeptionellen Arbeit macht.

Schauen wir uns auch bei der Primär-Recherche die gangbaren Wege an. Hier geht es lang:

- Vor-Ort-Besichtigungen und Erkundungen im Unternehmen des Auftraggebers (offiziell oder teilweise ganz bewusst auch „undercover");
- persönliche Gespräche mit Entscheidungs- und Wissensträgern im Unternehmen (zusätzlich zu den eigentlichen Briefinggesprächen);
- Gespräche mit Meinungsführern, Branchenexperten und Fachjournalisten (per Telefon oder im persönlichen Gespräch);
- direkter Kontakt mit Vertretern von Ziel- und Bezugsgruppen (in Einzel- oder Gruppengesprächen);
- Besuche oder Kontakte bei der maßgeblichen Konkurrenz (sich z. B. als potentieller Kunde ausgeben);
- Befragungen mit Fragebogen (in einfachen Kommunikationssituationen mit eigenen Kräften, ansonsten mit Unterstützung von Profis);
- Experimente und Beobachtungen (z. B. die Werbemittel des Kunden völlig Unbeteiligten zeigen und die spontane Reaktion darauf bewerten).

Die Rechercheinhalte

Die Recherche kann eine wahre Flut von Informationen auslösen. Der Konzeptioner stöhnt, aber irgendwie gibt es ihm auch ein sicheres Gefühl, wenn er viel Material zusammen hat. Es beruhigt ihn: „Da wird schon das Richtige dabei sein!" Aber eigentlich sollte das Ziel sein, nicht möglichst viele Informationen zu sammeln, sondern gezielt die richtigen. Nur was sind die richtigen Informationen?

Der Auftraggeber hat der Agentur ein Kommunikationsproblem geschildert und eine Aufgabenstellung mit auf den Weg gegeben. Nur die Daten und Fakten, die Beziehungsgrößen zu Aufgabe und Problemstellung sind, gehören in die Recherche. Alle anderen, so interessant sie auch seien mögen, bleiben außen vor.

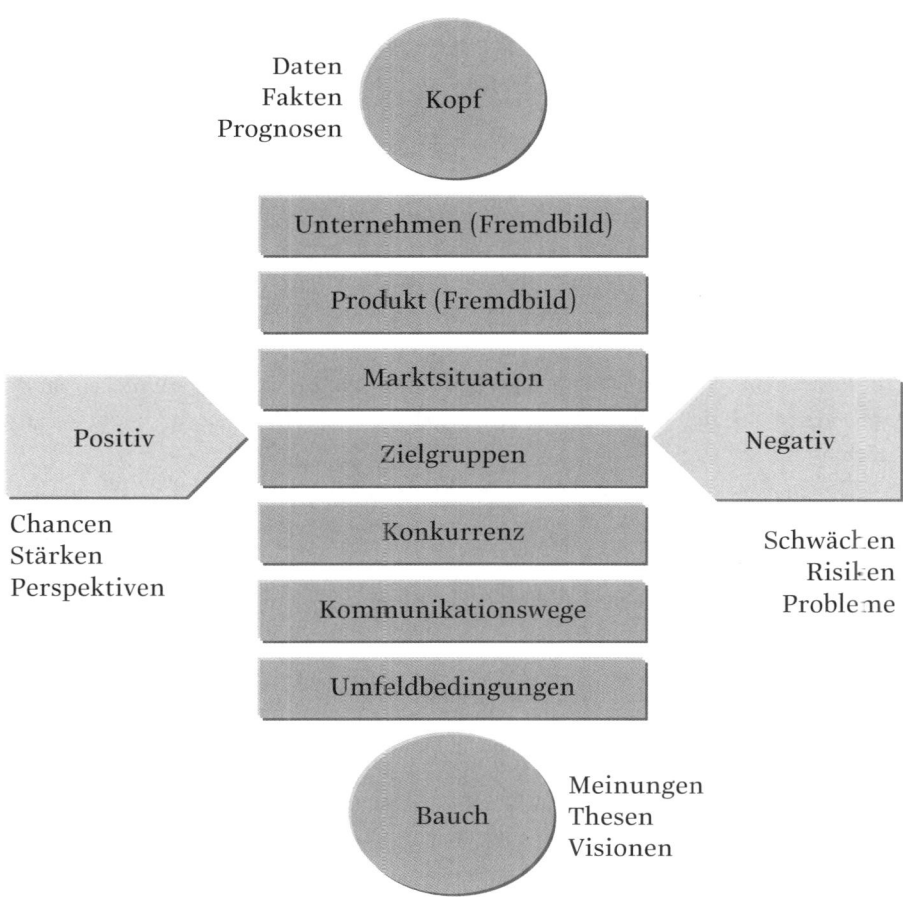

Nehmen wir als Beispiel ein Unternehmen, das Jugendbildungsreisen organisiert. Es soll ein Kommunikationskonzept entwickelt werden, das über die bisherige Kernzielgruppe der Studenten hinausgeht und Auszubildende ins Visier nimmt. In diesem Problemfall ist eine Studie über das Reiseverhalten von Jugendlichen über 14 Jahren auf jeden Fall relevant – weil ganz dicht dran an der Zielgruppe. Eine Untersuchung zur Akzeptanz von Bildungsreisen bei Senioren läge dagegen außerhalb des zu beackernden Terrains. Aber gehen wir etwas methodischer an die Sache heran.

Jeder Recherchefall basiert auf einem individuellen Kommunikationsproblem und braucht deshalb eine eigene Herangehensweise. Es lässt sich allerdings ein Grundschema für die Recherche aufbauen, das eine gewisse Hilfestellung für das erste Herangehen gibt. Näher untersucht werden:

- *Das Unternehmen des Auftraggebers* – betrachtet aus der Außensicht, die teilweise erheblich von der Eigensicht abweichen kann.
- *Das kommunikationsrelevante Objekt* – also das Produkt oder die Dienstleistung, für die das Konzept entwickelt wird. Wiederum ist das Fremdbild wichtig, das die Zielgruppen draußen haben. Die Eigensicht haben Sie bereits im Briefing kennen gelernt.
- *Die Marktsituation* – Die speziellen Marktmechanismen der Branche, die Struktur des Marktes und die Entwicklung der Branche in den letzten Jahren stehen im Blickpunkt.
- *Die relevanten Zielgruppen* – und hier vor allem die Kernzielgruppe der Kunden, der Bürger, der Badegäste, der Vereinsmitglieder oder wer immer für Ihren Auftraggeber im Mittelpunkt steht.
- *Die Konkurrenz* – und zwar die direkte und indirekte Konkurrenz mit deren Stärken und Schwächen. In vielen Recherchen wird die indirekte Konkurrenz leider sträflich vernachlässigt.
- *Die Kommunikationswege* – und damit die Klärung der Frage, welche Mittel, Methoden und Wege in der konkreten Kommunikationssituation grundsätzlich zur Verfügung stehen und bisher genutzt wurden.
- *Das gesellschaftliche und politische Umfeld* – dazu gehören die gesetzlichen und moralischen Grenzen, die sozialen Bezüge und Abhängigkeiten, die politischen Entwicklungen und Großwetterlagen.

In erster Linie gilt es, objektiv nachprüfbare Daten und Fakten zu finden (Kopf). Bevorzugt werden Informationen, die einer kritischen Überprüfung standhalten. In zweiter Linie sind aber auch Meinungen, Kommentare, Hypothesen und Visionen – also subjektive Beiträge zum Thema – gefragt (Bauch). Sie müssen allerdings ungleich sorgfältiger analysiert und bewertet werden. Im Zweifelsfall sollte man eher den objektiven Fakten den Vorrang geben.

Stecken Sie das Recherchefeld nicht zu eng. Lassen Sie vor allem am Anfang, wenn Sie das Thema noch kaum ausloten können, genügend Spielraum. Sammeln Sie im Zweifelsfalle lieber einige Fakten mehr, als dass Ihnen am Ende wichtige Tatsachen entgehen, weil sie außerhalb Ihres Recherchefeldes liegen.

Ordnen Sie die gesammelten Informationen am besten auch gleich in die obigen Kategorien ein. Das hilft ihnen den Überblick zu behalten. Sie merken so auch ziemlich fix, wenn Sie noch Recherchelücken haben. Nicht zuletzt lässt sich das Recherchematerial in grob geordneter Form später wesentlich schneller weiterbearbeiten.

Weil in der direkt anschließenden Phase der konzeptionellen Arbeit die Analyse an die Reihe kommt, hilft es ungemein, Ihre Recherchearbeit an den Dimensionen der Analyse auszurichten. Überprüfen Sie, ob in den gesammelten Informationen schon Probleme, Schwächen und Risiken für ihre Kommunikationssituation erkennbar werden. Sind da kritische Punkte, die Ihnen auf die Füße oder in den Rücken fallen könnten? (Minus) Zum anderen überlegen Sie, ob Chancen, Entwicklungsmöglichkeiten oder Stärken aus den Informationen herauszufiltern sind. Lassen sich positive Faktoren finden, die Produkt, Unternehmen und Kommunikation voranbringen könnten? (Plus) Wenn Sie auf solche Informationen treffen, dann sollte das rote Lämpchen aufleuchten. Aus Informationen werden Indizien, und die dürfen keinesfalls unter den Tisch fallen.

Eine letzte Technik bei Sammlung und Sondierung der Informationen muss unbedingt noch Erwähnung finden – das ist die Hypothesentechnik. Entweder hat der Kunde im Briefing bereits seine Hypothesen zu Zielgruppe, Markt und Konkurrenz geäußert und Sie übernehmen diese Thesen. Oder Sie stellen im Rahmen der Rechercheplanung eigene Hypothese auf. Bei der Recherche halten Sie besonders nach Daten, Fakten und Meinungen Ausschau, die diese Hypothese substanziell stärken – oder in Frage stellen. Am Ende der Recherche werden die Hypothesen durch die Sachlage bestätigt oder verworfen.

Ein Beispiel

Wenn mir ein Geschäftsführer einer großen Papierfabrik so ganz nebenbei mitteilt, dass das Baugelände an dem geplanten neuen Standort in der Vergangenheit Gegenstand ökologischer Diskussionen zwischen dem Stadtrat und dem Naturschutzbund war, dann weiß ich aus Erfahrung, dass damit künftige Konfliktlinien vorgezeichnet sind. Und aus der Tatsache, dass dieser Hinweis nur in einer Nebenbemerkung erfolgte, schließe ich, dass die Geschäftsführung für dieses Konfliktpotential offensichtlich nicht hinreichend sensibilisiert ist.

Der mögliche ökologische Konflikt wird mich dazu führen, den handelnden Akteuren am neuen Standort hohe Aufmerksamkeit zu schenken. Das Recherche-Feld und die Ansprechpartner stehen mir klar vor Augen. Die mangelnde Sensibilität der Geschäftsführung für dieses Konfliktpotential bringt mich dazu, über das bisherige Verhalten des Unternehmens gegenüber gesellschaftlichen Akteuren zu recherchieren. Eine Geschäftsführung, die in einen Konflikt hineinstolpert, hat ein Problem, und ein PR-Berater, der diese Problemzone im persönlichen Gespräch wie in seiner Konzeption nicht anzugehen vermag, hat seine Aufgabe verfehlt. Ohne eine Strategie für einen potentiellen Öko-Konflikt steht jedenfalls meine Konzeption auf tönernen Füßen.

Der Rechercheplan

Vor allem für die Anfänger im Konzeptions- und Recherchefach ist das Phänomen der „Informations-Überdosis" eine große Gefahr. Man sammelt Informationen und hat das unbestimmte Gefühl, dass da noch einiges fehlt, um Transparenz zu schaffen. Dass man vielleicht sogar wichtige Tatsachen schlichtweg übersehen hat. Also sammelt man weiter und weiter und weiter. Der Stapel mit Informationsmaterial wird höher und höher. Je höher er wächst, desto unsicherer wird man und desto verwirrender wird die Informationsvielfalt. Man kann die Menge der Informationen schon gar nicht mehr überblicken. Dennoch bohrt da immer noch das Gefühl, es könnte etwas Wichtiges fehlen. Es wird einem langsam regelrecht schwindlig vor der Menge der Daten und Fakten. Aus der Informations-Überdosis erwächst ein gestandener „Informations-Kater" und man kämpft mit dem Gefühl, dieses Kommunikationsproblem nie lösen zu können. Das kann man vermeiden, indem man bei der Recherche mit System vorgeht. An erster Stelle steht da der straffe Zeitplan, den sich das Konzeptionsteam vorher setzt und an den sich alle konsequent halten.

Mit diesen Ausführungen wollen wir deutlich machen, dass eine gute Recherche weit mehr ist, als das wahllose Sammeln von Informationen. Es braucht unbedingt einen Rechercheplan, der folgende Punkte definiert:

- welche Ziele und welche Themenfelder die Recherche hat,
- welche sekundären und primären Recherchewege man gehen will,
- wie viel Zeit für die gesamte Recherche und einzelne Recherchejobs da ist,
- in welcher Reihenfolge die Recherchejobs abgearbeitet werden müssen,
- bis wann die Resultate der Recherche benötigt werden,
- wie viel und welche Manpower man für die Recherche einsetzen kann,
- wer welche Recherchejobs übernimmt,
- welche Geldmittel für die Recherche zur Verfügung stehen,
- welche Unterstützung der Kunde bei der Informationsbeschaffung geben kann.

Aus den Zielen und den notwendigen Recherchefeldern leiten sich die konkreten Recherchejobs ab. Aus den Recherchejobs wiederum lässt sich der Aufwand an Mensch, Zeit und Geld ableiten. Häufig zeigt sich jedoch, dass mit dem zur Verfügung stehenden Potential, die gesetzten Ziele nicht zu erreichen sind. Dann heißt es zurückstecken, die Rechercheplanung zu überarbeiten und auf eine machbare Basis zu stellen.

Ein Kernelement der Rechercheplanung sind die Recherchejobs. Diese Jobs wollen besonders sorgfältig ausgearbeitet werden. Sie sind die wichtigsten Produktivfaktoren der Recherche. In der Praxis gibt es verschiedene Techniken der Planung. Eine soll in diesem Buch vorgestellt werden: Die Roadmap-Technik.

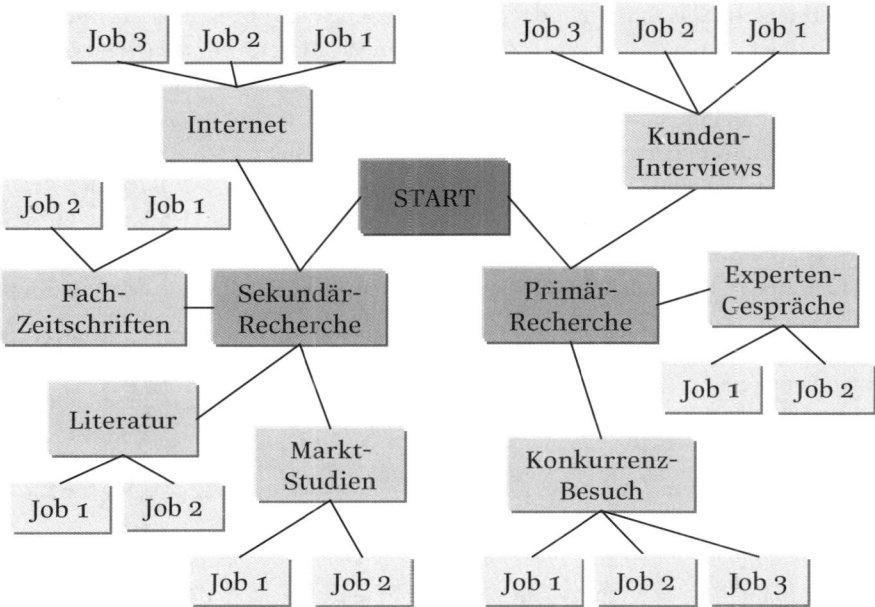

Das Roadmapping für die Recherche ist eng angelehnt an das bekannte Mindmapping. Auf einer großen Karte werden systematisch alle Stationen der Recherche fixiert. Jede Station ist ein Recherchejob. Wie ein Netzwerk breitet die Recherche in alle Richtungen ihre Sensoren aus. Im zweiten Schritt wird dann für jeden Rechercheschritt ein Zeitfenster (Wie lange darf der Job dauern?), eine Person (Wer macht den Job?), ein Limit (Wann muss der Job fertig sein?) und ein Etatansatz (Was darf an Geld verbraucht werden?) definiert. Dabei sollte im Zeit- und Geldrahmen stets eine Reserve für das Unvorhergesehene einkalkuliert werden. Es passiert bei fast jedem Rechercheauftrag etwas Unvorhergesehenes.

Job	Zeitvolumen	Verantwortlich	Termin	Etat
Job 1	X Stunden	Herr A	01.02.03	YY,- €
Job 2	Y Stunden	Frau B	02.01.03	ZZ,- €
Job 3	Z Stunden	Herr A	03.02.03	XX,- €

Selbst auf die Gefahr hin, dass wir uns zu oft wiederholen: Halten Sie sich an diesen Rechercheplan! Wenn die Zeit abgelaufen oder das Geld für einen bestimmten Recherchejob verbraucht ist, schließen Sie den Job ab. Recherche braucht ein hohes Maß an Disziplin – das ist das wichtigste Erfolgrezept. Na gut – ab und zu kann man schon einmal eine Ausnahme machen. Aber nur ausnahmsweise.

Wir nehmen einmal an, das Sammeln der Informationen wäre abgeschlossen. Nun folgt im nächsten Recherchegang das Sondieren und Reduzieren. Zu allererst versuchen Sie Recherchelücken aufzuspüren. Die kommen häufig vor. Man merkt im Eifer des Gefechts oft nicht, dass bestimmte Recherchefelder noch sehr karg bestellt sind. Um mögliche Lücken aufzuspüren, entwickelt man eine Recherchematrix. In der Waagerechten stehen alle Recherchefelder, die Sie ins Visier nehmen. In der Senkrechten die Recherchejobs, die Sie auf Basis der Roadmap abgearbeitet haben. Wenn Sie die gesammelten nutzbaren Fakten als Strichliste in die Matrixfelder einordnen, dann erkennen Sie auf den ersten Blick, wo Infolücken klaffen. In der untenstehenden Mustermatrix weiß das Konzeptionsteam einfach noch zu wenig über die Kunden.

	Kunden	Markt	Konkurrenz	Multiplikatoren
Fachzeitungen auswerten	✗	✗✗✗✗	✗✗✗✗	✗✗
Konkurrenz-Analyse			✗✗✗✗✗	
Kundeninterview	✗✗			
Kongress besuchen		✗✗✗✗✗	✗✗	✗✗✗✗
Branchenbericht sichten		✗✗✗✗✗	✗	✗

Eine andere Möglichkeit ist die Erarbeitung eines Themenbaumes, in dem die recherchierten Fakten gleich in die jeweiligen Ordner bzw. Subordner eingeordnet werden können. Durch das Verzweigungssystem des Themenbaumes gewinne ich einen schnellen optischen Eindruck über die Ordnungsstruktur der Fakten. Nachteil dieses Themenbaumes ist, dass er bei komplexen Fakten sehr schnell unübersichtlich wird.

Die Informationsbearbeitung

Die Sammlung der Fakten verläuft entlang der Roadmap, die der Rechercheplan liefert. Dort sind Recherchefelder, Jobs, Personal-, Zeit- und Kostenaufwand fixiert. Diese Verzahnung von thematischen Foki mit zeitlichen und finanziellen Rahmenbedingungen ist notwendig und hilfreich zugleich, denn sie bringt einen immer wieder auf den Boden zurück. Der Prozess der Faktensammlung ist im Prinzip unabschließbar und jedes Thema kann so komplex behandelt werden, dass man nie zu einem praktikablen Ende kommt. Klare Zeit- und Zielvorgaben helfen dabei, dass man sich nicht in den Fakten verliert und die Faktensammlung zielorientiert strukturiert.

Die andere Gefahr ist weniger häufig. Wenn man zu stur nur nach den Fakten Ausschau hält, die im eigenen Suchraster enthalten sind, kann man sich zwar vor Überraschungen schützen. Vielleicht übersieht man dabei jedoch gerade jene wichtigen Fakten, die hilfreich sein könnten bei einer originären Lösung.

Fakten sind – für sich genommen – aussage- und bedeutungslos. Erst in ihrem Zusammenhang ergeben sie ein Bild, das die Fakten sprechen lässt. Indem ich Fakten selektiere und komprimiere und in einen Zusammenhang stelle, werden Bezüge und Bedeutungen deutlich, mit denen man eine Argumentationskette aufbauen kann.

Alle Informationen sind gesammelt, die Haupt-Recherche ist damit fast abgeschlossen. Vor Ihnen liegt ein großer Stapel mit Büchern, Zeitungsausschnitten, Fotokopien, Broschüren, Ausdrucken von Websites und und und. Bei einer 4-5-tägigen systematischen Recherche können da mal eben so locker 1.000 bis 2.000 Seiten Material zusammenkommen. Die gilt es nun durchzuarbeiten. Wie bitte? 1.000 Seiten? Ein lautes Aufstöhnen ist zu hören. Das dauert ja ewig! Nein, das dauert höchstens einen Arbeitstag – mit entspannten Teepausen zwischendurch. Die 1.000 Seiten werden nämlich nicht gelesen, sondern quergelesen. Die Technik des Querlesens gehört zum Grundrepertoire jedes Rechercheurs bzw. Konzeptioners – Seite für Seite werden Text, Bilder und Schaugrafiken überflogen. Vorher hat man sich eine kleine Liste mit Schlüsselworten zusammengestellt und wenn man beim Überfliegen auf eines der Schlüsselwörter trifft, dann macht man Halt und schaut näher hin. Hat die Textstelle Bedeutung, dann wird sie ausgeschnitten, ausgerissen, markiert oder was immer.

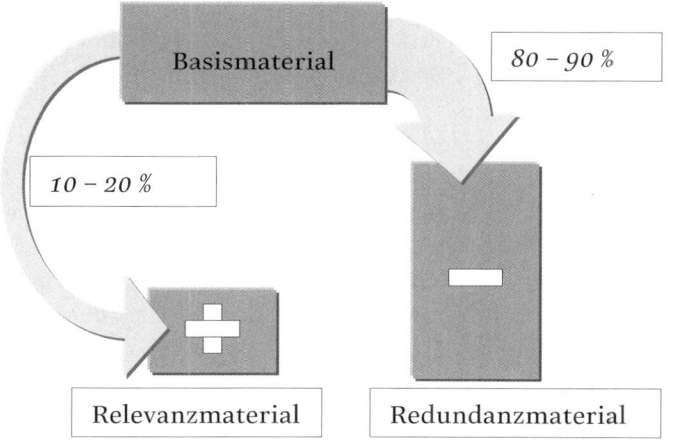

Auf Ihrem Schreibtisch entstehen so zwei Stapel – auf der rechten Seite liegt der Positiv-Stapel und links wächst der Negativ-Stapel. Auf den Negativ-Stapel kommt das so genannte Redundanzmaterial – das heißt alles, was für Ihren Auftrag nicht von großem Wert ist und deshalb erst einmal vernachlässigt werden kann. Auf dem Positiv-Stapel landet das Relevanzmaterial. Das sind die wichtigen Unterlagen mit hohem Informationsgehalt. Achten Sie darauf, dass der Negativ-Stapel groß wird, während der Positiv-Stapel relativ klein bleibt. In der Recherche-praxis macht das Redundanzmaterial am Ende einen Anteil von 80-90%, das Relevanzmaterial kommt auf 10-20%. Das sind natürlich nur durchschnittliche Erfahrungswerte, von denen es im konkreten Einzelfall erhebliche Abweichungen geben kann.

Der Redundanzstapel ist nun aber nicht für den Papierkorb. Das Material wird zwar zur Seite gelegt, gerät aber nicht völlig aus dem Augen. In der weiteren Analysearbeit kann es passieren, dass plötzlich ein vermeintlicher Randaspekt eine hohe Bedeutung gewinnt. Dann heißt es, wieder einzutauchen in den Redundanzstapel und die relevanten Fakten dazu herauszusuchen.

Nehmen wir uns als Nächstes das Relevanzmaterial vor. Dieser Materialstapel – vielleicht noch 100 Seiten stark, muss nun konzentriert gelesen werden. Immer wenn Sie auf eine relevante Information treffen, dann streichen Sie diese Stelle mit Markerstift an und nummerieren die Fundstelle. So arbeiten Sie sich langsam Seite für Seite durch den gesamten Stapel. Am Ende haben Sie hoffentlich einige Dutzend relevante Fundstellen herausgearbeitet. Das ist der Humus der Recherche. Sie schneiden die Passagen aus oder sie tippen sie in die Textverarbeitung – wie es Ihnen besser gefällt. Dabei ordnen Sie die Fundstellen wieder Ihren großen Recherchefeldern zu. Innerhalb der Felder stellen Sie jeweils alle Infopunkte nebeneinander, die ursächlich zusammengehören. Es entstehen die Essentials Ihrer Arbeit. Ein Papier, das vielleicht 10 Seiten lang ist und in dem alle wichtigen Informationen zusammengefasst, geordnet und in Beziehung gesetzt wurde. Dieses Papier nennt man auch den Faktenspiegel.

Der Faktenspiegel begleitet das Konzeptionsteam während der gesamten konzeptionellen Arbeit. Er wird bei der Erarbeitung der Strategie und Maßnahmen immer wieder als Leitfaden zur Hand genommen.

Bevor wir es vergessen: Warum wurden die Fundstellen nummeriert? Wenn Sie in der weiteren Arbeit plötzlich merken, dass Sie dringend noch mal das Umfeld einer gefilterten Stelle nachlesen müssten, dann hilft die Nummerierung ungemein. Über sie findet man die Quelle wesentlich schneller wieder. Ansonsten bricht nicht selten eine verzweifelte Suche los.

Im freien Feld der Fakten müssen wir uns mit Hilfe von Wissen und Erfahrung selbst solche Selektionshilfen aufbauen. Sie müssen so offen sein, dass die wichtigsten Fakten damit erfasst werden, und sie müssen zugleich so eng gefasst sein, dass sie uns helfen, das Thema ausreichend scharf zu fokussieren.

Warum wird das Ganze im Faktenspiegel schwarz auf weiß manifestiert? Eine Faktensammlung ist wertlos, wenn ich deren Essentials nicht in einem Text schriftlich festhalte. Das Formulieren eines Textes erfüllt gleich mehrere Funktionen. Jeder Text zwingt mich, einen Bedeutungskontext aufzubauen. Erst im Schreiben wird mir deutlich, ob ich es schaffe, die Fakten in einem Zusammenhang darzustellen oder ob mir dazu noch wichtige Fakten oder Überlegungen fehlen. Gleichzeitig schafft der Text eine Kommunikationsbasis, auf die sich Mitarbeiter wie Kunden beziehen können. Insofern vermittelt jeder Text wenigstens temporäre Objektivität und legt Deutungsmuster fest.

Den Faktenspiegel sollte man sorgfältig lesen. Ist er wirklich rund und aussagekräftig? Sind alle wichtigen Fakten versammelt, oder gibt es noch Lücken und Unschärfen? Und wenn Sie über eine Lücke stolpern, dann beginnt sofort die Nach-Recherche.

Den Faktenspiegel kann man in der Agentur dem gesamten am Projekt beteiligten Team an die Hand geben. Er ist ideal für alle Teammitarbeiter, um sich ins Thema einzulesen und die Kommunikationskonstellation schnell zu begreifen.

Es kann zudem Sinn machen, mit dem fertigen Faktenspiegel zum Auftraggeber zu gehen und mit ihm den recherchierten Status durchzusprechen.

Das Re-Briefing

Wenn die Ergebnisse der Recherche spürbar von den Briefingangaben des Kunden abweichen, dann muss man sich entscheiden. Entweder man übernimmt die Sicht des Kunden und riskiert, dass später die Kommunikation zwischen den Stühlen der Marktrealität landet. Oder man folgt den Ergebnissen der Marktrecherche und riskiert, dass der Auftraggeber in der Präsentation erbost aufspringt, weil er sich nicht wieder findet.

Um das Risiko in jeder Richtung zu minimieren, empfiehlt es sich bisweilen, mit dem fertigen Faktenspiegel im Gepäck ins Re-Briefing zu gehen. Re-Briefing ist ein erneuter Kontakt zwischen dem Kunden und der Agentur. Beim Re-Briefing ist die Agentur in der offensiven Position. Sie stellt die Lage dar, beschreibt die sich daraus ergebende veränderte Problemstellung und skizziert vielleicht sogar die Lösungswege. Der Kunde hört zu, kommentiert und relativiert.

Was ist, werden Sie fragen, wenn der Kunde trotz des Re-Briefing auf seiner Sicht der Dinge besteht? Dann wird im Sinne des Kunden weitergearbeitet. Es soll zwar angeblich Agenturen mit ganz viel Rückgrat geben, die daraufhin eine weitere Betreuung ablehnen, aber die sind uns nie begegnet.

Ein Re-Briefing ist nicht nur nach Ende der Recherche möglich und nötig. Auch später im Konzeptionsprozess kann ein Re-Briefing anberaumt werden. Zum Beispiel, wenn während der strategischen Arbeit essentielle Fragen auftauchen oder wenn in der Phase der kreativen Gestaltung ein Schulterblick auf die Skribbles der Grafiker sinnvoll erscheint.

Nicht jeder Auftraggeber ist von solchen Re-Briefings begeistert. Deshalb sollte man nicht mit mehreren Re-Briefings tröpfchenweise zur Sache kommen, sondern die Fragen, Probleme und Unsicherheiten bündeln und möglichst nur einmal in eine erneute Briefingrunde gehen.

Ein Re-Briefing muss auch nicht unbedingt mündlich im persönlichen Gespräch erfolgen. Manchmal hilft schon ein Telefongespräch mit dem Kunden weiter. Oder Sie schicken ihm ein E-Mail mit Problembeschreibung und bitten um Reaktion.

Wir fassen zusammen

Gründliche Recherche ist die Voraussetzung für jede Analyse. Für die Recherche können Sie sich der verschiedensten Methoden und Informationsquellen bedienen. Aber eine gute Recherche steht und fällt mit der Fähigkeit, Arbeit und Fakten zielorientiert zu strukturieren. Fakten sprechen nur, wenn wir sie mit Hilfe von Deutungs- und Interpretationsmustern zum sprechen bringen. Deshalb benötigen wir bereits bei der Faktensammlung Hypothesen, die unsere Suche strukturieren.

Für viele Informationen stehen uns heute – im Internet-Zeitalter – eine Vielzahl von Materialien und Datenbanken zur Verfügung. Sie ersetzen aber nicht den persönlichen Eindruck, wie ich ihn nur aus der Primär-Recherche bekomme. Eine Recherche ist dann gelungen, wenn in meinem Kopf ein durch Fakten gesättigtes und komprimiertes Wirklichkeitsbild entsteht, das mir Anregungen und Perspektiven für die weitere Konzeptionsarbeit vermittelt.

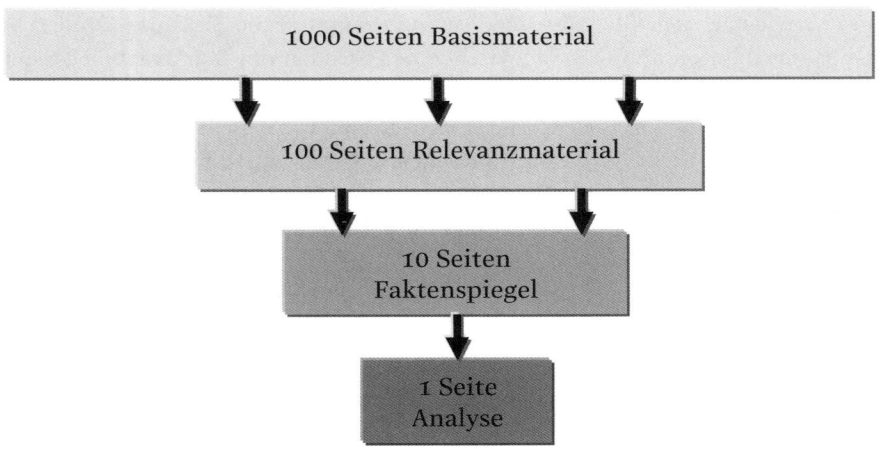

Mit vielleicht tausend Seiten Material hat alles angefangen. Das wurde dann auf 100 Seiten relevantes Material eingedampft und im Faktenspiegel auf kompakte 10 Seiten gebracht. Damit sind wir fertig? Wo denken Sie hin! Jetzt wird es erst so richtig spannend. Denn in der eigentlichen Analyse spitzen wir noch einmal zu und komprimieren die gesamte Recherche auf eine einzige Seite.

Roadmap für die Recherche

Der Kunde hatte eine Kette von Bio-Supermärkten. Zwei Jahre war er schon im Geschäft – allerdings vollkommen ohne Presse- und Öffentlichkeitsarbeit. Das sollte sich ändern. Wir wurden beauftragt, ein PR-Konzept zu entwickeln. Für die Recherche standen vier Arbeitstage zur Verfügung. Insgesamt wurden über 30 Telefonate geführt, fünf Gesprächstermine persönlich wahrgenommen, sechs Stunden im Internet gesurft, Bücher und Fachzeitschriften gesichtet. Das gesammelte Infomaterial füllte am Ende zwei dicke Aktenordner. Die Marschroute für die Recherche wurde in folgender Roadmap skizziert:

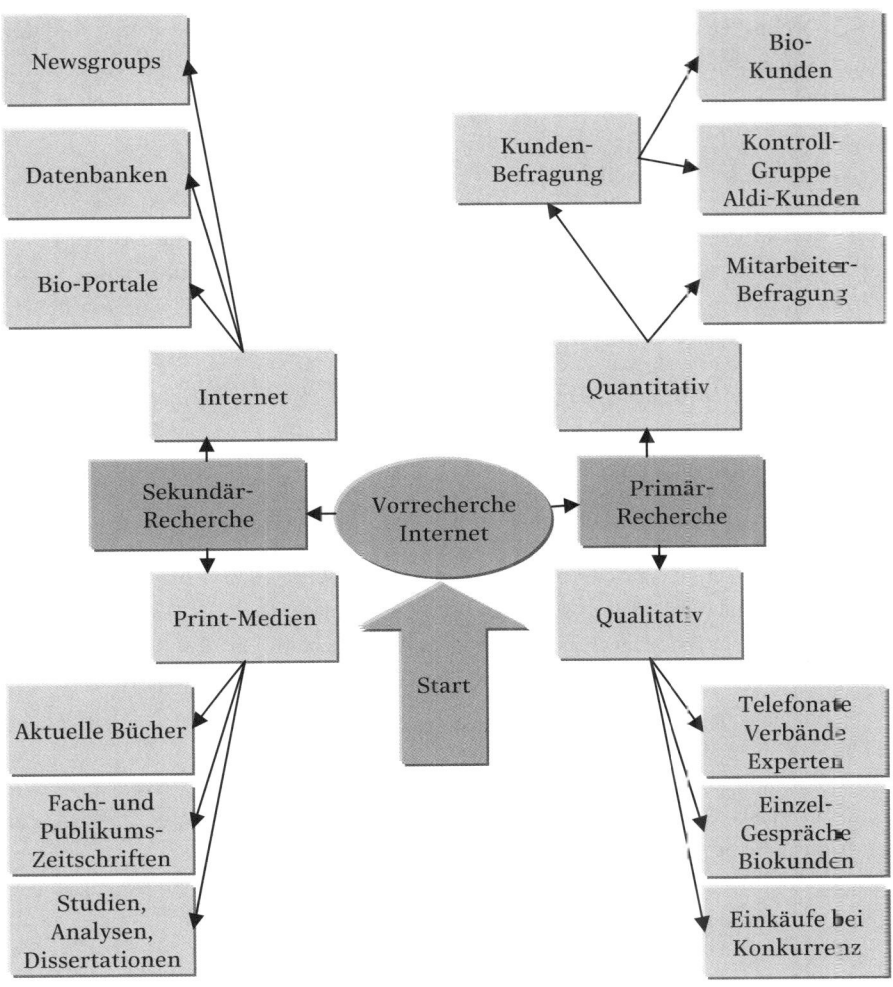

Das kleine Suchmaschinen–Latein

Wie sage ich es meiner Suchmaschine? Mancher gibt aufs Geradewohl Suchbegriffe ein, verirrt sich im Dschungel der Treffer und gibt mutlos auf. Bei Google, Lycos, Fireball und Konsorten macht Übung den Meister. Man sollte zuerst die großen Suchmaschinen ausprobieren und sich am Ende für die entscheiden, mit der man am besten zu Recht kommt. Mit der Suchmaschine der Wahl trainiert man danach ein wenig für den

Recherche-Ernstfall. Da reichen schon 1-2 Stunden Trainingszeit. Nehmen Sie sich einfach untenstehende Suchtechniken vor und probieren Sie diese an frei gewählten Suchbegriffen aus. Sie werden schnell ein Gefühl für den Umgang mit den Suchoperatoren entwickeln und Ihre Suchergebnisse präzisieren.

Im vorliegenden Fall hat der Konzeptioner den Auftrag, für einen Fremdenverkehrsverein ein PR-Konzept zum Thema „Urlaub an der Ostsee" zu machen. Nehmen wir weiter an, der Konzeptioner war noch nicht an der Ostsee. Das Thema ist ihm relativ fremd. Um dem Ostseeurlaub näher zu kommen, will er im Internet über seine Suchmaschine Informationen sammeln. Er loggt sich also ins Internet ein und geht auf die Seite mit der Eingabemaske seiner Suchmaschine.

Erstens: Einfaches Suchwort eingeben

Die Eingabe des Wortes Ostsee bringt unserem Konzeptioner immerhin 81.000 Fundstellen. Das sind viel zu viele Treffer. So geht das nicht.

Zweitens: Oder-Verknüpfung

Der Konzeptioner versucht es mit einer Oder-Verknüpfung und tippt Urlaub OR Ostsee in die Suchmaske. Die Zahl der Treffer explodiert jetzt förmlich auf 540.000 Fundstellen. Die Suchmaschine zeigt ihm nämlich alle Webseiten an, die den Begriff Urlaub oder den Begriff Ostsee oder beide Begriffe beinhalten. So geht das auch nicht.

Drittens: Und-Verknüpfung

Um die Zahl zu reduzieren, schreibt er als nächstes – Urlaub AND Ostsee –. Insgesamt gibt es diesmal 36.000 Ergebnisse. Aufgelistet werden alle Treffer, die beide Suchworte enthalten. Immer noch zu viel.

Beim ersten Sichten ärgert sich unser Rechercheur, weil viele Seiten zu Hotels und Ferienwohnungen dazugehören, die Übernachtungsgäste suchen. Daran ist er nicht interessiert.

Viertens: Nicht-Verknüpfungen

Wieder rein in die Suchmaske und eine Nicht-Verknüpfung eingeben: Urlaub AND Ostsee NOT Hotel NOT Ferienwohnung. Siehe da, jetzt sind noch 10.000 Treffer übrig geblieben.

Fünftens: Wortgruppen

Der Rechercheur engt die Suche noch einmal ein. Er hat bei einigen Stichproben entdeckt, dass sich viele Suchstellen nur am Rande mit dem Urlaub an der Ostsee beschäftigen. Es reicht ja schon, wenn beide Worte irgendwo im gesamten Text vorkommen.

Deshalb gibt er jetzt eine komplette Phrase in Anführungsstrichen und dazu seine Nicht-Verknüpfungen ein: „Urlaub an der Ostsee" NOT Hotel NOT Ferienwohnung. Das hatte Erfolg. Nun sind es noch 1.400 Fundstellen, die meisten davon von Fremdenverkehrsein-richtungen und Kommunen an der Ostsee, die einen schnellen und aufschlussreichen Überblick geben. Nun kann die inhaltliche Arbeit mit den Fundstellen losgehen.

Sechstens: Platzhalter-Suche

Eine Gegend an der Ostsee interessiert den Konzeptioner besonders: der Darß. Als Ost-see-Laie weiß er nur nicht, wie die Region korrekt heißt. Er hat so ein vages Wortgefühl im Hinterkopf. Also tippt er Darsch ein. Fehlanzeige. Danach: Dart. Wiederum Fehlan-zeigen. Erfolgversprechender ist die Suche mit einem Sternchen als Platzhalter, auch Wildcard genannt. Seine Eingabe lautet: Dar* AND Ostsee – Volltreffer. Gleich das erste Ergebnis führt ihn nach Darß-Fischland.

3. Phase: Die Analyse

Klarheit schaffen

In dieser wichtigen Phase geht es um die zielorientierte Beschreibung und Erklärung der Ausgangssituation auf Basis des in der Recherchephase erarbeiteten Faktenspiegels. Um die Analysearbeit zu erleichtern, setzen Sie Methoden und Modelle ein, mit denen die recherchierten Fakten seziert, komprimiert, geordnet und zu einem aussagefähigen, realistischen Interpretationsbild zusammengefügt werden. Der Auftraggeber nickt mit dem Kopf: „Genau – das sind wir! Da stehen wir! Eigentlich wissen wir das ja irgendwie alles selbst, aber so klar wie Sie hat das bisher noch niemand herausgearbeitet."

> *Definition: Analyse*
>
> Der Begriff Analyse kommt aus dem Griechischen und wird mit Auflösung, Zergliederung übersetzt. Mit Analyse wird die Zerlegung eines Gegebenen in seine Teile, die Rückführung auf seine Bedingungen und Ursachen sowie die Untersuchung seiner Konsequenzen bezeichnet.

Recherche und Analyse hängen innerhalb des Kommunikationsprozesses eng zusammen. Sie sind fast so etwas wie siamesische Zwillinge. Das eine ist ohne das andere nicht denkbar. Die Recherche liefert den Rohstoff, der dann in der Analyse weiterverarbeitet und konzeptionsreif gemacht wird. Manche Experten streiten sich, ob die Recherche selbst schon eine analytische Tätigkeit ist. Wir meinen ja, denn es tut der Recherche nicht gut, wenn Fakten nur stur wie am Fließband eingesammelt werden. Bereits in der Recherche ist es notwendig, die eingehenden Informationen analytisch zu bewerten und vorzuordnen. Die Recherche sammelt, was im Problemumfeld zu finden ist. Die Analyse ordnet es ein, gewichtet und bewertet es. Aus Fakten wachsen Faktoren. Faktoren, die zu Bestimmungsgrößen für die gesamte Kommunikationsstrategie werden.

In diesem Kapitel stellen wir Ihnen die gängigsten Analyse-Modelle vor, die Ihnen helfen sollen, die recherchierten Daten auf ihre Essenz zu verdichten. Im Anschluss daran erläutern wir den analytischen Arbeitsprozess am Beispiel einer Stärken-Schwächen-Analyse. Viele der Analyse-Modelle kommen ursprünglich aus dem Marketing. Sie werden dort seit Jahren, teilweise schon seit Jahrzehnten, erfolgreich eingesetzt. Die Kommunikationskonzeption adaptiert sie aber nicht 1:1. Die Modelle werden in der Regel stark vereinfacht und auf die kommunikationsrelevanten Faktoren verdichtet. Auch spielen psychologische Faktoren eine weit größere Rolle als im klassischen Marketing.

3. Phase: Analyse

Wo liegen die Ursachen und die Kernprobleme und wie
bewerten wir sie?

Grundlagen der Analyse

Analyse-Methoden
Freie Analyse
Stärken-Schwächen-Analyse
SWOT-Analyse
Chancen/Risiken-Analyse
PEST-Analyse
Soll-Ist-Analyse
Eigenbild- & Fremdbild-Analyse

Der analytische Prozess
Sammlung der Stärken und Schwächen
Reduktion auf essentielle Positionen
Komprimierung auf Kernaussagen
Gewichtung der analytischen Resultate
Strukturierung der Eigenschaften und Merkmale
Herstellung von Relationen und Interdependenzen

Fazit als Schlusspunkt

Analyse ist ein „Bewusstwerdungsprozess". Sie braucht die Diskussion und Reflektion. Sie braucht Kontroverse und Konsens. Der Analyse tut es nicht gut, zwischen Tür und Angel abgehandelt zu werden. Sie braucht Zeit und Freiraum, um sich entfalten zu können, um die Erkenntnisse reifen zu lassen. Schnelle Instant-Analysen führen oft zu Unschärfen, Verzerrungen und Fehlschlüssen.

Ideal für das Gedeihen der Analyse ist das Klima einer Gruppensituation. Gemeinsam wird auf Basis des Faktenspiegels laut nachgedacht. Ein halber Tag ist in aller Regel ausreichend für ein solches analytisches Forum. Die größte Gefahr sind Teilnehmer, die nicht offen in die Analyse gehen. Sie haben das Ergebnis bereits vorher im Kopf – oder besser im Bauch – und sie versuchen, ihre Position durchzusetzen. Wenn diese Teilnehmer dann auch noch weisungsbefugt sind, verklemmt sich die gemeinsame Analyse schnell und wird zur Alibi-Veranstaltung.

88

Freie Analyse

Die Analyse ist das Fundament, auf dem im nächsten Arbeitsschritt die Strategie aufbaut. Trägt die Analyse nicht, ist sie schief oder instabil, dann gerät die gesamte strategische Konstruktion ins Rutschen.

Analyse und Strategie sind also aufs Engste miteinander verbunden. Auch für die Analyse gilt: Zu jeder Aufgabenstellung ließe sich eine solche Fülle von Einzelaspekten zusammentragen und untersuchen, dass man zu keinem Resultat kommt. Deshalb ist es wichtig, gezielt und mit einem Gespür für die wichtigen strategischen Fragestellungen vorzugehen. Hier helfen die analytischen Modelle. Sie sind Hilfsmittel, um die Analyse in effiziente Bahnen zu lenken – und sie funktionieren erstaunlich gut. Wir würden Ihnen raten, vor allem wenn Sie noch wenig Konzeptionsroutine haben, unbedingt auf diese Modelle zurückzugreifen. Allerdings müssen wir auch einräumen, dass es bisweilen konzeptionelle Problemfälle gibt, bei denen besagte Modelle eher schädlich sind, denn sie pressen den analytischen Prozess in eine Schablone. Hin und wieder funktioniert es besser, die Schablonen aufzubrechen, frei zu diskutieren und quer zu denken.

Deshalb ist eine freie Analyse – ohne Modelleinsatz – in einzelnen Problemfällen durchaus denkbar. Sie will besonders gut gesteuert und moderiert werden. Und auch bei der freien Analyse empfiehlt es sich, einen Fahrplan zu haben, der auf vier Analyse-Schritten basiert:

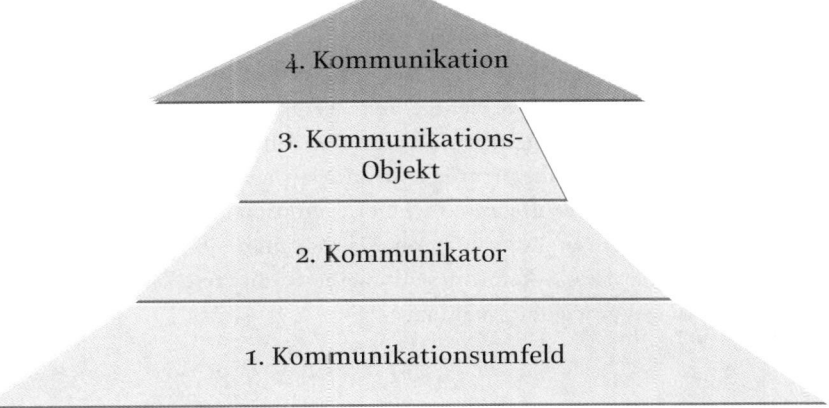

Der Faktenspiegel bildet die Grundlage der Arbeit. Das Konzeptionsteam seziert und reflektiert die Fakten des Spiegels nacheinander in vier Schritten. Die Reihenfolge der Schritte muss unbedingt eingehalten werden:

- *1. Das Kommunikationsumfeld im Blickpunkt* – Alles, was draußen auf dem Markt für die Kommunikation relevant ist, wird diskutiert. Von der allgemeinen Lage der Branche über das Zielgruppenverhalten bis zur Konkurrenzsituation.

89

- *2. Der Kommunikator im Blickpunkt* – In diesen Kontext gehört das Durchleuchten aller Fakten, die das Unternehmen, seine Produkte und Dienstleistungen, seine Unternehmensgeschichte und -kultur, seine Organisations- und Leitungsstruktur betreffen.
- *3. Das Kommunikationsobjekt im Blickpunkt* – In diesen Kontext gehören alle analytischen Überlegungen zum Produkt, oder zur Dienstleistung, für die Sie kommunizieren sollen. Das Kommunikationsobjekt sollte von allen Seiten kritisch durchleuchtet werden. Versuchen Sie eine Beziehung zum Objekt aufzubauen, mehr noch: Versuchen Sie Ihr Kommunikationsobjekt zu mögen.
- *4. Die Kommunikation im Blickpunkt* – In diesen Kontext sollten Daten und Fakten zu all den Aspekten gesammelt und bewertet werden, die in den späteren Konzeptionsphasen eine Rolle spielen, wo es um Kommunikationsziele, Bezugsgruppen und Maßnahmen geht. Im Mittelpunkt stehen dabei die aktuellen Beziehungen des Unternehmens zu seinen Zielgruppen. Zwei Fragen gilt es vorrangig zu klären: Wie hat das Unternehmen bisher mit den Zielgruppen kommuniziert? Welche Kommunikation wäre bei besagten Zielgruppen grundsätzlich möglich bzw. erfolgversprechend?

Wie bei der Recherche so ist auch bei der freien Analyse die größte Gefahr, dass man viel Zeit verliert, die einem danach wohlmöglich bei der strategischen Entwicklungsarbeit fehlt. Deshalb gilt es, möglichst frühzeitig mit der Analyse zu beginnen und sich auf die wichtigsten Kernfragen zu konzentrieren.

Ein großer Fehler in der Darstellung der Analysephase im Konzeptionsbericht oder dem Präsentationsdokument ist eine zu große Ausführlichkeit. Niemand möchte mit ellenlangen Betrachtungen gelangweilt werden, auf welche Art und mit welchen Daten Sie zu Ihren analytischen Kernaussagen gekommen sind. Wenige, sehr wenige Seiten oder Abschnitte werden in der Regel genügen. Packen Sie gegebenenfalls die Darstellung der Analyse in einen Anhang oder Extra-Band, der allerdings übersichtlich strukturiert sein sollte.

Entsprechendes gilt ebenfalls für die mündliche Präsentation eines Konzepts. Der Analyseteil sollte sehr kurz gehalten werden. Konzentrieren Sie sich auf diejenigen Aspekte, die die Zuhörer überraschen – also auf neue Erkenntnisse und eine verdichtete Darstellung der Situation, in der sich ihre Auftraggeber wieder erkennen.

Tipps für die Arbeit mit Analyse-Modellen

Sie haben sich für den Einsatz eines Analyse-Modells entschieden? Das erleichtert vieles. Nun kann nichts mehr schief gehen? Na ja – um ehrlich zu sein – nicht ganz. Auch die Arbeit mit den Modellen hat so ihre Tücken. Deshalb sind die anschließenden Tipps sicherlich hilfreich:

- *Verlieren Sie Ihre Aufgabe nicht aus dem Blick* – Denken Sie immer daran, dass Sie nicht die Aufgabe haben, eine Gesamtanalyse des Unternehmens in all seinen Umweltverästelungen herzustellen. Ihr analytisches Ziel muss es sein, die Faktoren zu identifizieren, die

Sie zur Lösung ihrer Aufgabe benötigen. Deshalb bewerten Sie immer im Prozess der Analyse die Bedeutung der einzelnen Faktoren für Ihre spezifische Aufgabe.

- *Fassen Sie sich kurz* – Analytische Diskussionen enden leicht in Marathon-Gesprächen ohne Zieleinlauf. Setzen Sie bei aller Dialogfreiheit eine klare Zeitgrenze und greifen steuernd in den Gesprächsfluss ein.
- *Analyse heißt vereinfachen und nicht verkomplizieren* – Verwechseln Sie Ihre Analyse nicht mit einer wissenschaftlichen Untersuchung. Bedenken Sie Ihren Zeit- und Arbeitsaufwand und begrenzen Sie die analytische Komplexität im Hinblick auf die Aufgabenstellung. Der Auftraggeber möchte überschaubare Lösungen und nicht einen Berg neuer ungelöster Probleme.
- *Gruppenarbeit ist gut* – Die eigentliche Analyse sollte bevorzugt im Forum stattfinden. Das Forum darf nicht zu groß werden. Alle haben den Faktenspiegel gelesen und sind im Thema. Alle sind offen und bereit, tief einzusteigen. Notorische Besserwisser müssen leider draußen bleiben.
- *Freiheit geht vor Methodik* – Die Analyse-Modelle sind Hilfsgrößen und keine Heiligtümer. Deshalb sollten Sie den freien Fluss der Gedanken nicht durch methodische Maßregelungen behindern. Wenn also ein Teamteilnehmer innerhalb der SWOT-Analyse eine Chance ins Gespräch bringt, die nicht sauber in das Feld Chancen passt, lassen Sie ihn gewähren. Es geht in Ordnung. Nicht in Ordnung ist, wenn Sie den Teilnehmern dozierend vorhalten, sie hätten die Systematik der SWOT-Analyse nicht begriffen. Analyse muss fließen, Dämme an allen Seiten sind da nur hinderlich.
- *Visualisieren erleichtert vieles* – Die visuelle Aufbereitung der Resultate (Stärken-Schwächen, Chancen-Risiken etc.) – z. B. durch Karteikarten an der Pinnwand – erleichtert den analytischen Prozess und zwingt zu kurzen bündigen Aussagen.

Die Stärken-Schwächen-Analyse

Die Stärken-Schwächen-Analyse ist das einfachste Modell. Man bekommt es schnell in den Griff und hat wenig mit methodischen Schwierigkeiten zu kämpfen. Es erschließt sich den Teilnehmern eines Analyse-Gesprächs fast intuitiv. Auch Personen, die noch nie konzeptionell gearbeitet haben, können sofort mitmachen.

Falls Sie sich mit der SWOT-Analyse nicht sicher sind und ein Durcheinander befürchten, dann greifen Sie ruhig auf die Stärken-Schwächen-Analyse zurück. Nichts spricht dagegen.

In der Stärken-Schwächen-Analyse werden im Grundsatz die verschiedenen Stärken und Schwächen aufgelistet und einander gegenübergestellt. Das zentrale Problem ist dabei, die strategisch relevanten Beurteilungskriterien herauszufinden. Die Erfassung der Stärken und Schwächen erfolgt in der Regel durch eine Kombination von subjektiven Einschätzungen und nachprüfbaren Daten.

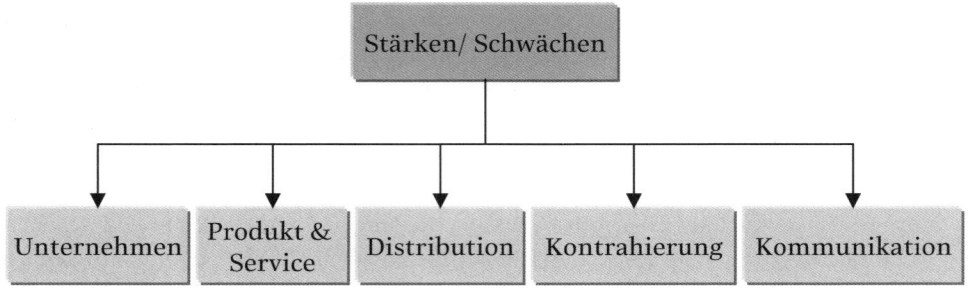

Wen obiger Horizont der Stärken und Schwächen stark an die Marketing-Mix-Faktoren erinnert, der liegt nicht falsch. Unter den beiden Polen eingeordnet werden:

- *Unternehmensfaktoren* – Image, Tradition, Kompetenz, Umsatz, Marktanteil, Standorte, Rechtsform, Personal, Schulung etc.
- *Produktfaktoren* – Produktqualität, Produktperformance, Design, Sortimente, Serviceleistungen etc.
- *Distributionsfaktoren* – Vertriebsorganisation, Vertriebskapazität, Vertriebswege, Logistik, Lieferzeiten etc.
- *Kontrahierungsfaktoren* – Preise, Rabatte, Sonderkonditionen, Kredite, Leasing, Liefer- und Zahlungsbedingungen etc.
- *Kommunikationsfaktoren* – Eingesetzte Instrumente, Strategie, Timing, Design, Etatgrößen, Manpower etc.

Die Aufzählung der relevanten Positionen versteht sich als allgemeine Checkliste. Sie hilft Ihnen zu überprüfen, ob Sie wohlmöglich wichtige Stärken und Schwächen vergessen haben. Für Ihr Kommunikationsproblem müssen aber nicht alle genannten Faktoren relevant sein. Auch gibt es speziell in der PR viele Fälle, wo Sie nur indirekt mit den obigen Checkpunkten arbeiten können. Wer ein Konzept für ein Bundesministerium macht, der setze deshalb für Unternehmen Institution ein. Aus dem Produkt wird z. B. ein neues Gesetz. Die Distribution ist die Frage, über welche Wege das Gesetz umgesetzt werden soll. Und statt Kontrahierung fragt man danach, welche Kosten, Pflichten und Bedingungen für den relevant werden, der das neue Gesetz in Anspruch nehmen will.

Um eine sinnvolle Stärken-Schwächen-Analyse machen zu können, brauchen wir als nächstes noch eine Messlatte, die uns eine feste Relation vorgibt, was denn nun Stärken und was Schwächen sind. In der Praxis wird hauptsächlich mit folgenden Maßstäben gearbeitet:

- *Der Durchschnitt der Mitbewerber* – Das ist die Standardmesslatte, die in der Regel auch funktioniert. Es sei denn, man analysiert gerade den unangefochtenen Marktführer – da läge die Latte zu niedrig. Um den Mitbewerbervergleich machen zu können, muss man sich in der Recherchephase natürlich ausführlich mit den Mitbewerbern beschäftigt und ein klares Bild im Faktenspiegel festgehalten haben.

- *Der stärkste Mitbewerber* – Wenn die Stärken und Schwächen eingeordnet werden, kann man auch den stärksten Mitbewerber als Vergleichsgröße nutzen. Das funktioniert nur, wenn mein Auftraggeber oder mein Kommunikationsobjekt mit zur Spitzengruppe gehört. In allen anderen Fällen hängt die Messlatte plötzlich zu hoch und die Schwächenseite muss wegen Überfüllung geschlossen werden.
- *Die Sicht der Zielgruppe* – Die Zielgruppe ist letztendlich das Maß der Dinge, heißt es immer wieder. Doch kaum einer hält sich dran. Eigentlich sollte das Konzeptionsteam konsequent die Brille der Zielgruppe aufsetzen und aus deren Blickwinkel und mit deren Sichtweise, die Stärken und Schwächen betrachten.
- *Die eigene subjektive Einschätzung* – Wo fühlt sich der Auftraggeber stark und wo fühlt er sich schwach? Das ist gewiss eine sehr subjektive Messlatte, die den Markt nicht genügend berücksichtigt. Aber sie funktioniert sehr gut, weil sie sich am Selbstverständnis des Auftraggebers orientiert.

Bei manchen Auftraggebern mag der Begriff Mitbewerber nicht auf den Punkt kommen. Häufig funktioniert die Messrelation aber dennoch. Wenn beispielsweise die evangelische Kirche eine PR-Kampagne für die Konfirmation in den neuen Bundesländern vorbereitet, dann kommt es den Beteiligten nicht leicht über die Lippen, von „Marktwettbewerb" zu sprechen. Aber letztendlich ist die Jugendweihe in den neuen Ländern im übertragenden Sinne als „Konkurrenz" zu sehen und als Vergleichsgröße voll tauglich.

Bei der Durchführung der Stärken-Schwächen-Analyse gibt es im Wesentlichen zwei Verfahren: Die bipolare Tabelle und das skalierte Polaritätsprofil. Bei der bipolaren Tabelle werden alle Faktoren den beiden Polen Stärken und Schwächen in Listenform zugeordnet. Die Stärken und Schwächen beziehen sich immer auf das Objekt, für das Sie Kommunikation machen sollen.

Stärken	Schwächen
Faktoren, bei denen unser Objekt stärker ist als der Durchschnitt der Mitbewerber	Faktoren, bei denen unser Objekt schwächer ist als der Durchschnitt der Mitbewerber

Es entsteht eine zweispaltige Faktorenliste mit den Stärken auf der einen und den Schwächen auf der anderen Seite. Sie können die Faktoren in ganzen Sätzen ausformulieren. Der Übersichtlichkeit halber würden wir Ihnen aber empfehlen, nur mit kurzen, prägnanten Stichworten zu arbeiten. Aus rein taktischen Gründen sollte man zudem darauf achten, dass die Liste der Schwächen nicht zu lang wird und die Stärken vollkommen verdrängt. Wer in der Analyse Frust sät, wird es in der Strategie schwer haben, Begeisterung zu ernten.

Eine Alternative ist die bipolare Skala auch Polaritätenprofil genannt. Hier wird zwischen den beiden Gegensatzpaaren Stärken – Schwächen ein Kontinuum dargestellt, das in verschiedene, numerisch bezeichnete Abschnitte unterteilt wird. Auf diese Weise entsteht beispielsweise eine Skala, die von +3 bis -3 reicht. Einzelne Merkmale wie z. B. Defizite im Führungsverhalten eines Unternehmens können nun differenzierter bewertet werden.

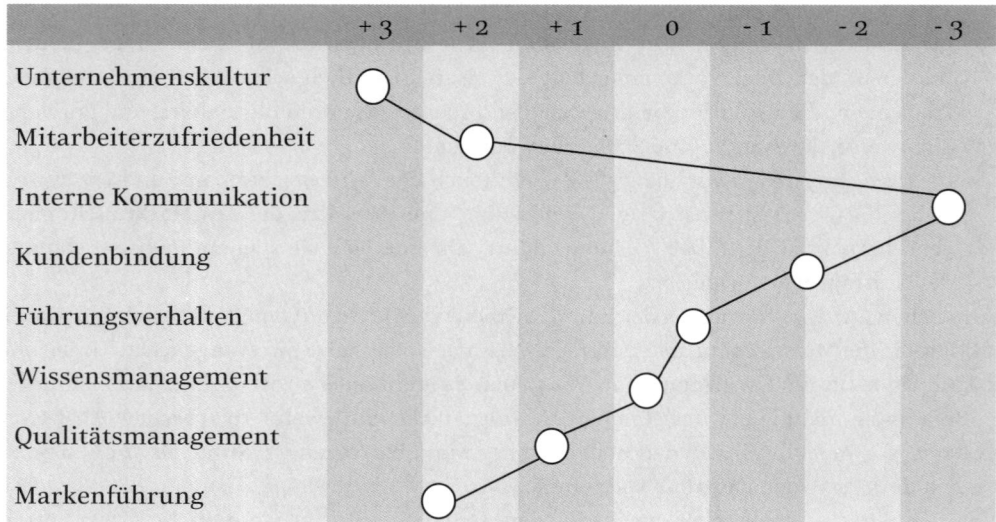

In dieser Skala können die einzelnen Merkmale von +3 (= sehr hoch) bis -3 (= sehr niedrig) eingestuft werden. Verbindet man dann auf der Polaritätsskala die einzelnen Punkte mit einer Linie, so erhält man ein grafisches Profil. Diese Skalierungsmethode wird vor allem auch für Image-Analysen verwendet.

Die Vorteile dieser Skalierung liegen nicht nur in einer abgestuften Bewertung und in einer grafischen Darstellung. Das Polaritätsprofil ermöglicht es zudem, unterschiedliche Unternehmen unmittelbar miteinander zu vergleichen oder Abweichungen zwischen Idealbild und Realbild bildlich festzuhalten. Trägt man in das obige Polaritätsprofil neben den Bewertungen des eigenen Unternehmens die seines wichtigsten Mitbewerbers ein, so erhält man aussagekräftige Vergleichsmöglichkeiten.

Die SWOT-Analyse

Die SWOT-Analyse ist eine Weiterentwicklung der Stärken-Schwächen-Analyse. Sie wird heute vor allem bei integrierten Kommunikationskonzepten bevorzugt eingesetzt.

Bei der SWOT-Analyse handelt es sich um eine Kombination aus der Stärken-Schwächen-Analyse und der Chancen-Risiken-Analyse, die in einer Matrix zusammengeführt werden. Die SWOT-Analyse kommt ursprünglich aus dem Marketing-Bereich und wurde für die Positionierung der eigenen Aktivitäten gegenüber dem Wettbewerb eingesetzt. Heute wird sie auch für die Unternehmensanalyse insgesamt genutzt.

Die SWOT-Analyse gehört im Marketing zum festen Instrumentarium bei Analyse und Konzeption. Allerdings wird sie dort oft sehr gründlich betrieben. Uns liegen SWOT-Analysen von Marketingspezialisten vor, die mehrere hundert Seiten stark sind. Das gesamte Unternehmen und sein Markt wurden im Detail durchleuchtet. In der Kommunikation gehen wir da etwas hemdsärmliger zur Sache. Eine gute SWOT-Analyse kommt auf den Punkt. Sie ist in ihrer ausgereiften Endform möglichst nicht länger als 1-2 Seiten im Konzept bzw. auf einem Chart in der Präsentation.

Was heißt SWOT? Die vier Buchstaben sind die Abkürzungen für Strength (Stärken), Weakness (Schwächen), Opportunities (Chancen) und Threats (Risiken).

Die Stärken und Schwächen fokussieren sich auf die eigenen internen Faktoren, die das Unternehmen unter Kontrolle hat und direkt beeinflussen kann. Sie definieren eine IST-Situation hier und heute. Die Chancen und Risiken schauen nach draußen auf die externen Faktoren im relevanten Marktumfeld. Das sind Faktoren, auf die das Unternehmen keinen direkten Einfluss hat und die in Zukunft an Relevanz gewinnen könnten.

Die SWOT-Analyse besteht aus vier großen Feldern, die mit den maßgeblichen Faktoren gefüllt werden. Die Quelle, aus denen die Faktoren kommen, ist der Faktenspiegel. Bei der SWOT-Analyse innerhalb der Kommunikationskonzeption konzentriert man sich auf kommunikationsrelevante Faktoren. Manche erliegen der Versuchung, das Modell zu einer Generalabrechnung mit dem Marketing-Mix des Auftraggebers zu machen. Vor dieser Kompetenzerweiterung sei gewarnt.

Strenght	Weakness
Interne Faktoren, bei denen unser Kommunikationsobjekt heute stärker ist als der Durchschnitt der Mitbewerber	Interne Faktoren, bei denen unser Kommunikationsobjekt heute schwächer ist als der Durchschnitt der Mitbewerber
Opportunities	Threats
Externe Faktoren, die zukünftig Entwicklungschancen für die Kommunikation beinhalten	Externe Faktoren, die zukünftig Gefahren für die Kommunikation beinhalten

Schauen wir uns die vier Faktorenfelder des SWOT-Modells noch einmal nacheinander an:

- *Strength* – Aufgelistet werden Faktoren, bei denen das Kommunikationsobjekt zum Zeitpunkt der Analyse stärker ist als der Durchschnitt der Mitbewerber. Eine andere Messlatte als der Mitbewerberdurchschnitt ist möglich (vgl. Stärken-Schwächen-Analyse). Die Stärken müssen sehr sorgfältig gewählt werden und einer Überprüfung Stand halten. Denn die Stärken sind wichtige Aktivfaktoren der gesamten Kommunikation.
- *Weakness* – Wir analysieren die Schwachstellen des Kommunikationsobjekts in Relation zu den Mitbewerbern. Die eigenen Schwächen signalisieren Handlungsbedarf – vor allem, wenn sie in direkter Korrelation zu Risiken auftreten.
- *Opportunities* – Der Blick geht nach draußen auf den Markt. Wo finden sich für unser Kommunikationsobjekt da draußen Ansatzpunkte für eine erfolgreiche Entwicklung? Treffen Chancen mit Stärken zusammen, dann sind die Erfolgsaussichten besonders hoch. An diesen Stellen sollte die Kommunikation bevorzugt ansetzen.
- *Threats* – Rechts unten im Modell stehen die Faktoren, die mögliche Gefahr signalisieren. Die Kommunikation muss sich auf diese Stellen bewusst einstellen. Vorsicht ist vor allem angesagt, wenn eine Schwäche direkten Bezug zu einem Risiko hat. Diese „offene Flanke" muss unbedingt abgesichert werden.

Eine gute SWOT-Analyse ist ein möglichst klares und übersichtliches Abbild der Markt- und Unternehmensrealität. Der Auftraggeber sollte sich in diesem Bild wieder erkennen können. Wenn er spontan schimpft: „Da sehen wir uns aber ganz anders!" oder „So haben wir uns bisher nicht gesehen. Das ist äußerst gewöhnungsbedürftig!", dann hat die Agentur ein Problem. Denn das gesamte Strategiegebäude steht auf dem Fundament der SWOT-Analyse und die Kritik des Kunden wirkt wie ein Erdbeben. Darum sollten Sie, falls die Gefahr besteht, dass sich der Kunde mit dem SWOT-Ergebnis nicht identifiziert, rechtzeitig durch ein Re-Briefing eine Brücke bauen.

Sie arbeiten in Ihrer Praxis bereits mit der SWOT-Analyse, aber haben eine andere Methodik gelernt, wie die Faktorenfelder gefüllt werden. Sind andere Wege falsch? Nein, SWOT und andere Modelle sind Hilfsmittel, die wir nutzen, um schneller und besser zum Analyseziel zu kommen. Es gibt eine ganze Reihe von Spielarten in der SWOT-Praxis. Solange sie zum Ziel führen, haben sie Berechtigung. Stärken-Schwächen-Analyse und SWOT-Analyse sind die beiden führenden Analyseformen für das Kommunikationskonzept. Sie sind der „Mainstream". In 90 oder mehr Prozent der Fälle kommen diese beiden Modelle zum Einsatz. Die nun folgenden Modelle stellen dagegen eher Spezialmethoden für bestimmte Kommunikationssituationen dar.

Die Chancen und Risiken-Analyse

Bei dieser Analyse werden die Chancen und Risiken eingeschätzt und einander gegenübergestellt. Das Analyse-Modell setzt man vor allem ein, wenn das Kommunikationsobjekt nicht marktreif ist, sich das Unternehmen also noch irgendwo in der Produktentwicklungsphase befindet. Man stelle sich vor: Ein Unternehmen ruft die Agentur an und erläutert, dass sie gerade über ein neues Produkt nachdenkt. Die Agentur solle aus der Sicht der Kommunikation eine adäquate Markteinführungsstrategie skizzieren. Das wäre dann der richtige Einsatzpunkt für eine Chancen-Risiken-Analyse – in der Theorie. Die Realität sieht anders aus.

Im Kommunikationsalltag wird die Agentur allzu oft erst ins Spiel gebracht, wenn das neue Produkt fix und fertig ist. Da hört man dann gar nicht selten vom Auftraggeber: „Wir wissen ja, dass unser Produkt nicht so doll ist, aber dafür haben wir doch Sie. Mit der richtigen Kommunikation überzeugen Sie die Zielgruppen schon!" Die Chancen und Risiken werden in eine bipolare oder multipolare Skala eingeordnet, wie wir sie von der Stärken-/Schwächen-Analyse kennen.

Chancen	Risiken
Faktoren, die für unsere Kommunikation in Zukunft Entwicklungsmöglichkeiten bieten	Faktoren, die mögliche Gefahrenstellen für unsere Kommunikationsarbeit darstellen

Selbst erfahrene Praktiker tun sich allerdings schwer mit der Zuordnung der Chancen und Risiken. Was gehört da hinein und was nicht?

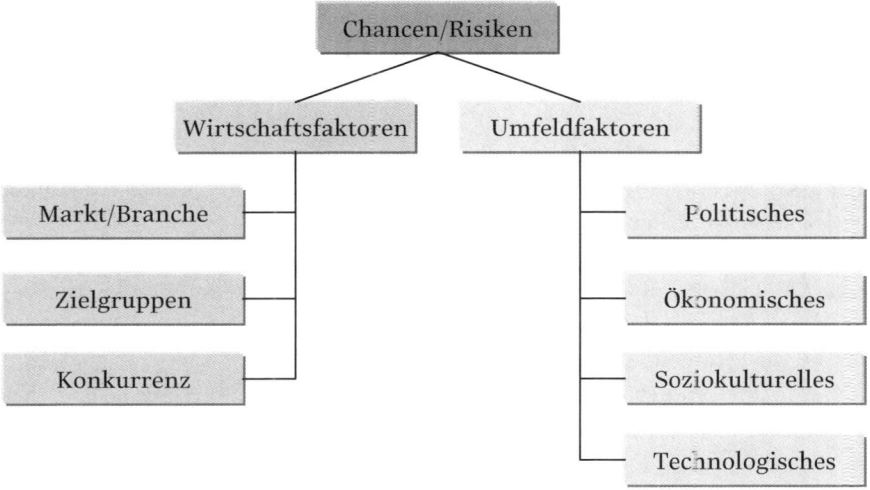

Die Chancen und Risiken lassen sich in zwei großen Gruppe unterteilen: die Wirtschaftsfaktoren, die direkt dem Wettbewerbsumfeld zugeordnet werden können, sowie die Umfeldfaktoren, die den großen Rahmen für das Planen und Handeln des Unternehmens bilden. Innerhalb dieser großen Gruppen unterscheiden wir:

- *Markt/Branche* – Marktstrukturen, Marktvolumen, Marktentwicklung der letzten Jahre und Prognose etc.
- *Zielgruppen* – Kundenstruktur, Kundeneinstellung und -verhalten, relevante Mittlerzielgruppen wie Medien und Meinungsbildner etc.
- *Konkurrenz* – Zahl der Wettbewerber, Struktur, Größe, Stärken und Schwächen der Konkurrenz, Marketingstrategien der Mitbewerber, Kommunikationsverhalten, indirekte Konkurrenzverhältnisse etc.
- *Politisches* – Wissensstand der relevanten Entscheider, politische Stimmungslage, rechtliche Situation, Situation auf der ausführenden Verwaltungsebene etc.
- *Ökonomisches* – Wirtschaftslage und -klima, Inflation, Arbeitsmarkt, globale Tendenzen etc.
- *Soziokulturelles* – Einstellungen und Wertvorstellungen, Sinus-Milieus, Moden, Mythen, Freizeitverhalten, Ethno-Einflüsse etc.
- *Technologisches* – Neue substanzielle Produkttechnologien und -verfahren, neue Werkstoffe, Änderungen in der Fertigung, mögliche Paradigmenwechsel etc.

Ein weiteres Problem bei der Chancen-Risiken-Analyse ist die richtige Fokussierung auf die Chancen. Nicht selten greifen die Faktorendefinitionen in der Chancen-Risiken-Tabelle zu kurz oder gehen zu weit. Ein Beispiel soll dies verdeutlichen. Eine bekannte soziale Institution sucht ehrenamtliche Helfer für die Seniorenheime einer Region. Innerhalb der Recherchephase stößt der Konzeptioner auf eine Studie, die besagt, dass gerade bei der jungen Bevölkerung bis 25 Jahre die Hilfsbereitschaft zurzeit stark ansteigt. In das bipolare Profil trägt er auf der Chancenseite ein:

- *Variante A:„Junge Leute bis 25 Jahre"* – Bewertung: Die Chance ist hier nicht klar ersichtlich. Sie muss quasi erst hinein interpretiert werden. Das ist nicht optimal. Jede Chance sollte für sich selbst sprechen.
- *Variante B: „Eventstrategie für hilfsbereite junge Leute entwickeln"* – Bewertung: Na gut, hier ist die Chance erkennbar, aber dennoch sind wir nicht zufrieden. Die Analyse beschreibt die Ausgangssituation – und nicht mehr. Im vorliegenden Fall gibt es bereits einen Vorgriff auf die Strategie. Das geht zu weit.
- *Variante C: „Steigende Hilfsbereitschaft junger Leute nutzen"* – Bewertung: So ist es besser. Die Chance ist greifbar und aktiv formuliert.

PEST-Analyse

Die PEST-Analyse ist uns gerade schon begegnet. Bei den Chancen und Risiken gab es die Unterteilung in Wirtschafts- und Umfeldfaktoren. Und die Umfeldfaktoren, die sind PEST. Wenn PR-Profis ein Unternehmen oder eine Organisation in Bezug auf seine Umwelten analysieren, dann verwenden sie zumeist ein Analyse-Modell, das in der strategischen Planung mit den englischen Initialen PEST ausgedrückt wird. Political steht dabei für das politische Feld, Economical steht für die wirtschaftlichen Rahmenbedingungen, Sociocultural bezieht sich auf die vielen sozialen Felder und Technological steht schließlich für den gesamten technischen Bereich. Dieses Modell erlaubt es, die einzelnen Informationen den verschiedenen Feldern zuzuordnen. Die wichtigsten Fragen für eine PEST-Analyse sind:

- Was sind die Umweltfaktoren, die das Unternehmen betreffen?
- Welche dieser Faktoren sind gegenwärtig am wichtigsten?
- Welche Faktoren werden in den kommenden Jahren bedeutsam sein?

Das folgende Rasterschaubild nennt einige Themenbereiche, die beispielhaft für die vier Felder stehen:

Politik	Wirtschaft
Politische Rahmenbedingungen	Wachstumsraten
Arbeitspolitik	Inflationsraten
Wechsel / Kontinuität der Regierung	Kapitalisierung
Internationale Beziehungen, Regelungen	Grad der Arbeitslosigkeit
	Disponibles Einkommen
	Konjunkturzyklen
	Welthandelsbedingungen
	Energiekosten
Soziales	Technologie
Bevölkerungsentwicklung	Neue technische Entdeckungen
Lebensstile	Geschwindigkeit der Entwicklung
Bildungsgrad	Technik-Investitionen
Verteilung der Einkommen	Investitionen in Forschung und Entwicklung
Konsumtrends	Technologischer Entwicklungsstand
Einstellungen und Werte	Auswirkungen der neuen Technologien

Inzwischen sind allerdings viele Experten der Meinung, dass dieses Analyse-Modell der gewachsenen Komplexität nicht mehr gerecht wird, in der Unternehmen sich heute bewegen. Vorgeschlagen wird stattdessen eine Erweiterung auf das sog. EPISTEL-Modell. Zusätzlich zum PEST-Modell enthält dieses Modell die Felder Information, Environment, die physische und ökologische Umwelt, sowie Legal für den Bereich der Gesetzgebung.

Tatsächlich kommt den neu hinzugekommenen Feldern eine zunehmende Bedeutung für unternehmerisches Handeln zu. Die Umweltproblematik in all ihren Facetten bleibt ein aktuelles Thema, dass bis in den Produktionsprozess hin eine wichtige Rolle spielt. Der Zugang zu Information und Wissen im Zeichen von Internet und Multimedia sowie die Fähigkeit, Informationen zu verarbeiten und zu speichern, wird zu einer immer wichtigeren Ressource für Unternehmen. Die Konjunktur, die der Begriff Wissensmanagement in den letzten Jahren auch in Deutschland erfahren hat, ist dafür ein Beleg.

Auch das dritte Feld der Gesetzgebung spielt eine zunehmend wichtige Rolle. Globalisierung bedeutet auch, dass Unternehmen sich innerhalb immer komplexeren juristischen Rahmenbedingungen bewegen müssen. Das betrifft sowohl nationale und supranationale Regelungen (z. B. EU, GATT) als auch internationale gesetzliche Vereinbarungen. Darüber hinaus gewinnen quasi-rechtliche Regelungen auf freiwilliger Basis (z. B. freiwillige Selbstbeschränkungen) und Mediationsprozesse für Kompromissregelungen an Bedeutung.

Die Soll-Ist-Analyse

Die Soll-Ist-Analyse ist ein einfaches und weit verbreitetes Verfahren, um die Lücke zwischen den Zielen und dem wirklich Erreichten festzuhalten. Dies ist der Grund, weshalb dieses Analyse-Modell auch als Gap-Analyse (Lückenanalyse) bezeichnet wird. Sie ist ein Instrument für strategische Unternehmens-, Marketing- und Kommunikationsplanung. Die Zielgrößen werden mit den Ist-Größen verglichen und auf einen bestimmten Planungshorizont bezogen. Dabei wird nach strategischen und operativen Ziellücken unterschieden. Diese Unterscheidung ist wichtig, weil davon die zu treffenden Maßnahmen abhängen.

In der Konzeptionspraxis kann man die Soll-Ist-Analyse u. a. dazu verwenden, die konzeptionellen Vorgaben des letzten Jahres (Soll) mit den erreichten Zielen (Ist) zu vergleichen. Die Analyse macht transparent, wo die Ziele des Vorjahres übertroffen oder verfehlt wurden. Man erkennt Entwicklungspotentiale (positive Lücken) und Handlungsbedarf (negative Lücken). Auf diese Weise gewinnt man einen realistischen Ausgangspunkt für die Konzeptionsplanung.

Soll	Ist
Die definitierten Ziele	Das definitiv Erreichte
Status zum Zeitpunkt X	Status zum Zeitpunkt X + 1

In der Praxis lassen sich die Soll-Ist-Analysen nicht sehr zahlreich antreffen. Die Gründe sind vielfältig. Zum Beispiel: Die Agentur plant einen harten strategischen Bruch und Neubeginn. Oder die Agentur kennt die Vorjahrsergebnisse nicht im Detail, weil der Auftraggeber sie unter Verschluss hält. Oder Agentur und Kunde verfügen nicht über die notwendigen Ist-Werte, weil das Geld für die Erfolgskontrolle eingespart wurde. Jedes Mal macht ein Soll-Ist-Vergleich keinen richtigen Sinn.

Die Eigenbild-Fremdbild-Analyse

Die Eigenbild-Fremdbild-Analyse ist der Imagekommunikation vorbehalten. In dieser Analyseform wird das Eigenbild des Unternehmens den Bildern oder Images gegenübergestellt, die am Markt oder bei bestimmten Zielgruppen und Öffentlichkeiten vorherrschen. Zur Darstellung der Ergebnisse lässt sich wiederum eine bipolare Tabelle oder – noch besser – ein Polaritätenprofil verwenden.

Fremdbild	Eigenbild
Das Kommunikationsobjekt im Urteil der Zielgruppe	Das Kommunikationsobjekt in der Einschätzung des Auftraggebers
(Sekundärstatistik/Befragung als Basis)	(Briefing als Basis)

Diese Analyseform kommt zum Einsatz, wenn die Auffassung des Auftraggebers zum Image erheblich von der Marktrealität abweicht. Um eine erfolgreiche Imagearbeit machen zu können, müssen Fremd- und Eigenbild möglichst übereinstimmen. Ansonsten läuft die Kommunikation komplett an der Zielgruppe vorbei und ins Leere.
Eine Modellvariante, die sehr ähnlich funktioniert, ist der Realbild-Idealbild-Vergleich. Hier wird das in der Recherche entwickelte Realprofil des Unternehmens, dem Bild gegenübergestellt, dass sich die Zielgruppe idealerweise von einem Unternehmen dieser Branche wünscht. Ziel der Kommunikation muss es sein, das Realimage systematisch in Richtung Idealbild zu bewegen. Das ist ein schwieriger Prozess, denn das Idealbild der Zielgruppe ist in Bewegung – und hat man endlich sein Imageziel erreicht, kann es passieren, dass das angestrebte Idealbild längst ganz wo anders steht.

Mischformen
In der Praxis kommt es immer wieder zu einer Kombination von zwei Analyse-Modellen. Das ist allerdings oft schon die hohe Kunst der Analyse und wir würden Ihnen in der konzeptionellen Startphase von solchen Wegen abraten.
Um zu veranschaulichen, was wir mit einem Modellmix meinen, sei folgendes Beispiel präsentiert:

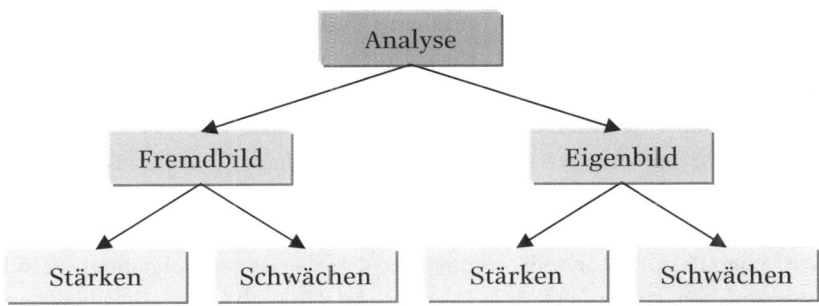

Im Briefinggespräch hat das Konzeptionsteam den Auftraggeber nach seiner Einschätzung der Stärken und Schwächen gefragt. Die Antworten sind in die beiden Pole des Eigenbildes eingeflossen. In einer anschließenden Befragung wurden die Kunden nach den Stärken und Schwächen gefragt. Daraus wurde das bipolare Fremdbild. Die Analyse vergleicht nun Eigen- und Fremdbild, jeweils unterteilt nach Stärken und Schwächen.

Übung

Erstellen Sie eine Stärken-Schwäche-Analyse von Ihrer eigenen Heimatstadt. Überlegen Sie, was die wichtigsten Handlungsfelder nach innen und nach außen sind und ordnen Sie die einzelnen Stärken und Schwächen diesen Handlungsfeldern zu. Nehmen Sie als Maßstab die Einstellung und Erwartung der Bürger als Kernzielgruppe.

Der analytische Prozess

Im Folgenden wollen wir Ihnen den typischen analytischen Arbeitsablauf am Beispiel einer Stärken-Schwächen-Analyse verdeutlichen. So gehen Sie an die Arbeit:

- *Sammlung der Merkmale* – Der Faktenspiegel wird sorgfältig durchgearbeitet und die relevanten Stärken und Schwächen herausgezogen, nach Bereichen gegliedert und einander gegenübergestellt. Auf diese Weise erhält man ein einfaches, aber aussagefähiges Muster. Je nach Aufgabenstellung kann man die Stärken und Schwächen nach den Kriterien intern und extern, nach verschiedenen Unternehmensbereichen (Produktion, Marketing, Personal, Forschung und Entwicklung etc.), nach verschiedenen Zielgruppen (Stammkunden, Gelegenheitskunden, Medien etc.) oder den Handlungsfeldern (Unternehmen, Markt, gesellschaftliches Umfeld etc.) ordnen. Sammeln Sie die Faktoren frei, ohne sich zu zensieren. Es kann am Anfang durchaus eine etwas längere Liste der Stärken und Schwächen zusammenkommen.
- *Reduktion auf essentielle Positionen* – Im zweiten Schritt wird die lange Liste der Stärken und Schwächen auf die wesentlichen Positionen reduziert. Was wesentlich ist, müssen Sie wiederum aus der Aufgabenstellung ableiten. Wie viele Positionen übrig bleiben, hängt von der Komplexität der Aufgabe ab. Bei einfachen Aufgaben sollten es nicht mehr als 6-9 Faktoren pro Pol sein. In komplexen Situationen kann die Zahl bis auf 12-18 Positionen pro Pol ansteigen. Haben Sie mehr? Kürzen!
- *Bildung von Kernaussagen* – Um zu Kernaussagen zu kommen, müssen Sie die aufgelisteten essenziellen Positionen nochmals verdichten. Fassen Sie Faktoren zusammen. Finden Sie kurze, ins Schwarze treffende Formulierungen für die maßgeblichen Faktoren. Verzichten Sie bei den Formulierungen auf unnötige Schmuck- und Füllwörter.
- *Gewichtung der analytischen Resultate* – In diesem Schritt gewichten und bewerten Sie die analytischen Resultate, indem Sie eine Rangliste der Fakten aufstellen. Sie sollten jedoch immer angeben, nach welchen Kriterien Sie die Rangliste entwickelt haben. In Work-

shops lässt sich die „Hitparade" der Faktoren relativ einfach durch eine Punktvergabe aller Beteiligten aufbauen.

- *Strukturierung der Eigenschaften und Merkmale* – Wenn trotz dieser Reduktion die Anzahl der Stärken und Schwächen über 10 Faktoren pro Pol liegt, sollten Sie die Stärken und Schwächen nach Gruppen oder Bereichen strukturieren – z. B. Unternehmensfaktoren, Produktfaktoren, Zielgruppenfaktoren. Möglicherweise gibt es auch Dachaussagen, denen Sie die anderen Aussagen unterordnen können.
- *Herstellung von Relationen und Interdependenzen* – Zwischen bestimmten Faktoren bestehen Beziehungen innerhalb der Pole und zwischen den Polen. So können sich zwei Stärken negativ in die Quere kommen oder eine Schwäche durch eine Stärke aufgehoben werden. In solchen Fällen ist es sinnvoll, die Interdependenzen herauszuarbeiten. Man stellt die betreffenden Faktoren unter- oder nebeneinander. Auch eine visuelle Verbindung durch Pfeile innerhalb der bipolaren Tabelle ist denkbar. Auf jeden Fall sollte es eine Aufarbeitung im begleitenden Text geben.

Die beschriebene Vorgehensweise ist in ähnlicher Form ebenfalls für alle anderen Analyse-Modelle möglich und sinnvoll.

Das Fazit der Analyse

Am Ende einer Analyse steht immer eine Zusammenfassung, aus der deutlich wird, welche Schlüsse Sie aus der Ausgangssituation ziehen. Sie sollten angeben, ob Sie durch Ihre Recherche und Analyse die Aufgabenstellung spezifiziert haben und welche Kernaussagen für die Aufgabenstellung bedeutsam sind. Gleichzeitig sollte Ihr Fazit die Resultate der Analyse strategisch zusammenfassen und Lösungsrichtungen andeuten, die sich aus der Analyse ergeben. Am Ende der Analysephase sollten Sie sich rundum sicher im Hinblick auf die Aufgabenstellung fühlen. Sie müssen aber auch in der Lage sein, aufgrund der Analyse die durch das Briefing gegebene Aufgabenstellung – wenn nötig – zu ergänzen oder zu modifizieren. Denn oft stellt sich heraus, dass ganz andere Kommunikationschancen zu nutzen oder ganz andere Kommunikationsprobleme zu lösen sind, als in der Briefingphase noch angenommen werden musste.

Denken Sie immer daran: Der Auftraggeber möchte sicher sein, dass Sie die Aufgabenstellung richtig verstanden haben und dass Sie daraus die richtigen strategischen Schlüsse ziehen. Feilen Sie deshalb besonders an der Zusammenfassung der Analyse. Am Ende wird Ihre Analyse daran gemessen, inwieweit Ihr Fazit die Lösungsrichtungen klar und präzise aus den analytischen Resultaten heraus entwickelt.

Analyse-Modelle im Vergleich

Klar Schiff in der Faktenflut

In der Briefing- und Recherchephase wurden jede Mengen Daten und Fakten gesammelt. Manchmal liegt der ganze Schreibtisch voll. Es kommt jetzt darauf an, das Material dramatisch zu verdichten und aus dieser Essenz die wesentlichen analytischen Schlüsse zu ziehen. Zu den Analysemethoden, die sich dazu als Hilfsmittel anbieten, haben wir eine kleine Sammlung von Beispielen zusammengestellt:

SWOT-Analyse

Die SWOT-Analyse stellt die Stärken und Schwächen, Chancen und Risiken einer neuen Ratgeber-Buchreihe gegenüber.

Stärken	Schwächen
Anerkannte Autoren Praxisnahe Aufbereitung Schnell und einfach zu lesen Günstiger Preis Von unabhängigen Experten geprüft	Schlechte Gestaltung Verlag mit wenig Themenkompetenz Inhalte schneller Änderung unterworfen Nur begrenzter Kommunikationsetat
Chancen	**Risiken**
Großes Zielgruppenpotential vorhanden Keine Konkurrenzbuchreihe Medien am Thema interessiert Neue Kundengruppen interessieren sich Direktverkauf über Internet wächst	Buchhandel relativ ratgebermüde Zielgruppe nicht Stammleser des Verlags Mit großer Buchflut zum Thema zu rechnen

Chancen/Risiken-Analyse

Beim Chancen-Risiken-Beispiel geht es um Fleischsalat. Genauer gesagt, um einen Light-Fleischsalat, den es zum Zeitpunkt des Konzepts noch gar nicht gab. Er war eigentlich nicht mehr als eine Plangröße. Das Markenartikelunternehmen wollte von der Agentur aber dennoch eine Kommunikationsskizze für die Einführung. Eine Stärken-Schwächen-Analyse oder ein SWOT-Modell hätten zu diesem Zeitpunkt nur wenig Sinn gemacht.

Chancen	Risiken
Jüngere Kundengruppen erreichen Höhere Preise durchsetzbar Auf aktuellen Fitness-Trend springen Marktvorsprung nutzen	Hoher Kommunikationsetat zur Einführung Konkurrenz wird schnell nachziehen Negativ eingestellter Handel Hersteller am Markt ohne Light-Kompetenz

Schlaglicht Praxis

Eigenbild-Fremdbild-Analyse

Die Eigenbild-Fremdbild-Analyse hinterfragt einen aufstrebenden Kurort in den neuen Bundesländern. Diese Art der Analyse macht Sinn und öffnet die Augen der Beteiligten, wenn Eigen- und Fremdbild deutlich voneinander abweichen. In vorliegendem Fall wurde für die Erfassung des Fremdbilds eine Befragung durchgeführt.

Fremdimage	Eigenimage
Alter Ost-Urlaubsort	Moderne Luftkurort
Viel Wald und Natur	Viel Wald und Natur
Billige Unterkünfte	Für jeden Geldbeutel das richtige Angebot
Umständlich zu erreichen	Neuer Bahnhof im Nachbarort
Zu wenig Parkplätze	Neue verkehrsberuhigte Zone
Kein Schwimmbad	Kein Schwimmbad
Keine Abwechslung in der Gastronomie	Schmackhafte einheimische Küche

Ist-Soll-Vergleich

Der Ist-Soll-Vergleich stammt aus einer Halbjahresplanung für einen Internetshop. Die in einem vorausgegangenen Konzeptpapier avisierten Kommunikations- und Marketingziele werden dem tatsächlich Erreichten gegenübergestellt:

Soll (März 2000)	Ist (Oktober 2000)
120.000 Visits pro Monat	145.000 Visits pro Monat
22.000 Käufe in den ersten 6 Monaten	26.900 Käufe in den ersten 6 Monaten
Kaufwert 90 DM pro Kunde	Kaufwert 75 DM pro Kunde
30% Wiederkäufer	11% Wiederkäufer
Breite positive Berichterstattung	Positive Berichte, ein negativer Test
Image als servicestarker Anbieter	Image als Anbieter mit niedrigen Preisen
Hoher Bekanntheitsgrad	Anfänglich hoher Bekanntheitsgrad
Preis-Promotions nur zum Start	Preis-Promotions als feste Institution

4. Phase: Zielgruppen und Ziele

Willkommen zur Strategie!

Die Analyse ist abgeschlossen und damit steht das Grundfundament für unser Kommunikationsgebäude. Auf das hoffentlich solide Fundament bauen wir nun in den nächsten Phasen unsere Strategie auf. Das konzeptionelle Gebäude bekommt damit seine langfristig tragenden Säulen, in die dann später die funktionellen Teile – sprich: die Maßnahmen – eingehängt werden.

Die strategischen Komponenten des Konzepts sind nicht unbedingt beliebt. Denn die Strategie hat vielerorts den Ruf „kompliziert" und „langatmig" zu sein. Mancher Auftraggeber betont deshalb vorbeugend schon im Briefinggespräch: „Fassen Sie die Strategie so kurz wie möglich. Nicht so viel Theoriegelaber!" Irgendwie kann man es diesen Auftraggebern nicht einmal verübeln, denn manche unserer Konzeptioner-Kollegen ergehen sich im strategischen Teil – inspiriert noch von der methodischen Gründlichkeit ihrer Studienzeit – in ellenlangen verschachtelten Abhandlungen.

Ein Konzept soll Erkenntnis bringen und Bewegung auslösen. Ein Konzept soll Anregung und Anleitung zum Handeln sein. Daher gilt ganz besonders für den strategischen Teil: Bleiben Sie einfach und klar. Setzen Sie die einzelnen strategischen Bausteine so logisch und stringent zusammen, dass ein einleuchtendes Gesamtbild entsteht.

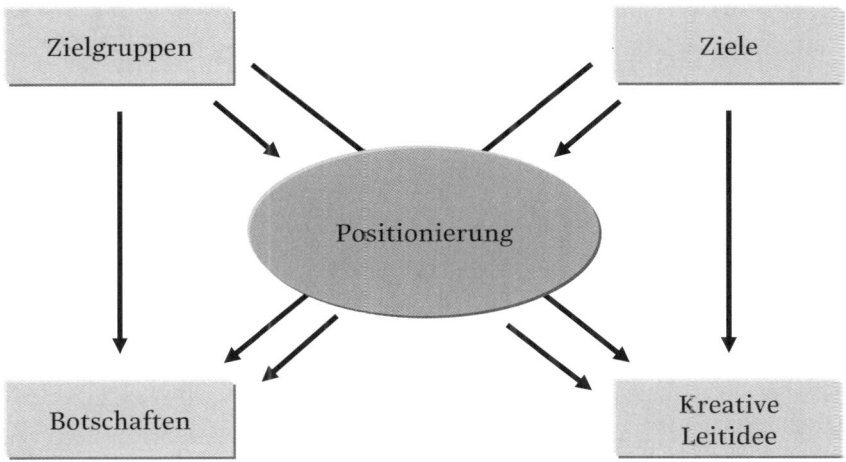

Die moderne Kommunikationsstrategie besteht aus mehreren Komponenten, in deren Mitte die Positionierung verankert wird:

- *Die Zielgruppen – Wen* soll unsere Kommunikation erreichen?
- *Die Ziele – Wo* will unsere Kommunikation hin?
- *Die Positionierung – Wer* wollen wir in den Köpfen der Zielgruppen sein?
- *Die Botschaften – Was* vermitteln wir den Zielgruppen?
- *Die kreative Leitidee – Wie* erreichen und bewegen wir die Zielgruppe?

Die Pfeile im Schaubild verdeutlichen die engen Verbindungen zwischen den einzelnen strategischen Elementen. Bei der Entwicklungsarbeit ist eine gewisse methodische Reihenfolge sinnvoll. Zuerst müssen draußen auf dem Markt die Zielgruppen und Ziele fokussiert werden. Erst dann lässt sich die Positionierung in Relation dazu setzen. Steht die Positionierung als kommunikativer Maßstab, dann richten sich daran zielgenau die strategischen Botschaften, die kreative Leitidee und später die Maßnahmen aus.

Ein zweites Schaubild ordnet die Strategie an den drei Hauptelementen des klassischen Kommunikationsmodells aus. Nichts bleibt dem Zufall überlassen. Zu erkennen ist, dass die Kommunikationsstrategie auf allen Ebenen ansetzt.

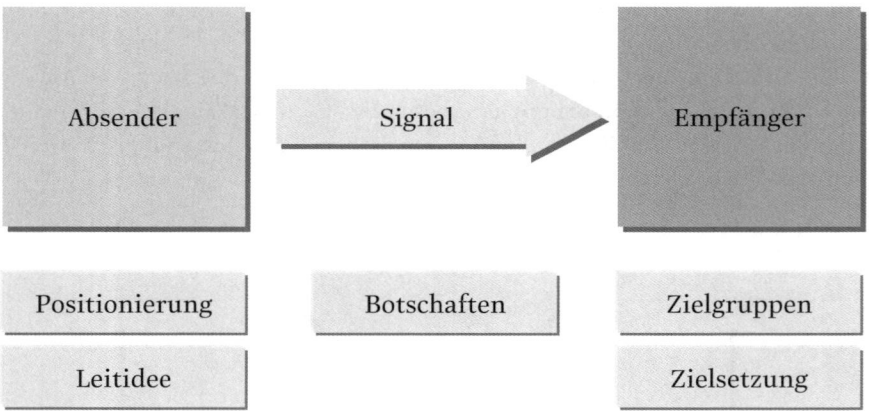

Auf der Empfängerseite definieren wir die Zielgruppen und die Ziele, die wir mit unserer Kommunikation erreichen wollen. Danach bestimmen wir auf der Absenderseite unsere eigene Position und spitzen sie in der Leitidee kreativ zu. Schließlich definieren wir mit welchen strategischen Botschaften der Absender die Empfänger anspricht.

Zuerst Zielgruppen oder Ziele?

Was war zuerst da, die Zielgruppen oder die Ziele? Die klassische Kommunikationsschule ist der Meinung, dass zuerst die Ziele kommen. Wir können uns dieser Meinung nicht unbedingt anschließen.

108

4. Phase: Ziele und Zielgruppen

Was wollen wir bei wem erreichen?

Einführung in die strategischen Phasen

Zielgruppen

Definition

Merkmale der Zielgruppen

Einordnung der Zielgruppen

Kriterien der Zielgruppenauswahl

Wege der Zielgruppenbestimmung

Von der Zielgruppe zur Bezugsgruppe

Praxistipps

Kommunikationsziele

Bedeutung der Kommunikationsziele

Zielhierarchie

Zielkategorien

Zielausprägungen

Auf dem Weg zum Ziel

Ziele formulieren

Ziele strukturieren

Ziele gewichten

Funktionen der Zielsetzung

Praxistipps

Ziele und Zielgruppen hängen eng zusammen und sie werden am besten in einem Prozess der Wechselwirkung erarbeitet. In mehreren Schritten pendelt man zwischen den beiden Seiten hin und her und richtet sie aufeinander aus. In der Praxis gibt es keine hierarchische Abfolge, sondern ein enge Verknüpfung von Zielen und Zielgruppen.

Aber irgendwo muss der Prozess doch beginnen. Startet man bei den Zielen oder besser bei den Zielgruppen? Unsere Antwort: Wenn Sie unter der Prämisse der Wechselwirkung arbeiten, können Sie hier wie da beginnen, Sie werden am Ende zum richtigen Ergebnis kommen. Uns fällt allerdings der Einstieg über die Zielgruppen einfacher. Im Mittelpunkt unseres Planens und Handelns stehen stets die Zielgruppen, denn moderne Kommunikation ist konsequent zielgruppenorientiert. Sie setzt sich die Brille der Zielgruppe auf und schaut aus deren Blickwinkel auf die Dinge. In diesem Sinne hilft es, zuerst ein Bild von den Zielgruppen zu entwickeln, um die Ziele mit mehr Fingerspitzengefühl an diesem Bild ausrichten zu können. So wie jeder Manager seine Geschäftspartner erst einzuschätzen sucht, bevor er seine Verhandlungsziele festlegt oder so, wie jeder Liebhaber sich in seine Angebetete hineinversetzt, bevor er versucht, ihr Herz zu erobern.

Zielgruppen – die unbekannten Wesen

Die wild wogende Kommunikationsflut der modernen Mediengesellschaft hat schon lange dazu geführt, dass die Menschen in der Kommunikation zu ertrinken drohen. Aus allen Richtungen strömt es auf sie ein und jede Botschaft macht sich unendlich wichtig. Um überleben zu können, schotten sich die Menschen einfach ab. Nur noch wenige, sehr wenige Kommunikationsimpulse werden durchgelassen. Nämlich nur solche Impulse, die den Nerv treffen und die richtige Sprache sprechen – alles andere perlt ab. Präzision bei der Zielgruppenansprache ist deshalb entscheidend. Es gibt keine Kompromisse. Wer nicht voll auf den Punkt kommt, der liegt voll daneben.

Unternehmen und Institutionen kommunizieren. Diese Kommunikation ist kein Selbstgespräch sondern hat ein Gegenüber, das wir trennscharf bestimmen und möglichst gezielt ansprechen. Dieses Gegenüber sind die Zielgruppen. Zielgruppen nennen wir die Personen und Personenkreise, die wir mit unserer Kommunikation ins Visier nehmen.

Die Zielgruppen bilden den Dreh- und Angelpunkt jeder PR- und Kommunikationskonzeption. Auf die jeweiligen Zielgruppen wird die Kommunikation möglichst genau zugeschnitten und bei ihnen sollen die intendierten Wirkungen erzielt werden. Je genauer wir die Zielgruppen ausmachen können, desto präziser – und das heißt auch immer kostensparender – können wir unsere Zielgruppen ansprechen.

In den Public Relations war der Begriff der Zielgruppen in den letzten Jahren nicht unbedingt en vogue. Man sprach und schrieb bevorzugt von Dialoggruppen oder von Bezugsgruppen. Diese Begriffe erheben allerdings einen hohen Anspruch. Sie erfordern eine Kommunikation, die nachhaltig den Dialog sucht und echte Beziehungen aufbaut. In der ungeschminkten Realität der mittelständischen PR konnten viele Unternehmen diesem Anspruch nicht entsprechen, weil dazu weit mehr gehört als nur der Abdruck der Hotline-Nummer irgendwo im Copytext der neuen Anzeige oder das Gesprächsangebot zum jährlichen Tag der offenen Tür. In vielen Konzepten sind Dialog und Beziehung eigentlich nur Etikettenschwindel. Es klingt gut, aber es steckt kaum echte Substanz dahinter. Unsere Empfehlung: Nutzen Sie für den Kommunikationsalltag den Begriff Zielgruppe. Er ist der größte gemeinsame Nenner und wird von allen verstanden. Nennen Sie Zielgruppen nur dann Dialog- und Bezugsgruppen, wenn Sie es ernst meinen und in Ihrer Kommunikation Dialog und Beziehung tatsächlich intensiv pflegen wollen.

Wenn man manche PR- und Werbebücher liest, so könnte man meinen, die ganze Welt sei von Zielgruppen bevölkert. In Wirklichkeit haben wir es aber immer mit Menschen zu tun, die wir nach bestimmten Merkmalen typisieren und die wir mit ihren bestimmten Eigenschaften und Interessen ansprechen wollen. Zielgruppen sind das Resultat von bewussten Definitionen und Unterscheidungen. Zielgruppen sind künstliche, aber nützliche Konstrukte zur Strukturierung unserer sozialen Wirklichkeit.

Wir fassen Merkmale zusammen, von denen wir glauben, dass sie für unsere Aufgabenstellung von besonderem Nutzen sind, und ordnen ihnen dann Gruppen von Menschen zu, die in besonderer Weise Träger dieser Merkmale sind. Diese Gruppen können aus Menschen bestehen, die sich untereinander kennen wie z.B. ein Fanclub, oder die kommunikativ miteinander mehr oder weniger lose in Kontakt stehen wie z.B. eine Chatgruppe im Internet. In diesem Fall kann man von sozialen oder kommunikativen Zielgruppen sprechen. Gleichzeitig gibt es aber auch abstrakte Gruppen, die sich nur unserer Zurechnung von Merkmalen verdanken. In diesem Fall sprechen wir von Merkmalgruppen. Die Menschen von Merkmalgruppen wissen in der Regel nicht, dass sie bestimmten Gruppen angehören – es sei denn, sie entdecken sich wieder in irgendwelchen Typologien der Wahl- und Konsumforscher. Aber sie teilen mit anderen Menschen bestimmte Merkmale, und gerade dieser Umstand macht sie für uns interessant.

Definition

Zielgruppen sind nach bestimmten Merkmalen beschreibbare Personengruppen, die durch Werbe- oder PR-Maßnahmen gezielt angesprochen werden sollen. Zielgruppenmerkmale sind u.a. soziodemografische, geografische, psychografische Daten sowie Daten über Lebens- und Konsumgewohnheiten und Lebensstile.

Die Haupt-Ordnungskriterien für die Zielgruppen sind ihre Merkmale. Diese Merkmale werden aus drei großen Kategorien abgeleitet:

- *Den soziografischen Merkmalen der Menschen* – Sie sind männlich oder weiblich, sie befinden sich innerhalb einer bestimmten Altersklasse, sie haben ein bestimmtes Einkommen und besitzen einen spezifischen Bildungsgrad.
- *Den Einstellungsmerkmalen* – Diese psychologisch bedingten Merkmale entstehen aus der subjektiven Selbstinterpretation der Personen: sie fühlen sich zugehörig zu bestimmten Werte- und Geschmacksmilieus, sie handeln mit bestimmten Motiven und Interessen oder sie interpretieren sich in spezifischen Selbstbildern.
- *Den Verhaltensmerkmalen* – Aus dieser Merkmalsgruppe kommen Aussagen zum Informations- und Kommunikationsverhalten, zum Konsum- und Kaufverhalten. Es zeigt sich, dass Menschen nicht ständig hin und her springen, sondern bestimmten Verhaltensmustern folgen und deshalb entsprechend ihrer gewohnten Muster zugeordnet werden können. Wobei die Kommunikation nicht nur am Verhalten selbst, sondern gleichzeitig auch am Ergebnis dieses Verhaltens interessiert ist.

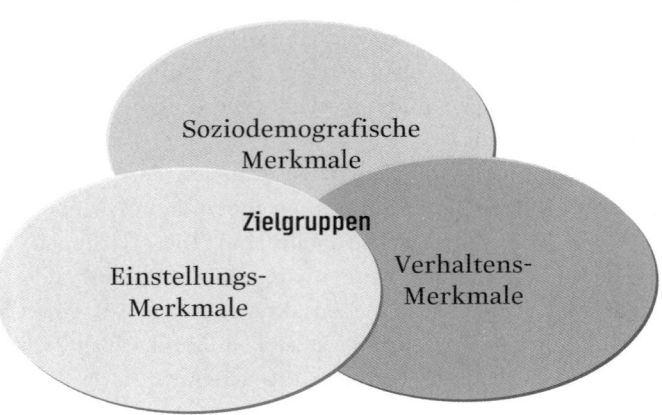

In der modernen Konsumgesellschaft ist die Bedeutung der soziodemografischen Merkmale stark zurückgegangen. In einer individualisierten Gesellschaft wird es immer schwieriger, aus soziodemografischen Daten Rückschlüsse auf Verhaltensweisen und Einstellungen zu ziehen. Seit den 70er Jahren wurde deshalb in Zielgruppen-Analysen zunehmendes Gewicht auf psychologische und soziologische Merkmale gelegt. Die Folge waren Verbrauchertypologien, die mit Hilfe von multivarianten Statistikverfahren entwickelt wurden, um verhaltens- und einstellungshomogene Zielgruppen zu bilden.

Die bekannteste und signifikanteste Studie für Deutschland ist sicherlich die Sinus-Milieu-Studie. Die Studie teilt die Deutschen in bestimmte Lebenswelten auf. In die Aufteilung der Lebenswelten gehen grundlegende Wertorientierungen genauso ein wie Lebenseinstellungen im Alltag der Menschen. Es entstehen bestimmte Milieus, die man als „Gleichgesinnte" bezeichnen könnte. Das Konsum-materialistische Milieu, das konservative Milieu oder das traditionelle Arbeitermilieu.

Vor allem die Werbung hat bei der Merkmalsbeschreibung den Akzent zunehmend auf spezifische Einstellungs- und Verhaltensmerkmale gelegt. Markt-, Besitz-, Kauf- und Konsummerkmale sowie Produktinteressen und allgemeine Interessensorientierungen treten dabei in den Vordergrund.

So gibt es seit Jahrzehnten eine Vielzahl von Untersuchungen, die Kaufabsichten, Kaufintensitäten, Markenartikelkäufer, Markenwechsler etc. erfassen. Diese Untersuchungen – wie die Verbraucher-Analyse (VA), die Medien-Analyse (MA), die Allensbacher Werbeträger Analyse (AWA) oder die Typologie der Wünsche (TdW) – werden periodisch erhoben und sind immer auf dem neuesten Stand der Entwicklung. Ihre in komplexen Datenbanken zusammengefassten Analyseergebnisse lassen sich auch für die Zielgruppen-Bestimmung in der PR und in der integrierten Kommunikation nutzen.

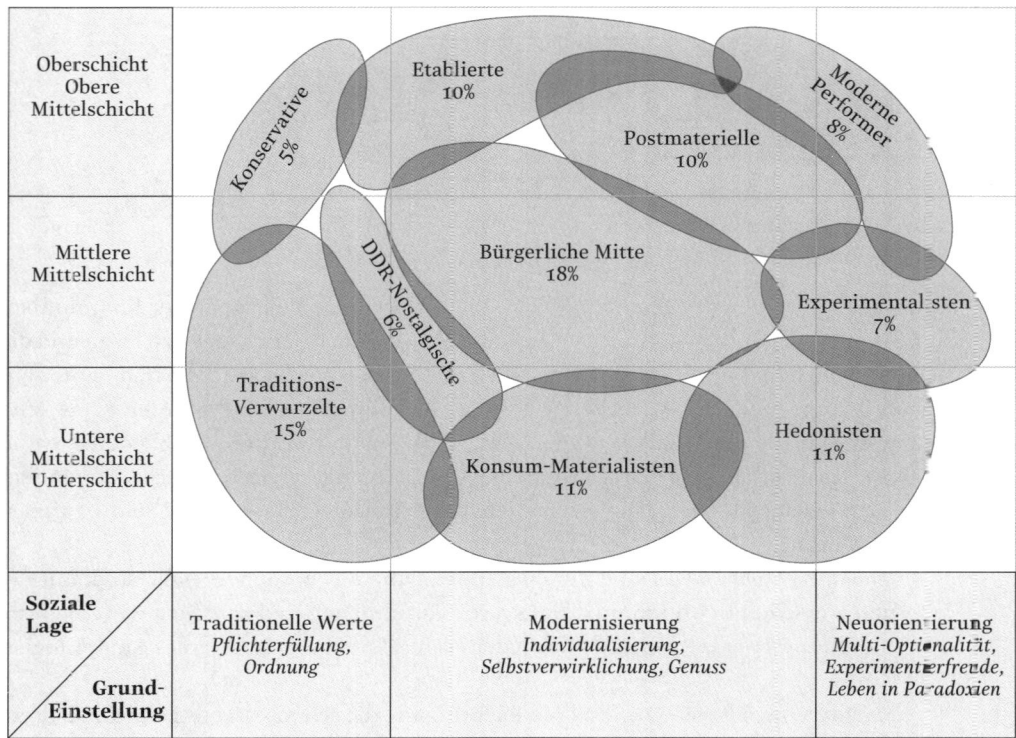

Oberschicht Obere Mittelschicht			

Konservative
5%

Etablierte
10%

Moderne
Performer
8%

Postmaterielle
10%

DDR-Nostalgische
6%

Bürgerliche Mitte
18%

Experimentalisten
7%

Traditions-
Verwurzelte
15%

Hedonisten
11%

Konsum-Materialisten
11%

Mittlere Mittelschicht			
Untere Mittelschicht Unterschicht			

Soziale Lage Grund- Einstellung	Traditionelle Werte *Pflichterfüllung, Ordnung*	Modernisierung *Individualisierung, Selbstverwirklichung, Genuss*	Neuorientierung *Multi-Optionalität, Experimentierfreude, Leben in Paradoxien*

Quelle: tcwi 2001

Einordnung der Zielgruppen

Zielgruppen sind ein beliebtes Objekt der Kommunikationsforschung. Es gibt unzählige Fachbücher, Doktorarbeiten und Studien zu diesem Komplex. Sie beleuchten die Vielschichtigkeit der Zielgruppenproblematik aus allen Blickwinkeln. Bei der Konzeptionsentwicklung sind diese vielschichtigen Diskurse und Reflektionen nur bedingt zu verwenden. Unsere Konzepte müssen klare Handlungsmaximen enthalten und sind deshalb an möglichst praktikablen Zielgruppen-Definitionen interessiert.

Vorrangige Aufgabe des Konzepts ist es, alle Beteiligten und Einflussgrößen des Kommunikationsprozesses zu definieren und bewusst einzubinden. Der Prozess darf kein unberechenbares Eigenleben entwickeln. Folgende Grundeinteilung umfasst alle Zielgruppen-Positionen innerhalb des Kommunikationsprozesses (s. S. 114).

Abgeleitet vom klassischen Kommunikationsmodell, wie es in jedem Lehrbuch zu finden ist, unterteilen wir das große Terrain der Zielgruppen in drei Gattungen:

- *Die Empfängerzielgruppen* – Die Empfänger sind die Schlüsselzielgruppe der Kommunikation. Sie müssen wir bewegen, um die gestellte Kommunikationsaufgabe zu lösen und die Ziele zu erreichen. Für einen Kaufhauskonzern sind beispielsweise die Kunden die zentrale Empfängerzielgruppe. Machen wir PR für das Blutspenden beim Roten Kreuz sind die Empfänger die potentiellen Blutspender. Will eine Partei ihren Mitgliederschwund bremsen, dann bilden die Parteimitglieder die Empfängerzielgruppe. Die Empfänger lassen sich wiederum nach den verschiedensten Kriterien segmentieren. Sehr häufig ist die Unterteilung in:
  - *Empfängerstamm* – Das sind die Zielgruppen, die uns besonders nahe sind, mit denen wir schon in Kommunikationsverbindung stehen und zu denen wir eine feste Beziehung haben – beispielsweise der treue Besucherstamm eines kommunalen Kinos.
  - *Empfängerperipherie* – Das sind die Zielgruppen, die schon von uns gehört haben, zu denen eine lockere und zuweilen eher launische Verbindung besteht – beispielsweise die Gelegenheitsbesucher des kommunalen Kinos.
  - *Empfängerpotential* – Das sind die Zielgruppen, zu denen wir noch keine direkte Verbindung haben, die aber aufgrund ihrer Einstellung, ihres Verhaltens und ihrer soziodemografischen Merkmale unserem Unternehmen und den Angeboten nahe stehen – beispielsweise alle Bürger der Region, die sich für niveauvolle Filme interessieren und damit zu Besuchern des kommunalen Kinos werden könnten. Das akute Potential ist bereits interessiert und es fehlt nur der letzte Anstoß. Das latente Potential muss erst durch entsprechende Kommunikation aufgeweckt und aktiviert werden.

  Je näher wir dem Stamm kommen, desto geringer ist der Aufwand, um die Zielgruppe zu bewegen. Wenn wir das latente Potential stimulieren wollen, müssen wir wesentlich mehr Etat aufwenden, als wenn wir uns auf den Empfängerstamm konzentrieren.
- *Die Mittlerzielgruppen* – Direkter persönlicher Kontakt ist in der modernen Kommunikation die seltene Ausnahme. In fast allen Kommunikationsprozessen sind Mittler eingeschaltet. Sie stehen zwischen den Absendern und den Empfängern. Oft spielen sie sogar die tragende Rolle. Als „Megaphon" der Kommunikation sichern sie die notwendige

verstärkende Wirkung. Ohne die Unterstützung der Mittler hängt die PR- und Kommunikationsarbeit recht hilflos in der Luft. Zu den maßgeblichen Mittlergruppen gehören:

- ○ *Die Medien* – Ohne die Fach- und die Publikumsmedien, die Print- und die elektronischen Medien geht es nicht. Ihre informations- und meinungsverstärkende Macht ist mitentscheidend für den Kommunikationserfolg.
- ○ *Die Multiplikatoren* – Das sind Personen aus Politik, Wirtschaft, Kultur und Gesellschaft, die aufgrund ihrer Kompetenz oder ihrer zentralen Stellung meinungsbildende, -führende oder -beeinflussende Wirkung haben.
- ○ *Die Prozessmittler* – Zu dieser Gruppe gehören Personen, die als festes Bindeglied zum jeweiligen Marketingprozess gehören. Ohne Sie funktioniert der gesamte Marketingmotor nicht. Für einen Hersteller sind das z. B. die Absatzmittler (Händler, Großhändler), für ein Krankenhaus die überweisenden Ärzte, für einen Verein, der Kinder als Mitglieder werben will, wären die Eltern in der Mittler.

- *Die Absenderzielgruppen* – Jede Kommunikation hat einen Absender. Absender ist nie die Werbe- oder PR-Agentur, sondern das Unternehmen oder die Institution als Auftraggeber. Und personifiziert wird das Unternehmen durch jeden einzelnen Mitarbeiter. Nur wenn sich alle Absender mit der Kommunikation identifizieren und sie aktiv unterstützen, kann die Kommunikation ein Erfolg werden. Bei Unternehmen sind die Mitarbeiter die Absender, bei einem Verein wären es die Mitglieder und bei einer Stadt, die ihr Außenimage stärken will, die eigenen Bürger. Im konkreten Einzelfall ist es sogar möglich, dass externe Zielgruppen mit zu den Absendern gerechnet werden. Der Förderkreis eines Museums wäre da zu nennen, oder der Aufsichtrat einer AG, oder der Pensionärskreis eines öffentlichen Unternehmens. Auch bei den Absenderzielgruppen lässt sich wieder eine einfache kommunikationsrelevante Unterteilung vornehmen:
  - ○ *Führer* – Das sind die verschiedenen Führungsebenen eines Unternehmens oder einer Institution, die in der Entwicklung und Durchführung häufig über das Wohl und Wehe eines Konzepts entscheiden. Wer die Führer nicht hinter sich hat, der fährt mit seiner Kommunikation im Leerlauf.
  - ○ *Akteure* – Alle Personen, die aktiv in den Kommunikationsprozess eingebunden sind, nennen wir Akteure. Der Radius reicht hier weit über die direkt betroffenen Mitarbeiter der PR- oder der Werbeabteilung hinaus. Die Vertriebsmitarbeiter, die in direktem Zielgruppenkontakt stehen, gehören dazu, genauso wie der Pförtner am Verwaltungseingang, bei dem sich täglich dutzende von Geschäftspartnern und Kunden anmelden müssen.
  - ○ *Beeinflusser und Folger* – Das ist die große schweigende Mehrheit, die nicht direkt in die Kommunikation involviert ist, aber wie der Chor im griechischen Drama im Hintergrund für Stimmung sorgt.

Absender	Mittler	Empfänger
Führer	Medien	Stammgruppen
Akteure	Multiplikatoren	Peripheriegruppen
Beeinflusser & Folger	Prozessmittler	Potentialgruppen

Ein gutes Konzept muss einen Ansprachemechanismus für alle drei großen Kategorien entwickeln. In der Praxis werden aber leider die Absenderzielgruppen sträflich vernachlässigt. In vielen Kommunikationskonzepten tauchen sie gar nicht erst auf – mit fatalen Folgen. Da wird die neue Kommunikationskampagne vom Flurfunk des Unternehmens in Grund und Boden verrissen. Die Mitarbeiter lehnen Inhalte und Ausrichtung schlichtweg ab. Und auch in Kundengesprächen nimmt niemand ein Blatt vor den Mund. Die Kampagne wird so in ihrer Glaubwürdigkeit langsam von innen her ausgehöhlt.

Kriterien für die Zielgruppen-Auswahl

Jedes PR- und Kommunikationskonzept hat zur Voraussetzung, dass man Zielgruppen genau festlegt und beschreibt. Diese Zielgruppenfindung und -beschreibung ist oft jedoch mit erheblichen Schwierigkeiten verbunden. Um die richtigen Zielgruppen zu finden und zusammenzustellen, sollte man sie stets anhand bestimmter Kriterien auf ihre Eignung hin überprüfen:

- *Problemrelevanz* – Problemrelevanz bedeutet, dass die Merkmale der Zielgruppe in einer engen und direkten Beziehung zur kommunikativen Aufgabenstellung und zum Kommunikationsobjekt stehen.
- *Homogenität / Trennschärfe* – Gleichzeitig sollte eine Personengruppe möglichst homogen sein, um sie nach außen von anderen Nicht-Zielgruppen unterscheiden zu können. Die Merkmale von Zielgruppen müssen sich signifikant von denen der Nicht-Zielgruppen unterscheiden. Zielgruppensegmentierungen müssen deshalb möglichst trennscharf sein.
- *Wiedererkennbarkeit* – Die Zielgruppe sollte für alle am Planungsprozess Beteiligten wiedererkennbar sein. Alle sollten möglichst dieselben Vorstellungen über die Zusammensetzung der Zielgruppe und über ihre Eigenschaften haben.
- *Operationalisierbarkeit* / Realisierbarkeit – Die Zielgruppenmerkmale müssen zudem für die weitere Arbeit der PR- und Werbeplanung handhabbar sein. Noch so differenzierte Merkmalbestimmungen sind unbrauchbar, wenn sie in den für die Planung benutzten Analysen und Datenbeständen nicht enthalten sind.
- *Größe/Potential* – Es klingt banal, aber es muss die Zielgruppe in ausreichender Menge geben. Eine Zielgruppendefinition mit Diaspora-Charakter verspricht wenig Erfolg. Wer also in einem Landkreis mit einem Ausländeranteil um die 1% eine Ethno-Marketing-Kampagne startet, darf sich nicht wundern, wenn die Resonanz zu wünschen übrig lässt.

Am Beispiel des Kriteriums Problemrelevanz wollen wir Ihnen die Bedeutung einer reflektierenden Zielgruppenauswahl veranschaulichen. Stellen Sie sich vor: Der Besitzer einer wissenschaftliche Buchhandlung befindet sich direkt an einem touristisch attraktivem Standort, an dem täglich viele Sightseeing-Busse Halt machen. Der Buchhändler sieht die Touristen ständig vor seinem Schaufenster stehen und beschließt kurzerhand, sie als Zielgruppe anzusprechen. Er hängt ein großes Plakat vor dem Busstopp aus und lässt Handzettel an die Touristen verteilen. Ohne großen Erfolg, denn die neu entdeckte Zielgruppe interessiert sich nur marginal für das Fachbuchsortiment. Also entschließt sich der Händler, sein Sortiment zu erweitern. Er bietet jetzt Ansichtskarten, Reiseführer und Stadtpläne mit an. Das funktioniert. Es braucht nur wenige Kommunikationsmaßnahmen und plötzlich stehen ständig Touristen in seinem Laden. Dennoch stellt er konsterniert fest, dass am Abend weniger in der Kasse ist. Denn durch die Ansprache der touristischen Neukunden, hat er alte Stammkunden verloren, die sich an der neuen Ausrichtung des Ladens gestört haben. Der Buchhändler hat erfahren, dass mit geringen Streuverlusten eine neue Zielgruppe gewonnen und viele Ansichtskarten und Briefmarken dazu verkauft wurden, während seine Fachbücher plötzlich liegen blieben. In unserem Beispiel wurden gleich zwei wesentliche Fehler gemacht. Es wurde eine Zielgruppe angesprochen, die nicht produktaffin bzw. problemrelevant war. Zudem wurden durch die Kommunikation zwei Zielgruppen zusammengebracht, die sich interferieren oder sogar konterkarieren.

Wege zur Zielgruppenbestimmung

Der Konzeptioner sitzt an seinem Schreibtisch vor einem weißen Blatt Papier. Er hat sich vorgenommen, die Zielgruppendefinition zu entwickeln. In der Praxis hat er nur in ganz seltenen Fällen wochenlang Zeit, um eine gründliche Zielgruppenanalyse zu starten. In der Regel muss es schnell gehen. Manchmal bleibt nur eine Stunde. Wenn er Glück hat, steht vielleicht ein ganzer Arbeitstag zur Verfügung. Es heißt also, entschlossen auf den Punkt zu kommen. Ein weißes Blatt Papier auf dem Schreibtisch reicht jedoch allein nicht aus. Auf dem Schreibtisch sollten unbedingt auch die Aufgabenstellung, der Faktenspiegel und die damit eng verbundene SWOT-Analyse liegen. Die SWOT-Analyse beschreibt den Status, die Aufgabenstellung definiert in welche Richtung es gehen soll und der Faktenspiegel liefert die notwendigen Informationen zu den Zielgruppen – gesammelt im Briefing und während der Recherchearbeit. Es empfiehlt sich, den ersten Schritt in Richtung der Zielgruppen ohne die berühmte Schere im Kopf zu machen. Der Konzeptioner sondiert offen und kreativ, welche Zielgruppen aufgrund der Aufgabenstellung möglich wären. Es entsteht ein erster großer Kausal-Radius der Zielgruppen. Erfasst sind alle Zielgruppensegmente, die man ansprechen könnte. Bei dieser ersten Auswahl ist es erlaubt, wenn nicht sogar erwünscht, quer zu denken und eventuell neue unkonventionelle Zielgruppen für sich zu entdecken. Um sich die Arbeit zu erleichtern, kann der Konzeptioner den Radius auch gleich in drei große Bereiche aufteilen – Absender, Mittler, Empfänger – und die Zielgruppen entsprechend zu ordnen.

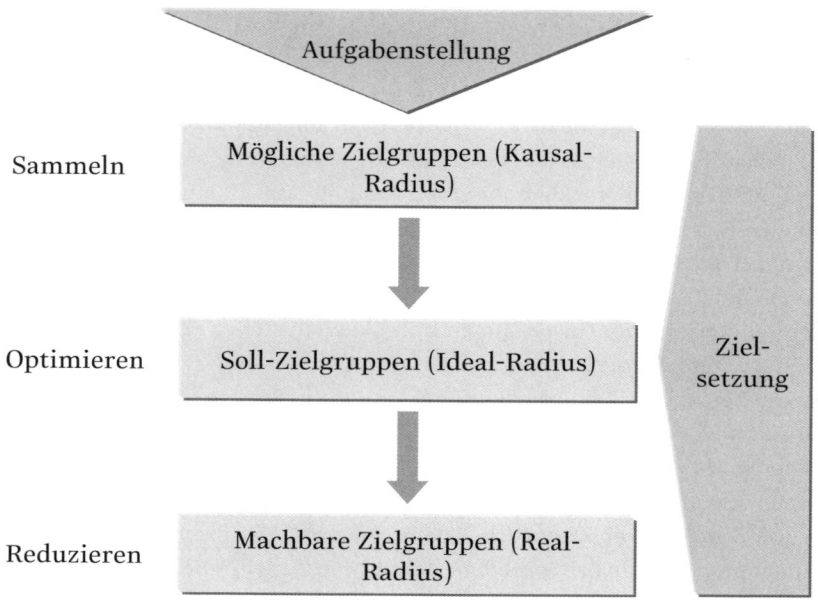

Bei der Zielgruppenfindung muss der Konzeptioner immer im Hinterkopf behalten, dass er sich auf dem großen Terrain der integrierten Kommunikation bewegt. Die Zielgruppen müssen also so zusammengestellt werden, dass sie als feste Orientierungsgröße für alle Kommunikationsdisziplinen dienen können, was nicht heißt, dass alle Disziplinen in der Umsetzung auch stets die gleichen Zielgruppen ins Visier nehmen.

Nachdem alle relevanten Zielgruppen des Kausal-Radius aufgelistet sind, geht es gleich an die Entwicklung des Ideal-Radius. Dieser zweite engere Kreis beschreibt die wünschenswerte Soll-Zielgruppenkonstellation. Welche Gruppen wären aufgrund der Aufgabenstellung und der intendierten Ziele optimal? Spätestens jetzt kommen erstmals auch die Kommunikationsziele ins Spiel. Sie erinnern sich an den Wechselwirkungsprozess? Bei der Entwicklung des Ideal-Radius empfiehlt es sich, einen ersten Zielhorizont zu entwickeln und die Zielgruppen in Relation zu setzen.

Um die Zielgruppen auf die Idealform zu bringen, müssen sie komprimiert, reduziert und geclustert werden:

- *Zielgruppen komprimieren* – Die Zielgruppe ist relevant, wird aber im Umfang reduziert. Der Konzeptioner konzentriert sich auf wesentliche Kernsegmente. Aus der Computerfachpresse wird z. B. die Computerfachpresse mit starker Internetausrichtung.
- *Zielgruppen reduzieren* – Der Konzeptioner trennt sich von bestimmten Zielgruppen, die für die Erreichung der avisierten Ziel nicht von essentieller Bedeutung sind. Er behält

die Computerfachpresse mit starker Internetausrichtung im Blick, während er das benachbarte Segment der Telekommunikations-Fachpresse aus seinem Set wirft.

- *Zielgruppen clustern* – Beim genauen Hinschauen merkt der Konzeptioner, dass er zwei oder mehrere Segmente zusammenfassen kann, weil sie mit den gleichen Botschaften und Maßnahmen erreicht werden können, eine Differenzierung damit nicht erforderlich ist. Er fasst also beispielsweise die Computerfachpresse mit starker Internetausrichtung und die Computerfachpresse mit starker Multimedia-Ausrichtung zu einem Segment zusammen.

Steht der „Ideal-Radius", dann ist die Arbeit (leider) noch nicht beendet. Wie so oft im Leben, bleibt auch in der Kommunikationspraxis die Idealgröße häufig nur ein Traum. Der Konzeptioner wird nämlich im nächsten Schritt seine Zielgruppen und Ziele in Relation zu den vorhandenen Ressourcen setzen müssen. Besonders ernüchternd sind die finanziellen Ressourcen. Immer ist zu wenig Etat vorhanden, um alle gewünschten Zielgruppen wirklich nachhaltig anzusprechen. Aber auch die personellen und zeitlichen Ressourcen kommen auf die Wagschale. Mit einer gesunden Portion Realismus heißt es, im dritten Schritt die Zielgruppenkonstellation auf das Maß des Machbaren zu stutzen. Es wird der „Reale Radius" erarbeitet. Wichtig ist, dass dieser Zielgruppenradius größer ist als der Minimal-Radius. Der Minimalradius definiert die Untergrenze. Er ist bis auf die Muss-Zielgruppen abgespeckt. Gemeint sind damit die Zielgruppen, die für den Kommunikationserfolg absolut unersetzlich sind.

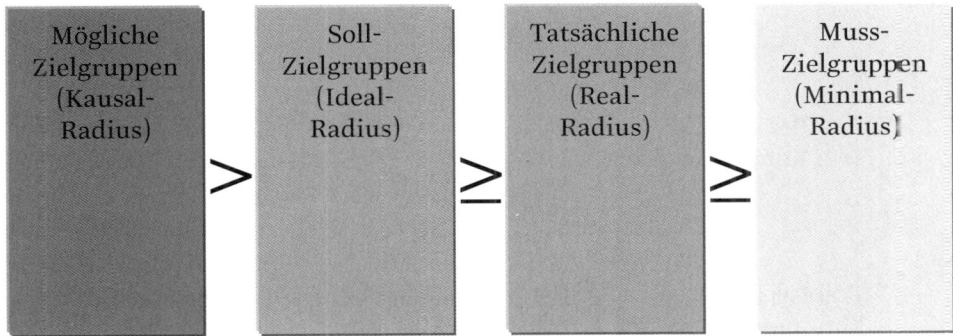

Von der Zielgruppe zur Bezugsgruppe

Der Weg der Kommunikation geht weg von der Massenkommunikation hin zur Beziehungskommunikation. Zwar wird es nie ohne breitenwirksame Massenkommunikation gehen, aber die Gewichtung verschiebt sich. Beziehungsaufbau und -pflege gewinnen deutlich an Gewicht. Darum findet ein typischer Terminus der PR mehr und mehr Einzug in die gesamte Kommunikation. Gemeint ist der Begriff der Bezugsgruppe.

Die klassische PR bezeichnet mit Bezugsgruppen Personenkreise, die im internen oder externen Spannungsfeld eines Unternehmens stehen. Vom Rat der Stadt am Standort des Unternehmens bis zur Umweltinitiative, die sich gegen den Ausbau des Standortes formiert. In der modernen Kommunikation steht die „Bezugsgruppe" für eine neue Qualität der Kommunikation. Neben der breit streuenden Basiskommunikation, die mit ihren Impulsen das Gros der Zielgruppen erreicht, gibt es auf der Zielgruppenpyramide eine qualitative Spitze – und das sind die Bezugsgruppen. Die Bezugsgruppen sind für die Kommunikation besonders wichtig, sie haben Schlüsselfunktion. Sie werden deshalb nachhaltig und differenziert angesprochen. Dialog und Beziehungspflege stehen auf der Tagesordnung. Alle drei großen Zielgruppenkategorien können Bezugsgruppen enthalten – die Empfänger, die Mittler und die Absender.

Außerdem ist zu unterscheiden, dass es Zielgruppen gibt, die zu 100 Prozent als Bezugsgruppe eingeordnet werden, während bei anderen Zielgruppen, nur bestimmte Spitzengruppen in das Segment der Bezugsgruppe Eingang finden.

Insgesamt sei empfohlen, das Feld der Bezugsgruppen nicht zu groß werden zu lassen. Der Anspruch der festen Beziehung muss wirklich eingelöst werden.

Bezugsgruppen sind übrigens nicht nur Gruppen, mit denen ein Unternehmen eine enge positive Beziehung pflegt. Es gehören auch Gruppen dazu, die das Unternehmen sozusagen „auf dem Kieker haben" und im negativen Sinne zum Bezugsfeld gehören. Gerade diese Gruppen darf man nicht ignorieren, sondern muss sie moderierend in den Kommunikationsprozess einbeziehen.

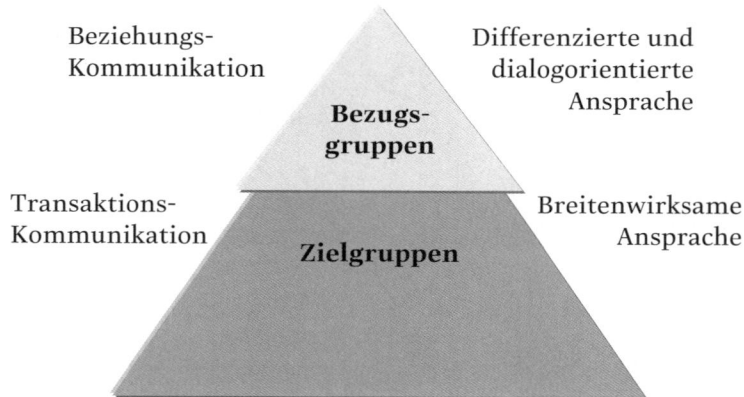

Woran lassen sich Bezugsgruppen erkennen und mit welchen Merkmalen können wir die Bezugsgruppen charakterisieren? Bezugsgruppen können identifiziert werden durch:

- *Aufgabenposition* – Dazu gehören die Gruppen, die in Bezug auf die gestellte Kommunikationsaufgabe eine Schlüsselposition haben. Ohne ihre Unterstützung lässt sich die gestellte Kommunikationsaufgabe kaum lösen.
- *Formalposition* – Hierunter fallen Bezugsgruppen, die zu einem Unternehmen in wichtiger formeller oder vertraglicher Beziehungen stehen (z. B. Lieferanten, Geschäftspartner).
- *Meinungsposition* – Als Meinungsgegenstände sind Unternehmen immer auch im Blickfeld von Meinungsführern, die über ihre Positionen den öffentlichen Kommunikationsprozess beeinflussen, obwohl sie nicht direkt involviert sind.
- *Interessenposition* – Hierunter fallen alle Personen oder Gruppen, deren Interessen durch das Unternehmen und seine Produkte besonders tangiert sind. Dies betrifft nicht nur die objektivierten und legitimierten Interessen sondern auch subjektiv wahrgenommene Interessenslagen.

Zielgruppen von Unternehmen sind in der Regel durch dessen Produkte oder Dienstleistungen begrenzt. Die Bandbreite von Bezugsgruppen ist aber im Prinzip unabgrenzbar. Jeder Gruppe im gesellschaftlichen Spektrum kann zu einer Bezugsgruppe werden, und jeder Meinungsgegenstand kann zu einem Fokus für Bezugsgruppen werden. Denken Sie z. B. an Krisen- oder Störfälle: aus einer heterogenen Menge von Personen, die ganz unterschiedlichen Milieus und Öffentlichkeiten angehören, wird innerhalb kurzer Zeit eine Betroffenengruppe, die sich mit bestimmten Ansprüchen an ein Unternehmen richtet und möglicherweise eine eigene Organisationsstruktur mit eigener Öffentlichkeit ausbildet.

Eine vorausschauende Unternehmenskommunikation wird ihre wichtigen Bezugsgruppen mehr oder weniger ständig im Auge behalten und ihr Verhalten beobachten. In der klassischen PR-Literatur wird diese Aufgabe häufig als Screening oder Monitoring bezeichnet.

Die Ansprache der Bezugsgruppen muss im Grundsatz differenziert und dialogorientiert erfolgen. Es gibt viele Strategien zur Ansprache von Bezugsgruppen. Eine Auswahl wollen wir Ihnen vorstellen:

- *Die Strategie des geringsten Widerstandes* – Es werden zuerst diejenigen Bezugsgruppen angesprochen, die in der Analyse die größtmögliche Affinität oder Offenheit für die Kommunikationsinhalte erkennen lassen.
- *Die First-things-first-Strategie* – Sie ist völlig pragmatisch und orientiert sich schlicht und ergreifend an den Kommunikationsoptionen, die sich am schnellsten bieten. Die Bezugsgruppen, die räumlich und zeitlich am nächsten liegen, werden auch zuerst angesprochen.
- *Die Top-down-Strategie* – Sie wird insbesondere in hierarchisch geprägten Kommunikationsumfeldern angewendet. Man geht hierbei von der Annahme aus, dass die Kommunikationsinhalte durch institutionelle Informationswege innerhalb der jeweiligen sozialen Umfelder (Unternehmen, Mediensystem etc.) von oben nach unten diffundieren – also

z. B. „vom Chefarzt zur Krankenschwester" oder mit der Annahme der meinungsbildenden Medien „vom SPIEGEL zur Westfalenpost".

- *Die Bottom up-Strategie* – Sie geht an die breite Basis, sät hier die Samen der Kommunikation. Der Weg führt über informelle Wege von unten nach oben. In der Praxis ist diese Strategie aber nur schwer zu realisieren und vor allem schwierig zu kontrollieren.
- *Die Brückenkopf-Strategie* – Die Kommunikation spricht fokusartig nur einzelne herausragende Vertreter der Bezugsgruppen an, die dann mit ihrer Meinungsautorität nach außen auf die Zielgruppen abstrahlen. Angesprochen werden z. B. sogenannte „Opinion Leader" oder „Trendsetter".
- *Die Zwei-Flanken-Strategie* – Die Bezugsgruppen werden gleichzeitig aus zwei Richtungen angesprochen. Wir erzeugen direkten Druck bei der Bezugsgruppe und stimulieren indirekt die zugehörigen Zielgruppen, um quasi „Druck von der Straße" auszuüben.
- *Die Protagonisten-Strategie* – Sie konzentriert sich auf die Integration von glaubwürdigen Dritten wie Experten, Wissenschaftlern, Prominenten oder anderen Meinungsbildnern in die Kommunikation. Diese Protagonisten werden motiviert, für den eigentlichen Absender zu sprechen. Die Botschaften der Protagonisten finden in der Regel wesentlich mehr Interesse, als würde der Absender selbst kommunizieren.
- *Die Kooperationsstrategie* – Unternehmen oder Institutionen verstehen die Kommunikation mit den Bezugsgruppen zunehmend nicht als Alleingang. Sie suchen sich die Unterstützung von Partnern. Man wirft die gemeinsame Autorität in die kommunikative Wagschale, um die Bezugsgruppen zu überzeugen.

Müssen immer und in jedem Fall Bezugsgruppen definiert werden? Wünschenswert wäre es vielleicht, aber die Realität sieht anders aus! Unternehmen sind wie Menschen. Manche sind sehr kontaktfreudig und haben mit Beziehungen keine Probleme. Andere Unternehmen handeln eher zurückhaltend und introvertiert. Sie fühlen sich unwohl, wenn wir sie zum Beziehungstalent hochstilisieren. Das muss auch nicht sein, denn auch ein zurückhaltendes Unternehmen kann sehr erfolgreich sein. Schweigen ist manchmal ein Zeichen von Weisheit. Einfaches Zuhören ist auch eine Form von Kommunikation. In unserer geschwätzigen Mediengesellschaft wird das häufig vergessen.

Praxistipps

Auch wenn man die Methodik kennt und beachtet, kann einiges schief gehen bei der Zielgruppenfindung. Es folgen einige Tipps, die die Arbeit mit Zielgruppen und Bezugsgruppen wesentlich einfacher machen.

- *Zielgruppe kennen lernen* – Zielgruppen lassen sich nicht vom Schreibtisch aus entwickeln. Schreibtischtäter unter den Konzeptionern sind schlechte Ratgeber. Sie sind hiermit aufgefordert, sich ins reale Leben der Zielgruppen zu begeben, Kontakt aufzunehmen und Ihr Gefühl zu entwickeln. Wenn Sie also ein Konzept für eine Seniorenvereinigung schreiben, dann ist es selbstverständlich, dass Sie zum Kaffeekränzchen der Senioren gehen, an einer Tagung der Vereinigung teilnehmen und die aktuellen Ausgaben der Seniorenzeitschrift lesen. Sie denken und fühlen sich peu a peu in diese Zielgruppe hinein.

- *Zielgruppen mit Leben füllen* – In Ihrem Konzept darf nicht nur eine dürre und abstrakte Zielgruppenbeschreibung stehen. Ihre Zielgruppe sollte lebendig werden. Charakterisieren Sie die Menschen und schaffen Sie ein plastisches Bild. Manchmal hilft es ungemein, eine kleine Story über Ihre Zielgruppe zu schreiben oder Fotos von typischen Zielgruppen-Vertretern zu sammeln und im Konzept abzubilden.

- *Zielgruppenradius am Anfang offen halten* – Sie betreuen erstmals einen neuen Auftraggeber. Produkte und Markt sind Ihnen noch völlig unbekannt. In dieser Situation ist es riskant, die Zielgruppen-Definition zu eng zu fassen. Ihnen fehlt es an Erfahrung und Fingerspitzengefühl. Die Gefahr, dass Ihre Kommunikation an einer zu eng gefassten Zielgruppen-Definition vorbei ins Leere läuft, ist ziemlich groß. Deshalb sollten Sie den Radius sicherheitshalber etwas größer fassen, durch systematische Erfolgskontrolle die Zielgruppenresonanz analysieren und erst nach und nach den Fokus enger ziehen.

- *Zielgruppenzahl reduzieren* – Jahrelang haben die Kommunikationsfachleute ihr Heil im Differenzieren gesehen. Immer feiner wurde untergliedert. Speziell für die Breitenkommunikation stellt sich dieses Prinzip zunehmend als falsch heraus. Wer Erfolg haben will, muss einfache klare Zielgruppenkonstellationen bauen. Weniger Zielgruppen sind viel mehr. Allzu kleinteilige Kommunikation frisst Etats, ohne die nötige Wirkung zu zeigen.

- *Zielgruppen im Blick behalten* – Es geht weiter im konzeptionellen Prozess. Nach den Zielgruppen werden Ziele und Positionierung bestimmt, Botschaften ausgewählt und Maßnahmen auf die Schiene gebracht. In jeder Phase der Arbeit müssen man die Zielgruppen im Blick behalten. Passen Positionierung und Zielgruppen sauber zusammen? Überzeugen die Botschaften die Zielgruppen? Gibt es für alle Zielgruppen auch wirklich entsprechende Maßnahmen? Prüfen Sie kritisch und optimieren Sie gegebenenfalls Ihre Zielgruppenkonstellation.

Übung
_____

Es geht um eine neu gestartete Initiative einer rot-grünen Landesregierung zur Förderung des Energiesparens im Wohnungsbau.

- Welche Zielgruppen halten Sie für wichtig?
- Wie würden Sie die Zielgruppen bei einem sehr kleinen Kommunikationsetat eingrenzen?
- Welche Bezugsgruppen würden Sie aus der Gesamtheit der Zielgruppen definieren?
- Welche Strategie zur Ansprache der Bezugsgruppen passt zu Thema und Auftraggeber?

Erste Zielgruppe ist immer der Auftraggeber!

Wenn ich von Schlüsselerlebnissen erzähle, die meine Arbeit nachhaltig geprägt haben, stelle ich fest, dass bei mir seltsamerweise oft nicht die Erfolgserlebnisse, sondern eher die schmerzlichen Erfahrungen im Kopf geblieben sind.

Mir fällt da z. B. ein Auftrag aus meiner konzeptionellen Frühzeit ein. Ich hatte einem neuen mittelständischen Kunden aus der Pharmabranche mein PR-Konzept für das nächste Planungsjahr vorgestellt, das als zentrale Maßnahme ein Dialogforum präsentierte. Das Konzept war durchdacht, die Zielgruppendefinition kam auf den Punkt, ein paar gute Ideen gaben dem Ganzen den nötigen Schwung. Eigentlich war alles bestens. Ich hatte alles einkalkuliert – nur eins nicht: den Kunden.

Ich erinnere mich noch genau, der Kunde war ganz und gar nicht glücklich. Nicht dass er meine konzeptionelle Linie angezweifelt hätte, nicht dass er meine Ideen fade fand, aber er konnte sich mit dem Resultat nicht identifizieren. Das ist wie mit dem neuen Pullover, den mir meine Frau zum Geburtstag geschenkt hat. Er war teuer, hat eine Spitzenqualität und einen tollen Schnitt, aber er gefällt mir nicht. Wenn ich in den Spiegel schaue, komme ich mir irgendwie fremd darin vor.

Was ist schief gelaufen?

Objektiv gesehen, ging das Konzept völlig in Ordnung. Nur den subjektiven Faktor Kunde hatte ich nicht einkalkuliert. Mit fatalen Folgen, denn der Kunde ging erst auf Distanz und wenig später verloren.

Besagter Kunde hatte vor allem bei meinem Dialogforum ein ungutes Bauchgefühl. „Das mit dem Dialog hat sich in unserer Branche irgendwie totgelaufen", war sein Argument. Mir wurde jedoch schnell klar, dass da im Hintergrund ein ganz anderes Motiv mitschwang.

Ich hatte im Konzept die Person des Kunden stark in den Vordergrund gestellt. Innerhalb des Dialogforums sollte er als Gastgeber und Redner eine tragende Rolle spielen. Nur war mein Gegenüber alles andere als ein Selbstdarsteller. Ich hatte es mit einem Chemiker zu tun, der aus dem Labor in das Management aufgestiegen war. Er brachte einige herausragende Talente mit, aber Repräsentieren und Reden gehörten nun wirklich nicht dazu. Mit meinem Konzept wollte ich ihm eine Rolle zuweisen, die er nicht überzeugend vermitteln konnte und wollte. Die Abwehrreaktion folgte auf dem Fuße.

Ein Konzept muss nicht nur solche subjektiven psychologischen Hürden nehmen. Manchmal geraten Konzepte ins Stolpern, weil sie die objektive Sachlage des Kunden falsch einschätzen. Da roch eines meiner Konzepte bedrohlich nach Mehrarbeit, aber gerade davon hatte mein überstundengeplagter Kunde die Nase gestrichen voll. Oder ein anderes Konzept entwickelte eine rasante Dramaturgie der Ereignisse, die für den inneren Rhythmus des Unternehmens viel zu schnell war.

Eine dritte gefährliche Kundenhürde ist der unterschiedliche Erfahrungshorizont. Anfang des Jahres präsentierte ich ein sehr langfristig angelegtes, komplexes Modell für Issues-Management bei einem Entscheider, der aus dem Vertrieb kam und über eine ungeduldige Hardselling-Mentalität verfügte. Ein anderer Kunde hatte in den letzten Jahren ausnehmend schlechte Erfahrungen mit Sponsoring gemacht und in meinem Konzept spielte ausgerechnet das Sponsoring eine tragende Rolle. Beide Male hatte ich den subjektiven Faktor nicht richtig eingetaktet und bekam dafür die rote Karte.

Warum kommt es auf Beziehungen an?

Zielgruppen sind keine abstrakten strategischen Größen, sondern lebendige Wesen. Deshalb versuche ich Beziehungen zu meinen Zielgruppen aufzubauen und – oft im wahrsten Sinne des Wortes – Bekanntschaft mit ihnen zu schließen. Erst wenn mir die Zielgruppe vertraut ist, kann ich für sie Kommunikation entwickeln.

Die Zielgruppe, die dabei an erster Stelle steht, ist der Kunde und Auftraggeber. Wer sich mit dem schriftlichen Briefing eines Kunden begnügt, betätigt sich als konzeptioneller Seiltänzer ohne Netz. Ich für meinen Teil suche den Kontakt und baue Beziehungen auf. Welche Meinungen und Einstellungen hat mein Partner? Welche Hoffnungen und Ängste prägen ihn? Wie lebt er im Privaten? Da der Kunde in aller Regel nicht nur eine Person ist, kommt hinzu: Wer sind die Entscheider für mein Konzept? Wie laufen die Entscheidungswege? Wie ist das Betriebsklima? Welche informellen Strukturen haben sich gebildet? Welche Gerüchte regieren in den Fluren?

Es entsteht so etwas wie ein Psycho- und Soziogramm des Kunden, das eine wichtige Vorinvestition in eine langfristige Kundenbeziehung ist.

Wie baue ich Beziehungen auf?

Auf die Briefingphase kommt es an. In allen Briefinggesprächen bin ich nicht nur sachkundiger Konzeptioner, sondern ein wenig auch Detektiv, Psychoanalytiker und Soziologe. Ich versuche hinter die offiziellen Kulissen zu schauen:

- Wenn möglich führe ich mehrere Briefinggespräche mit ganz unterschiedlichen Personen im Unternehmen und sammle Meinungs- und Stimmungsbilder.
- Je kleiner der Gesprächskreis desto besser. In großen Runden mit vielen Beteiligten auf Kundenseite bekomme ich nur offizielle Wahrheiten zu hören. Im Zwiegespräch dagegen wird oft Klartext geredet und der Blick hinter die Kulissen öffnet sich.
- Ich versuche menschlichen Kontakt aufzubauen und spreche über Privates und Persönliches. Denn die Erfahrung zeigt, dass die privaten Vorlieben der Kunden ihre geschäftlichen Entscheidungen erheblich beeinflussen.

- Ich lade meine Kunden zum Essen ein. Außerhalb des Unternehmens ist es, als falle ein Korsett von ihnen ab. Der Kontakt wird freier und ehrlicher.
- Auch die Flurbegegnungen mit dem Portier oder der Sekretärin schärfen die Sinne und sollten stets zu einem kleinen Gespräch genutzt werden.
- Ich nehme mir Zeit für die Besichtigung des Unternehmens oder der Institution. Ich versuche nicht nur die gern gezeigten „Highlights", sondern auch den grauen Alltag im Haus kennen zu lernen.

Konzeptioner sind keine Wendehälse

Nur ein Konzept, das auf den Kunden individuell zugeschnitten ist, das er mit Stolz nach außen trägt wie einen Maßanzug, ist ein gutes Konzept. Alles andere bleibt Ware von der Stange. Es geht jedoch nicht darum, dem Kunden nach dem Mund zu reden. Ein Konzeptioner ist kein Wendehals. Die klare konzeptionelle Linie darf nie verloren gehen. Das Fähnchen nach den Wind zu hängen, mag taktisch Erfolg bringen, strategisch rächt es sich bitter.

Hierzu sei noch ein letztes – wiederum schmerzhaftes – Schlüsselerlebnis angeführt: Mein Kunde war in diesem Fall ein Banker. Schon beim ersten Gespräch fiel mir der Golfball auf dem Schreibtisch und die Golffotos an der Bürowand auf. Zum Essen beim benachbarten Italiener sprang der Kunde sofort an, als ich ihm das Stichwort Golf lieferte. Diesem Sport gehörte seine Leidenschaft.

Aufgabe der Agentur war es, eine Serie von Imageanzeigen für die Bank zu entwickeln. Kurz entschlossen wählte ich die Metapher des Golfsports. Alle Anzeigenmotive machten die Stärken der Bank an Beispielen aus der Golfwelt anschaulich.

Der Kunde war hellauf begeistert. Ich hatte seinen Nerv voll getroffen. Die Anzeigenkampagne wurde dann allerdings ohne großen Erfolg geschaltet. Vor lauter Schielen nach dem Kunden hatte ich die Kunden der Bank aus den Augen verloren. Und das waren hauptsächlich kleine Handwerker, Händler und Freiberufler, deren bescheidener Golf-Horizont nicht über den Minigolf-Parcours hinausreichte.

Zielgruppen für „junges Wohnen"

Der Kunde ist ein großes Möbelhaus mit regionalem Einzugsgebiet. Das Möbelhaus hat sich auf das Segment „Junges Wohnen" spezialisiert und liegt hier im unteren bis mittleren Preissegment. Die Kommunikationskampagne für die nächsten 12 Monate nimmt folgende Zielgruppen ins Visier:

Empfänger

- *Kundenstamm* – In der Datenbank sind ungefähr 38.000 Kunden erfasst, die in den letzten 7 Jahren eingekauft haben. Davon sind rund 7.000 Kunden Mehrfachkäufer. Der Durchschnittskaufwert liegt bei 870 Euro.
- *Kundenpotential* – In der vom Auftraggeber angepeilten Zielgruppe zwischen 16 und 40 Jahren gibt es im weiteren Einzugsbereich etwa 84.000 Personen. Etwa 43 Prozent sind verheiratet.

Mittler

- *Medien* – Im Einzugsbereich gibt es drei Tageszeitungen, zwei Anzeigenblätter und ein Stadtmagazin. Hinzukommt eine private Radiostation. Die für das Thema Möbel und Wohnen relevanten Journalisten sind namentlich bekannt, wurden aber vom Möbelhaus noch nicht direkt angesprochen.
- *Meinungsbildner* – Da in der nächsten Zeit eine bauliche Erweiterung des Möbelhauses in Planung ist, kommt es dem Möbelhaus darauf an, die Kontakte zu den Multiplikatoren der Stadt weiter zu vertiefen. Dabei ist zu beachten, dass die Opposition im Wirtschaftsausschuss bereits Bedenken gegen das Erweiterungsprojekt angemeldet hat.

Absender

- *Mitarbeiter* – Das Unternehmen hat über 200 fest angestellte Mitarbeiter. Die Mitarbeiter sind wenig motiviert und haben in der Vergangenheit die Kommunikationsarbeit nur mit Widerwillen unterstützt. Die Fluktuation liegt bei 27% jährlich.
- *Führungskräfte* – Die Führungsebene des Hauses ist in den letzten zwei Jahren einer starken personellen Umstrukturierung unterworfen gewesen. Es wird großen Wert auf eine intensive Einbeziehung in die Kommunikationsarbeit gelegt.

Kommunikation braucht Ziele

Jede menschliche Kommunikation ist intentionales Handeln, weil sie Ziele im Hinblick auf andere am Kommunikationsprozess Beteiligte verfolgt. Zwei Menschen sprechen miteinander. Die Gesprächsziele können recht unterschiedlicher Natur sein: Aufmerksamkeit, Kontakthalten, Information, Überzeugung, Überredung, Verständigung, Drohung, Imponiergehabe, Anerkennung und vieles mehr. Je nachdem, welche Ziele die Beteiligten konkret verfolgen, werden sie ihre gesamte Kommunikation in Inhalt und Stil an diesen Zielen ausrichten. Beide wissen intuitiv, wie sie ihre Intentionen mehr oder weniger erfolgreich kommunikativ realisieren.

Auch in der geplanten Kommunikation von Unternehmen und Institutionen verläuft der Kommunikationsprozess nicht prinzipiell anders. Nur die direkte Verbindung von zwei sich wechselseitig aufeinander beziehenden Personen ist unterbrochen und wird in der Regel durch ein Medium überbrückt.

Die Zielhierarchie

Die Zielhierarchie ist die Grundlage jeder systematischen Kommunikationsplanung. Die Kommunikationsziele stehen nämlich nicht allein. Sie sind eingebettet in ein System von Zielen mit hierarchischer Ordnung. Die Zielhierarchie bildet einen festen Orientierungsrahmen für die Entwicklung der Kommunikationsziele.

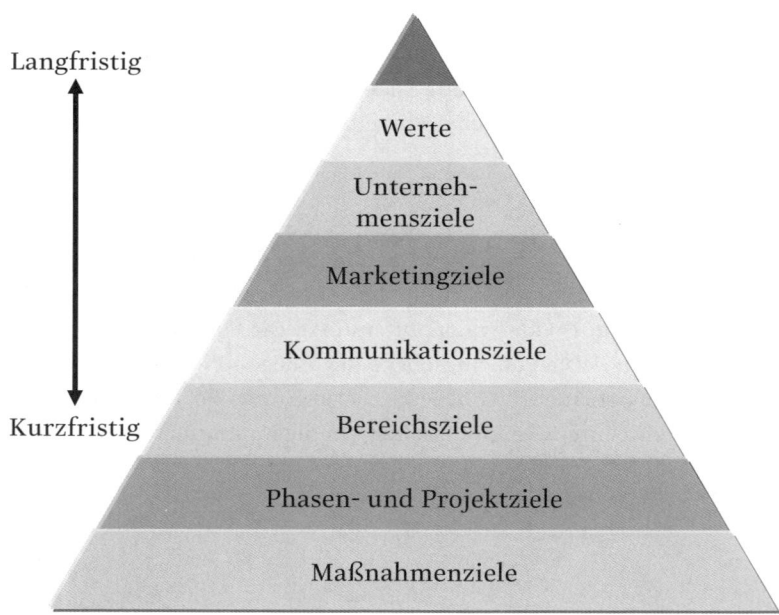

Langfristig

Kurzfristig

Werte

Unternehmensziele

Marketingziele

Kommunikationsziele

Bereichsziele

Phasen- und Projektziele

Maßnahmenziele

Je weiter wir in der Hierarchie nach unten gehen, desto konkreter und kurzfristiger werden die Ziele. Gleichzeitig nimmt die Zahl der Ziele von Ebene zu Ebene zu. Es gibt vielleicht nur zwei oder drei Unternehmensziele aber hunderte von Maßnahmenzielen. Schauen wir uns die einzelnen Ebenen näher an:

- *Gesellschaftliche Werte* – Unternehmen (und Organisationen) sind gesellschaftliche Akteure. Sie handeln unter gesellschaftlichen, politischen, kulturellen und rechtlichen Rahmenbedingungen. In diesen Rahmenbedingungen sind Regeln verankert, die eine völlige Handlungsfreiheit begrenzen, dafür aber auch bestimmte Leistungen erzeugen, wie z. B. Rechtssicherheit, Schutz des Eigentums etc. Insofern muss jedes Unternehmen das Ziel haben, den Anforderungen zu entsprechen, die durch diesen Rahmen gesetzt sind.

- *Unternehmensziele* – Unternehmen verfolgen in der Regel verschiedene Ziele gleichzeitig. Der wirtschaftliche Erfolg des gesamten Unternehmens ist in diesem Kontext nur eines, wenn auch das wichtigste und komplexeste Unternehmensziel. Jedes Unternehmen hat gleichzeitig aber immer auch das Ziel, sich als Organisation in seinen verschiedenen Strukturen zu erhalten. Dazu gehören die Unternehmens- und Führungskultur, die Corporate Identity, das Corporate Design und das Corporate Behavior. Die Unternehmensziele werden häufig in Leitbildern formuliert, die die Unternehmensvisionen (visions) und den Unternehmenszweck (mission) prägnant zusammenfassen. Die Leitbilder sollen nach innen Orientierung und Integration schaffen und nach außen die unverwechselbare Identität eines Unternehmens kenntlich machen.

- *Marketingziele* – Sie leiten sich aus den allgemeinen Unternehmenszielen ab. Dabei handelt es sich um konkrete operationale Ziele. In der klassischen Marketingtheorie werden dabei drei verschiedene Zielebenen unterschieden. Zuerst kommen die Ertragsziele wie Gewinn, Kapital- und Umsatzrentabilität. Dann folgen die formalen Marktziele wie Umsatz, Kundenzahl, Auftragsgröße, Bekanntheitsgrad, Marktanteil oder Image. Und schließlich die sachlichen Leistungsziele wie Vertriebskosten, Angebotsqualität oder Umweltverträglichkeit. Alle Marketingziele sind eingebunden in ein Zielsystem, das sich in Form einer Zielhierarchie darstellen lässt. Sie können dabei bis auf Produkte oder Produktgruppen heruntergebrochen werden. Viele dieser Marketingziele haben engen Bezug zu den Kommunikationszielen.

- *Kommunikationsziele* – Die Kommunikationsziele ergeben sich nicht gleichsam automatisch aus den Marketing- und Unternehmenszielen, sondern bezeichnen eine eigenständige Lösungsebene, die durch die Eigendynamik kommunikativer Beziehungen geprägt ist. Nichtsdestotrotz bilden die Marketingziele natürlich einen wichtigen Vorgaberahmen für die Kommunikation. Ohne die übergeordneten Ziele zu kennen, kann man letztlich mit der strategischen Kommunikationsarbeit überhaupt nicht beginnen. Die Kommunikationsziele sind Orientierungsgrößen für die gesamte Kommunikation. Alle Disziplinen von der Werbung über PR und Direktmarketing bis zum Sponsoring richten sich daran aus. Typische Zielgrößen der Kommunikation sind z. B. Aufmerksamkeit, Akzeptanz oder Präferenz.

- *Bereichsziele* – Die einzelnen Disziplinen der Kommunikation haben natürlich ihre eigenen sehr spezifischen Zielstellungen, die unter das Dach der Kommunikationsziele passen und die allgemeine Ausrichtung der Kommunikationsarbeit konkretisieren. Zu den Bereichszielen gehören PR-Ziele, Werbeziele, Event-Ziele, Promotionziele, Direktmarketing-Ziele, Sponsoring-Ziele usw.

- *Phasen- und Projektziele* – Ausgesprochen kurzfristig und konkret sind dann die Phasen- und Projektziele. Für bestimmte zeitlich begrenzte Kommunikationsaktionen oder -kampagnen werden konkrete Ziele festgelegt. Projektziele könnten z.B. für das 25-jährige Jubiläum eines Unternehmens festgelegt werden oder für die Eröffnungswoche eines Bürgerberatungscenters im Rathaus oder für die Sommerseminare eines Bildungsträgers.

- *Maßnahmenziele* – Nun sind wir endgültig in der operativen Abteilung der Kommunikation angekommen. Im Rahmen der kommunikativen Umsetzung muss für jede einzelne geplante Maßnahme ein Ziel fixiert werden. Keine Einzelmaßnahme ist Selbstzweck, sondern hat eine klare Ausrichtung im Kontext der Kommunikationsziele. Für jede Journalistenreise, für jede Werbebriefaussendung, für jede Anzeigenschaltung wird also festgelegt, was wir damit zu erreichen gedenken.

Die Zielkategorien

Die Leitziele, die die Struktur der Kommunikationsplanung vorgeben, sind die Unternehmens- und Marketingziele. Diese Ziele werden übersetzt in allgemeine Kommunikationsziele und in spezifische Bereichsziele wie die PR-Ziele. Die übergreifenden Wirkungsziele auf der strategischen Ebene werden nach unten durch Projekt- und Maßnahmenziele auf der operativen Ebene konkretisiert.

Auf jeder Ebene lassen sich die Ziele in drei große Kategorien einteilen. Im Blickpunkt stehen dabei die Zielgruppen – und wir kategorisieren, je nachdem, was wir bei den Zielpersonen erreichen wollen.

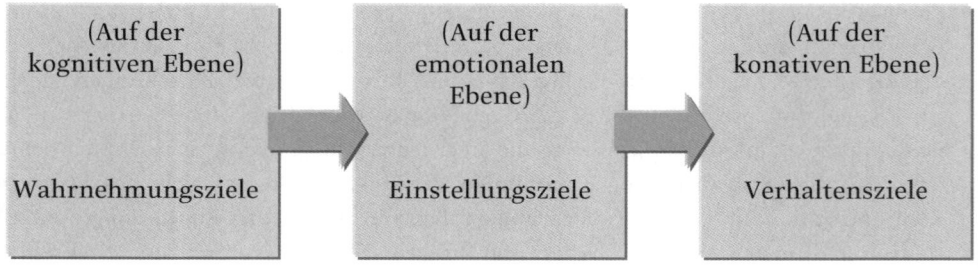

Es lassen sich alle Kommunikationsziele in obige drei Bereiche einordnen. Die einzelnen Bereiche sind eng miteinander verknüpft:

- *Die Wahrnehmungsziele* – Sie setzen auf der kognitiven Ebene an. In den Bereich gehören Ziele wie Aufmerksamkeit wecken, Bekanntheitsgrad steigern, Wissen vermitteln, Wiedererkennung sichern. Wenn genügend Etatmittel vorhanden sind, damit entsprechender Kommunikationsdruck erzeugt werden kann, lassen sich Wahrnehmungsziele relativ zügig und sicher durchsetzen.

- *Die Einstellungsziele* – Sie setzen auf der emotionalen Ebene an. Zu dieser Zielkategorie gehören Ziele wie Akzeptanz erreichen, Image stärken, Präferenz sicherstellen, Sympathie steigern. Einstellungen sind besonders stabile und permanente Überzeugungen, die in affektiver Weise mit Bewertungen aufgeladen sind. Einstellungen sind durch Lernen erworbene Dispositionen, ein bestimmtes Objekt oder Thema in konstanter Weise positiv oder negativ zu beurteilen. Stehen diese Einstellungen nicht mehr zur Disposition, sprechen wir von verfestigten Einstellungen oder umgangssprachlich von Vorurteilen. Einstellungsziele brauchen in der Durchsetzung viel Zeit. Die Einstellungsveränderung ist eine harte Arbeit, die mit sehr viel Ausdauer angegangen werden muss.

- *Die Verhaltensziele* – Sie werden auch konative Ziele genannt. Dazu gehören handfeste Zielaussagen wie 12% Response auf einen Werbebrief zu erzielen, 45 Journalisten für eine Pressekonferenz zu gewinnen oder 1.200 Visits pro Tag auf einer Website zu generieren. Verhalten ist eine allgemeine Bezeichnung für jede Aktivität oder Reaktion eines Menschen. Soziales Verhalten bezeichnet ein Verhalten, das eine Reaktion auf das Verhalten anderer darstellt und selbst wiederum Reaktionen bei anderen Individuen hervorruft. Verhalten umfasst gelernte und durch Sozialisation erworbene Verhaltensweisen als auch intuitive, durch bestimmte Auslöser oder Reize gesteuerte Reaktionen. Für viele Auftraggeber sind die Verhaltensziele die wichtigste Zielkategorie. Sie wollen die Zielgruppe in ihrem Sinn bewegen. Sie wollen zupacken und Aktion erzeugen. Fehlen konkrete Verhaltensziele als Motor des Konzepts, sind sie unzufrieden.

Die drei Zielkategorien hängen kausal eng zusammen und bilden eine Wirkungskette. Denn die Handlung der Verhaltensziele wird nur ausgelöst, wenn es gelungen ist, auf der kognitiven Ebene wahrgenommen und auf der emotionalen Ebene positiv bei der Zielgruppe angekommen zu sein.

Das Ziel formulieren

Wer ein Ziel skizziert, der bringt es erst einmal in Stichworten zu Papier. Irgendwann sollte die Skizze aber konkretisiert und in Form gebracht werden. Das Konzeptionsteam muss das Ziel formulieren. Es dürfen dabei keine nebulösen und schwammigen Aussagen zustande kommen. Das Wesen des Ziels ist seine Punktgenauigkeit. Die Zielformulierung: „Angemessene Erhöhung des Images" ist nicht mehr als eine glibberige Zielmasse, die dem Konzeptioner durch die Finger rutscht. Ein gutes Ziel gibt ein klares Maß vor – also z. B. „Erhöhung des Bekanntheitsgrads um 7%“. Nur so wird eine genaue Erfolgskontrolle möglich.

Damit ein Kommunikationsziel greift, muss es in mehrerer Hinsicht definiert werden. Zu einer schlüssigen Zielformulierung gehört:

- *Die grundlegende Kommunikationsaufgabe* – z. B. Erhöhung des Bekanntheitsgrades.
- *Der konkrete Messwert der angestrebten Veränderung* – z. B. Erhöhung des Bekanntheitsgrades um 7%.
- *Der genaue Zeitraum, in dem das Ziel zu erreichen ist* – z. B. innerhalb 2 Jahren nach Einführung des neuen Verfahrens.
- *Die Zielgruppen, auf die dieses Ziel ausgerichtet ist* – z. B. bei den Senioren über 60 Jahren.

Das haben Sie noch nicht ganz verstanden? Kein Problem, es folgen nun drei weitere Anschauungsbeispiele für akzeptable Zielformulierungen:

- *Wahrnehmungsziel*: Bekanntmachung der neuen Staubsaugermarke innerhalb von 9 Monaten nach dem Start der Werbe- und PR-Kampagne bei mindestens 14% der deutschen Hausfrauen zwischen 49 – 65 Jahren.
- *Einstellungsziel*: Zustimmung zum Imagefaktor „hohe Leistungskraft bei geringem Geräuschpegel“ im gleichen Zeitraum bei 90% der Hausfrauen, die die neue Staubsaugermarke kennen.
- *Verhaltensziel*: Mindestens 20.000 Anforderungen von Prospektunterlagen per Telefon oder Internet in den ersten drei Monaten der Einführungskampagne.

Dementi! Dementi!

In der Theorie werden Ziele vorzugsweise sehr konkret gefasst. In der Realität der Praxis nicht immer. Viele Agenturen bevorzugen die so genannten Gummiziele, die sich den erzielten Ergebnissen anpassen lassen. Schreibt der Konzeptioner ins Konzept „Gewinnung einer ausreichenden Anzahl von Teilnehmern für das Europa-Forum“, dann ist offen, wie viel Teilnehmer ausreichend sind. 500 Personen? 350 Personen? 180 Personen? Da bleibt viel Interpretationsspielraum. Steht aber im Konzept „Gewinnung von 380 Teilnehmern für das Europa-Forum“, dann ist die Messlatte unmissverständlich und eisenhart – 350 Personen sind da schon ein Misserfolg. Nur wer fährt gerne einen Misserfolg ein?

Wenn der Auftragnehmer sein Ziel im Unverbindlichen lässt, dann steigt seine Erfolgsquote ganz erheblich, weil er genügend Spielraum hat, um den Erfolg zu interpretieren. Und mit steigender Quote steigt die Zufriedenheit des Auftraggebers, der gerne weitere Aufträge vergibt. In diesem Sinne sind flexible Ziele ein wichtiges Instrument des Customer Relationsship Management (=Kundenpflege) von Agenturen.

Hinzukommt, dass auch der Auftraggeber an einer hohen Erfolgsquote interessiert ist. Schließlich sichert jeder Kommunikationserfolg den Stuhl des zuständigen Marketing-, Werbe- oder PR-Leiters im Unternehmen.

Die Ziele strukturieren

Mit der Formulierung der Ziele ist die Arbeit in der Regel noch nicht getan. Zwar ist es der Traum jedes Konzeptionsteams, nur wenige Kommunikationsziele zu haben und alle Kräfte darauf zu konzentrieren, aber das bleibt eben allzu oft nur ein Traum. In den meisten Fällen hat man es mit einer ganzen Zielkonstellation zu tun. Mehrere Ziele laufen als Bündel parallel zueinander.

In dieser Situation macht es Sinn, Ordnung in die Ziele zu bringen. Entwickeln Sie eine logische Struktur für Ihre Ziele.

Sie können die Ziele etwa nach Zielgruppen strukturieren. Es gibt also spezifische Ziele für Kunden, für Medien und für Meinungsbildner. Es ist auch möglich, die Ziele nach Zeit zu ordnen: kurzfristige, mittelfristige und langfristige Ziele. Von Fall zu Fall mag eine Unterscheidung in übergreifende strategische Ziele und konkrete taktische Ziele sinnvoll sein.

Aber Achtung! Ufern Sie mit Ihren Zielen nicht aus! Konzentrieren Sie sich auf wenige Ziele. Je weniger desto besser. Zu viele Ziele zersplittern ihre Kommunikationskräfte. Zu viele Ziele verwischen die Richtfunktion für die Beteiligten – sie verlieren ihr Ziel vor lauter Zielen aus den Augen.

Die Ziele gewichten

Ein letzter Schritt fehlt noch – und dann ist die Entwicklung der Kommunikationsziele abgeschlossen. Es geht an die Gewichtung Ihrer Ziele. Es sind nie alle Ziele gleich wichtig. Einige haben eine Schlüsselstellung, andere nur eine Bedeutung am Rand. Die schnellste, aber oft nicht ausreichende Möglichkeit, Ziele zu gewichten, ist ihre Aufstellung in einer Rangfolge. In einer bipolaren Skala, die von ‚sehr wichtig‘ über ‚wichtig‘, ‚neutral‘ und ‚weniger wichtig‘ reicht, werden die einzelnen Ziele untereinander aufgeführt und bewertet. Die Bewertung kann durch einen Gruppenprozess erfolgen, wobei etwaige Vorgaben des Auftraggebers eingespeist werden. Reicht diese Bewertung für bestimmte Entscheidungsverfahren nicht aus, dann können Ziele auch prozentual quantifiziert werden. Beispielsweise könnte man die beiden Hauptziele ‚Bekanntheitsgrad‘ mit 60% und ‚Imageverbesserung‘ mit 40% prozentual gewichten.

Praxistipps

In der Praxis gibt es einige wenige Regeln, an die man sich bei der Entwicklung der Kommunikationsziele halten sollte. Sie verhindern, dass man mit seinen Zielen über das Ziel hinausschießt und im Niemandsland landet. Erwarten sie keine raffinierten Kniffe, eigentlich sind es nur ein paar einfache Leitsätze:

- *Ziele müssen realistisch sein* – Zunächst sollte man an das Problem der Zielformulierung behutsam herangehen. Nichts ist fataler als überzogene Zielsetzungen, die Erwartungen wecken, die selbst mit der effizientesten Kommunikation nicht zu erfüllen sind. Im Englischen gibt es dafür den Fachbegriff „Over-Promising". Ein Grund für vollmundige Verheißungen liegt sicher im Bestreben, dem Kunden oder dem Chef zu gefallen, aber zum größeren Teil resultieren überzogene Zielformulierungen aus einem Mangel an Wissen, was wirklich erreicht werden kann. Unsere Kommunikationsziele sollten nicht aus dem Ideenhimmel hehrer Kommunikations- und PR-Funktionen abgeleitet werden, sondern sich aus der Analyse der Zielgruppen und ihrer Kontexte entwickeln und auf konkrete Maßnahmen und Aktionen bezogen werden.

- *Die Ressourcen kennen* – Ihre Ziele sind immer abhängig von den zur Verfügung stehenden Mitteln an Etat, Personal und Zeit. Sie müssen diese Ressourcen kennen und einschätzen lernen, wenn Sie an die Zielfindung gehen. Investieren Sie nie alle Ressourcen, lassen Sie stets eine Reserve. Sie werden sie brauchen.

- *Keine artfremden Ziele* – Lassen Sie sich keine Unternehmens- oder Marketingziele aufs Auge drücken. Das Ziel „12% mehr Umsatz" hängt beispielsweise nicht nur von der Kommunikationsarbeit ab, sondern auch von der Frage des Preises, der Produktqualität, der Produktverpackung, der Distribution, der Serviceleistungen. Das sind alles Faktoren, auf die Sie keinen Einfluss haben.

- *Flexibel bleiben* – Jeder PR-Praktiker hat die Erfahrung gemacht, dass im Laufe eines Projektes Zielvorgaben verändert oder modifiziert werden müssen. Bei den avisierten Bezugsgruppen werden neue Einflussfaktoren sichtbar, die berücksichtigt werden müssen. Die Rahmenbedingungen im Unternehmen oder im gesellschaftspolitischen Umfeld verändern sich. Geplante Maßnahmen müssen verschoben und neue Aktionen kreiert werden. Eine neue Medienkooperation verändert die Projektausrichtung. Personelle oder finanzielle Entwicklungen greifen ein in den Projektverlauf. Kurzum: die Projektrealität hält tausend Möglichkeiten parat, weshalb die vorgegebenen Ziele verändert werden müssen. Allen Lehrbüchern zum Trotz gehören Zielabweichungen zur Normalität.

- *Zielsetzung als Verständigungsprozess* – Die Erarbeitung eines gemeinsamen Zielbewusstseins ist ein kommunikativer Verständigungsprozess, in dem eine Informations- und Orientierungsbasis gelegt und Motivationen geschaffen werden. Nicht wenige Projektgruppen scheitern daran, dass diese wichtige Phase der Initialisierung eines Projektes von der Leitungsseite nicht ernst genommen und durch autoritäre Vorgaben gesteuert wird. Vorgeknallte Projektziele sind wenig geeignet, Motivation und kreative Lösungsbereitschaft zu schaffen.

- *Vielschichtigkeit der Ziele* – In der Darstellungssystematik entspringen die Kommunikationsziele aus der Ableitung von den allgemeinen Unternehmens- und Marketingzielen. In der Konzeptionspraxis entwickeln sich die konkreten Zielformulierungen als Abstimmungsprozess innerhalb eines Bezugssystems, das durch die Pole Unternehmens- und Marketingziele, Kommunikationsziele, PR-Ziele und Projektziele gekennzeichnet ist.

Ihre Aufgabe besteht darin, die Öffentlichkeitsarbeit für einen großen Freizeitpark mit Schwerpunkt „Filmthemen" zu planen. Die Marketingstrategie sieht u.a. vor, verstärkt Vereine und Gruppen anzusprechen und zum Besuch des Parks zu bewegen. Eine entsprechende Marketing-Logistik – von den Kooperationen mit Busunternehmern über spezielle Angebote und Angebotsunterlagen bis hin zu Parkplätzen – ist bereits vorhanden.

- Entwickeln Sie adäquate Kommunikationsziele für diese Aufgabe.
- Strukturieren Sie die Kommunikationsziele in sinnvolle Kategorien.
- Gewichten Sie die einzelnen Ziele.

Zielsetzung der NORDstrom-Website

Es geht um den Energieversorger NORDstrom. Die Website von NORDstrom dümpelte zwei Jahre mehr oder weniger vor sich hin. Aber ein neuer Marketingleiter hat die Zeichen der Zeit erkannt und will einen Relaunch starten.

1. Verbesserung der Funktionalität

Die Nutzer haben es einfach. Sie finden sich schnell zurecht. Oder wie es im Internet-Jargon heißt: die „Usability" der neuen Website ist hoch. Die Quote der Nutzer, die unsere integrierte Suchfunktion zu Hilfe nimmt, soll in den nächsten drei Monaten um 70% reduziert werden.

2. Steigerung der Attraktivität

Die Inhalte und ihre Aufmachung sind so interessant und spannend, dass sich die Frequenz der Website erhöht und die Verweildauer verlängert. Die NORDStrom-Website hat vielen viel zu bieten. Konkretes Ziel ist es, die Zahl der Zugriffe in den nächsten 12 Monaten zu verdoppeln.

3. Stärkung des Images von NORDStrom

Die Website vermittelt den Nutzern über Kopf und Bauch ein positives Bild des Unternehmens. Die im Pretest ermittelte Zustimmung zur Aussage „Die Nordstrom ist ein moderner, kundenorientierter Energiedienstleister" soll bis zum Ende des Jahres von 47% auf 60% erhöht werden.

4. Gewinnung von neuen Kunden

Die Website ist auch als Vertriebsmotor konzipiert, der nachhaltig neue Kunden anspricht und gewinnen hilft. Die im Marketingplan avisierten 30% Anteil am regionalen

Strommarkt bis zum Jahr 2005 sind das stets präsente generelle Marketingziel im Hintergrund.

5. Phase: Die Positionierung

Jedes Unternehmen, jedes Produkt, jede Dienstleistung, jede Person – alle bekommen durch ihre pure Präsenz am Markt zwangsläufig eine Imageposition im Bewusstsein der Zielgruppen. Wer seine Position nicht systematisch bestimmt und kommuniziert, der überlässt sie dem Zufall – und der Zufall ist ein übellauniger Zeitgenosse.

Die Positionierung hat also das Ziel, die Verankerung des Kommunikationsobjekts in den Köpfen der Zielgruppe bewusst zu bestimmen. Die Kommunikation erzeugt ein klares, attraktives Bild und tut alles, damit es zum Vorstellungsbild (= Image) in den Köpfen wird. Die Positionierung basiert dabei auf Werten bzw. Wertvorstellungen, die dem Kommunikationsobjekt zugeordnet werden. Was immer an Imagepositionen im Konzept erdacht wird, in der Wirklichkeit des Marktes entscheidet es sich sehr schnell, ob Produkte und Dienstleistungen ihre Werte auch gegenüber ihren Nutzern darstellen können.

Definition
_____
Die Positionierung eines Produkts, einer Dienstleistung, eines Unternehmens oder einer Person legt das anzustrebende positive Vorstellungsbild (Image) in den Köpfen der Zielgruppe fest. Dabei wird eine Übereinstimmung des Selbst- und Fremdbildes der Identität einer Person, eines Unternehmens oder Produktes angestrebt.

Wer bin ich? Wie will ich gesehen werden? Die Positionierung beantwortet diese existenziellen Fragen für das betreffende Kommunikationsobjekt. Mit der Zielsetzung hat das Konzeptionsteam definiert, wohin es strategisch will. Die Zielgruppen-Definition legt fest, bei wem diese Ziele durchgesetzt werden sollen. Die Positionierung definiert im nächsten Schritt den eigenen Standort. Der Markt ist eine Bühne und die Positionierung beschreibt, welche Rolle das Kommunikationsobjekt auf dieser Bühne spielen soll. Die Positionierung ist in diesem Sinne „identitätsstiftend". Nur wenn Unternehmen, Produkt oder Dienstleistung eine klare, feste Identität haben, werden sie für die Zielgruppe „identifizierbar". Und nur was eindeutig identifizierbar ist, gewinnt Vertrauen und Autorität.

Innerhalb des Kommunikationskonzepts stellt die Positionierung ein kurzes, aber entscheidendes Kapitel dar. Kurz ist das Kapitel, weil eine gute Positionierung sich durch ihre prägnante Kürze auszeichnet. Wer die Positionierung mit langen Textabhandlungen begleitet, macht etwas falsch. Ein entscheidendes Kapitel ist die Positionierung, weil genau an dieser Stelle der Funke des Konzepts auf den Auftraggeber überspringen muss. Der Auftraggeber muss sich für seine Positionierung begeistern können: „Genau! Da will ich hin!" Die Positionierung darf deshalb keinesfalls als Routinejob verstanden werden, den man nebenher abarbeitet. Geben

137

5. Phase Positionierung
Wie positionieren wir uns im Kommunikationsumfeld?

Positionierungsgrundlagen

Positionierung im Marketing

Positionierung in PR und Kommunikation

Konkurrenzanalyse

Der Positionierungsprozess

Bedeutung der Alleinstellung

Relationen der Kommunikationspositionierung
Ist-Position
Soll-Position
Ideal-Position

Arten der Kommunikationspositionierung
Neupositionierung
Umpositionierung
Evolutionspositionierung
Festigungspositionierung

Positionierungsprobleme

Sie sich Mühe! Vor allem in der mündlichen Präsentation sollten Sie die Reize Ihrer Positionierung klar herausarbeiten und damit Spannung für die Umsetzung aufbauen. Die Positionierung darf nicht als graue Maus daherkommen. Inszenieren Sie in der Präsentation die Positionierung als einen konzeptionellen Höhepunkt.

Positionierung im Marketing

Der Begriff Positionierung kommt aus dem Marketing. Die Positionierung bildet dort die Achse für strategische wie für operative Entscheidungen.

In der Marketing-Literatur wird unter Positionierung eine bewusste, und mit Marketingmitteln angestrebte Veränderung der vom Verbraucher erlebten und wahrgenommenen Produktposition im Vergleich zu den Mitbewerbern verstanden. Im Prozess der Positionierung werden die Leistungen eines Unternehmens, seiner Produkte oder Dienstleistungen aus der Perspektive ihrer (tatsächlichen oder angestrebten) Nutzer identifiziert und in ein Verhältnis zu konkurrierenden Produkten oder Dienstleistungen gesetzt. Dabei unterscheidet man verschiedene Formen der Positionierung: Produktpositionierung, Markenpositionierung, Preispositionierung, Werbepositionierung, Imagepositionierung.

In der Praxis lassen sich diese Formen der Positionierung oft nicht trennscharf voneinander unterscheiden – sie heben jeweils nur ein wichtiges Merkmal besonders hervor. Deutlich wird jedoch, dass bei fast allen Positionierungen die kommunikative Dimension eine entscheidende Rolle spielt.

Ursprünglich wurden Fragen der Positionierung primär als Entscheidungen auf der operativen Ebene des Marketing-Mix angesehen. In dem Maße jedoch, wie die Märkte sich grundlegend veränderten und sich aus Verkäufer-Märkten (das Angebot ist kleiner als die Nachfrage) Käufer-Märkte (das Angebot ist größer als die Nachfrage) entwickelten, wurden die strategischen und konzeptionellen Seiten des Marketing entdeckt. Angesichts eines Überangebots von Produkten wurde es für Unternehmen immer wichtiger, ihre Produkt- und Unternehmensstrategien an den Vorstellungen und Erwartungen ihrer Nachfrager bzw. Kunden auszurichten. In den Mittelpunkt traten Fragen nach der Unterscheidbarkeit von Produkten. Warum sollten die Kunden – bei vergleichbarer Qualität – das eine Produkt dem anderen vorziehen?

Im Jahre 1960 verkündete Reeves die Losung der Unique Selling Proposition (USP). Ein Produkt – so sein Argument – müsse sich durch einen einzigartigen Verkaufsvorteil profilieren. Seitdem gehört die Frage nach einer USP zur Standardforderung des Marketing. Davon blieb die Kommunikationsbranche natürlich auch nicht verschont. Vor allem in der unverwechselbaren und nutzerspezifischen Werbebotschaft sah man einen Ausgangspunkt für alle Positionierungsbemühungen. Produkte oder Marken – so war die Annahme – können sich angesichts wachsender Informationsüberflutung, nur dadurch durchsetzen, dass sie sich eine attraktive und unverwechselbare Position in den Köpfen der potentiellen Kunden verschaffen.

Ab Anfang der 70er Jahre wurde eine Reihe von Verfahren entwickelt, mit deren Hilfe Positionierungsentscheidungen effektiver getroffen werden konnten. Mit Hilfe multivariabler Analysen wurden räumliche Darstellungsformen entwickelt, die es gestatten, die verschiedenen Marktpositionen in ihrem Verhältnis zueinander prägnant zu erfassen.

In der neueren Marketing-Diskussion wird an diesem Positionierungskonzept vor allem kritisiert, dass es nur an die operative Ebene des Marketing anknüpft und sich vorrangig auf einige

Marketinginstrumente, wie z. B. auf die Werbung, beschränkt. Was fehle, sei der Bezug auf die grundlegenden Ziel- und Strategieentscheidungen des Unternehmens.

In dieser Kritik spiegelt sich ein neues Marketing-Denken wider. Marketing wird heute immer mehr als strategisches Führungsinstrument aufgefasst, das sämtliche Unternehmensprozesse beeinflusst. Strategisches Marketing heißt heute, ein Unternehmen vom Markt her zu denken, seine Produkte, seine Dienstleistungen und seine Organisationsstruktur. Der Marketing-Mix bezeichnet nur die operative Basis, die von der Ziel- und Strategieebene überlagert wird.

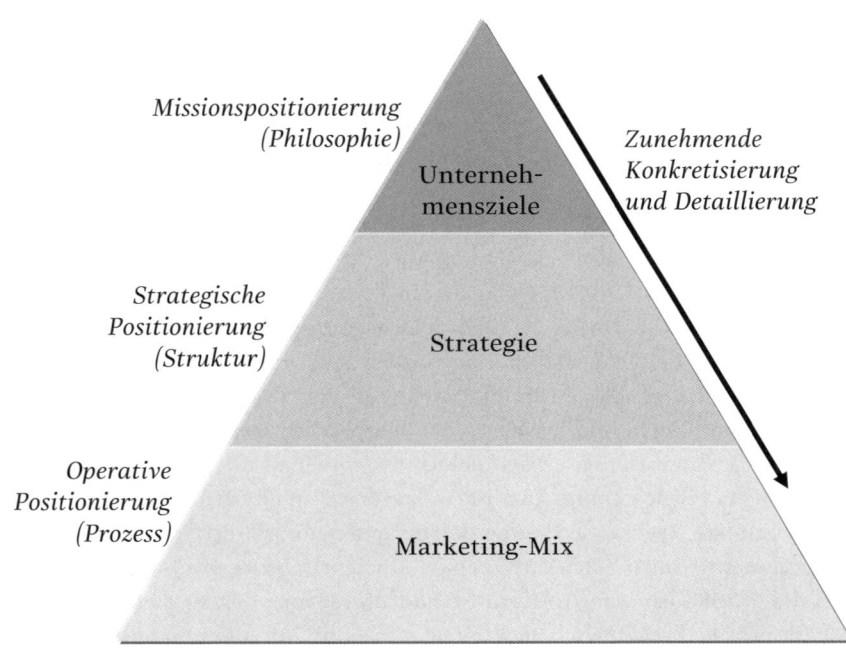

Im modernen Marketing gibt es Positionierungsmodelle auf allen strategischen und operativen Ebenen.

Auf der Ziel-Ebene spricht man von Missionspositionierungen. Was steckt dahinter? Marketing-Ziele bestimmen die avisierten Zielpositionen des Unternehmens und können in Form von Marketing-Leitbildern formuliert werden. Ausgangspunkt der Zielsetzungen sind in der Regel die Unternehmensziele, die als Missions (Unternehmenszwecke) und als Visions (machbare Utopien) ausgedrückt werden. Während Visions der Unternehmensrealität oft weit vorauseilen, bilden die Missions den zielstrategischen Anker für alle Positionierungen des Unternehmens. Dabei lassen sich zwei grundlegende Missionspositionierungen unterscheiden. Die marktökonomische Missionspositionierung ist am realen Platz im Markt orientiert. Sie orientiert sich an Deckungsbeiträgen, Umsatzgrößen, Marktanteilen und ähnlichen messbaren Größen. Die marktpsychologische Missionspositionierung gewinnt durch die strukturellen Überangebote auf stagnierenden oder schwach wachsenden Märkten sowie die zunehmende Markenuntreue der Verbraucher an Bedeutung. Die marktpsychologische Missionspositionierung manifestiert sich in emotionalen Erlebniswelten, in kulturellen Symbolen, ästhetischen Stilisierungen und Mythen.

Auf der strategischen Ebene werden die Grundkoordinaten für die Marketingarbeit des Unternehmens festgelegt. Eine wichtige Positionierungsentscheidung auf dieser Ebene ist die Frage nach der Differenzierung der Marktbearbeitung. Hier geht es um die Entscheidung, welche Form des Marketing für das Unternehmen bzw. für sein Produkt sich empfiehlt. Zwischen den beiden Polen von Generalisierung und Individualisierung reicht die Spanne vom undifferenzierten Massenmarketing über das segmentorientierte Marketing bis hin zum Nischenmarketing. Aus der Festlegung dieser strategischen Optionen ergeben sich nachhaltige Konsequenzen für eine Marketingkonzeption. Ein Massenmarketing, das sich notwendigerweise an heterogene Bezugsgruppen richtet, braucht eine andere strategische Positionierung als ein Nischenmarketing, wo es auf die spezifische Themen- und Meinungsstruktur der Bezugsgruppe ankommt. Eine Luxusmarke benötigt eine andere Imageposition als eine Handelsmarke, die über ein Unternehmensimage definiert werden muss.

Auf der operativen Ebene hat der Marketing-Mix die Aufgabe, die operativen Marketingmaßnahmen zielorientiert und strategieadäquat zu bündeln. Die Instrumente des Marketing-Mix liegen auf der angebotspolitischen Ebene (Produkt, Preis), der distributionspolitische Ebene (Absatzwege, Absatzorganisation, Absatzlogistik) und der kommunikationspolitischen Ebene (Werbung, PR, Verkaufsförderung). Ausgangspunkt für den Einsatz und die Gestaltung der verschiedenen Marketing-Instrumente ist ein Produktpositionierungsmodell, das aus den übergeordneten Ziel- und Strategiepositionen abgeleitet wird. Dieses Modell enthält Aussagen zu drei Kernbereichen:

- *Produkteigenschaften*: produktspezifische Nutzenerwartungen der Kunden als Basis ihrer Kaufentscheidungen.
- *Konsumentenpositionen bzw. Anforderungsprofile*: Ansprüche an eine ideale Marke in Bezug auf produktspezifische Nutzenausprägungen.
- *Markenpositionen bzw. Markenprofile*: Charakterisierung von realen Marken hinsichtlich ihrer produktspezifischen Nutzenausprägungen.

Die konkreten Kriterien dieser drei Bereiche bilden die Dimensionsachsen für die Positionierungsdiagramme, die Marketingspezialisten gerne zur Abbildung der angestrebten Marktposition nutzen. Hier ein Beispiel:

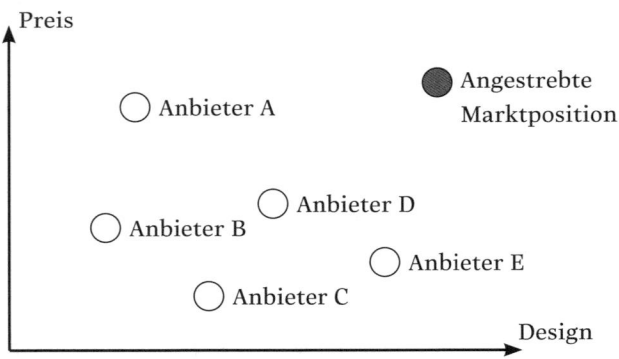

Im Positionierungsdiagramm gibt es zwei Dimensionsachsen: der Preis und das Design. Die vorhandenen Anbieter im Markt verteilen sich über die Marktsegmente, wobei allgemein eine starke Preisorientierung erkennbar wird. Eine Marktlücke ergibt sich im Hochpreis-Segment mit starker Designausrichtung. Dieses Segment wurde bisher nicht besetzt. Unser Unternehmen peilt diesen Standort an, sollte vorher aber gründlich prüfen, wie groß das Nachfragepotential in diesem Segment ist. Vielleicht gab es ja gute Gründe, dass besagtes Segment frei geblieben ist.

Von der Marketing- zur Kommunikationspositionierung

Für die Entwicklung einer PR-Konzeption ist es essentiell, die relevanten Marketingpositionierungen zu kennen. Denn die im Bezugsfeld verankerten Positionen auf der Marketingebene sind der notwendige Ausgangspunkt jeder Kommunikationsstrategie. Aber sie allein reichen nicht aus, um sich im Kommunikationsfeld zu positionieren. Die Positionierung im Kommunikationsfeld ist eine eigenständige Aufgabe, wobei die Abgrenzung zugegebenermaßen an vielen Stellen fließend ist:

- Die Marketingpositionierung basiert auf der tatsächlichen Vermarktungsposition in Relation zu den Mitbewerbern. Sie ist eine faktische Positionsbestimmung, die rational formuliert und rechnerisch durch erzielbare Marktanteile untermauert wird.
- Die Kommunikationspositionierung basiert auf der emotionalen Wahrnehmungsposition in den Köpfen der Zielgruppe. Sie ist eine psychologische Positionsbestimmung, die lebendig formuliert und mit emotionalen Werten gekoppelt wird.

Um eine Beispiel aus der Meteorologie heranzuziehen: Die Marketingpositionierung entspricht der tatsächlichen Temperatur, die Kommunikationspositionierung ist wie die „gefühlte Temperatur".

142

Marketingpositionierung	Mögliche Kommunikationspositionierung
Aquacom ist der technisch modernste Waschvollautomat im Marktsegment der energiesparenden Haushaltswaschmaschinen	Aquacom ist der intelligente Energiesparer für den modernen Haushalt
Der Sportverein 04 steht für ein intensives Vereinsleben mit einem attraktiven Angebot für Jung und Alt.	Der Sportverein 04 ist wie eine große Sportfamilie, die allen offen steht.

Obiges Schaubild stellt Marketing- und Kommunikationspositionen gegenüber. Durch den Vorsatz „Mögliche" auf der rechten Seite wird angedeutet, dass es in der Regel für jede Marketingposition eine ganze Reihe von möglichen Kommunikationspositionen gibt. So könnte der Sportverein statt als „große Sportfamilie" prinzipiell auch als „vielseitiger Erlebnisclub" oder als „freundlicher Nachbarschaftsverein" positioniert werden, ohne dadurch die Basis der Marketingpositionierung zu verlassen.

Für die Positionierungen in PR und Kommunikation sind die Marketingpositionierungen ausnahmslos bindende Vorgaben. Jeder Konzeptioner muss die grundlegenden Positionierungen kennen und konsequent darauf aufbauen. Es darf keine Dissonanzen und Diskrepanzen zur Grundausrichtung auf der Marketingebene geben.

Insbesondere in der mittelständischen Wirtschaft bleibt allerdings festzustellen, dass bisweilen überhaupt keine oder keine klare Marketingpositionierung existiert. Die Führungskräfte sind erstaunt: „Positionierung? Brauchen wir so etwas überhaupt?" Das ist alltägliche Realität. Die Kommunikationsagentur ist so in einer schwierige Ausgangssituation – und nicht selten besteht die Lösung darin, als Marketingberater tätig zu werden und erst einmal die Grundlagen für das Kommunikationskonzept zu legen.

Übung

Sie entwickeln das Kommunikationskonzept für ein unabhängiges Theater in Ihrer Stadt. In Gesprächen mit den Verantwortlichen des Theaters wird folgende Marketingpositionierung festgelegt: Das Theater ist eine freie Studiobühne, die sich auf moderne Versionen bekannter Theaterklassiker spezialisiert hat. Hauptkonkurrent ist das lokale Stadttheater, das ebenfalls regelmäßig Klassiker zur Aufführung bringt, dabei aber großen Wert auf Werktreue legt. Entwickeln Sie aufgrund der Marketingpositionierung eine oder mehrere erfolgversprechende Kommunikationspositionierungen für das freie Theater.

Positionierung in PR und Kommunikation

In der PR spielte die Positionierung lange Zeit nur eine untergeordnete Rolle. In vielen Fachbüchern der 90er Jahre wurde sie gar nicht vor oder nur am Rande erwähnt. Mit dem Vormarsch der integrierten Kommunikation hat inzwischen ein massiver Umdenkungsprozess eingesetzt. In Zukunft wird es hoffentlich kaum ein PR- bzw. Kommunikationskonzept geben, das nicht auf einer klaren Aussage zur Positionierung basiert.

Die Positionierung ist der Dreh- und Angelpunkt der gesamten Kommunikation. Sie ist eine Soll-Größe, die es gemeinsam durchzusetzen gilt. Strategische Botschaften, kommunikative Leitidee und Dramaturgie haben die Aufgabe, diese Position überzeugend zu transportieren. Alle Mittel und Maßnahmen richten sich daran aus. Die Positionierung muss auf allen Ebenen durchgesetzt – mehr noch: sie muss vom Unternehmen gelebt werden.

In den Public Relations gibt es leider noch die weit verbreitete Meinung, dass die Positionierung doch eigentlich nichts anderes als die Kernbotschaft der Kommunikation sei. Das ist kurzsichtig gedacht und verkennt völlig die Dimensionen.

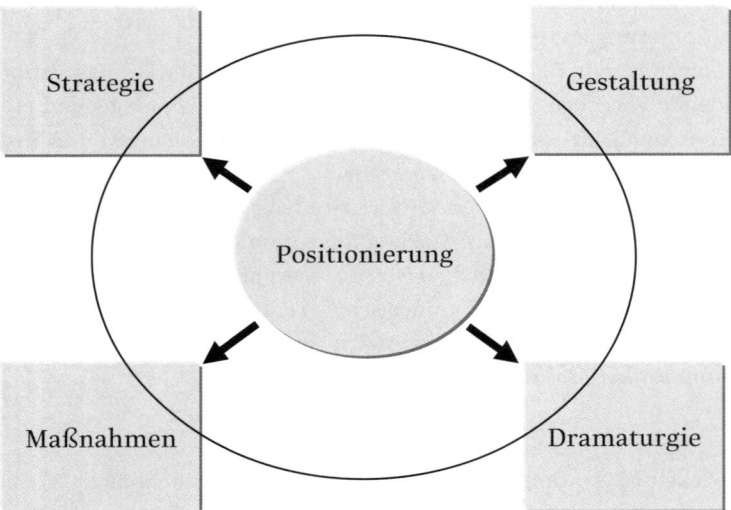

Die Positionierung ist ganzheitlich. Sie beeinflusst und prägt die gesamte Kommunikationsfunktion in all ihren Ausprägungen:

- *Strategie*: Kommunikationsthemen, Kernbotschaften, kommunikative Leitidee etc.
- *Gestaltung*: Bilder, Farben, Slogans, Headlines, Tonalität, Temperament etc.
- *Maßnahmen*: Auswahl der Instrumente, Aktionen, Maßnahmenplanung etc.
- *Dramaturgie*: Spannungsbogen, Höhepunkte, Zeitphasen, Pausen etc.

144

Zuerst die Konkurrenzanalyse

Eine Positionierung ist immer relativ – und die Konkurrenz liefert häufig die Relation. Darum steht vor jeder vernünftigen Positionierung eine Konkurrenzanalyse. Das Umfeld und die Einflussgrößen des Wettbewerbs müssen transparent gemacht werden.

Die Konkurrenzanalyse basiert auf dem Faktenspiegel und den Essenzen der SWOT-Analyse. Wurde dort sorgfältig gearbeitet, dann sind bereits alle relevanten Fakten zur Konkurrenzsituation gesammelt. Wenn nicht, heißt es an dieser Stelle: nacharbeiten. Ohne klaren Blick auf die Mitbewerber ist keine Positionierung möglich.

Fassen Sie sich kurz, wenn es um die Konkurrenzanalyse geht. Versuchen Sie das Thema auf die wesentlichen Fakten zu konzentrieren.

Definieren Sie zuallererst, wer zu den marktrelevanten Konkurrenten zu zählen ist. Eventuell sollten Sie auch indirekte Konkurrenten einbeziehen. Die Zahl der relevanten Mitbewerber darf nicht zu groß werden, sonst wird die Analyse unübersichtlich.

Machen Sie für jeden der ausgewählten Konkurrenten eine kompakte Stärken-Schwächen-Analyse. Die notwendigen Fakten holen Sie aus dem Faktenspiegel. Stellen Sie die Analyse-Ergebnisse gegenüber und vergleichen Sie.

Sichten Sie vor allem die gesamte Kommunikationsarbeit der Konkurrenz. Mit welchen Botschaften und Benefits gehen die Mitbewerber in die Kommunikation? Welche Bilder und Slogans nutzen sie? Welche Mittel und Maßnahmen werden eingesetzt?

Im letzten Schritt fassen Sie die Stärken-Schwächen-Analyse und die Ergebnisse der Kommunikationsanalyse in einer Positionierung zusammen. Entwickeln Sie für jeden Konkurrenten eine Ist-Positionierung, die die Stärken markant auf den Punkt bringt. Die Positionierung ist unbedingt auf einen einzigen Satz zu konzentrieren. Sie können die Positionierungen auch in einem Positionierungsdiagramm grafisch aufbereiten. Wichtig ist, dass die beiden Diagrammachsen Nutzendimensionen fixieren, die für Ihre Zielgruppe vorrangig sind.

Mit der Essenz der Konkurrenzanalyse – die idealerweise auf ein einziges DIN-A4-Blatt passt – machen Sie sich an die eigentliche Positionierungsarbeit.

Positionierung in Aktion

Eine überzeugende Positionierung ist keine Kunst. Besinnen Sie sich auf die Stärken des Kommunikationsobjekts. Eine gute Soll-Positionierung ist immer eine perspektivische Position der Stärke – das heißt, sie wird aus den vorhandenen Stärken gebildet. Nach den Stärken müssen Sie gar nicht lange suchen. Sie stehen im Stärkenfeld Ihrer SWOT-Analyse.

Nehmen Sie gleichzeitig ihre Zielsetzung, ihre Zielgruppen-Definition und ihre Konkurrenzanalyse zur Hand und fangen Sie mit der Prüfung an. Nehmen Sie sich jede einzelne Stärke aus der SWOT-Analyse vor und hinterfragen Sie:

- *Alleinstellung zur Konkurrenz* – Lässt sich aus der jeweiligen Stärke eine Positionierung bilden, die sich deutlich von der Konkurrenz abhebt und eventuell sogar einzigartig ist?

145

- *Typisch für das Kommunikationsobjekt* – Kann die Stärke das Unternehmen, das Produkt oder die Dienstleistung repräsentieren? Wertet sie das Gesamtbild auf?
- *Unterstützt die Zielsetzung* – Hat die Stärke genügend Schubkraft, um die avisierten Kommunikationsziele zu erreichen? Wie müsste man die Stärke gegebenenfalls umformen, um sie sauber in Zielrichtung zu bringen?
- *Für die Zielgruppe nützlich* – Ist die Stärke für die Zielgruppen von Wert? Würden die Zielgruppen besagte Stärke als richtig und wichtig anerkennen?

Nehmen wir an, nach der Überprüfung haben Sie eine Stärke gefiltert, die herausragt und alle obigen Kriterien erfüllt. Im nächsten Schritt versuchen Sie daraus eine wirksame Kommunikationspositionierung zu formulieren. Die goldene Regel lautet: Eine gute Positionierung lässt sich auf einen Satz bringen. Halten Sie sich an diese Regel! Wenn Sie zwei oder gar drei Sätze brauchen, liegt der Verdacht nahe, dass Ihre Positionsbestimmung noch nicht wirklich auf den Punkt kommt. Der Satz, der die Positionierung umschreibt, ist als strategische Determinante zu verstehen. Er sollte nicht als Slogan oder Claim missverstanden werden. Statt Wortgeklingel ist Substanz gefragt.

Mag sein, am Ende der Überprüfung sind zwei bis drei Stärken übrig geblieben, die in etwa gleiche Kraft haben. Was tun? Versuchen Sie eine synergetische Kombination zu finden. Eine Positionierung kann aus mehreren Stärken zusammengesetzt werden. Aus Erfahrung sei allerdings davor gewarnt, mehr als drei Stärken ins Spiel zu bringen. Denn sonst entsteht eine „Feld-, Wald- und Wiesen-Position". Ihrem Auftraggeber mag diese Universalposition zwar gut gefallen – weil: „Da ist alles drin!" – bei den Zielgruppen draußen am Markt kommt so etwas aber überhaupt nicht gut an.

Sobald die Soll-Positionierung steht, machen Sie einen weiteren Test: Nehmen Sie sich eine halbe Stunde Zeit und versuchen Sie, für die gewählte Grundposition Slogans und Sinnbilder, Mittel und Maßnahmen zu finden. Fließen die Ideen, dann sind Sie auf dem richtigen Weg. Lässt sich Ihre Positionierung nur sehr zäh umsetzen und stoßen Sie ständig an kreative Grenzen, dann sollten Sie überlegen, ob es nicht besser wäre, noch einmal auf Los zu gehen.

Die Alleinstellung

Eine erfolgreiche Soll-Positionierung braucht möglichst eine Alleinstellung. Diese Aussage sei noch einmal unterstrichen. Allerdings leben wir in Zeiten, da Massen von gleich gearteten Angeboten die Märkte überfluten und eine Alleinstellung schwierig machen.

Die Herausarbeitung der Alleinstellung bereitet deshalb in der Praxis viel Kopfzerbrechen. Leider können auch wir kein Passepartout für die Alleinstellung bieten. Das Problem muss jedes Mal wieder individuell angegangen und ein eigener Weg gefunden werden. Das liegt in der Natur der Sache. Eine kleine Hilfestellung bei der Suche können wir Ihnen freilich geben. Seien Sie offen und kreativ, Alleinstellungsmerkmale sind nahe liegend. Manchmal so nahe liegend, dass man sie übersieht. Setzen Sie mit der Suche auf allen Ebenen an:

- *Auf der Produktebene* – Das Produkt bietet vielleicht substanzielle Eigenschaften beim Grund- oder beim Zusatznutzen, die andere Mitbewerber nicht haben. Leider wird dieser Fall immer seltener.
- *Auf der Service- und Beratungsebene* – Das Produkt ähnelt zwar dem der Konkurrenz – um nicht zu sagen: es ist gleich – aber über bestimmte Mehrwerte im Beratungs- und Serviceangebot lässt sich eine Alleinstellung aufbauen. Oft hat der Auftraggeber diese Mehrwerte noch gar nicht erkannt. Sie laufen hinten mit und die Kommunikationsagentur muss sie erst nach vorne holen.
- *Auf der emotionalen Ebene* – Mit dem Produkt lässt sich ein emotionaler Nutzen aufbauen, den noch kein Mitbewerber für sich beansprucht. Eine Alleinstellung rein über die emotionale Ebene durchzusetzen, ist durchaus erfolgversprechend. Man muss aber deutlich mehr Zeit und Etatmittel aufwenden als bei einer substanziellen Alleinstellung.

Der Vollständigkeit halber ist noch eine vierte Ebene zu nennen: eine Alleinstellung über die Marktmacht. Ein Unternehmen boxt sich durch immens hohen Kommunikationsdruck einfach mit Ellbogen in eine Alleinstellung und drängt alle anderen durch seine übergroße Präsenz zurück.

Relationen der Soll-Positionierung

Wenn wir eine Positionierung entwickeln, dann bewegen wir uns eigentlich immer in einer Dreierkonstellation.

Die Konstellation besteht im Kern aus der Soll-Positionierung mit einer Ist-Positionierung und einer Ideal-Positionierung als Bezugsgrößen:

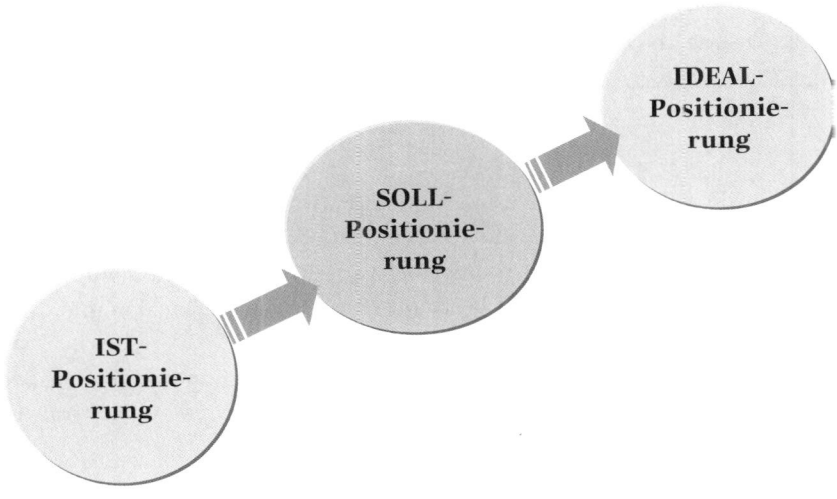

- *Die Ist-Positionierung* definiert, wo das Kommunikationsobjekt hier und heute steht. Die erforderlichen Positionskoordinaten kommen aus der SWOT-Analyse. Eine gute SWOT-Analyse macht die Ist-Position anschaulich.
- *Die Soll-Positionierung* schaut nach vorne und fixiert die eigentliche konzeptionelle Zielposition. Mit ihr definieren wir eine markante Rolle, die unser Kommunikationsobjekt zukünftig in den Köpfen der Zielgruppe spielen soll.
- *Die Ideal-Positionierung* entspricht genau dem Wunschbild, das die relevanten Zielgruppen von unserem bzw. einem gleichartigen Kommunikationsobjekt haben.

Wenn der Kommunikationskonzeptioner seine Soll-Positionierung entwickelt, dann behält er die Ist-Position und die Ideal-Position immer im Blickfeld. Seine Intention ist es selbstredend, die Soll-Position so nah wie möglich an die Ideal-Positionierung heranzubringen. Allerdings droht da eine große Gefahr: Je weiter er sich von der Ist-Positionierung entfernt und auf die Ideal-Positionierung zustrebt, desto größer wird das Risiko, dass seine Positionierung überzogen und unglaubwürdig wirkt. Wer mit seiner Soll-Positionierung zu weit von der Realität der Ist-Position abweicht, wirkt schnell wie ein Hochstapler.

Bei der Soll-Positionierung darf man indes auch nicht zu zaghaft ans Werk gehen, denn die Ist-Positionierung im Rücken hat eine enorme Anziehungskraft. Davon muss man sich klar genug absetzen.

Die Soll-Positionierung besteht, wie schon beschrieben, nur aus einem einzigen Satz. Doch dieser Satz hat es in sich. Er wird zur zentralen Einflussgröße für die gesamte Kommunikation. Sein Einfluss hat zwei grundlegende Dimensionen.

Die beiden Dimensionen der Soll-Positionierung unterstreichen noch einmal den ganzheitlichen Anspruch der Positionierung für die Kommunikationsarbeit:
- *Personality (to be)* – Die Soll-Positionierung verleiht unserem Kommunikationsobjekt eine schlüssige Persönlichkeit mit bestimmten positiven Merkmalen und Charaktereigenschaften.
- *Performance (to do)* – Die Soll-Positionierung gibt unserer Kommunikationspersönlichkeit einen bestimmten Handlungsrahmen mit interessanten Auftrittsmöglichkeiten und kreativen Aktionsspielräumen vor.

Positionen der Positionierung

Es gibt nur vier Arten der strategischen Positionierung in der Kommunikation. Welche Form Sie wählen, ergibt sich in aller Regel aus der vorgegebenen Aufgabenstellung:

- *Die Neupositionierung* – Unser Kommunikationsobjekt hat Premiere und tritt zum ersten Mal im Markt auf. Es gibt folglich noch keine Ist-Positionierung und wir können uns (theoretisch) frei platzieren. Die Positionsfreiheiten sind groß, aber auch die Risiken, im Abseits zu landen.

- *Die Umpositionierung* – Das Produkt ist bereits (freiwillig oder unfreiwillig) in eine Imageposition gebracht, jedoch mit ungünstigen Koordinaten. Es ist Aufgabe der Kommunikation, die Position im Rahmen eines so genannten „Relaunch" zu verändern – was kein einfacher Prozess ist. Nichts ist schwerer als das Bild, was sich in den Köpfen der Menschen festgesetzt hat, zu verändern. Eine wirkungsvolle Umpositionierung braucht sehr viel Schubkraft zum Start und danach einen langen Atem.

- *Die Evolutionspositionierung* – Alles ist in Bewegung, auch der gesamte Markt und die Einstellungen der Zielgruppe. Deshalb kann es in bestimmten Situationen wichtig sein, die Positionierung immer wieder den veränderten Marktverhältnissen anzupassen. Das Imageprofil wirkt immer aktuell, aber nie anders. Eine gekonnte Evolutionspositionierung passiert fast unmerklich.

- *Die Festigungspositionierung* – Die bisherige Soll-Position gefällt und wird weiterhin als Orientierungsgröße beibehalten. Es kommt vorrangig darauf an, die Stärken der alten Positionierung besser und trennschärfer herauszuarbeiten – „Feintuning" ist gefragt.

Wo kann man sich bei einer Neu- oder Umpositionierung platzieren? Welche strategischen Varianten gibt es? Erst einmal: Jede Positionierung ist ein Unikat. Es darf nicht zwei gleiche Positionierungen geben. Schablonen und Schubladenlösungen verbieten sich.

Wenn das klar ist, können wir uns das Marktumfeld näher anschauen und die möglichen Grundpositionen bestimmen:

- *So dicht wie möglich am Idealbild der Nachfrager* – Man nimmt die Idealpositionierung der Zielgruppe als Messlatte und versucht, dieser so nah wie möglich zu kommen – ohne zu weit zu gehen.

- *So weit wie möglich von der Konkurrenz entfernt* – Man sucht sich eine klare Alleinstellung, die weiträumig von der Konkurrenz abgegrenzt ist. „Weit weg von der Konkurrenz" darf aber nicht „aus den Augen der Zielgruppe" bedeuten. In der Regel empfiehlt es sich, den gelernten Markthorizont der Zielgruppe nicht zu verlassen, sonst wird man bald zur Randerscheinung.

- *So dicht wie möglich am stärksten Mitbewerber* – Das ist eine Position, die wir zugegebenermaßen gar nicht mögen. Man nennt sie auch die „Me-too-Position". Man tritt quasi zum Verwechseln ähnlich am Markt auf und hofft so vom Glanz des stärksten Mitbewerbers zu profitieren. Die Kommunikation inszeniert einen Abklatsch.

- *So überraschend wie möglich* – Man positioniert sich ganz anders, sprengt die Dimensionen und nutzt den Überraschungseffekt, um in den Blickpunkt zu rücken. Eine solche Positionierung ist allerdings nur bei jungen Zielgruppen und relativ „trendigen" Angeboten erfolgreich. Es zeigt sich in der Umsetzung, dass sich der Überraschungseffekt schnell abnutzt. Mancher gerät so in den Druck, sich immer wieder interessant machen zu müssen.

Übung

Schauen Sie sich die nachfolgende Positionierung an. Wir finden, sie ist nicht unbedingt gelungen. Zu überladen! Überlegen Sie, wo die Schwachstellen liegen und versuchen Sie sich danach mit den vorgegebenen Stärken die Position besser zuzuspitzen. „Das Industriegebiet Niederaue ist ein zentral gelegenes Terrain, das die geringsten Standortauflagen im Einzugsgebiet hat und durch ein engagiertes ökologisches Konzept sowie eine komplette moderne Infrastruktur zu einem bevorzugten Standort für Industriebetriebe aller Art wird. Hinzukommt ein persönlicher Service, der die Ansiedlung erheblich erleichtert."

Problempunkte der Positionierung

In der Praxis tun sich die Kommunikationsteams mit der Positionierung – im Grunde ist das doch nur ein Satz! – ausnehmend schwer. Alle wissen, dass die Wahl der Imageposition die gesamte Ausrichtung der Kommunikation bestimmt. Wenn man schief liegt, hat das oft unangenehme Folgen. Also feilt und zirkelt man ohne Ende. Aber Vorsicht, dabei dürfen nicht alle Ecken und Kanten rund geschliffen und alle Reibungspunkte geglättet werden.

Positionierungen vertragen keine Kompromisse und diplomatischen Lösungen. Positionierungen brauchen scharfe Konturen. Positionierungen müssen selbstbewusst sein. Positionierungen brauchen Entschlossenheit. Wer die notwendige Entschlossenheit nicht mitbringt, hat in der Umsetzung fortwährend mit Handicaps zu kämpfen:

- *Zu schwache Positionierung* – Die Positionierung ist zwar richtig, sie entwickelt aber keinen Reiz. Sie bleibt langweilig und ohne Glanz. Schon die Kreativen in der Agentur konnten wenig damit anfangen und die Zielgruppen draußen hat die Imageposition am Ende völlig kalt gelassen.
- *Zu breite Positionierung* – Man hat wirklich alles in die Positionierung gepackt, was die SWOT-Analyse an Stärken zu bieten hatte. Alles schien richtig, doch irgendwie hängt die Positionierung jetzt durch und hat keine Zugkraft mehr. Merke: Wer in die Positionierung alles reinpackt, holt nichts raus.
- *Zu spitze Positionierung* – Das Konzeptionsteam war mutig und hat sich voll auf eine Stärke konzentriert. Doch damit hat man den Fokus zu eng gezogen und kaufentscheidende Talente des Produkts bleiben außerhalb im Dunkeln verborgen.

- *Unscharfe Positionierung* – Die Positionierung ist irgendwie nichts sagend. Sie ergeht sich in Formulierungen wie „zukunftsorientiert", „kompetent" und „kundenfreundlich". In Wirklichkeit sind das nur Leerformeln, die allerorten breitgetreten werden und die nichts mehr bedeuten.
- *Unglaubwürdige Positionierung* – Mit einem mutigen Sprung hat man die Ist-Position in Richtung Ideal-Position hinter sich gelassen. Das Positionierungsversprechen weicht jetzt soweit von der Realität ab, dass es von der Zielgruppe als übertrieben und unglaubwürdig abgetan wird.
- *Vagabundierende Positionierung* – Es soll Unternehmen geben, bei denen bastelt man ständig an der Positionierung herum. Jedes Jahr wird umgebaut, bis die Zielgruppe gar nicht mehr weiß, mit wem sie es zu tun hat. Die Positionierung hat langfristigen Charakter. Sie ist keine taktische Manövermasse. Die Position darf nicht ständig gewechselt werden. Die Kommunikationspersönlichkeit wirkt sonst unstet und sprunghaft. „Positionierungs-Hopping" führt zur Vertrauenserosion.
- *Erstarrte Positionierung* – Schon richtig, eine Positionierung sollte nicht ständig gewechselt werden. Aber manche Unternehmen und Institutionen kleben geradezu an ihrer Positionierung. Seit Jahren ist schon keine Bewegung mehr drin. Nur Markt und Zielgruppen haben sich derweil kräftig bewegt und sind schon ganz woanders.

Positionierung – Eigentlich ganz einfach

Viele PR-Profis kommen ins Schleudern, wenn es um die Positionierung geht. Da gibt es nur eins: einfach ausprobieren!

Das erste Beispiel zeigt die Vorgehensweise eines kleinen kommunalen Versorgers. Die Positionierung wirkt unspektakulär, war für das Unternehmen aber ein erheblicher Schritt zur Selbstfindung.

Die Stadtwerke Lauterbach in Position gebracht

Ausgangspunkt

Die Stadtwerke Lauterbach wollen sich gegen die Konkurrenz von Yello und Co. im Strombereich behaupten. Der Hauptvorteil gegenüber den Konkurrenten ist ihre persönliche und umfassende Servicefunktion.

Positionierungsansatz

Die Stadtwerke Lauterbach sind ein modernes mittelständisches Unternehmen, das eine umfassende Beratungs- und Servicefunktion in den Vordergrund stellt. Die Stadtwerke

151

orientieren sich dabei konsequent an den Interessen der Kunden. Sie kennen ihre Bedürfnisse und Besonderheiten und stellen sich darauf ein.

Problem
Obige Positionierung ist zwar inhaltlich richtig. Yello und Co. können das nicht bieten. Aber sie ist leider viel zu weitschweifig. Eine gute Positionierung kommt schneller auf den Punkt.

Neue Positionierung
Die Stadtwerke Lauterbach sind ein moderner Energiedienstleister und überzeugen durch eine umfassende, kundenorientierte Servicefunktion.

Kreative Umsetzung
Der Texter hat den Faden der Positionierung aufgenommen und daraus eine markante Aussage gemacht, die sich durch die gesamte Kommunikationsarbeit als roter Faden zieht:

Stadtwerke Lauterbach – Ihr Fairsorger

Ein neues Sofa in Position gebracht

Das zweite Beispiel schlägt die Brücke von der Marketing- zur Kommunikationspositionierung. An der Ausschreibung hatten damals drei Agenturen teilgenommen. Die Positionierung von zwei dieser Agenturen habe ich gegenübergestellt. Beide Kommunikationspositionen hatten übrigens auch ganz unterschiedliche Kampagnen zur Folge.

Marketing-Positionierung
Das Unternehmen hat den Agenturen im Rahmen des Briefing folgende Marketingpositionierung vorgegeben:

Yuno ist das erste Designsofa auf dem Marktsegment der Schlafsofas,
das sich durch seine extreme Robustheit voll zur täglichen Nutzung eignet.

Kommunikations-Positionierung 1
Die erste Agentur entwickelte daraufhin eine Kampagne, die das Design in den Vordergrund stellt:

Yuno – das neue Schlafsofa designed by Roché verbindet
einen extravaganten Retro-Look mit voller „Allnachtstauglichkeit".

Kommunikations-Positionierung 2

Ausgehend von Marktforschungsergebnissen des Unternehmens stellt die zweite Agentur ihre Kampagne stark auf eine ganz bestimmte Zielgruppe ab:

Yuno – das unverwüstliche Appartementsofa für Leute
mit gehobenem Einkommen und designorientiertem Geschmack.

153

6. Phase: Botschaften und kreative Leitidee

Die Inhalte der Kommunikation

Die Positionierung hat den gewünschten Imagestandort des Produkts, der Dienstleistung oder des Unternehmens in den Köpfen der Zielgruppe definiert. Die Positionierung ist eine strategische Definition für den internen Gebrauch. Sie wird selbst nie direkt kommuniziert. Aber Kommunikation – das steckt in der Natur der Sache – braucht selbstredend auch Inhalte. Auf der Absenderseite haben wir die Positionierung festgelegt, auf der Empfängerseite stehen bereits die Zielgruppen fest. Zu klären bleibt jetzt noch, welche Themen und Botschaften vom Absender zum Empfänger gelangen sollen.

Weil heute fast alle PR-Konzepte auch Kommunikationskonzepte sind und dem integrierten Denkansatz folgen, kommt es zwingend darauf an, strategische Themen und Botschaften so zu fixieren, dass sie leitmotivisch für alle relevanten Kommunikationsbereiche von PR bis Werbung passen. Die Festlegung der maßgeblichen Inhalte setzt entsprechend auf mehreren Stufen an:

- *Die Themenfelder* – Das Konzept umreißt im ersten Schritt die relevanten Themen und Themenfelder. Das Terrain der Kommunikationsinhalte wird abgesteckt und eingegrenzt. Eine Topographie der möglichen Kommunikationsthemen entsteht.
- *Die Dachbotschaften* – Die Dachbotschaften sind die markanten Fixpunkte innerhalb des Terrains der Kommunikationsinhalte. Sie bringen auf den Punkt, welche Kernaussagen in die Köpfe der Zielgruppen gebracht werden sollen. Die Dachbotschaften sind so etwas wie die „Message" der Kommunikation. Als Dach sind sie für alle Kommunikationsbereiche bindend.
- *Die Teilbotschaften* – Die Teilbotschaften werden dem Dach untergeordnet. Sie konkretisieren und interpretieren die essentiellen Dachbotschaften für unterschiedliche Zielgruppen oder Kommunikationsdisziplinen.
- *Die Story* – Der Begriff der „Story" hat erst seit wenigen Jahren Einzug in das PR- und Kommunikationskonzept gehalten. Die Entwicklung einer Story fußt auf der Erkenntnis, dass es nicht ausreicht, ein paar Botschaften als Argumentationskette nebeneinander zu setzen, um überzeugend zu wirken. Es zeigt sich, dass die Kommunikation an Frische gewinnt, wenn die einzelnen Dachbotschaften in einer griffigen und aufschlussreichen Geschichte angereichert und belebt werden.
- *Die Tonalität* – Nicht nur die Inhalte bestimmen die Botschaften, es kommt auch auf Form und Sprache an. Der Ton macht die Musik. Deshalb genügt es nicht, im Konzept nur die Botschaftsinhalte zu definieren. Parallel muss auch geregelt werden, wie Stimmungslage und Stil der Botschaften angelegt sind.

6. Phase: Botschaften und kreative Leitidee
Wie gestalten wir die Ideen und die Kommunikationsinhalte?

Themen und Themenfelder
Vom Umgang mit Themen
Arten von Themen
Themenkonkurrenz und andere Probleme
Lebenszyklus der Themen

Die Dachbotschaften
Dachbotschaften sammeln
Dachbotschaften filtern
Dachbotschaften formulieren

Die Teilbotschaften

Die ganzheitliche Botschaft

Die Tonalität der Botschaften

Regeln für Themen und Botschaften

Die kreative Leitidee
Bedeutung der Leitidee
Konzeptionelle Funktion der Leitidee
Wege zur kreativen Leitidee
Regeln für gute Leitideen

Bei der Arbeit an den Botschaften steht eindeutig die Zielgruppe im Mittelpunkt. Die Botschaften haben schließlich nur den einen Zweck, die Zielgruppe nachhaltig zu interessieren, zu überzeugen und zu bewegen. Man darf sich aber keinen Illusionen hingeben. Bei der Zielgruppe ist unsere Kommunikation nicht unbedingt erwünscht. Unsere Botschaften werden nicht mit offenen Augen und Ohren empfangen. Eher das Gegenteil ist der Fall: Die Zielgruppe schaut meistenteils weg und stellt die Ohren auf Durchzug.

Die Zielgruppe im Zeitalter der medialen Informationsflut schottet sich ab und lässt nur noch ganz wenige Kommunikationsimpulse an sich heran. Es bedarf also echter Präzisionsarbeit, um die Botschaften an den Mann oder die Frau zu bringen. Voraussetzung dafür ist, dass das

Konzeptionsteam seine Zielgruppe genau kennt. Wer noch unbekannte Größen in seinem Zielgruppenbild hat, darf keinesfalls anfangen, das Kapitel Botschaften auszuarbeiten.

Themen und Themenfelder

Vor einigen Jahren schickte sich das Issues Management (Themenmanagement) an, die Kommunikation und speziell die Public Relations zu erobern. Mit dem Issues Management sollte eine vorausschauende Themenplanung der Unternehmen auf die Beine gestellt werden. Leider vergeblich – zumindest in den meisten Unternehmen des Mittelstands trafen die neuen Denkansätze des Issues Management auf wenig Gegenliebe. Nach hoffnungsvollem Start ist das Issues Management heute zwischen den vielen Hürden des Kommunikationsalltags eingekeilt und auf halber Strecke hängen geblieben.

Dennoch sind viele Erkenntnisse des Issues Management auch für die Zukunft wichtig und richtig. Sie sollten darum unbedingt in die integrierten PR- und Kommunikationskonzepte einfließen. Richtig ist z. B., dass die Themenfelder abgesteckt werden müssen. Zu allen Themen innerhalb der abgegrenzten Felder bezieht ein Unternehmen gezielt Stellung – zu allen Themen außerhalb hält es sich bewusst zurück.

Es reift auch im deutschen Mittelstand die Erkenntnis, dass Unternehmen und Organisationen fest in ein gesellschaftliches Netzwerk eingebunden sind. Umsichtige Beziehungskommunikation und gezieltes Engagement sind gefordert. Es geht nicht an, dass ein Unternehmen sich – wie anno dazumal der Schuster – nur um seine Leisten kümmert. Moderne Unternehmen und Organisationen sind gefordert, sich aktiv am gesellschaftlichen Dialog zu beteiligen, ihn mitzugestalten und ihre Verantwortung wahrzunehmen.

Aufgabe jedes ambitionierten Kommunikationskonzepts ist es, den Horizont der Themen abzustecken, zu denen ein Unternehmen Stellung bezieht. Denn es muss gewährleistet sein, dass die Äußerungen und Dialogbeiträge des Unternehmens abgestimmt und schlüssig erfolgen. Der Vorstand darf nicht mit anderer Zunge reden als der Vertrieb oder der Pressesprecher. Weiterhin ist der Gefahr vorzubeugen, dass die berühmt berüchtigten Selbstdarsteller, die es in jedem Unternehmen gibt, den weiten Themenhorizont zu egozentrischen Höhenflügen nutzen. An manchen Stellen muss das Unternehmen zum Dialog ermuntert werden, in anderen Themenfeldern sind die Statements zu bremsen. Das Konzept legt die Grundlagen für eine entsprechende Themensteuerung.

Es sollten aber nicht automatisch alle Unternehmen offensiv ihr Thementerrain erweitern und ganz groß in den Dialog einsteigen. Auf keinen Fall! So wie es unterschiedliche Charaktere bei Menschen gibt, so gibt es auch ganz unterschiedliche Unternehmenscharaktere. Manche Unternehmen sind introvertiert oder vertreten Produkte, die Diskretion erfordern. Zurückhaltung ist für sie ein höchsteigener Charakterzug und in ihm liegt ein Teil ihrer Integrität. Es macht keinen Sinn, alle Unternehmen durch die Bank zu großen Kommunikationstalenten umzubiegen. Jeder muss sich treu bleiben. Aufgabe des Konzeptioners ist es, seine Auftraggeber in eine Gesprächsposition zu bringen, die ihnen liegt und die sie überzeugend darstellen können.

Wir grenzen methodisch das Terrain ein und erläutern, zu welchen Themen sich ein Unternehmen grundsätzlich äußern kann. Denn nicht alle Themen sind erlaubt. Die inhaltliche Fokussierung erfolgt mit Bedacht:

- *Direkte Kernthemen* – Das sind Themen, die sich aus der Kernkompetenz des jeweiligen Unternehmens direkt ableiten lassen. Für einen Energieversorger wären das z.B. die Energiethemen vom Atomstrom bis zur Sonnenenergie. Die aktive Kommunikation im Bereich der Kernkompetenz sollte für jedes Unternehmen ein Muss sein.
- *Indirekte Kernthemen* – Das sind Themen, die sich im übertragenden Sinne aus der Kernkompetenz des Unternehmens ableiten lassen. Für unseren Energieversorger wäre dies z.B. das relevante Spektrum der Umweltthemen.
- *Tangierende Themen* – Das sind Themen, die sich aus dem regionalen Umfeld, der aktuellen Situation oder den relevanten Zielgruppen ergeben. Nehmen wir an, der Standort unseres Energieversorgers läge in einem Stadtteil, in dem es keinen Nahverkehrsanschluss gäbe. Dann wäre die Verbesserung des ÖPNV ein mögliches tangierendes Thema.
- *Partizipierende Themen* – Das sind Themen, zu denen das Unternehmen auf den ersten Blick keinen erkennbaren Bezug hat, zu denen es sich aber aus strategischen Imagegründen bewusst bekennt. So könnte unser Energieunternehmen jedes Jahr eine Kunstausstellung ausrichten, die sich um jungen Künstlernachwuchs in der Region kümmert. Das Unternehmen macht die junge Kunst zu seinem Thema.

Bei aller Dialogbereitschaft, sollte der Konzeptioner die Themenfelder scharf umgrenzen. Es geht nicht an, dass Unternehmen ständig das Wort ergreifen und dadurch am Ende ziemlich geschwätzig wirken. Auf die richtige Dosierung kommt es an. Die Themenfixierung erfolgt dabei aus zwei Blickwinkeln. Aus dem Blickwinkel des Unternehmens – mit den Themen, zu denen das Unternehmen gerne mitreden würde. Und aus dem Blickwinkel der Zielgruppe – mit den Themen, zu denen Aussagen gefragt oder sogar gefordert werden. Vorrang in der Kommunikation haben eindeutig die Themenbereiche, die für die Zielgruppen von Interesse sind.

Je mehr es aber um die unternehmensbezogene Perspektive „Wir über uns" geht, desto vorsichtiger sollte die Kommunikationskonzeption sich mit dem existierenden Themenumfeld auseinandersetzen. Klassisches Beispiel hierfür ist die vielen PR-Praktikern bekannte Euphorie des Produktmanagers, der zu seinem Produkt eine PR-Kampagne erwartet, die dessen Vorzüge in den leuchtendsten Farben erscheinen lassen soll. Dass die Themenkonkurrenz, in der das zum Superstar „hochgepushte" Produkt bestehen muss, dessen Vorzüge fast immer als völlig trivial erscheinen lässt, muss manchmal erst schmerzhaft vermittelt werden.

Nicht nur Produkte und Unternehmen, auch die Themen und Botschaften treten in Konkurrenz zueinander. Die Themenkonkurrenz hat ihre Ursache in der begrenzten Zeit wie der ebenso limitierten Verarbeitungskapazität für Informationen. Da hiermit fundamentale Sachverhalte der Kommunikation berührt sind, kann sich der Erfolg eines Kommunikationskonzepts nur durch eine hervorragende Planung von Themen und Botschaften einstellen. Das heißt auch, dass man nicht nur genau prüfen muss, welche Themen zum Unternehmen passen sondern auch, ob die Themen gegen die thematische Konkurrenz durchzusetzen sind.

Hinzukommt die ultimative Frage, ob der Auftraggeber in der Praxis diese Themen auch vermitteln kann. In einem Fall schafft es z. B. die etwas hölzerne Unternehmensführung nicht, die Themen überzeugend zu verkörpern, das Themenengagement wirkt aufgesetzt. In einem anderen Fall reicht das Engagement nicht, um die Themen durchzuhalten, die Kommunikation fängt an zu stottern. Im dritten Fall interferieren Imageprobleme das gewählte Thema – die Kommunikation erscheint fadenscheinig ("fadenscheinigen Geschmack" gibt es nicht). In jedem dieser Fälle hat sich der Konzeptioner mit seiner Themenauswahl zu weit aus dem Fenster gelehnt. Die Erfahrung zeigt, dass neue Themen empfindlich sind wie rohe Eier und daher eher behutsam aus der Defensive heraus entwickelt werden sollten.

Übung

Entwickeln Sie Themen und Themenfelder für zwei ganz unterschiedliche Unternehmen und vergleichen Sie anschließend die beiden Themensammlungen:

- Ihr Auftraggeber ist das traditionsreiche philharmonische Orchester einer süddeutschen Großstadt.
- Ihr Auftraggeber ist ein pharmazeutisches Unternehmen, das sich auf Medikamente und Wirkstoffe für Alterskrankheiten spezialisiert hat.

Der Lebenszyklus der Themen

Themen und Botschaften sind nicht für die Ewigkeit – sie verbrauchen sich und verlieren ihren Informationswert. Teilweise kann der Lebenszyklus sehr kurz sein. Einige Wochen vielleicht und schon ist das Thema durch. In unserer modernen Mediengesellschaft wird dieser blitzartige Verfallsprozess leider immer häufiger. Manche Themen und Botschaften halten aber auch Jahre und Jahrzehnte. Sie sind wie eine Wertreserve für unsere Kommunikation.

Bei der Arbeit an einem Kommunikationskonzept entwickeln Sie selten alle Themen bzw. Themenfelder komplett neu. Häufig übernehmen Sie bewährte Themen aus vorangegangenen Jahren und ergänzen sie. Der Übernahme der etablierten Themen und Botschaften sollte aber stets eine kritische Analyse vorangestellt werden. Die Inhalte müssen noch zutreffen, der Informationswert darf noch nicht verbraucht sein. Es ist unbedingt zu verhindern, mit bereits erodierten Themen in die Kommunikation zu gehen. Die Zielgruppe wird diese Nachlässigkeit mit mangelnder Aufmerksamkeit bestrafen.

Der Lebenszyklus eines Themas in der Kommunikation baut sich auf insgesamt vier Phasen auf:

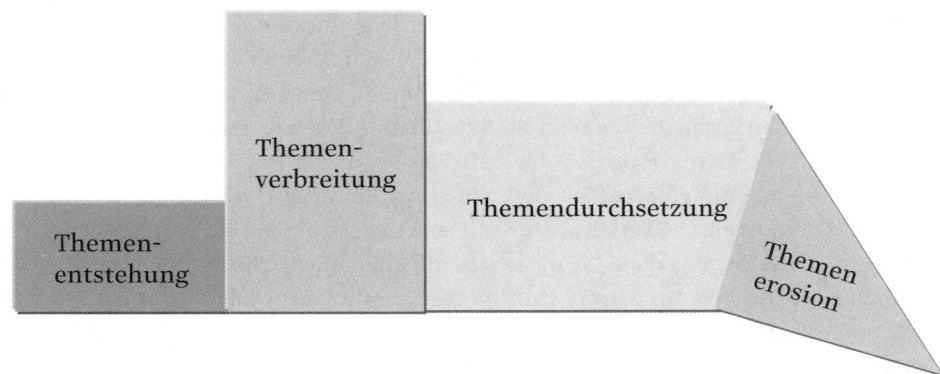

- *1. Phase: Themenentstehung* – In der Phase der Themenentstehung wird das Thema generiert. Es kristallisiert sich eine spezifische Interpretation gesellschaftlicher Wirklichkeit heraus. Begleitende aktuelle Ereignisse können in dieser Phase Katalysatoreffekt haben.
- *2. Phase: Themenverbreitung* – In dieser Phase greifen prominente „Protagonisten" und/oder Multiplikatoren das Thema auf und verbreiten es. Zur gleichen Zeit definieren und formieren sich auch die eventuellen Antagonisten. Das Thema diffundiert von einem involvierten Bereich in angrenzende Bereiche.
- *3. Phase: Themendurchsetzung* – Hier ist das Thema einem Großteil der Gesellschaft oder des betreffenden Subsystems bereits bewusst; es wird generalisiert.
- *4. Phase: Themenerosion* – Schließlich sinkt die Relevanz des Themas und die öffentliche Debatte stagniert. Die Themeninhalte werden trivial und die Kommunikation degeneriert zur Plattitüde.

Vor allem stark hierarchische Unternehmen neigen dazu, sich Themen erst dann auf die Fahnen zu schreiben, wenn sie schon in aller Munde und damit ohne Risiko sind. Sie konzentrieren ihre Kräfte so hauptsächlich auf bereits erodierende Themen und wundern sich am Ende, dass sie mit Ihrer Kommunikation wenig bewegen. Idealerweise sollten Unternehmen bereits in der frühen Phase der Themenentstehung die unverbrauchten Themen für sich besetzen. Aber fast alle schrecken davor zurück. Das Terrain erscheint ihnen noch zu unsicher. Es fehlt an visionärer Kraft und dem nötigen Mut.

Strategische Dachbotschaften

In der Themenlandschaft stehen mehrere markante „Leuchttürme" als feste Orientierungsgrößen – und das sind unsere Dachbotschaften. Sie markieren essentielle Kernaussagen zu einem Unternehmen, zu einem Produkt oder zu einer Dienstleistung. Die Dachbotschaften gelten einheitlich für alle Bereiche der Kommunikation. Sie sind für alle Kommunikationsbeteiligten absolut bindend.

Sie würden gern konkrete Beispiele für Dachbotschaften kennen lernen? Bitte sehr: Die Dachbotschaften der christlichen Kirche wären die 10 Gebote. Die Dachbotschaften der Bundesrepublik Deutschland stehen im Grundgesetz.

Die Dachbotschaften haben strategischen Charakter und bestimmen damit langfristig die Inhalte der Kommunikation. Es gibt stets nur wenige Dachbotschaften – aber hier ist weniger mehr. Die strategischen Botschaften werden dann in späteren Arbeitsschritten in viele Teilbotschaften heruntergebrochen und konkretisiert.

Wenn Sie sich auf die Suche nach möglichen Dachbotschaften machen, müssen Sie dazu gar nicht weit ausholen und in die Ferne schweifen. Die Quelle der Dachbotschaften liegt bereits vor Ihnen auf dem Tisch. Es sind die Faktoren der SWOT-Analyse. Aus den Faktoren lassen sich alle notwendigen Botschaften entwickeln.

Sie nehmen also Ihre SWOT-Analyse zur Hand. Wenn Sie im analytischen Teil gründlich gearbeitet haben, dann steckt in den vier Feldern bereits alles an Grundwerten, was Sie brauchen. Sie ziehen die Aufhänger für Ihre Botschaften aus allen vier SWOT-Feldern:

- *Stärken* – Machen Sie aus den Stärken Botschaften! Es versteht sich eigentlich fast von selbst, dass die Botschaften sich auf die starken Talente Ihres Kommunikationsobjektes konzentrieren und dass Sie diese wirkungsvoll herausarbeiten. Die Stärken sind Ihr Kommunikationskapital, das Sie möglichst gewinnbringend ins Gespräch bringen müssen. Wenn die SWOT-Analyse beispielsweise festgestellt hat, dass die Servicequalität deutlich über dem Niveau der Mitbewerber liegt, dann muss dieser Vorteil in der Kommunikation tunlichst herausgestellt werden.

- *Schwächen* – Im Schwächenfeld stehen Handicaps, die Ihrer Kommunikation früher oder später vor die Füße fallen könnten. In der Politik sitzt man solche Schwächen und Probleme gerne aus. In der Kommunikation sei dieser Weg jedoch nicht angeraten Steuern Sie offensiv gegen die Schwächen an und setzen Sie schlagkräftige Argumente dagegen. Wenn also z. B. der hohe Preis als Schwäche gelistet ist, dann könnte eine vorbeugende Botschaft lauten, dass die herausragende Qualität den Preis rechtfertigt.

- *Chancen* – Dachbotschaften können ihren Ursprung aber auch auf der Chancen-Seite haben. Sinnvoll ist dies vor allem, wenn Chancen mit Stärken zusammentreffen. Wurde als Chance für ein Produkt der wachsende Seniorenmarkt definiert, dann ist zu überlegen, ob diese Chance genügend Gewicht hat, um in einer Botschaft die langlebige Produktqualität als ideal für den Seniorenmarkt zu definieren.

- *Risiken* – Aus diesem Feld kann ebenfalls die eine oder andere Botschaft kommen. Das passiert zwar seltener, sollte aber stets im Blickfeld bleiben. Vor allem wenn ein Risiko zur profunden Bedrohung für die Kommunikation heranwachsen könnte, dann muss über zielgerechte Botschaften eine entsprechende Abwehrposition aufgebaut werden.

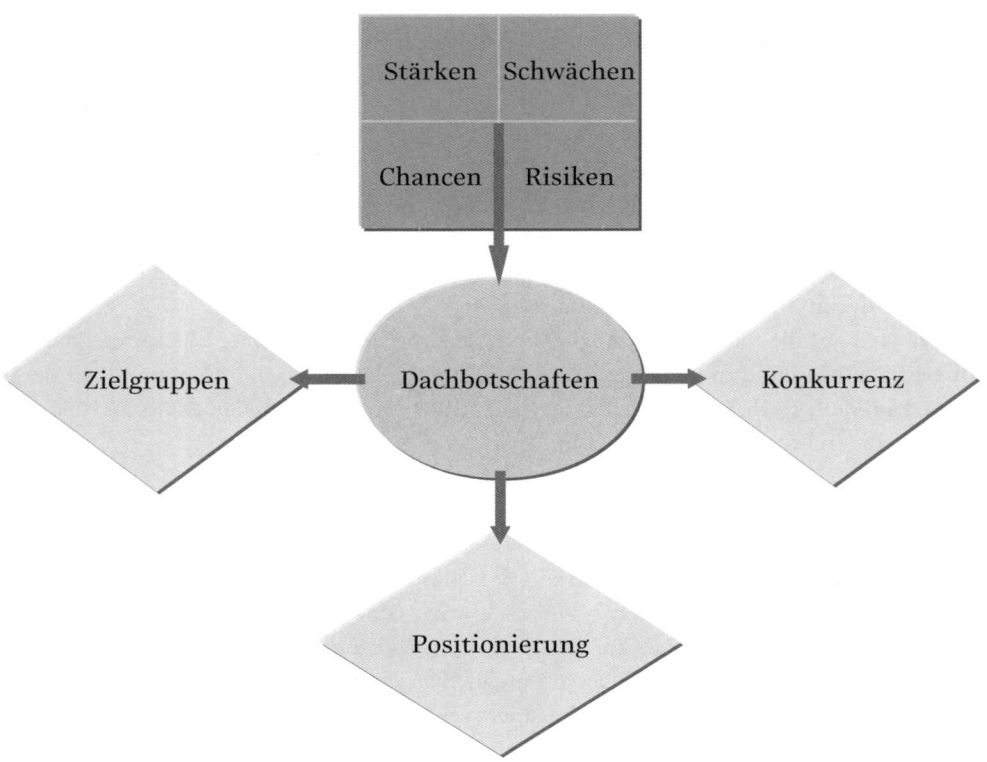

Die Botschaften filtern

Wenn Sie aus den Faktoren der SWOT-Analyse alle Erfolg versprechenden Dachbotschaften abgeleitet haben, dann werden Sie in der Regel merken, dass da ziemlich viel an Kommunikationsstoff zusammengekommen ist. Da weniger Dachbotschaften aber mehr sind, müssen Sie im nächsten Schritt mit dem Filtern beginnen. Jede Ihrer avisierten Botschaften sollte in dreifacher Hinsicht auf Tauglichkeit getestet werden:

- *Adäquat zur Zielgruppe* – Kommt die Botschaft bei der Zielgruppe an? Durch die gründliche Analyse und die Arbeit an der Zielgruppendefinition sind Sie ja inzwischen gut Freund mit Ihrer Zielgruppe. Versetzen Sie sich in die Zielgruppe und prüfen Sie kritisch, wie die einzelnen Botschaften gefallen. Nur wenn die Botschaften ausreichend Bedeutung und Überzeugungskraft haben, dann taugen sie als Dachbotschaften.
- *Adäquat zur Positionierung* – Passt die jeweilige Botschaft zu Ihrer Positionierung? Anders gesagt: Passen Hauptrolle und Rollentext zusammen? Beides darf sich keinesfalls wider-

sprechen. Die Botschaften müssen der Positionierung viel mehr „auf den Leib geschnei-
dert sein".

- *Differenzierend zur Konkurrenz* – Heben sich die Botschaften von den Konkurrenzbotschaf-
ten ab? Denken Sie an die Themenkonkurrenz! Schauen Sie sich an, wie die Konkurrenz
kommuniziert. Analysieren Sie Pressemitteilungen, Anzeigen, Broschüren und andere
Kommunikationsmittel der Mitbewerber. Bei genauem Hinschauen lassen sich schnell
die konkurrierenden Hauptbotschaften erkennen. Sie sollten keinesfalls den gleichen
Botschaftskanon wie die Konkurrenz haben. Ihre Ansprache braucht ein eigenes Profil.
Das bedeutet aber nicht, dass sich alle Botschaften allzeit absetzen müssen. Hier und da
kann es sogar sinnvoll sein, eine Dachbotschaft an die Konkurrenz anzugleichen, um zu
vermitteln: Das können wir auch!

Die Zahl Ihrer Dachbotschaften dürfte nach dem Filtern erheblich zurückgegangen sein. Möglicherweise sind es Ihnen jedoch immer noch zu viele Inhalte. Dann versuchen Sie als nächstes,
einzelne Botschaften zu clustern. Die Technik kennen Sie schon von den Zielgruppen. Es werden zwei Botschaften zu einer zusammengeschweißt. Nutzen Sie die Technik nur, wenn sich
aus der neuen Botschaft eine homogene Einheit ergibt.

Das erste Beispiel steht für gelungenes Clustern: Die Botschaften „Kostenlose Beratung" und
„Individuelle Beratungstermine" verschmelzen zu einer Botschaft, die da heißt: „Kostenlose
Beratung mit Beratungsterminen nach Wunsch".

Das zweite Beispiel ist problematisch. Die Botschaft dürfte sich schwer in die Köpfe der Zielgruppen bringen lassen. Da werden die Botschaften „Ehrliche Partnerschaft" und „Neuer Maschinenpark" zusammengeführt. Das Ergebnis „Wir sind ehrliche Partner unserer Kunden
und garantieren eine hohe Qualität durch einen neuen Maschinenpark" – es wirkt irgendwie
zusammengestöpselt.

Die Dachbotschaften formulieren

Die Dachbotschaften existieren bis zu diesem Zeitpunkt nur in einer textlichen Rohform. Sie
müssen im nächsten Schritt ausformuliert werden. Es geht nicht um einen geschliffenen Wer-
be- und PR-Text. Kreativer Wortschmuck ist nicht gefragt, denn die Botschaften werden so
nie in die Kommunikation gehen. Sie sind lediglich Richtgrößen für die Arbeit der Texter,
Journalisten und Grafiker. Aber je präziser diese Richtgrößen sind, desto genauer spricht die
Kommunikation später mit einer Stimme. Deshalb sollten Sie mit Sorgfalt formulieren und
am Detail feilen.

Jedes Wort hat seinen Sinn, jeder Satzteil seine Aufgabe. Das Endergebnis muss prägnant, sofort verständlich und kurz sein. Machen Sie es sich zur Regel, dass keine Botschaft aus mehr
als zwei, höchstens drei Sätzen bestehen darf. Alles andere grenzt an Geschwätzigkeit.

Setzen Sie Ihre Botschaften ohne Ausnahme aus drei Argumentationsbausteinen variabel zusammen:

- *dem Kern der Botschaft*, den Sie aus den vier Feldern der SWOT-Analyse geholt und inzwischen gründlich auf Eignung überprüft haben;
- *der Begründung der Botschaft*, die diesen Kern beweiskräftig und mit inhaltlicher Substanz manifestiert (Der Kern darf nämlich nie als Behauptung allein stehen bleiben.),
- *dem Nutzenversprechen der Botschaft*, das die Vorteile für die Zielgruppe klar und überzeugend herausarbeitet. Jede Botschaft muss sich nützlich machen, sonst taugt sie nicht.

Weil der inhaltliche Aufbau einer Botschaft ein wichtiger Knackpunkt für gute Kommunikation ist, wollen wir das Grundprinzip noch einmal an drei praktischen Beispielen verdeutlichen:

Kern	Begründung	Nutzenversprechen
Das Bürgerbüro liegt günstig ...	... weil es nur wenige Meter bis zu Bus und Straßenbahn sind ...	... und damit das Büro auch für Bürger ohne Auto problemlos zu erreichen ist.
Die neue Maschine ist trendsetzend.	Alle Prozesse sind jetzt computergesteuert ...	... und die Präzision zur vorangegangenen Generation wurde mehr als verdoppelt.
Lothar Schneider ist der ideale Kandidat für den Rat der Stadt ...	... da er seit über 25 Jahren in Überlingen als Arzt wohnt und arbeitet ...	... und die Menschen und ihre Sorgen bestens kennt.

Lassen Sie sich nie von Ihrem Auftraggeber verführen! Botschaften dürfen keine Nabelschau und keine eitle Selbstdarstellung sein. Viele Unternehmen neigen zu dieser Sicht der Kommunikation. Wenn das Unternehmen nur mit den Muskeln spielt und sich mit jedem Satz selbst auf die Schulter klopft, wird ihm die Zielgruppe prompt die kalte Schulter zeigen. Es dürfen nur Botschaften in Umlauf gebracht werden, die messerscharf auf den Nutzen der entsprechenden Zielgruppen zugeschnitten sind.

Überprüfen Sie zum Schluss noch einmal ihre fertigen Botschaften, das kann nicht schaden. Prinzipiell ist gute Kommunikation nichts anderes als ein Dialog mit der Zielgruppe. Vollziehen Sie diesen Dialog nach. Ihre Zielgruppe fragt und Ihre Botschaften werden zu Antworten. Schlüpfen Sie in die Haut Ihrer Zielgruppe. Wie wirken die Antworten auf Sie? Sind sie überzeugend? Sind Sie schlüssig? Gibt es Widersprüche? Bleiben Fragen offen? Falls ihre imaginäre Zielgruppe am Ende des kleinen Dialogs zweifelnd mit dem Kopf schüttelt, dann sollten Sie unbedingt noch einmal ran. Argumentationslinie und Inhalte müssen stimmen.

Übung

Formulieren Sie Botschaften für die nachfolgenden Stärken und Schwächen. Bei Begründung und Nutzenversprechen dürfen Sie Ihrer Fantasie freien Lauf lassen. Das Ergebnis sollte für die avisierten Zielgruppen unbedingt überzeugend klingen:

- Seine Stärke ist die 125-jährige Erfahrung eines Maschinenbauers. Die Zielgruppe sind die Produktionsunternehmen aus ganz Europa.

- Die Schwäche ist das eher unscheinbare Design eines Küchenstuhls. Zielgruppe sind junge Leute, die diesen Stuhl für ihr Appartement oder ihre Wohngemeinschaft kaufen sollen.
- Die Stärke ist die persönliche Beratung eines Dienstleistungsunternehmens. Jeder Kunde hat einen direkten Ansprechpartner. Zielgruppe sind die Privatkunden des Unternehmens.
- Die deutlichste Schwäche eines Sportvereins ist das hohe Durchschnittalter der Mitglieder. Die Zielgruppe ist die Lottoförderung, die neue Mittel für den Verein zur Verfügung stellen soll.

Die Teilbotschaften

Aus den Dachbotschaften entwickelt sich eine Vielzahl von Teilbotschaften. Die Teilbotschaften konkretisieren und spezifizieren die Kernaussagen des Daches. Sie dürfen dabei aber nie von der Linie der Dachbotschaften abweichen. In jeder Teilbotschaft ist das „Genom" der betreffenden Dachbotschaft wieder zu finden.

Die Teilbotschaften können je nach Einsatzzweck strategischer oder taktischer Natur sein. Innerhalb von Masterplänen und anderen langfristig angelegten Konzepten sind sie hauptsächlich strategischer Natur. In kurzfristigen Aktions- und Maßnahmenplänen haben die Teilbotschaften sehr konkrete taktische Aufgaben. Aber ganz gleich, ob sich die Botschaften taktisch oder strategisch ausrichten, es sind immer konzeptionelle Festlegungen, die so nie direkt in Berührung mit den Zielgruppen kommen. Die Teilbotschaften sind wie die Dachbotschaften nur die inhaltlich bindende Richtschnur für die beteiligten Pressetextschreiber und Anzeigenmacher.

Eine Teilbotschaft kann im Rahmen der Kommunikation verschiedene konzeptionelle Aufgaben erfüllen. Feste Beziehungsgröße ist dabei im jedem Fall die Dachbotschaft:

- *Die Teilbotschaft erweitert eine Dachbotschaft* – sie bringt also neue ergänzende Themenaspekte ins Gespräch.
- *Die Teilbotschaft konkretisiert eine Dachbotschaft* – sie vertieft und verdinglicht die Aussagen des Dachs.
- *Die Teilbotschaft passt eine Dachbotschaft an* – sie feilt sie so aus, dass sie in Form und Inhalt genau auf die relevante Zielgruppe zugeschnitten ist.
- *Die Teilbotschaft fokussiert eine Dachbotschaft* – sie arbeitet nur bestimmte Aspekte und Details einer Dachbotschaft heraus.

Bei der Gestaltung der Teilbotschaften haben Sie viele Gestaltungsmöglichkeiten. Aber egal was passiert, eine Teilbotschaft darf eine Dachbotschaft niemals relativieren, konterkarieren oder manipulieren.

Bei der Vielzahl der Teilbotschaften, die innerhalb einer Kommunikationskampagne ins Gespräch kommen können, ist mit Argusaugen darauf zu achten, dass sich die einzelnen Bot-

165

schaften nicht ins Gehege kommen oder gar widersprechen. Das System der Teilbotschaften muss sauber aufeinander abgestimmt und sinnvoll strukturiert sein.

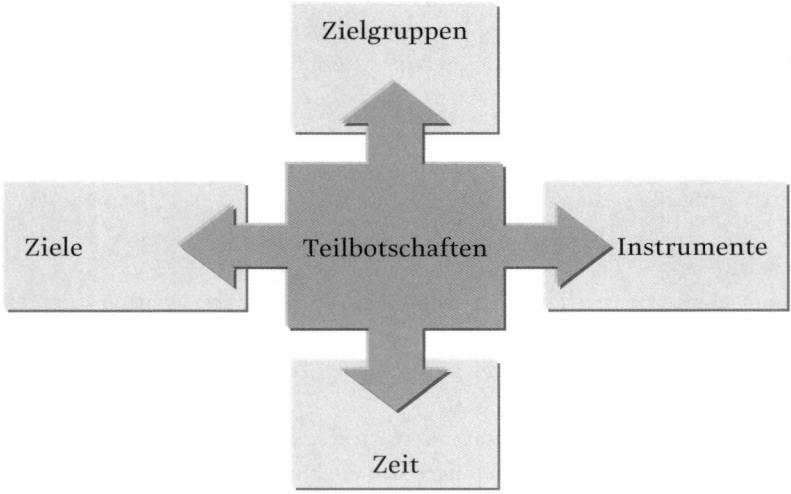

Die Dachbotschaften sind übergreifend und essentiell. Die darunter angeordneten Teilbotschaften bilden die Bausteine der Argumentation. Diese inhaltlichen Bausteine werden nicht frei nach Lust und Laune gesetzt, sondern spezifisch ausgerichtet. Wir unterscheiden:

- *Teilbotschaften nach Zielgruppen* – Für die unterschiedlichen Zielgruppen gibt es jeweils spezielle Teilbotschaften. Die Multiplikatoren werden mit anderen Argumenten angesprochen als die Mitarbeiter, die Stammkunden anders als die Neukunden.
- *Teilbotschaften nach Disziplinen* – Je nach Kommunikationsdisziplin entwickeln Sie spezielle Botschaften. Es gibt PR-Botschaften, Werbebotschaften, Event-Botschaften und so weiter.
- *Teilbotschaften nach Zielen* – Den unterschiedlichen Kommunikationszielen werden jeweils besondere Botschaften zugeordnet. Es gibt eine Botschaft, die speziell auf den Bekanntheitsgrad ausgerichtet ist, mehrere Botschaften, die sich gezielt um das Image kümmern und außerdem Botschaften, die den Kontakt zu Zielgruppen herstellen sollen.
- *Teilbotschaften nach Zeit* – Nicht alles auf einmal. Bei komplexen Botschaftssystemen empfiehlt es sich dringend, die Inhalte Schritt für Schritt zu vermitteln. Die erste einführende Botschaft wird in den Startwochen der Kampagne übermittelt, die weiteren vertiefenden Botschaften kommen dann erst später dazu.

Bitte beachten Sie, dass Dachbotschaft vor Teilbotschaft geht. In jedem Konzept stehen die Dachbotschaften an erster Stelle der Kommunikation. Wo möglich und sinnvoll wird mit den Dachbotschaften gearbeitet. Nur an Stellen, wo die großen Dachbotschaften nicht mehr richtig hinkommen und deshalb nicht optimal wirken können, kommen die spezielleren Teilbotschaften zum Einsatz.

Insgesamt sollte es so wenige Teilbotschaften wie möglich geben. Das System der Teilbotschaften überzeugt durch seine konzentrierte, kompakte Konstruktion. Bringen Sie nur die absolut notwendigen Inhalte in den Kommunikationskreislauf. Bleiben Sie diszipliniert. Reduzieren Sie die Inhalte. Je schlanker, je besser. Die Botschaften müssen so konzipiert sein, dass damit immer möglichst viele Zielgruppen bzw. Kommunikationssituationen gemeinschaftlich abgedeckt werden können. Versuchen Sie soweit wie möglich den gemeinsamen Nenner zu finden. Es darf nicht für jedes kleine Zielgruppensegment ein eigenes Bündel von Botschaften entwickelt werden.

In strategisch ausgerichteten Konzepten reicht es meistens aus, erst einmal die Dachbotschaften festzulegen. Auf Teilbotschaften geht man hier nur im Ausnahmefall ein. Bei konkreten Maßnahmen- und Aktionskonzepten dagegen macht es Sinn, die Dachbotschaften gleich mit entsprechenden spezifischen Teilbotschaften zu untermauern. Speziell im Bereich der Public Relations sollte das Spektrum der Botschaften so präzis wie möglich ausgefeilt sein.

Allerdings heißt das konzeptionelle Herunterbrechen auf Teilbotschaften nicht automatisch, dass alle diese Botschaften dann auch Einzug in die abschließende mündliche Präsentation des Konzepts finden. In Präsentationen empfiehlt sich in der Regel eine freiwillige Selbstbeschränkung auf die Dachbotschaften. Nichts wirkt ermüdender als ein ausufernder Vortrag mit einer langen Aufzählung von Teilbotschaften für die verschiedenen Zielgruppensegmente.

Die Botschaft der Bilder

Vor allem die PR sind traditionell dem Wort verpflichtet und tun sich daher relativ schwer mit der Kommunikationswelt der Bilder. An dieser Stelle gibt es noch einen gewaltigen Nachholbedarf. 70% des Erkennens, Lernens und Erinnerns läuft über visuelle Reize. Das Bild hat wesentlich mehr Kommunikationskraft als das Wort.

Viele Kommunikationskonzepte gehen aber überhaupt nicht auf die Bilder ein. Auch im Kapitel der Botschaften dreht sich bei ihnen alles um das Wort. Nur sehr langsam setzt ein Umdenken ein. Aber allen ist eigentlich grundsätzlich klar: Wer in Zukunft konzeptionelle Botschaften entwickelt, der muss unbedingt auch über die adäquaten Bilderwelten nachdenken. Der mächtige visuelle Bereich darf nicht dem Zufall überlassen werden, sondern braucht einen strategischen Anker.

Zentraler Begriff für die Bildbotschaften ist das „Key Visual". Key Visuals sind Schlüsselbilder, die als Metaphern für die Dachbotschaften eingesetzt werden und überall und immer wieder auftauchen. Die Key Visuals sind quasi die bildstarken Erkennungszeichen der gesamten Kommunikation.

Es ist durchaus möglich, mit mehreren Key Visuals zu arbeiten. Allerdings sind alle Key Visuals streng den Dachbotschaften verpflichtet. Auch sollten sie in der Summe ein geschlossenes

Bild mit mehreren Facetten ergeben. Ein „bunter Strauß" von Bildern darf nicht dabei herauskommen.

Key Visuals können z. B. Fotos, Fotomontagen, Videoclips, Infografiken, Grafiken, Illustrationen, logoähnliche Zeichen und visuelle Wortmarken sein. Key Visuals sollten eine eigene unverwechselbare Bildsprache entwickeln, sie sollten markant für das Unternehmen, das Produkt oder die Dienstleistung stehen. So wie jeder Maler seinen Stil hat, so tritt auch das jeweilige Kommunikationsobjekt mit einer eigenen typischen Bildsprache auf. Grundvoraussetzung ist selbstverständlich, dass die Key Visuals sauber in das Corporate Design des Unternehmens passen.

Die Bilderwelt der Key Visuals ist bindend. Der gesamte visuelle Auftritt vom Videoclip über die Anzeige bis zu den Pressefotos orientiert sich an den Konturen der Bilderwelt. Die Bildbotschaften der Key Visuals prägen das Kommunikationsgeschehen. Sie sind die emotionalen Verstärker der Dachbotschaften.

Bei der Arbeit an den Bildbotschaften muss auch das Verhältnis von Wort und Bild definiert werden. Wort-Botschaft und Bild-Botschaft sind Brüder. Sie müssen sich verstehen, umarmen und einen harmonischen gemeinsamen Auftritt haben.

Die Tonalität

Der Begriff „Tonality" stammt ursprünglich aus der Werbung und definiert das Timbre der Ansprache. Wie werden die Botschaften „rübergebracht?"

Unsere Dach- und Teilbotschaften sind ja erst einmal nur nüchterne strategische Aussagen. Mit welchem Stil und welcher Stimmung sie später umgesetzt werden, ist noch völlig offen. Die stimmungsvollen Claims, Schlagzeilen und Copytexte werden ja erst in einem späteren Arbeitschritt entwickelt. Die Tonalität darf innerhalb des Konzepts aber keinesfalls offen bleiben, denn es macht einen riesengroßen Unterschied, ob die Dachbotschaft später „jugendlich frisch" oder „modern technisch" vermittelt wird.

Machen wir die Probe aufs Exempel. Die sachliche Dachbotschaft lautet „Die Technik des neuen Computers ist auf Multimedia-Anwendungen zugeschnitten". In der jugendlich frischen Tonalität würde ein „fetziger Compi für Auge und Ohr" daraus werden. Bei einer modernen technikorientierten Tonalität würde der Text von einem „High-Tech-Boliden mit modernster Pentium-Features für Videoschnitt und Soundsampling" sprechen. Da liegen Welten zwischen.

Zur inhaltlichen Planung einer Kommunikations-Konzeption gehört also die Planung des emotionalen Kommunikationsstils genauso wie die der meist rationalen Aussagen der Kampagne. Bei der Festlegung des Kommunikationsstils muss man alle Elemente im Auge behalten, die den Kommunikationsstil beeinflussen:

- die inhaltlichen Aussagen der Dachbotschaften,
- die Positionierung, aus der heraus kommuniziert wird,

- die Zielgruppen, auf die unser Kommunikation zugeschnitten werden muss,
- die Medien, in denen die Aussagen später voraussichtlich getroffen werden,
- der Zeitpunkt, zu dem die Aussagen getroffen werden,
- der gesamte thematische Kontext, in dem die Aussagen stehen,
- der Absender oder Protagonist, der später für die Botschaft stehen soll.

Die Story

Wo wir gerade bei Neuerungen in der konzeptionellen Arbeit sind: Speziell im Bereich der Botschaften tut sich zurzeit erstaunlich viel. Eine sehr nützliche Erweiterung des Horizonts ist die Einbettung der Dachbotschaften in eine Story. Immer mehr Konzeptioner haben erfahren müssen, dass es nicht ausreicht, ihre fünf Botschaften konzeptionell sauber aufzurechen und argumentativ zu verketten. Die Inhalte brauchen eine Prise Emotion. Die Botschaften gewinnen erheblich an Kraft, wenn man sie in den lebendigen Kontext einer Story setzt. Jedes Kommunikationsobjekt braucht seine eigene interessante Geschichte.

Wie wird eine Story entwickelt? Eine Story inszeniert und konkretisiert die Dachbotschaften, sie macht die „Message" der Dachbotschaften sinnlich fassbar. Eine gute Story ist etwa ein bis zwei Seiten lang. Sie liest sich wie eine Kurzgeschichte. Sie arbeitet ohne Schnörkel, jeder Satz hat Substanz.

Die Story ist wiederum nur für den internen Gebrauch bestimmt. Sie dient als Sprungbrett für die Arbeit der Kommunikationsbeteiligten. Sie versteht sich nicht primär als Instruktion, sondern als Inspiration. Sie soll den schöpferischen Geist der Kommunikationsbeteiligten anregen.

> Nehmen wir als Beispiel die Dachbotschaft eines neuen Medienzentrums in einer deutschen Großstadt. Als Botschaft stellt das Konzept z. B. „die exponierte Lage des neuen Medienzentrums" heraus. In der dazugehörigen Story wird die besondere Impulskraft dieser Lage herausgearbeitet, denn an gleicher Stelle ist seit den zwanziger Jahren ein Brennpunkt der Medien. Viele große Medienprojekte wurden vor Ort erfolgreich entwickelt, ein weltbekannter Regisseur hat hier einst seinen ersten Film gedreht und noch heute spürt jeder Besucher das besondere kommunikative und kreative Flair. Am Standort wird seit über 75 Jahren Medienkommunikation nicht nur produziert und proklamiert, sondern tagtäglich gelebt.

Regeln für Botschaften und Themen

Wie schon in den vorangegangenen Kapiteln, so wollen wir auch an dieser Stelle wieder die wichtigsten Regeln der Botschaftsentwicklung und Themenfindung zusammentragen.

- *Transparent kommunizieren* – Sie müssen nicht gleich als „gläsernes Unternehmen" auftreten, sollten aber von interessierten Gruppen nachgefragte Informationen zugänglich machen. In den heutigen Zeiten der Datenbanken und Websites ist dies einerseits leichter zu erfüllen, andererseits sind die Erwartungen auch höher geworden.

- *Aktiv kommunizieren* – Warten Sie nicht, bis Sie von den Zielgruppen zu Informationen oder bestimmten Aktivitäten aufgefordert werden, sondern bestimmen Sie selbst das Gesetz des Handelns.
- *Konsistent kommunizieren* – Sorgen Sie dafür, dass die in Ihrem Unternehmen verwendeten Aussagen und Argumente sich nicht widersprechen.
- *Im Dialog kommunizieren* – Sie sollten definieren, wie stark Sie mit Vertretern der Zielgruppen in wirkliche Interaktion treten wollen (per Telefon, schriftlich, face-to-face). Prüfen Sie aber auch, ob Sie das Dialog-Versprechen überhaupt einlösen können – ob Sie also genügend zeitliche, personelle und sachliche Kapazität hierfür haben.
- *Robust kommunizieren* – Eine Kommunikationskampagne kann mehr oder weniger anfällig für Störungen sein. Oftmals erscheint ein komplexes Kommunikationsgeflecht notwendig, ist aber kaum noch steuerbar. Eine Kampagne mit wenigen robusten Botschaften ist einfach und hängt nur zu einem geringen Teil von ungewissen Voraussetzungen ab.
- *Mit Symbolen kommunizieren* – Hierbei handelt es sich um die bewusste Verdichtung thematischer Elemente zu gelernten und vertrauten visuellen oder begrifflichen Formen. Nutzen Sie die Kraft gelernter Metapher und Mythen. Diese vertrauten Symbole helfen Botschaften schneller und verständlicher zu transportieren. Passen Sie aber auf, dass die Symbole nicht zu Stereotypen und Wortblasen verkommen. Das ist eine gefährliche Falle. 50% der heutigen Massenkommunikation ist schlichtweg sinnentleert.
- *Affin kommunizieren* – Es geht hier darum, in den Botschaften die Verwandtschaft mit den Themen der wichtigen Zielgruppen hervorzuheben, um so den eigenen Themen eine höhere Rezeptionschance zu geben. Wer die Sprache der Zielgruppe spricht, kann sich besser und schneller ins Gespräch bringen.

Die kreative Leitidee – niemals ohne

Mit den Botschaften haben Sie das letzte große Zahnrad in den strategischen Motor Ihres Konzepts eingebaut. Jetzt fehlt lediglich noch die Zündkerze für den Motor – und das ist die kreative Leitidee, die bisweilen auch kommunikative Leitidee genannt wird. Manche Konzeptioner packen die kreative Leitideen in den operativen Teil der Maßnahmen mit der Begründung, die kreative Leitidee sei nicht strategisch. Wir behaupten hiermit das Gegenteil. Die kreative Leitidee ist das strategischste Element des gesamten Konzepts. Nichts wirkt so direkt, so langfristig und so nachhaltig wie die kreative Leitidee.

Gute kreative Leitideen bringen den zündenden Funken ins Konzept. Sie erhöhen die Dynamik der Kommunikation um ein Wesentliches. Mit wenig Etatmitteln, aber mit guten Ideen kann man erstaunlich viel bewegen. Ohne prägende Leitidee dagegen geht es nur quälend langsam voran, die Kommunikation schleppt sich und tritt manchmal sogar auf der Stelle.

Um Ihnen ein Bild zu vermitteln, was kreative Leitidee sind, wollen wir Ihnen einige Beispiele geben. Sehr erfolgreich war z. B. die „Wir machen den Weg frei"-Leitidee der Volksbanken und Raiffeisenkassen, die seit vielen Jahren die Kommunikation der Marke formt. Der Start der neuen Volksaktie der Deutschen Post AG wurde geprägt von der Idee, den prominenten Thomas Gottschalk und seinen unbekannten Bruder als Fürsprecher einzusetzen. Ein großes deutsches Investitionsgüter-Unternehmen nimmt seine Innovationskraft als Leitidee und stellt jede kommunikative Äußerung in Form und Inhalt unter das Postulat der Innovation. Ein Heizkörperhersteller macht die assoziative Kraft der Wärme zu seiner Leitidee. Seine gesamte Kommunikation stellt nicht Heizgeräte, sondern die Welt der Wärme in den Mittelpunkt.

Die kreative Leitidee unter der Lupe

Die Wurzel der kreativen Leitidee liegt in der kommunikativen Positionierung und in den Dachbotschaften. Aufgabe der Leitidee ist es, diesen beiden strategischen Komponenten ein Gesicht zu geben, sie aus dem theoretisch Gedachten ins sinnlich Fassbare zu übersetzen

Jede Leitidee ist also stets den strategischen Koordinaten von Positionierung und Botschaft verpflichtet. Die Leitidee muss sich direkt aus diesen Koordinaten heraus entfalten Problematisch wird es, wenn sie sich von ihren strategischen Wurzeln löst. Es entsteht kreative Werbung, die zwar jede Menge Gestaltungspreise einheimst, aber nicht mehr im Sinne der Strategie handelt und in der Folge eher Schaden anrichtet. Die kreative Idee darf nie Selbstzweck werden. Sie muss im Sinne des Konzepts funktionieren. Entwickelt wird sie mit Blick auf die Zielgruppe und nicht – wie so oft – im Hinblick auf die Selbstverwirklichung der Kreativen. Der Punkt, wo die kreative Leitidee Reibung erzeugen und Funken schlagen soll, liegt in den Köpfen der Zielgruppe.

Eine schlüssige kreative Leitidee hat vielfältige Kommunikationstalente. Sie zieht sich als lebendiger Faden durch die gesamte Kommunikation. Sie prägt die Pressekonferenz genauso wie die Anzeige, das Event genauso wie das Directmailing.

Eine gute Leitidee kennt keine Grenzen. Sie kann alles sein. Wort, Bild, Ton, Farbe, Person, Szenerie, Strategie, Stil – erlaubt ist, was Erfolg verspricht und der Kommunikation Leben einhaucht. Gemeinsam ist allen Ideen, dass sie spontan anreizen, im Kopf der Zielgruppe sofort ein Bild erzeugen und in der Erinnerung einen bleibenden Eindruck hinterlassen Alles in allem kann eine kreative Leitidee mehrere Dimensionen haben:

- Die Idee liegt in der Art der Kommunikation, im Handeln. Der originelle Einsatz von Strategien und Maßnahmen kann ein unverwechselbares Bild erzeugen. Die Kommunikation geht ganz eigene Wege, sie ist unkonventionell, überraschend und bleibt dabei dennoch immer schlüssig und glaubwürdig. Der eigene Stil prägt. Da ist z. B. ein kleines Unternehmen aus dem Freizeitbereich mit überschaubarem Kundenkreis zu nennen, dass es sich zur Regel gemacht hat, seine Kunden grundsätzlich persönlich anzusprechen. Der Kunde wird ausnahmslos beim Namen genannt. Massenkommunikationsmittel bleiben völlig außen vor.

- Die Idee liegt im Bild. Positionierung und Botschaften werden symbolisiert, durch klare einleuchtende Metaphern ausgemalt. Das kann ein einziges kompaktes Sinnbild sein, das stellvertretend für alles steht. Das kann aber auch eine ganze Vorstellungswelt mit vielen Einzelfacetten sein. Da wäre die Deutsche Post AG zu nennen, die Rolf – eine Hand als Comicfigur – zur Sympathiefigur für die Einführung der neuen Postleitzahlen gemacht hat. Oder ein großes Kraftwerk, das sich in all seinen Kommunikationsmitteln auf den Assoziationsreichtum der großen Welt des Wassers stützt.
- Die Idee liegt im Wort. Das beginnt bei einem einzigen Ausdruck, einem Claim oder Slogan, der so stark ist, dass er zum Synonym für die gesamte Kommunikation wird. Die Magie der Slogans ist ungebrochen. Jeder kennt „Vorsprung durch Technik" oder „Nicht immer, aber immer öfter". Manche Slogans sind inzwischen als feste Bestandteile in unseren Sprachgebrauch übergegangen.

Wege zur kreativen Leitidee

Mancher hat im stillen Kämmerlein seine Inspirationen und entwickelt tolle Ideen. Aber den meisten fällt nichts Rechtes ein, wenn sie allein am Schreibtisch sitzen, der Knoten will nicht platzen und die Arbeitsergebnisse wirken leicht gequält.

Wir empfehlen daher als probates Mittel auf der Suche nach der blendenden Idee das so genannte „Brainstorming". Holen Sie ein Team von Leuten zusammen. Fassen Sie die wesentlichen strategischen Koordinaten auf ein, höchstens zwei Seiten zusammen, damit alle wissen, in welche Richtung der konzeptionelle Weg führen soll – und dann geht's los. Um einem Fehlstart vorzubeugen, nehmen Sie sich unbedingt die nachfolgenden Regeln für ein erfolgreiches Brainstorming zu Herzen:

- *Kleine Gruppe* – Das Team sollte nicht zu groß sein. Bei mehr als 8-9 Leuten wird es schwierig, das ganze Gespräch in konstruktiven Bahnen zu halten.
- *Ohne Chefs* – Vorgesetzte und Führungskräfte sollten sich nicht in Brainstormings setzen. Eine Ideenfindung unter Beteiligung der Chefetage führt selten zu wirklich guten Ergebnissen.
- *Ohne Auftraggeber* – Es bringt auch nichts, den Kunden direkt in den kreativen Prozess einzubeziehen. Das Brainstorming verkommt zur Show-Veranstaltung.
- *Geschlossene Veranstaltung* – Das Brainstorming braucht Ruhe. Keine Telefonanrufe, keine rein und raus laufenden Teilnehmer.
- *Frei sein* – Alle Teilnehmer sollen ihrer Fantasie freien Lauf lassen. Es gibt keine blöden Ideen! Und manche, auf den ersten Blick abseitige Idee wird zum Samenkeim für einen begnadeten Einfall.

- *Positive Vibrationen* – Negative Anmerkungen und Kommentare sind tabu. Sie ersticken den kreativen Prozess und sind ausdrücklich verboten. Wer ständig meutert und insistiert, fliegt raus.
- *Kein Copyright* – Die Ideen des Brainstorming gehören keinem. Alle gemeinsam sind die Urheber. Jeder kann eine Idee aufgreifen, sie weiterentwickeln, anders biegen oder neu formulieren.
- *Ideen fixieren* – Alle Ideen werden schriftlich festgehalten. Keine Idee darf im Sturm verloren gehen. Idealerweise eignet sich hierfür die Metaplan-Technik mit Ideenkarten, die auf große Pinnwände geheftet werden.
- *Kurz und ideenreich* – Ein Brainstorming sollte kurz sein. Die Dauer von einer Stunde zu überschreiten, ist selten sinnvoll. Die besten Ideen kommen meist in der ersten halben Stunde, später versiegt der Ideenfluss zusehends.
- *Bunte Besetzung* – Besetzen Sie das Team heterogen. Eine bunte Mischung erzeugt mehr kreative Vielfalt.
- *Lotse an Bord* – Moderieren Sie das Brainstorming, greifen Sie lenkend ein, ohne die gesamte Veranstaltung in eine Richtung zu drängen. Achten Sie auf die Einhaltung der Grundregeln und rufen Sie – falls notwendig – immer wieder die konzeptionellen Grundpositionen ins Gedächtnis.

Anschließend werden die Ergebnisse gesichtet, geordnet und ausgewertet.

Lassen Sie alle Teilnehmer des Brainstorming bewerten. Treffen Sie eine Auswahl der vielleicht 5 besten Ideen. Diese sollen weiterentwickelt werden. Die praktische Umsetzung der Idee wird getestet, sowie die Eignung für die Zielgruppe und die Punktgenauigkeit bei der Positionierung. Erst ganz zum Schluss sollten Sie entscheiden, welche kreative Leitidee für die geplante Strategie die Beste ist.

Regeln für eine gute Leitidee

Mit den guten Ideen ist das so eine Sache. Jede Idee ist eitel und will die beste sein. Oft fällt die Entscheidung schwer. Ein paar Hilfestellungen sollen den Umgang mit Ideen in der Kommunikation erleichtern:

- *Eine Idee braucht eine Idee* – Vermeiden Sie Allgemeinplätze, Klischees und platte Umsetzungen. Eine gute Idee ist daran zu erkennen, dass sie eine Idee anders ist.
- *Die Idee muss passen* – Die beste Idee taugt nichts, wenn sie nicht zur Positionierung und zu den Zielgruppen passt. Wie heißt es doch so schön und treffend: Der Köder soll dem Fisch und nicht dem Angler schmecken.
- *Die Idee ist einfach* – Eine gute Leitidee zündet wie von selbst. Ohne Gebrauchsanweisung und ohne Bedenkzeit. Die mündliche Präsentation ist hier die Stunde der Wahrheit. Wer seine kreative Idee dem Kunden erst wortreich erklären muss, hat etwas falsch gemacht.

- *Die Idee ist vielseitig* – Eine praktikable Leitidee lässt sich für alle Bereiche der Kommunikation adaptieren. Sie ist quasi ein Multitalent. Von Werbung über PR bis zum Event-Marketing – sie hat überall ihren großen Auftritt.
- *Die Idee ist reduziert* – Kreative pflegen ihre Ideen gern mit kleinen Verzierungen und Schnörkeln zu versehen. Kommunikation ist allerdings kein Kunsthandwerk. Deshalb ist es Aufgabe des Konzeptionsteams, die Ideen kritisch zu bewerten und falls nötig, auf die eigentliche Essenz zu konzentrieren.
- *Die Idee muss funktionieren* – Manche Idee klingt gut, lässt sich aber später nicht in Mittel und Maßnahmen umsetzen. Sie bleibt abstrakt und für den Kommunikationsalltag wenig handlich.
- *Die Idee ist immer im Einsatz* – Leider werden viele kreative Leitideen nur halbherzig umgesetzt. Halbherzig funktioniert aber nicht. Eine Leitidee muss aber die gesamte Kommunikation prägen und einfärben.

Bleibt noch zu sagen: Eine gute Idee ist nahe liegend. Aber gerade das nahe liegende ist verdammt schwer zu finden. Daher ist das gesamte Konzeptionsteam gefordert, um eine gute Leitidee zu kämpfen. Manchmal dauert der Prozess lang und der Knoten platzt erst ziemlich spät. Unser Rat: Geben Sie nicht auf, machen Sie keinen faulen Kompromiss. Versuchen Sie das Beste rauszuholen, wenn es um die kreative Leitidee geht.

Die PR-Botschaft im Multimediazeitalter

Wie sag ich es meinen Zielgruppen? Ein schlagkräftiges PR-Konzept braucht überzeugende Botschaften. An den grundlegenden Botschaften einer PR-Strategie wird deshalb in Unternehmen und Agenturen gründlich gefeilt. Die Fachleute ringen verbissen um Inhalte und Wortwahl. Es dauert lange, bis die richtigen Worte gefunden sind.

Alle Macht dem Worte? Viele PR-Strategen sind nur Ingenieure des Wortes. Ihre Vorstellungswelt ist erschreckend textlastig und rational. Es fehlt ihnen an bildlicher Vorstellungskraft und emotionaler Inspiration.

Schade eigentlich! Denn Bilder haben eine hervorragende Signalwirkung. Bilder sind identitätsstiftend. Bilder sind die visuellen Klammern der Kommunikation. Bilder erleichtern den Einstieg ins Thema. Bilder machen Botschaften leichter verständlich. Bilder lernen und erinnern sich schneller.

In meinen PR-Agenturen ernte ich indes regelmäßig verständnislose Blicke, wenn ich in den Strategieteil eines Konzepts das Kapitel „Visuelle Botschaften" einbaue. Die Botschaft der Bilder und Symbole, der Formen und Farben findet wenig Akzeptanz bei den Strategen.

„Junge, dein Kapitel mit den Schlüsselbildern gehört nicht in die Strategie. Das könnte man höchstens in der operativen Umsetzung unterbringen", belehrt man mich.

Wirklich? Meine Erfahrung ist eine völlig andere. Mehr als einmal musste ich im Rahmen einer PR-Kampagne die Argumentationskette neu sortieren oder sogar austauschen – und was soll ich sagen: die Zielgruppe hat es regelmäßig nicht gemerkt! Als wir jedoch die vertraute Farbe wechselten, weil sie uns nicht mehr zeitgemäß erschien, da reagierte die Zielgruppe sichtlich irritiert. Der Unternehmer auch, denn seine Umsätze gingen in Folge spürbar zurück. Ein anderes Mal ließen wir die „knuddlige" Sympathiefigur eines großen Sportvereins sterben und lösten damit wütende Telefonanrufe und Leserbrieffluten in der Vereinszeitschrift aus. Bilder bewegen. Bilder haben Macht.

Wir leben im Multimediazeitalter. Die Tageszeitungen sind nicht mehr schwarz-weiß, im Fernsehen gibt es über 36 Programme, jeder zweite Deutsche surft im Internet und es werden täglich mehr. Die Botschaften gehen in unserer modernen Informationsgesellschaft mehr und mehr über das Bild. Sie sind farbig, sie leuchten und können sich bewegen.

Es wird deshalb höchste Zeit, dass die PR zu einer neuen ganzheitlichen Interpretation der Botschaft findet. Die Zukunft gehört Strategien, die es verstehen, alle Sinne einzubeziehen.

Übrigens werde ich nächste Woche erstmals das Kapitel „Akustische Botschaften" in einem strategischen Konzept unterbringen. Ich finde, auch der Klang kann eine wichtige Botschaft sein. Mal sehen, wie die PR-Ingenieure meiner Agentur darauf reagieren.

Nieder mit dem USP!

Der Mythos des USP

Während des Marketingstudiums hatte uns der Professor unmissverständlich klargemacht, wie wichtig die Unique Selling Proposition für Marketing und Kommunikation sei. Ohne den einzigartigen Verkaufsvorteil wären wir chancenlos. Die USP stelle den Schlüssel zum Erfolg dar. Und so wie der Professor uns die USP verkaufte, schien sie fast schon magische Kräfte zu haben. Das Gegenteil wurde uns als die Hölle des „Me too" geschildert, gefangen im Fegefeuer der Uniformität.

Als Konzeptioner war ich viele Jahre sozusagen „Suchender" – immer auf der Suche nach der USP. Der Weg war oft beschwerlich, denn bei vielen Konzepten wollte sich die Einzigartigkeit einfach nicht einstellen. Man musste die USP kombinieren und konstruieren. Denn ein Konzept ohne sie war schlichtweg unvorstellbar. Schließlich fragte auch

175

der Kunde sofort nach der USP. Selbst wenn er nur wenig Ahnung von Marketing und Kommunikation mitbrachte, den Begriff USP hatte jeder parat. Einmal gehört, ließ er die Leute nicht mehr los.

Intermezzo UCP

Erleichterung verschaffte mir vorübergehend die Einführung des Begriffes UCP. Die Unique Communication Proposition hatten findige Kommunikations- und PR-Experten ins Gespräch gebracht. Zu Recht meinten sie, dass die Kriterien des Marketing nicht eins zu eins zu übernehmen seien. Die Kommunikation bräuchte einen modifizierten Maßstab. Sofort bin ich auf den Begriff UCP umgestiegen. Ein echter Fortschritt für meine Konzepte. Allerdings muss ich zugeben, dass meine Kunden nie so richtig darauf angesprungen sind. Sie blieben stur bei USP.

Einzigartig muss nicht sein

Immer mehr Märkte, mehr Produkte, mehr Kommunikation, mehr Themen, mehr Ideen, mehr Botschaften, mehr Unternehmen, mehr und mehr und mehr. Es wird zusehends schwieriger, ja fast aussichtslos, in diesem Overkill für jeden Furz eine USP auszumachen.

Schluss damit! Feierabend! Ein für alle mal! Ich sage Ihnen, Sie brauchen nicht unbedingt eine USP oder UCP. Es geht auch ohne!

Die Unique Selling Proposition ist ein wichtiges Hilfsmittel für die Orientierung in Marketing und Kommunikation – und das bleibt sie auch in Zukunft. Aber die USP ist eben nicht die ultima ratio für den konzeptionellen Erfolg.

Sie machen beispielsweise Kommunikation für ein Unternehmen? Wenn Sie beim nächsten Konzept keine USP entdecken können, ist das kein Grund zur Panik. Betrachten Sie Ihr Unternehmen als Persönlichkeit. Formen Sie diese Persönlichkeit so interessant, eigenständig und stimmig wie möglich. Geben Sie ihr eine eigene Ausstrahlung, eine eigene „Schönheit" und eine ganz eigene Art zu kommunizieren. Lassen Sie eine Persönlichkeit entstehen, die alles in allem so viel Eigenart und Ausstrahlung entwickelt, dass sie sich differenziert, dass sie herausragt und zum Publikumsliebling wird – ohne dass sie einmalig ist.

Diese differenzierende, prägnante Persönlichkeit müssen Sie aus zwei wesentlichen Grundelementen aufbauen:

- *Den rationalen Talenten* – Ihre Unternehmenspersönlichkeit zeigt, was sie kann und bringt ihre markanten Stärken in die Kommunikation ein.
- *Den emotionalen Talenten* – Ihre Kommunikation braucht ein sympathisches und vertrauenswürdiges Flair. Sie muss sich auch über den Bauch vermitteln.

Ihre Persönlichkeit wird in der Regel nicht introvertiert sein. Sie versteht es, Menschen anzusprechen, zu kommunizieren und sich in den Mittelpunkt zu stellen.

Vergessen Sie nicht, dass die Persönlichkeit, die sie da aufbauen, durchgehalten werden muss. Und zwar langfristig durchgehalten, sonst bekommt sie im Bewusstsein Ihrer Zielgruppen schnell einen unsteten Charakter.

7. Phase: Die Maßnahmenplanung

Grundlagen der Planung

Hinter Ihnen liegt die Strategie. Ziele und Zielgruppen sind definiert. Die Positionierung steht. Die Kommunikationsbotschaften kommen auf den Punkt. Während der strategischen Arbeit sind Ihnen gewiss schon mögliche Maßnahmen eingefallen. Diese Ideen wurden als Notiz festgehalten und kommen nun wieder auf den Tisch.

Jetzt wird es konkret. Die Maßnahmenplanung führt mitten hinein ins wirkliche Leben der Kommunikation. Was soll tatsächlich passieren? Mit welchen Maßnahmen werden die Botschaften bei den definierten Zielgruppen durchgesetzt?

Im kommunikativen Alltag herrscht allerorten eine babylonische Sprachverwirrung, wenn es um die maßgeblichen Begrifflichkeiten in der Maßnahmenplanung geht. Deshalb seien einige grundlegende Definitionen an den Anfang gestellt.

Definition: Kommunikationsinstrument

Die zu Verfügung stehenden großen Bereiche der Kommunikation bezeichnet man als Kommunikationsinstrumente – also: PR, Werbung, Verkaufsförderung, Direktmarketing, Sponsoring usw.

Definition: Kommunikations-Mix

Der Kommuniksations-Mix ist die in Inhalt, Form, Funktion und im zeitlichen Einsatz abgestimmte Verknüpfung von verschiedenen Kommunikationsinstrumenten.

Definition: Kommunikationsmaßnahmen

Die Kommunikationsmaßnahme ist eine tatsächliche Kommunikationsaktivität. Sie ist das konkrete Werkzeug aus dem Instrumentarium der Kommunikation. Maßnahmen wären z. B. die Anzeige, der Messestand, der Tag der offenen Tür oder die Pressekonferenz. Synonym kann auch der Begriff Kommunikationsmittel verwendet werden.

Definition: Kommunikationsträger

Der Kanal oder das Medium, über das die Botschaften transportiert werden, bezeichnet man als Kommunikationsträger. Typische Träger sind beispielsweise die Zeitungen, das Internet oder die Messe.

Bei Konzeptpräsentationen findet der strategische Teil der Ausführungen oft nur gedämpftes Interesse. Denn wie heißt es im Volksmund: Grau ist alle Theorie. Hellwach werden alle

7. Phase: Die Maßnahmenplanung

Mit welchen Mitteln und Maßnahmen wollen wir kommunizieren?

Grundlagen der Maßnahmenplanung

Entwicklung der Maßnahmen
Maßnahmenideen entwickeln
Maßnahmen strukturieren
Maßnahmen vernetzen
Maßnahmen bewerten
Probleme und kritische Punkte

Die Maßnahmendisziplinen
Public Relations
Das Prinzip der integrierten Kommunikation
Klassische Werbung
Verkaufsförderung
Direktmarketing
Event-Marketing
Neue Medien
Weitere Disziplinen

Zeitplanung

Etatplanung

Anwesenden, sobald es um die Maßnahmen geht. Manchmal wird der Konzeptioner sogar mit der nachdrücklichen Forderung des Kunden konfrontiert, den strategischen Teil kurz zu halten und zur Sache – sprich: zu den Maßnahmen – zu kommen.

Bei den Mitteln und Maßnahmen schauen dann alle Beteiligten umso genauer hin. Eigentlich kein Wunder, denn die Maßnahmen sind die Produkte, die eine Agentur verkauft. Die Maßnahmen machen später die Arbeit. Sie kosten richtig Geld. Und sie müssen vor allen Dingen auch den Erfolg bringen.

Innerhalb der Präsentation und im Booklet stellt der Maßnahmenteil deshalb oft den dicksten Brocken dar. Etwa 60-70 Prozent des konzeptionellen Raums gehören den Maßnahmen. Es sei denn, der Kunde fordert ausdrücklich nur die strategische Linie, dann fällt der Anteil schon mal auf 10-20 Prozent.

180

Wo liegt der Hauptunterschied zwischen Strategie und Maßnahmenplanung? Die Maßnahmenplanung ist taktisch und damit relativ kurzfristig und disponibel. Die Strategie dagegen richtet sich langfristig aus, legt die Grundprinzipien fest und ist strukturbestimmend.

Sobald man aus dem strategischen Teil z. B. eine Zielgruppe herausnimmt, hat das Folgen für die Statik des gesamten Kommunikationsgebäudes. Es gerät ins Wanken und kann sogar einstürzen. Wenn man jedoch innerhalb der Maßnahmenplanung eine Maßnahme durch eine andere ersetzt, passiert in der Regel nichts. Der operative Maßnahmenteil ist relativ flexibel. Wobei es sicherlich auch da Grenzen gibt.

In der praktischen Umsetzung des Konzepts schlägt die Macht des Faktischen zu und es müssen immer mal wieder Maßnahmen ausgetauscht oder neu ausgerichtet werden. Solange dabei die strategische Plausibilität erhalten bleibt, ist das problemlos möglich. Ein Konzept ist kein in Stein gehauenes Dogma, sondern ein lebender Organismus, der sich im Laufe des Umsetzungsprozesses entwickeln und verändern kann. Das heißt auch, dass die Arbeit des Konzeptioners mit Vorlage des Konzepts beim Kunden eigentlich nicht beendet ist. Im Idealfall begleitet er den gesamten Umsetzungsprozess und achtet darauf, dass durch die notwendigen Änderungen und Anpassungen im Maßnahmenbereich nie die konzeptionelle Linie ins Hintertreffen gerät.

Den Mix umreißen

Am Anfang der Maßnahmenplanung treffen wir zuerst einmal eine Grundsatzentscheidung. Wir skizzieren den Kommuniksations-Mix. Wenn man die Problemlösung als pure PR-Aufgabe sieht, dann ist dieser Part fix beendet. Aber in aller Regel greift die klassische PR nicht weit genug, um das Kundenproblem wirklich optimal zu lösen. Dann müssen weitere Kommunikationsinstrumente ins Spiel gebracht werden: Werbung, Direktmarketing, Sponsoring etc. Legen Sie zuallererst das Spektrum des Instrumentariums fest. Es geht noch nicht um einzelne Maßnahmen, sondern um den Maßnahmenhorizont.

Den Etat beachten

An dieser Stelle gilt im Besonderen, was für die gesamte Kommunikationsplanung eine feste Bezugsgröße ist: die Maßnahmen muss man auch bezahlen können! Oft brillieren Agenturen mit Maßnahmen, die zwar allen Anforderungen der Strategie genügen, aber schlicht zu teuer sind. Die Zeit der „Mega-Events" ist aber für die meisten Auftraggeber vorbei. Man sollte also von Anfang an ein Gefühl für die „Preisklasse" mitbringen. Wir kommen im Folgenden noch einmal darauf zurück.

Maßnahmen entwickeln

Mit dem grob umrissenen Kommuniksations-Mix steigen Sie in das Brainstorming zur Maßnahmenplanung ein.

Der Konzeptioner ist notwendigerweise Generalist, und im unendlichen Feld der integrierten Kommunikation steht er schnell auf verlorenem Posten. In der Maßnahmenplanung empfiehlt es sich deshalb, Spezialisten hinzuzuziehen, die in den relevanten Kommunikationsdisziplinen zu Hause sind. Halten Sie beim Brainstorming aber möglichst die typischen Bedenkenträger vor der Tür, die man leider überall antreffen kann. Die Grundregel lautet: Als wäre es das erste Mal. Sie sollten bei jeder Maßnahmenplanung alle Maßnahmen jedes Mal wieder neu erfinden.

Denken Sie bei der Ideenfindung in drei Richtungen:

- *Maßnahmen* – Welche Maßnahmen aus dem Repertoire der zur Verfügung stehenden Kommunikationsinstrumente setzen die Strategie erfolgreich um?
- *Ausgestaltung* – Wie lassen sich die Maßnahmen wirksam inszenieren? Wie bringt man Leben in jedes Kommunikationsmittel?
- *Verbindungen* – Wo und wie lassen sich Verbindungen zwischen den einzelnen Maßnahmen herstellen?

Speziell die Ausgestaltung wird leider oft vernachlässigt. Zugegeben, ein Standardinstrument wie der Tag der offenen Tür ist nicht gerade ein „Brüller". Dennoch könnte es vor dem Hintergrund der spezifischen Strategie genau die richtige Maßnahme sein. Die entscheidende Frage der Ausgestaltung wäre deshalb: Wie gewinne ich dem schon etwas eingestaubten Tag der offenen Tür neue, spannende Facetten ab? Machen Sie aus jeder Maßnahme etwas Besonderes.

Maßnahmen strukturieren

Manche Agentur bevorzugt Maßnahmenkataloge. Es wird eine imposante Menge von möglichen Maßnahmen aneinandergereiht und der Kunde darf sich dann nach seinem Gusto das Passende aussuchen und zusammenstellen. Schließlich ist die Kommunikation doch Geschmacksache. Oder?

Diese Vorgehensweise hat nichts, aber auch gar nichts mit konzeptioneller Arbeit zu tun. Die Agentur ist die Expertin und kompetente Beraterin. Sie hat eine Kommunikationsstrategie entwickelt und aus dieser Strategie leitet sich konsequent und zwingend ihr Maßnahmensystem ab.

Grundlage des Maßnahmensystems ist eine funktionelle Struktur. Die Maßnahmen müssen in Formation gebracht werden.

Im Anschluss an das Brainstorming wird deshalb eine geeignete Struktur gesucht und gefunden. Es gibt eine ganze Reihe von möglichen strukturellen Grundrastern. Bei jedem Konzept muss neu entschieden werden, welche Struktur zur festgelegten Strategie passt. Der Maßnahmenplan lässt sich beispielsweise strukturieren:

- *Nach Instrumenten* – Sie übernehmen schlichtweg die einzelnen Disziplinen, die Sie für Ihren Kommuniksations-Mix ausgewählt haben, als ordnendes Raster. Diese Zuordnung funktioniert fast immer und ist selten ganz falsch. Man ist mit diesem Raster auf der sicheren Seite. Der Maßnahmenplan würde sich z. B. in Bereiche wie Werbung, PR, Verkaufsförderung und Interne Kommunikation unterteilen. Allerdings ist dieses Strukturmodell mehr der Lehrbuch-Methodik als der individuellen Strategie verpflichtet.

- *Nach Zeit* – Der Maßnahmenplan wird in einzelne Zeitphasen unterteilt. Es gibt beispielsweise eine interne Vorbereitungsphase, auf die eine druckvolle Einführungsphase folgt. Die anschließende Etablierungsphase stabilisiert die Kommunikation auf lange Sicht. Alle Maßnahmen werden dann diesen drei Phasen zugeordnet. Der Vorteil: Die Maßnahmenplanung bekommt eine klare zeitliche Chronologie, die übersichtlich und für alle Beteiligten schnell verständlich ist. Die Einordnung nach Zeit eignet sich bei Kommunikationskampagnen mit einer komplexen Dramaturgie. Bei Aktionen und Einzelprojekten, die nur über kurze Zeiträume und mit überschaubarem Mitteleinsatz laufen, greift diese Strukturvariante nicht.

- *Nach Zielgruppen* – Die Planung unterteilt z. B. in Maßnahmen für Kunden, Maßnahmen für Medien und Maßnahmen für Mitarbeiter. Die im strategischen Teil definierten Zielgruppen bilden somit das Raster für die Struktur. Die Maßnahmen werden den Zielgruppen zugeordnet. Das macht Sinn, wenn die Zielgruppen aufgrund unterschiedlicher Interessenlagen und Einstellungen differenziert angesprochen werden müssen. Haben Sie es mit einer relativ homogenen Zielgruppenkonstellation zu tun, hilft das Modell nicht weiter.

- *Nach Zielen* – Im konkreten Einzelfall kann es sinnvoll sein, die Maßnahmen den Kommunikationszielen zuzuordnen: Maßnahmen zur Steigerung des Bekanntheitsgrades, Maßnahmen zur Verbesserung des Images, Maßnahmen zur Motivation der Mitarbeiter etc. Aber Vorsicht! Die Einordnung nach Zielen ist kompliziert. Bisweilen wirkt das Ergebnis deshalb konstruiert.

- *Nach Botschaften* – Gibt es starke eigenständige Botschaften, die unterschiedliche Kommunikationsformen erfordern, dann können Sie die Maßnahmen nach Botschaften ordnen. Jede Botschaft bekommt dadurch quasi ein eigenes Transportsystem.

- *Nach Regionen* – Hat eine Kampagne unterschiedliche Einsatzregionen, die aufgrund der spezifischen Gegebenheiten alle anders angesprochen werden, dann lassen sich die Maßnahmen nach geografischen Gesichtspunkten strukturieren.

- *Mischformen* – Dürfen verschiedene Modelle gemischt werden? Aber natürlich! Das ist sogar üblich. Vor allem bei komplexen Konzepten mit vielen Maßnahmen, ist es notwendig, zu verschachteln. Da werden die Maßnahmen z. B. erst nach Zeit in verschiedene Phasen eingeordnet. Innerhalb der einzelnen Phase ordnet man die Maßnahmen dann den Zielgruppen zu.

Die Struktur steht. Jetzt werden die Maßnahmenideen des Brainstorming in das Strukturraster eingefügt. Sind einzelne Rasterfelder leer geblieben? Dann prüfen Sie kritisch. Entweder stimmt das Strukturmodell nicht oder es gibt noch Maßnahmenlücken, die dringend gefüllt werden müssen.

Immer wieder stößt man beim Sortieren auf Maßnahmen, die in mehrere Rasterfelder passen. Das ist gut so. Der übergreifende Einsatz von Maßnahmen spart Kosten und ist deshalb durchaus wünschenswert. Schauen Sie, ob es weitere Maßnahmen gibt, die ohne den Wirkungsgrad zu verlieren, strukturübergreifend eingesetzt werden können.

Maßnahmen selektieren

Die Maßnahmen haben inzwischen Struktur bekommen. Im Brainstorming ist eine lange Reihe von Ideen zusammengekommen – viel zu viel um sie alle zu realisieren. Jetzt ist es an der Zeit zu filtern. Die Maßnahmen müssen auf das Maß des Machbaren reduziert werden.

Im Folgenden soll ein praktikables und einfaches Auswahlsystem vorgestellt werden. Der Konzeptioner prüft die zur Auswahl stehenden Maßnahmen anhand einer Anzahl von Wirkungskriterien. Es entsteht eine Bewertungsliste. Hinterfragen und interpretieren Sie diese Bewertung. Dann wird die Einsatzentscheidung getroffen: Maßnahme aufstellen oder streichen.

Das sind wichtige Strategiekriterien, die Sie bei der Maßnahmenauswahl heranziehen sollten:

- Ist die Maßnahme für die avisierten Zielgruppen geeignet?
- Unterstützt die Maßnahme die Kommunikationsziele?
- Passt die Maßnahme genau zur Positionierung?
- Eignet sich die Maßnahme zum Transport der spezifischen Botschaften?
- Lässt sie sich gut mit anderen Maßnahmen verzahnen?
- Ist die Maßnahme kosteneffizient?
- Lässt sich die Maßnahme zeitlich realisieren?

Schwerpunktmaßnahmen festlegen

Unternehmen unterteilen ihr Produkt-Portfolio heute oft in wenige Schwerpunktprodukte und in viele Standardprodukte. Das gleiche Gewichtungsprinzip sollte auch für die Maßnahmenplanung gelten. Stellen Sie besonders schlagkräftige Maßnahmen als Schwerpunktmaßnahmen an die Spitze. Die Schwerpunktmaßnahmen prägen die Kommunikation. Sie sind die Achsen, um die herum sich die anderen Mittel und Maßnahmen anordnen.

Die Schwerpunktmaßnahmen stehen auch im Vordergrund der Konzeptpräsentation. Sie bilden die Eckpunkte der Maßnahmenplanung und die Highlights der Präsentation.

Man sollte nicht zu viele Maßnahmen herausheben. Manchmal reichen sogar schon ein oder zwei Maßnahmen aus. Auch bei komplexen Konzepten sollte die Zahl der Schwerpunktmaßnahmen nie zweistellig werden – sonst verwischt ihre Achsenfunktion. Der Mechanismus des Kommunikationssystems wird zu kompliziert.

Maßnahmen grob budgetieren

Das Maßnahmensystem hat inzwischen sichtbare Konturen angenommen. Die Detailarbeit kann beginnen. Alle Maßnahmen werden ausgefeilt. Damit diese Arbeit nicht umsonst ist, empfiehlt es sich, vor den Maßnahmendetails die Kosten grob zu budgetieren. Es reicht aus, wenn Sie über den Daumen peilen und Erfahrungswerte zu Hilfe nehmen. Falls Sie sich bei einzelnen Positionen total unsicher sind, ziehen Sie die entsprechenden Fachleute zu Rate.

Die Gretchenfrage lautet: Reicht der Etat oder reicht er nicht? Die Antwort: Oft reicht das Geld nicht für die avisierten Wunschmaßnahmen. Nicht selten hat man in der kreativen Euphorie den Etat sogar drastisch überzogen. Dann ist es höchste Zeit, um zusammenzustreichen. Von einigen Maßnahmen heißt es, Abschied zu nehmen. Andere werden einer Abmagerung unterzogen. Achten Sie jedoch darauf, dass das Maßnahmensystem dabei nicht so deformiert wird, dass es seine Schlagkraft verliert.

Maßnahmen ausfeilen

Die konzeptionelle Feinarbeit besteht aus zwei Arbeitsschritten, die aber im Wesentlichen parallel erfolgen.

Der eine Arbeitsschritt ist der Innenausbau der Maßnahmen. Sie haben bisher nur ein Maßnahmenprofil mit wenigen dürren Schlagworten skizziert. Nun kommen alle nötigen Fakten dazu. Entwerfen Sie ein klares Bild von jeder Maßnahme – für jede verständlich und anschaulich. Gehen Sie jedoch nicht zu weit ins Detail. Sie entwickeln ein strategisches Maßnahmenkonzept und keine konkrete Projektplanung. Beispielsweise geht ein Eventkonzept zu weit, das auf mehreren Seiten pedantisch präzise die Problematik der Toilettencontainer zu lösen versucht. Das ist Aufgabe der Veranstaltungsfachleute und nicht der Konzeption.

Ganz gleich, ob Sie am schriftlichen Konzept oder an der mündlichen Präsentation arbeiten, achten Sie stets auf folgende Komponenten:

- *Information* – Jede Maßnahme wird bezüglich Ablauf und Inhalt in den wesentlichen Grundzügen beschrieben. Die essentiellen Daten und Fakten werden deutlich. Es geht aber wirklich nur um die Eckpunkte. Jegliche Informationsflut ist zu vermeiden.
- *Strategie* – Jede Maßnahme muss in die Strategie eingepasst sein. Leser bzw. Zuhörer müssen die Zielrichtung und die spezifischen Zielgruppen erkennen. Positionierung und Botschaften sind sauber zu implantieren. Der konzeptionelle Nutzen jeder Maßnahme wird deutlich. Die Beschreibung darf dabei allerdings nicht zu trocken werden.
- *Story* – Jede Maßnahme sollte erzählt werden und eine Story bekommen. Leser oder Zuhörer können miterleben. Die Kampagne entsteht sozusagen vor ihrem geistigen Auge. Die Erzählung darf aber nicht überziehen, sonst gleitet das Konzept ins Belletristische ab und verliert die Kompetenz.

Maßnahmen vernetzen

Der zweite Arbeitsschritt ist die Vernetzung aller Maßnahmen. Dieser Schritt läuft parallel und Hand in Hand mit dem Ausfeilen. Die einzelnen Maßnahmen werden systematisch miteinander verknüpft – und das auf mehreren Ebenen:

- *Über die Form* – Das Auge der Zielgruppe muss die Maßnahmen sofort als zusammengehörig erkennen. Ohne Ausnahme wirkt die gesamte Kampagne wie aus einem Guss. Alle Maßnahmen nutzen die gleichen Gestaltungselemente und transportieren die gleiche Tonalität.
- *Über die Inhalte* – Die Maßnahmen sind quasi die „Botschafter" der Kommunikation. Sie transportieren die Inhalte. Sie dürfen jedoch nicht mit Inhalten überfrachtet werden. Sie dürfen auch nicht alle durcheinander reden. Es kommt auf eine sinnvolle und systematische Arbeitsteilung an.
- *Über die Maßnahmen* – Die Maßnahmen stehen nicht allein. Sie bilden ein Netzwerk. Die Pressekonferenz kündigt das Event an. Das Event inszeniert den Startschuss für den neuen Newsletter. Der Newsletter wird als Inhalt für eine Direct-Mail-Aktion an wichtige Multiplikatoren genutzt. Die Maßnahmen stützen und stärken sich gegenseitig und erreichen die für die Kommunikation so wichtigen Synergieeffekte.
- *Über den zeitlichen Einsatz* – Das Timing der Maßnahmen muss stimmen. Nicht alles zugleich! Eine gute Kommunikation lebt durch die durchdachte zeitliche Einteilung aller Aktivitäten. Wie ein guter Film braucht auch die Kommunikation eine Dramaturgie. Im Idealfall entsteht ein straffer Spannungsbogen.

Externe Kooperationen

Vor Jahren war es noch undenkbar, inzwischen gehören Kommunikationskooperationen zum guten Ton. Die Kommunikation wird nicht mehr unbedingt im Alleingang gestaltet. Im Rahmen der Maßnahmenplanung überlegt man sich, ob es eine sinnvolle Verstärkung bringt, mit anderen Unternehmen und Institutionen gemeinsam in die Kommunikationsoffensive zu gehen.

Bei Events ist eine solche Kooperation oder Allianz häufig zu finden. Eine Wohnungsbaugesellschaft organisiert beispielsweise zusammen mit dem zuständigen Energieversorger einen Energieberatungstag für die Mieter. Auch im Bereich der Promotion versprechen Allianzen Erfolg. Ein Unternehmen für Büromöbel und ein Unternehmen für Bürobeleuchtung kooperieren und starten gemeinsam eine große Roadshow quer durch Deutschland. Denkbar sind auch Gemeinschaftsanzeigen, ein gemeinsamer Kundenclub, gemeinsame Direkt-Mailing-Aktionen und vieles mehr.

Vorteil der Kooperationen sind Kostenersparnisse, aber auch Synergieeffekte. Durch die Bündelung der Kommunikation wird das Interesse der Zielgruppe gesteigert. Außerdem profitiert der eine Partner vom Image des anderen und umgekehrt.

Überlegen Sie, ob es Sinn macht, solche externen Kooperationen in Ihre Maßnahmenplanung einzubeziehen. Wenn ja, könnte es wichtig sein, beim zukünftigen Partner zu checken, ob der sich eine solche Allianz überhaupt grundsätzlich vorstellen kann. Sonst wecken Sie beim Kunden nur Erwartungen, die am Ende enttäuscht werden.

Die kritischen Punkte

Geschafft! Das Maßnahmensystem steht. Mit allen Details und Vernetzungen. Schauen wir noch einmal zurück auf den Entwicklungsprozess und fokussieren einige kritische Punkte. Wie die Praxis zeigt, läuft die Maßnahmenplanung immer wieder an den gleichen Punkten aus dem Ruder:

- *Die Maßnahmen passen – aber nicht zum Kunden* – Ihr Auftraggeber hat so seine Vorstellungen und Erfahrungswerte, wenn es um die geeigneten Kommunikationsaktivitäten geht. Da gibt es Maßnahmen, die er besonders liebt und andere, die er eher mit spitzen Fingern anfasst. Das sind oft sehr subjektive Einschätzungen, aber sie prägen. Gehen Sie nicht einfach über die Erfahrungswerte des Kunden hinweg. Ein gutes Maßnahmensystem muss immer ein „Maßanzug" für den Kunden sein. Er soll sich darin wohlfühlen.
- *Die Macher scheuen das Risiko* – Der Projektleiter der Agentur ist gar nicht zufrieden mit den Maßnahmenideen. Zu viel Neues, zu wenig Gewohntes. Das riecht nach Risiko! Er versucht mit Macht, den Maßnahmenplan in sicheres Fahrwasser zu bugsieren. Geben Sie Kontra, aber seien Sie sich darüber im Klaren, dass es keinen Sinn macht, als Fundamentalist aufzutreten. Ein Konzept ist immer auch ein gesunder Kompromiss
- *Das Maßnahmensystem hat des Guten zu viel* – Viele Konzepte verstricken sich im Maßnahmen-Dickicht. Die kommunikative Linie wird unübersichtlich und unzugänglich. Weniger ist mehr. Üben Sie Selbstdisziplin und reduzieren Sie. Ein gutes Maßnahmensystem bleibt schlank.
- *Die Strategie aus den Augen verloren* – Der Konzeptioner hat tolle Maßnahmen entwickelt und dabei die Strategie außer Acht gelassen. Wichtige Zielgruppen bleiben links liegen. Die Positionierung steckt im Nebel. So nicht! Behalten Sie die wichtigen strategischen Eckpunkte immer im Blick. Ein gutes Maßnahmensystem hat ein großes Vorbild: die Strategie.
- *Manches ist nicht machbar* – Eine der Schlüsselmaßnahmen begeistert Agentur und Kunden. Sie ist einfach brillant. Nur hält sie einer Überprüfung durch die Realität nicht stand. Sie ist schlichtweg so nicht machbar. Sei es, weil die Kosten zu hoch sind oder die Zeit nicht ausreicht oder bestimmte Mechanismen nicht greifen. Checken Sie jede Maßnahme auf ihre Machbarkeit ab und verzichten Sie im Maßnahmenplan auf Luftschlösser. Ein gutes Maßnahmensystem ist ein Versprechen, das Sie unbedingt einlösen sollten.
- *Langeweile macht sich breit* – Das Maßnahmensystem ist korrekt. Die Pflicht wurde erfüllt, aber irgendwie will es nicht funken. Es fehlt das Überraschungsmoment und die kreative

Initiative. Geben Sie sich nie mit den Standards zufrieden. Bringen Sie frischen Wind in Ihre Maßnahmen. Ein gutes Maßnahmensystem ist immer eine Idee anders.

- *Die Maßnahmen machen jede Mode mit* – Das Konzept ist wirklich der letzte Schrei. Die Maßnahmen liegen voll im Trend. Trends, die ein paar Wochen oder Monate heiß gehandelt werden und dann wieder in der Versenkung verschwinden. Ein Konzept sollte zweifellos mit der Zeit gehen, sogar der Zeit voraus sein, aber es darf dabei nicht zu flatterhaft und kurzlebig werden. Ein gutes Maßnahmensystem hat dauerhafte Qualitäten und verdient Respekt.

- *Das Instrumentarium greift zu kurz* – Die Maßnahmen sind an sich rund. Es fehlt auch nicht an guten Ideen. Nur greift das Ganze zu kurz, um das vorhandene Kommunikationsproblem nachhaltig zu lösen. Der Konzeptioner hätte andere Kommunikationsbereiche integrieren müssen. Aber das war für ihn unbekanntes Terrain. Da kannte er sich nicht aus. Seien Sie offen und lernen Sie ständig dazu. Behalten Sie die gesamte Kommunikationslandschaft im Blick.

Wie ein Maßnahmenplan entwickelt wird, davon haben Sie jetzt schon einiges gelesen. Doch was muss in einen Maßnahmenplan hinein? Im Folgenden lassen wir die wichtigen Instrumente der Kommunikation Revue passieren.

Eine Anmerkung noch: An dieser Stelle können wir nur einen Überblick der verschiedenen Instrumente geben. Alles andere würde den Rahmen sprengen. Zu den einzelnen Instrumenten wurden aber viele schlaue Fachbücher verfasst, man könnte eine Bibliothek damit füllen. Wer mehr wissen will: Im Anhang wird auf einige Werke verwiesen.

Das integrierte Instrumentarium im Überblick

Jede Einzeldisziplin von PR bis zum Merchandising bettet sich ein in das weite Feld der integrierten Kommunikation. Weil das so ist, gibt es auch kaum noch ein Konzept, das nur auf eine Disziplin beschränkt. Es gibt keine Grenzen mehr. Alle anderen Kommunikationsbereiche werden systematisch einbezogen, wenn es der optimalen Problemlösung des Kunden dient.

Eigentlich sollte integrierte Kommunikation eine Selbstverständlichkeit sein. Sie ist es allerdings nicht. Von manchen wird sie als gordischer Knoten von anderen als modischer Schnickschnack gesehen.

Man stelle sich vor: In einem Orchester spielt der Geiger in G-Moll und der Posaunist in F-Dur, die Pauken wirbeln im 3/4Takt und die Flöten trällern im 4/4-Takt. Das Ergebnis wäre eine ohrenbetäubende Kakophonie. In der Kommunikationsbranche stößt man tagtäglich auf solche Dissonanzen. Sie gelten als normal. Denn sie sind als Macht- und Marktstrukturen über Jahrzehnte gewachsen. In den Unternehmen haben sich die entsprechenden Abteilungen regelrechte Fürstentümer aufgebaut und verteidigen ihre Macht bis aufs Messer.

In letzter Zeit kommt endlich Bewegung in diese Verkrustungen. Immer mehr Unternehmen fangen an, ihren Kommunikationsbereich integriert zu strukturieren – und auch die Agenturen beginnen, sich ganzheitlich auszurichten. Noch steht die Entwicklung am Anfang, aber alles in allem ist die integrierte Kommunikation nicht mehr aufzuhalten.

Eine Sache für sich ist die Abgrenzung der Disziplinen. Alles fließt. So tauchen viele Kommunikationsmittel in unterschiedlichen Disziplinen auf. Eine Anzeige kann ein typisches Mittel der klassischen Werbung sein. Mit Response-Element wird Direktmarketing daraus. Stehen bestimmte vertrauensbildende Imageaussagen im Vordergrund, rutscht die Anzeige in das Segment der PR. Die Disziplinen bewegen sich und eigentlich sind die alten traditionellen Einteilungen heute ziemlich obsolet.

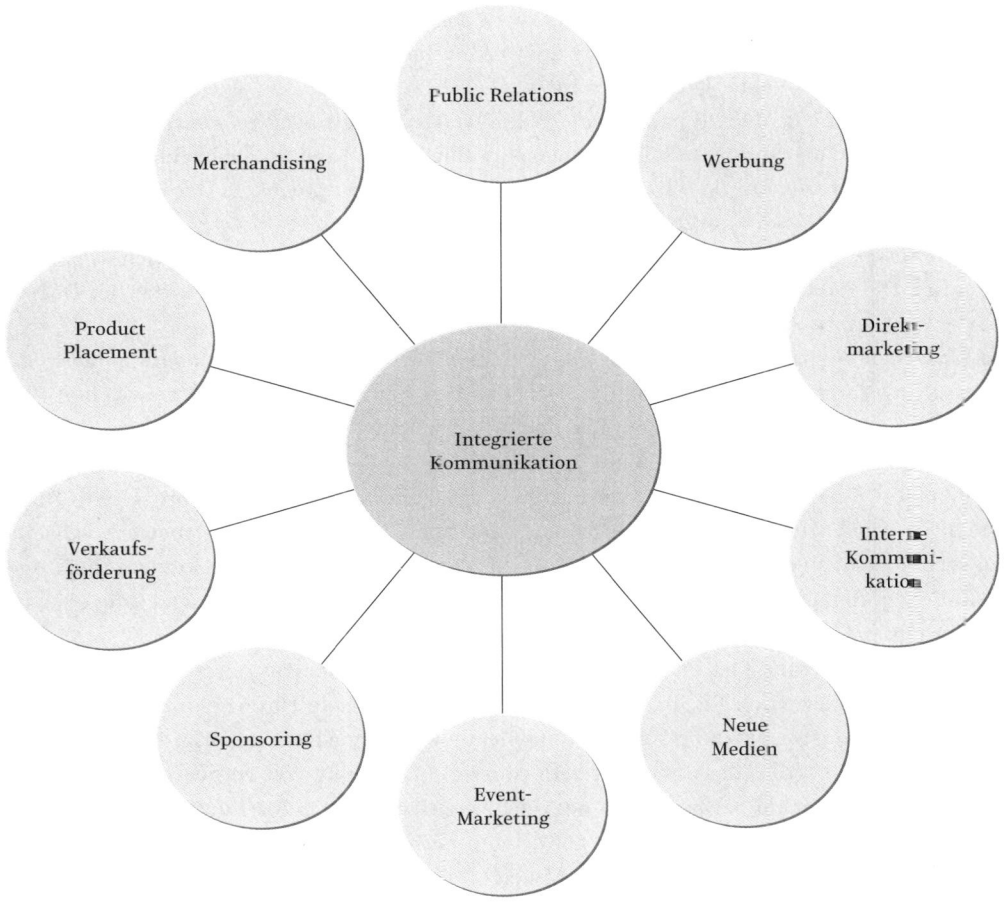

Public Relations

Unternehmen, Verbände, Vereine, Verwaltungen – sie alle stehen mitten in der Öffentlichkeit. Sie sind abhängig vom Meinungsbild der Öffentlichkeit. Und die öffentliche Meinung ist hellwach. Im Gegensatz zum bekannten Sprichwort heißt es daher heutzutage: Ist der Ruf erst ruiniert, lässt es sich nur schwerlich erfolgreich sein.

Das Ziel der Public Relations ist der Aufbau und die Pflege von dauerhaften und vertrauensvollen Beziehungen zur Öffentlichkeit. Wobei der Begriff Öffentlichkeit etwas unscharf ist. Denn in der modernen PR wird die breite Öffentlichkeit nur selten direkt angesprochen. Im Brennpunkt stehen die Medien und Multiplikatoren, denn sie prägen die öffentliche Meinung. Die PR fokussieren sich deshalb mehr und mehr diese Schlüsselgruppen. Die Informationen und Botschaften der PR sind dabei fast so etwas wie eine Ware geworden, deren Güte nach dem so genannten „News Value" gemessen wird.

Die Aufgabenbereiche der PR haben sich in den letzten Jahren rasant weiterentwickelt. Über das Internet sind die Online Relations hinzugekommen. Das klassische Lobbying hat sich mehr und mehr zu den offenen, vielschichtigen Public Affairs weiterentwickelt. Der Börsenboom hat die Investor Relations hervorgebracht.

Für die Presse- und Öffentlichkeitsarbeiter ist es nicht einfach, mit dieser Entwicklung Schritt zu halten. Die Public Affairs beispielsweise sind zwar in aller Munde, aber unter der Oberfläche der modischen Schlagworte wissen nur wenige, was wirklich Sache ist.

Die klassische Form der Presse- und Öffentlichkeitsarbeit bestimmt zwar noch heute den Berufsalltag der meisten PR-Fachleute. Deren Arbeit bewegt sich irgendwo zwischen Pressemitteilung, Pressekonferenz und Tag der offenen Tür. Konzeptionell gewinnt aber eine neue Qualität der PR mehr und mehr an Bedeutung: Es geht hin zur individuellen 1:1-PR. Die direkten Beziehungen zu Medien und Meinungsbildnern und der unmittelbare Dialog rücken in den Vordergrund. Mit einem zunehmenden Verdrängungswettbewerb zwischen den Medien eröffnen sich hier ganz neue Verbindungsmöglichkeiten. Besonders diejenigen PR-Kollegen, die aus der journalistischen Ecke kommen, sehen diese Entwicklung eher mit Misstrauen.

Eine zweite Entwicklung ist markant – nämlich der Weg von den reagierenden PR hin zu vorausschauend agierenden PR. In der Vergangenheit haben viele Unternehmen oft nur dann angefangen, offensive PR zu betreiben, wenn sie die Umstände dazu genötigt haben. Der Problemdruck war so groß, dass man handeln musste. Eine Reihe von verheerenden Presseberichten mag der Grund gewesen sein oder z. B. die Gründung einer Bürgerinitiative in der Nachbarschaft. Ansonsten lief alles in gewohnten ausgefahrenen Bahnen. Heute wächst das Bewusstsein, dass diese Defensive nicht ausreicht. Das Unternehmen steht im gesellschaftlichen Umfeld und muss dieses aktiv und verantwortungsvoll mitgestalten. Es sollte die maßgeblichen Themenfelder für sich entdecken und besetzen. Es sollte langfristige Kontakte zu Medienvertretern und Multiplikatoren aufbauen und permanent pflegen. Die gesamte PR-

Funktion sollte vorausschauend und nachhaltig angelegt werden. Dazu gehört es auch, sinnvolle Vorkehrungen für eine Krisen-PR zu schaffen.

Käufer	Medien	Politik/Staat	Öffentlichkeit	Mitarbeiter	Geldgeber
Produkt-PR	Kleine Pressearbeit	Lobbying	Kl. Öffentlichkeitsarbeit	Interne Kommunikation	Investor Relations
	TV-/ Broadcast-PR	Public Affairs	Corporate Citizenship		
	Exklusive PR				
	Online Relations				
	Medienkooperation				
	Programming				

Corporate Publishing
Corporate Governance
Krisen-PR
Networking
Campaigning
Issues Management

Die Aufteilung der PR in verschiedene Bereiche fällt nicht leicht. Die Entwicklung ist in Bewegung. Alle paar Monate verschieben sich die Relationen und kommen neue PR-Instrumente dazu. Wir stellen folgende Kategorisierung zur Diskussion:

- *Produkt-PR* – Es geht um die informative und imageträchtige Platzierung von Produkten in Medien und bei Multiplikatoren mit absatzfördernder Wirkung. Die Bedeutung der Produkt-PR wächst immens. In Teilen kann sie inzwischen sogar die klassische Werbung ersetzen.
- *Klassische Presse-Medienarbeit* – Die Pressearbeit ist das älteste Instrument der PR. Sie wird seit Jahrzehnten gepflegt und ihr Handwerkszeug behält auch in Zukunft eine wichtige Basisfunktion. Über Pressemitteilungen, Pressedienste und Pressekonferenzen werden die Medien kompetent und umfassend informiert.
- *Broadcast-PR* – Im Zuge der Privatisierung der Medien in Deutschland ist die Zahl der privaten TV- und Radio-Sender erheblich gestiegen. Die Broadcast-PR hat eine Vielzahl

von speziellen Instrumenten und Mechanismen entwickelt, um diese Medien gezielt zu aktivieren.

- *Online-Relations* – Darunter versteht man die Adaption der Presse- und Öffentlichkeitsarbeit für das Internet. Speziell die Online-Pressearbeit hat in kurzer Zeit eine erhebliche Bedeutung erlangt. Online-Pressekonferenzen oder -Pressedienste gehören inzwischen zum Tagesgeschäft.
- *Exklusive PR* – Themen und Nachrichten werden nicht mehr breit gestreut, sondern exklusiv an ein ausgewähltes Medium vergeben, das im Gegenzug eine groß aufgemachte Berichterstattung garantiert. Ab und zu entsteht unter den Medien ein regelrechter Wettbewerb um die besten exklusiven Themen.
- *Medienkooperationen* – Es wird eine Kooperation vereinbart, die über die übliche Berichterstattung hinausgeht. Medien treten als Mitträger von Aktionen und Veranstaltungen auf oder veröffentlichen redaktionelle Sonderteile zu Unternehmensthemen. Das Geschäft der Medienkooperation bewegt sich teilweise in einer nicht geregelten Grauzone.
- *Programming* – Die Agenturen sprechen mit den Hörfunk- und TV-Sendern ganze Programmformate ab. So finanziert und produziert eine Autoversicherung Verkehrstipps, die dann in mehreren privaten Hörfunksendern ausgestrahlt werden.
- *Lobbying* – Mit Lobbying bezeichnet man die inoffizielle und interessengeleitete Kontaktpflege zu Entscheidungsträgern und Meinungsmachern aus Politik und Verwaltung.
- *Public Affairs* – Das Instrument der Public Affairs steht für die bewusste und nachhaltige Gestaltung der Unternehmensbeziehungen zur politischen, wirtschaftlichen und gesellschaftlichen Umwelt.
- *Klassische Öffentlichkeitsarbeit* – In Abgrenzung zur Pressearbeit versteht man darunter die Ansprache von Anwohnern, Interessen- und Einflussgruppen. Der Aufgabenbereich ist vielfältig. Der Tag der offenen Tür gehört dazu oder die Organisation von Betriebsbesichtigungen oder die regelmäßige Herausgabe von Anwohnerinformationen.
- *Corporate Citizenship* – Das neue Instrument sieht das Unternehmen als „guten Bürger", der sich mit Verantwortung für sein gesellschaftliches Umfeld engagiert. Corporate Citizenship versucht die „Vogel-Strauß"-Politik vieler Unternehmen zu überwinden.
- *Interne Kommunikation* – Die interne Kommunikation hat die Ansprache und Pflege der Mitarbeiterschaft mit den Mitteln der Public Relations als Ziel. Ein anderer gängiger Begriff dafür ist Human Relations.
- *Investor Relations* – So nennt man die Kommunikation einer börsennorientierten Aktiengesellschaft oder eines Anwärters mit den tatsächlichen bzw. potentiellen Anteilseignern. Nach der Börsenkrise der letzten Jahre befinden sich die Investor Relations zurzeit in einer Phase der Neuausrichtung.
- *Corporate Publishing* – Es geht um das stimmige und systematische Veröffentlichen von Unternehmensmedien. Wir unterscheiden zwischen periodischen und nicht periodi-

schen Medien sowie zwischen Print- und elektronischen Medien. Das Spektrum reicht vom Rundbrief über die Jubiläumsschrift bis hin zum Imagevideo eines Unternehmens.

- *Corporate Governance* – Corporate Governance ist eine Kommunikationsauffassung, die eine wertorientierte Unternehmensführung anstrebt. Verantwortungsvolle Beziehungen gehen vor kurzfristigem Geschäftserfolg.
- *Krisen-PR* – Durch die ständige Veränderung der Märkte und die hohe Informationstransparenz kommt es häufiger als früher zu Krisensituationen. Die Krisen-PR entwickelt Instrumente und Strategien, um in solchen Situationen bestehen zu können und handlungsfähig zu bleiben.
- *Networking* – Es wird ein individuelles Beziehungsgeflecht zu Medien und Multiplikatoren, zu anderen Unternehmen und Institutionen aufgebaut, um besser von Interessen-Allianzen profitieren zu können.
- *Campaigning* – Dahinter steckt die Verknüpfung von mehreren Kommunikationsaktivitäten zu einer systematischen Kampagne mit massiver Resonanzwirkung. Greenpeace hat mit seinen aufsehenerregenden Aktionen vor vielen Jahren das Campaigning in die Public Relations eingeführt.
- *Issues Management* – Der Begriff bezeichnet das Management von Themen zur Steuerung der Meinungsbildung und zur Etablierung einer Kompetenzführerschaft. Relevante Unternehmensthemen werden aktiv und systematisch ins Gespräch gebracht.

Ohne PR läuft in der modernen Kommunikation nichts mehr. Kaum ein Konzept verzichtet auf Maßnahmen der PR. Selbst klassische Werbekampagnen planen flankierende PR-Aktivitäten ein. Die Stärken der PR sind vielschichtig. Sie sind schnell, denn mit einem entsprechenden Aufhänger kann ich über Nacht Resonanz erzeugen. Außerdem hat PR Breitenwirkung. Es gelingt, eine interessante Nachricht über die Medien mit hoher Breitenwirkung zu streuen. Hinzukommt, dass die redaktionelle Berichterstattung in den Medien eine hohe Glaubwürdigkeit hat – weit höher als die klassische Werbung. Beachtungsintensität und -dauer sind ebenfalls höher. Die Werbeanzeige für ein neuartiges Produkt wird oft nur für Bruchteile von Sekunden beachtet, der Zeitungsbericht über das Produkt findet viele aufmerksame Leser. Nicht zu vergessen: Medienresonanz verleiht Bedeutung und Reputation. In unserer modernen Mediengesellschaft ist das ein nicht zu unterschätzender Vorteil. Steht das Unternehmen oder Produkt positiv in den Schlagzeilen, dann hebt es sich heraus und gewinnt an Image. Kommen wir zu den Schwächen: In bestimmten Bereichen fehlt es den PR einfach an Talent. Hier braucht es andere Kommunikationsdisziplinen als Motor. So kann die PR die Bilderwelten der Kommunikation nur eingeschränkt transportieren. Logo und Slogan, Corporate Design und emotionale Markenwelt bleiben in der Regel auf der Strecke. Darüber hinaus sind die PR auch zeitlich und inhaltlich nur eingeschränkt steuerbar. Ob und wann die Medien berichten oder die Multiplikatoren eine positive Aussage zum Unternehmen machen, das lässt sich zwar anpeilen, aber kontrolliert steuern lässt es sich kaum.

Wenn wir drei Wünsche freihätten, was sollte in der PR in nächster Zeit besser werden, dann fiele uns die Antwort nicht schwer. Zum ersten sollte die Qualität der Presseverteiler deutlich steigen. Viele Unternehmen arbeiten hier auf einem Minimalstandard, der einem die Tränen in die Augen treibt. Zum zweiten ist der Presse- und Öffentlichkeitsarbeit zu wünschen, dass sie weit mehr als bisher Raum für konzeptionelle und strategische Arbeit bekommt und nicht hoffnungslos vom Alltagsgeschäft zugeschüttet wird. Zum dritten wünschen wir uns, dass die Public Relations sich offensiv an die neuen zukunftsweisenden Aufgabenbereiche heranwagen und den Radius mutig erweitern. Das Zögern und Abwarten vieler Kollegen aus der Branche ist zwar verständlich, aber der progressiven Aufgabenstellung der PR wenig zuträglich.

Klassische Werbung

Einst war die Werbung unbestritten die Königsdisziplin der Kommunikation. Jahrzehntelang bestimmte sie die Richtung und alle anderen Kommunikationsbereiche standen mehr oder weniger Spalier. Inzwischen ist der Thron ins Wanken geraten. Die Zersplitterung der Medienlandschaft hat zu einer Atomisierung der Werbewirkung geführt. Die Kommunikation geht verstärkt andere Wege, um die Nähe zur Zielgruppe zu erhalten. Im Jahr 2002 dürften alle anderen Kommunikationsdisziplinen gemeinsam erstmals umsatzstärker gewesen sein als die klassische Werbung. Und die Entwicklung in Amerika zeigt, dass damit der Machtverlust noch lange nicht abgeschlossen ist.

Das heißt nicht, dass die Werbung früher oder später in der Bedeutungslosigkeit versinkt. Das wird ganz sicher nicht passieren. Ohne die Werbung geht bei bestimmten Kommunikationsaufgaben einfach nichts mehr. So dürfte es kaum möglich sein, mit PR oder mit Direktmarketing eine neue Marke aufzubauen.

Die Werbung nutzt Werbeträger, um ihre Botschaft in Wort und Bild, mit Information und Emotion an die Zielgruppen zu bringen. Dabei spielt besonders der emotionale Anteil eine wichtige Rolle. Gute Werbung ist eben keine Kopfgeburt, sondern geht stark über den Bauch. Die Werbung transportiert Botschaften in den Kopf und das Herz der Zielgruppe über:

- die Gestaltung des Werbemittels,
- eine emotionale und ästhetisch geprägte Ansprache,
- die Wahl der richtigen Werbeträger/Medien,
- den gezielten zeitlichen Einsatz,
- und die ständige Wiederholung der Botschaft.

Werbung eignet sich in der Regel nicht für vielfältige Information und komplizierte Argumentation – zu gering sind dafür Beachtungsintensität und -dauer. Werbung lebt durch das Prinzip der Reduktion und der kreativen Zuspitzung. Sie muss sofort ins Auge springen und Spaß machen.

Das Instrumentarium der klassischen Werbung unterteilt sich in vier große Bereiche, die sich im Werbeträgereinsatz unterscheiden:

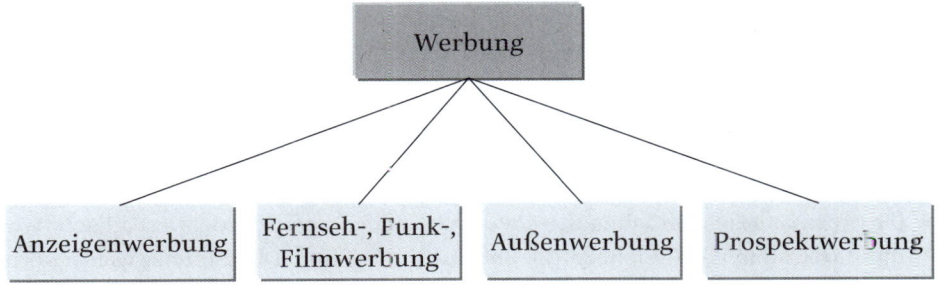

- *Die Anzeigenwerbung* – Dazu gehören Anzeigen und Beilagen in Tageszeitungen und Anzeigenblättern, in Publikumszeitschriften und in Fachmagazinen.
- *Die FFF-Werbung* – In diesen Bereich ordnen sich die Spots im Fernsehen, im Radio und im Kino ein. Verstärkt gewinnen Sonderwerbeformen wie z. B. Werbepatronate an Bedeutung. Übernimmt z. B. ein Regenschirmhersteller das Patronat des Wetterberichts, dann heißt es z. B. im Aufspann: „Das Wetter wird präsentiert von XY, dem führenden Hersteller von Regenschirmen."
- *Die Außenwerbung* – Neben den Plakaten in allen nur denkbaren Formaten gehören zur Außenwerbung auch Bereiche wie die Verkehrsmittelwerbung oder die Bahnhofs- und Flughafenwerbung.
- *Prospektwerbung* – Zum „täglichen Brot" der Werbung gehört die Gestaltung und Produktion von Broschüren, Faltblättern, Katalogen, Handzetteln, Pocket Guides etc.

Die großen Stärken der klassischen Werbung sind in den letzten Jahren etwas unter Druck geraten. Dennoch gelten sie nach wie vor:

Vorteile:

- *Breitenwirkung* – Über Werbemittel und -träger lässt sich massiv und mit hoher Reichweite kommunizieren. Wer Reichweite braucht, kommt oft an Werbung nicht vorbei.
- *Emotionaler Gehalt* – Gute Werbung stimuliert die Gefühle. Es lassen sich Markenwelten emotional aufladen und kommunizieren.
- *Form und Inhalt bestimmbar* – Bild und Text, Farbe und Form des Werbeauftrits lassen sich – innerhalb der Möglichkeiten des Werbeträgers – genau bestimmen und steuern. Der Werbetreibende hat die volle Kontrolle.
- Zeitlicher Einsatz bestimmbar – Der Werbende bestimmt den Zeitpunkt und die Zeitdauer seiner Werbung – wiederum innerhalb der Möglichkeiten des Werbeträgers.

Nachteile:

- *Atomisierung der Werbewirkung* – Es ist inzwischen erheblicher medialer Kraftaufwand erforderlich, um den nötigen Werbedruck zu erzeugen. Auf allen Kanälen, aus allen Richtungen flutet die Werbung. Die Zielgruppen drohen, darin zu ertrinken und schotten sich ab, so dass die Werbeimpulse ins Leere laufen.

- *Hohe Werbekosten* – Werbung darf nicht plätschern. Sie funktioniert nicht auf der „Klein-Klein"-Basis. Wer mit Werbung etwas bewegen will, muss erhebliche Etatmittel in die Hand nehmen und Druck erzeugen.
- *Wenig Information* – Werbung kann nur wenige Informationen transportieren. Wer Werbung überfrachtet, riskiert die Werbewirkung. Erklärungsbedürftige Themen lassen sich so nur schwer kommunizieren.
- *Die Wiederholung* – Werbeimpulse sind oberflächlich und flüchtig. Deshalb lebt Werbung nur durch stete Wiederholung. Die Botschaft muss immer und immer wieder vermittelt werden. Wenn sie den Werbetreibenden schon längst zum Hals heraushängt, ist sie bei der Zielgruppe gerade erst angekommen.

Verkaufsförderung

Die Verkaufsförderung oder auch Sales Promotion hat die Aufgabe, den Vertrieb und Verkauf eines Produkts oder einer Dienstleistung zu unterstützen. Der Schwerpunkt der VKF liegt auf dem Verkaufsort. Soweit die klassische Definition. Inzwischen sieht man das aber nicht mehr so eng. Auch wenn das Rote Kreuz eine Roadshow in den Fußgängerzonen großer Städte macht, ist das Promotion. Oder wenn die Stadtreinigung für mehr Sauberkeit einen Infostand im Stadtpark aufstellt, wenn ein Sportverein Mitglieder auf einem Straßenfest wirbt – all das gehört heute auch zur Promotion.

Die Verkaufsförderung ist neben Werbung und PR ein Klassiker der Kommunikation. Gleichwohl ist gerade für die klassische Verkaufsförderung das Terrain in den letzten Jahren zunehmend schwerer geworden. Deckenhänger, Aufsteller, Regalstreifen und andere VKF-Mittel am Verkaufsort (dem „Point of Sale" oder kurz „POS") lassen sich heutzutage nur noch schwer bis gar nicht platzieren. Der Handel blockt ab oder stellt harte Vorbedingungen. Die beliebten Motivationsveranstaltungen für Händler finden immer weniger Resonanz, denn der Handel wird damit regelrecht überfüttert. In manchen Branchen gibt es fast jeden Monat irgendeine Veranstaltungseinladung und der Handel pickt sich nur noch die Rosinen heraus. Hinzukommt, dass der Discount im Handel stark an Boden gewonnen hat – und speziell dieser Bereich ist relativ VKF-resistent.

Obendrein ist das E-Shopping langsam aber sicher aus den Startlöchern gekommen. Parallel dazu entwickeln sich zwar zahlreiche neue Formen der Online-Promotions, die aber wenig mit den Wahrheiten der klassischen Verkaufsförderung zu tun haben.

Eine Warnung ist unerlässlich: Wer sich als Konzeptioner mit seinem Konzept in den VKF-Bereich vorwagt, der sollte unbedingt einen Spezialisten als Lotsen mit auf den Weg nehmen, denn im Handelsbereich gelten harte Regeln. Es gibt viele Klippen und Untiefen. Man muss sich auskennen, um den richtigen Kurs des Machbaren zu finden. Oft gibt es schon von Branche zu Branche erhebliche Unterschiede.

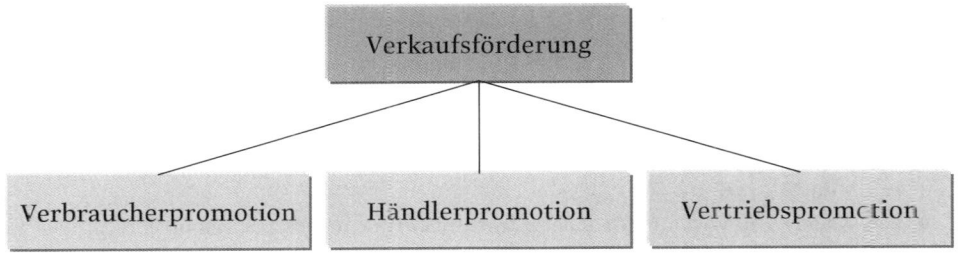

Das Terrain der Verkaufsförderung unterteilt sich in drei große Segmente, die sich auf die unterschiedlichen Akteure in Vertrieb und Verkauf fokussieren:

- *Die Verbraucherpromotion* – Im Blickpunkt stehen die Endverbraucher. Sie werden direkt angesprochen. Zu möglichen Promotionsmaßnahmen für diese Zielgruppe gehören Zugaben und Produktproben, Promotionsstände und Roadshows, Preisausschreiben und Gewinnspiele.
- *Die Händlerpromotion* – Bei dieser Zielgruppe gilt es, nicht über Quantität, sondern über die Qualität zu gehen. Es sollten lieber weniger Promotionsimpulse konzipiert werden, die dann aber echte Klasse haben. Die Händlerpromotion beginnt bei Training und Ausbildung, geht über die Beratung und Förderung bis hin zu Incentives (Belohnungsmaßnahmen) und Motivation der Handelspartner. Auch Displays wie Deckenhänger, Thekenaufsteller oder Regalstreifen rechnen zu diesem Bereich.
- *Die Vertriebspromotion* – Da rückt der eigene Außendienst ins Visier. Das Team wird geschult, es bekommt unterstützende Instrumente für die Arbeit an der „Verkaufsfront" wie z. B. den Sales-Folder (Verkaufsmappe) oder das Give away (Kundengeschenk). Und der Außendienst muss selbstverständlich kontinuierlich motiviert und belohnt werden.

Vor allem mit den Händlern und Vertriebsleuten tun sich die Kommunikationsfachleute oft schwer. Der Vertrieb ist geprägt vom „Hard Selling" und fühlt sich von der „Schöngeistigkeit" der Kommunikation allein gelassen. Aus Sicht des Vertriebs arbeiten in der Kommunikation zu viele „Traumtänzer". Deshalb sollte man als Konzeptioner in der konzeptionellen Entwicklungsarbeit einen engen Draht zum Vertrieb aufbauen und dessen Probleme ernst nehmen.

Verkaufsförderungsmaßnahmen sind meist taktischer Natur. Sie greifen kurzfristig für ein paar Wochen. Selten gibt es Einzelmaßnahmen. Es werden in der Regel ganze VKF-Aktionen gefahren. Diese Aktionen sollten nie isoliert stehen, sondern in längerfristige Kommunikationskonzepte eingebunden werden.

VKF-Mittel haben klare Funktionsaufgaben, die voll erfüllt werden müssen. Die kreativen Spielräume sind bei weitem nicht so groß wie in der Werbung. Maßnahmen, die nicht funktionieren, landen schnell in der Versenkung oder kommen erst gar nicht zum Einsatz. Das Klima ist rau.

Eine Erfolgskontrolle ist das A und O jeder Aktion. Ohne sie läuft in der VKF nichts. Ein Hauptindikator ist der Abverkauf im Aktionszeitraum.

Vorteile:

- *Wirksamkeit* – Eine gute Promotion ist wie eine belebende Vitaminspritze für den Verkauf. Es lässt sich einiges in Bewegung bringen, allerdings nur für den begrenzten Zeitraum der Aktion.
- *POS-Nähe* – Die Verkaufsförderung hat ihren Haupt-Einsatzort am Verkaufsort und damit hautnah an der Kaufentscheidung. Die VKF wirkt auf den letzten Metern vor dem Kauf und trifft die Zielgruppe in der entscheidenden Phase.
- *Messbarkeit* – Der Erfolg der Promotionsmaßnahmen ist genau messbar. Man kann von Aktion zu Aktion nachsteuern und die Effizienz erhöhen.

Nachteile:

- *Wenig Spielraum* – Der VKF sind enge Grenzen gesetzt. Die Realität lässt oft nicht viel Bewegungsspielraum. Viele kreative Ideen sind nicht machbar.
- *Übersättigung* – Aktionen sind nicht beliebig zu verlängern oder zu wiederholen. Zu viele und zu lange Aktionen drücken den Wirkungsgrad und verärgern die Zielgruppe. Hier muss stets das richtige Maß gefunden werden.
- *Kein Image-Instrument* – Sales Promotions taugen nicht zur Imagepflege und zum Aufbau einer Markenwelt.
- *Lange Vorbereitungszeiten* – Für schnelle spontane Einsätze taugt die VKF kaum. VKF-Aktionen müssen meist lange und sorgfältig vorbereitet werden. Der Handel hat teilweise sogar lange Wartelisten, in die sich die Hersteller rechtzeitig eintragen müssen, wenn sie am POS promoten wollen.

Direktmarketing

Nach den Zahlen der Deutschen Post AG hat das Direktmarketing in Deutschland im Jahr 2001 einen Umsatz von ca. 20 Milliarden Euro gemacht. Davon sind etwa 8 Milliarden Euro dem Kernbereich des Mailings zuzuordnen. Das Direktmarketing hat also längst in die Spitzengruppe der Kommunikationsinstrumente aufgeschlossen. Die Tendenz weist weiter nach oben. Direktmarketing ist die direkte Ansprache selektierter Zielgruppen mit dem Ziel einer Reaktion – der so genannten Response. Die Reaktion muss nicht unbedingt der Kauf sein, auch die Anforderung von Infomaterial oder die Bitte um Rückruf sind wichtige Response-Erfolge.

Keine Disziplin wird von Institutionen und Unternehmen so oft mit Bordmitteln erledigt wie das Direktmarketing. Viele Unternehmen handeln hier frei „nach Gefühl". Einen Brief an die Kunden zu schreiben, das kann doch nicht so schwer sein? Die Ergebnisse sind oft haarsträubend. Ein guter Werbebrief unterliegt festen Regeln, die leider 90% der Werbebriefverfasser nicht zu kennen scheinen.

Auch viele Werbeagenturen wickeln Direktmarketing-Aktionen als „Nebengeschäft" mit ab, ohne sich richtig auszukennen. Die Qualität ist entsprechend. Und so nimmt es nicht Wunder, dass oft die Meinung zu hören ist, dass Direktmarketing nicht so gut funktioniere, denn man habe es ja selbst schon ausprobiert. Aber wie?

Es ist natürlich unmöglich, in diesem Rahmen einen Schnellkurs in Direktmarketing unterzubringen. Da aber das Direktmarketing im Rahmen von vielen Kommunikations-Konzepten eine immer größere Rolle spielt, soll hier zumindest auf einige eklatante Fehlerquellen hingewiesen werden:

- *Eine Mail ist keine Mail* – Viele schicken einen Brief und wundern sich über die geringe Resonanz. Direktmarketing baut Beziehungen auf. Beziehungen aber brauchen regelmäßige Kontakte.
- *Der Abgrund der Database (=Adressendatenbank)* – Decken wir besser den Mantel des Schweigens darüber! Was da in den Unternehmen an Datenbanken für Kunden, Interessenten und Multiplikatoren existiert, spottet jeder Beschreibung. Die einfachsten Grundregeln werden missachtet. Dabei ist eine leistungsfähige Database die Grundlage jedes Direktmarketing.
- *Keine Adressen!* – Es gibt tausend Möglichkeiten, um Kunden- und Interessentenadressen zu sammeln, doch die meisten Unternehmen nutzen sie nicht. Der Tag der offenen Tür, der Coupon in der Zeitungsanzeige, das Kundentelefon – lauter Ansatzpunkte, um die Adresse aufzunehmen und einen Kontakt aufzubauen.
- *Horrorbriefe schreiben* – Unternehmen und sogar manche Agenturen schreiben Werbebriefe, die eher Drohbriefe sind. Da irrt man durch längere Textwüsten ohne jegliche Orientierungspunkte. Da wird hemmungslos der eigenen Nabelschau gefrönt, ohne den Nutzen des Kunden zu frönen. Merke: Ein schlechter Brief verhindert jeden Response-Erfolg.

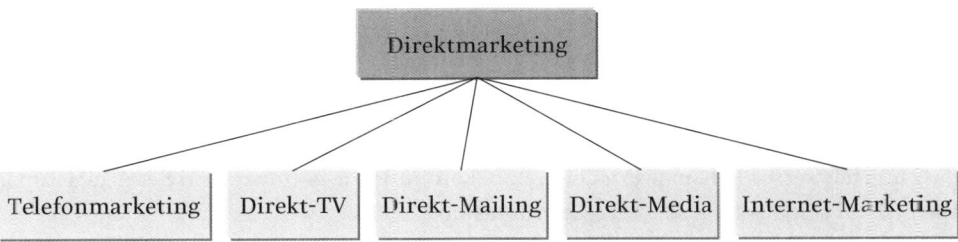

Alle Bereiche des Direktmarketing haben eins gemeinsam: Sie nehmen einen direkten Kontakt zum Kunden auf. Wir unterscheiden je nach Kanal, über den die Kontaktaufnahme erfolgt:

- *Direkt-Media* – Wenn Sie in eine Anzeige einen Coupon platzieren und Interessenten auffordern, diesen zurückzuschicken, dann wird die Anzeige zur Direktmarketing-Maßnahme. Auch die Anzeige mit der aufgeklebten Postkarte gehört in diese Kategorie. Oder die Beilage in der Fachzeitschrift mit perforiertem Bestellabschnitt. Durch Response-Mechanismen wechselt das klassische Werbemittel der Anzeige hinüber in den Bereich des Direktmarketing. Die Response muss jedoch eine wesentliche Intention der Anzeige sein. Viele Coupons und Info-Telefonnummern sind dagegen nicht mehr als Anzeigen-Schnörkel und Dialog-Alibis.

- *Mailing* – Sicherlich ist der Werbebrief das Rückgrat des Direktmarketing. Wir unterscheiden den adressierten Werbebrief, den die Post Infobrief nennt, und den unadressierten Brief, die so genannte Postwurfsendung, die aber in den letzten Jahren an Bedeutung verloren hat.

- *Telefonmarketing* – Die Callcenter sind inzwischen zu einem wichtigen Standbein des Direktmarketing herangewachsen. Es gehört zum guten Ton, für Kunden und Interessenten eine Info- oder Service-Hotline zu haben. Der Schwerpunkt beim Telefonmarketing liegt im Business-to-Business-Bereich. Privatleute dürfen nur angerufen werden, wenn sie zu den Kunden des Werbetreibenden gehören.

- *Direkt-Television* – Zu diesem Komplex gehören der TV-Spot mit eingeblendeter Telefonnummer oder die Verkaufsfernsehkanäle. Die Entwicklung ist noch ganz am Anfang. Aber wenn demnächst das interaktive Fernsehen kommt, dann wird sich Direkt-Television mit enormer Dynamik entwickeln.

- *Internet/Multimedia* – Verkauf und Information über das Internet liegt im Trend der Zeit. Viele versuchen sich in diesem Bereich. Es gibt viel Wildwuchs und wenig feste Erfahrungswerte. Der Internetnutzer ist verärgert, denn täglich verstopfen Spams (unerwünschte Werbemails) seine Mailbox.

Im Direktmarketing gibt es einige schicke neue Begriffe, die inzwischen in aller Munde sind. Allen gemeinsam ist, dass sie den Weg hin zum Beziehungsmarketing und weg vom Massenmarketing definieren.

Das „Mikromarketing" ist so ein Begriff. Mailings werden nicht mehr in hoher Auflage nach dem „Schrotflintenprinzip" verschickt. Das Ziel des Mikromarketing ist es, mögliche Zielgruppen genau zu selektieren und dann direkt anzusprechen.

Ein andere aktuelle Entwicklung nennt sich „One to One-Marketing". Es wird eine direkte individuelle Beziehung zum Interessenten oder Kunden aufgebaut. Der Kunde wird z. B. über das Internet persönlich angesprochen. Er bekommt Informationen und Serviceleistungen, die speziell auf seine Interessen zugeschnitten sind.

Eine ähnliche Ausrichtung hat das „Permission-Marketing". Weil die Werbeflut inzwischen die meisten Konsumenten überfordert und verärgert, zielt das Retention-Marketing darauf ab, Beziehungen zu Kunden und Interessenten aufzubauen, die erwünscht sind. Die Zielperson erklärt ihr Einverständnis und zeigt sich positiv interessiert.

Das „Customer Relationship Management" hieß vor einigen Jahren noch schmucklos Kundenpflege. Die eigenen Kunden rücken in den Fokus der Kommunikation und speziell des Direktmarketing. Denn es kostet weit weniger, einen Kunden zu binden als einen neuen Kunden zu finden.

Das Direktmarketing vergrößert alles in allem sein Repertoire und wird in Zukunft innerhalb des Kommunikations-Mix eine starke Rolle spielen.

Vorteile:

- *Direkte Ansprache* – Die Zielgruppe wird direkt erreicht. Die Ansprache kann personalisiert und auf die Interessen der Zielperson zugeschnitten werden.
- *Beziehung aufbauen* – Professionelles Direktmarketing ermöglicht es, zu Kunden und zu Interessenten eine feste Beziehung aufzubauen und den Kontakt längerfristig zu halten.
- *Inhalte besser vermitteln* – Im Vergleich zur Anzeige oder zum Plakat hat der Werbetreibende im Direktmarketing die Chance, weit mehr Informationen zu transportieren.
- *Relativ kostengünstig* – Mit Direktmarketing lässt sich auch bei kleinerem Etat operieren. Wenn das Instrument gekonnt eingesetzt wird, stehen Kosten und Nutzen in einem vernünftigen Verhältnis.
- *Erfolg messbar* – Der Erfolg wird in aller Regel an der Response-Quote gemessen. Die Vergleichswerte mit ähnlich gelagerten Direktmarketing-Aktionen dienen als Orientierungsgröße.

Nachteile:

- *Schwachstelle Adressqualität* – Schlechte Adressen oder schlechte Adresspflege ist ein wesentliches Handicap des Direktmarketing. Aufbau und Pflege einer Database bringt viel Arbeit und viele scheinen diese Arbeit zu scheuen.
- *Unter Ausschluss der Öffentlichkeit* – Direktmarketing geht direkt an die einzelne Zielperson. Es stellt keine Öffentlichkeit her. Die öffentliche Präsenz ist aber ein wichtiger Aspekt für die Kommunikation.
- *Direktmarketing hat teilweise schlechtes Image* – Direktwerbung wird von den Verbrauchern eher als aufdringlich und lästig empfunden, da die Werbeimpulse direkt in den privaten Kreis des Einzelnen eindringen.

Neue Medien

Alle reden von den neuen Medien. Die Möglichkeiten der Medien haben eine hohe Faszinationskraft. Es gehört deshalb schlichtweg zum Image eines modernen Unternehmens oder einer modernen Agentur dabei zu sein. Allerdings sind die neuen Medien auch noch ein relativ unbekanntes Terrain mit vielen Überraschungen. Zwar erscheinen ständig neue Fachbücher zum Thema, aber alle paar Monate stimmen die Inhalte nicht mehr, weil die Entwicklung alles mit Rasanz überholt hat.

Inzwischen sind die neuen Medien keine Kommunikationsnische mehr. Über 50 Prozent der Deutschen sind bereits im Internet und speziell E-Communiation ist längst zur Massenkommunikation geworden.

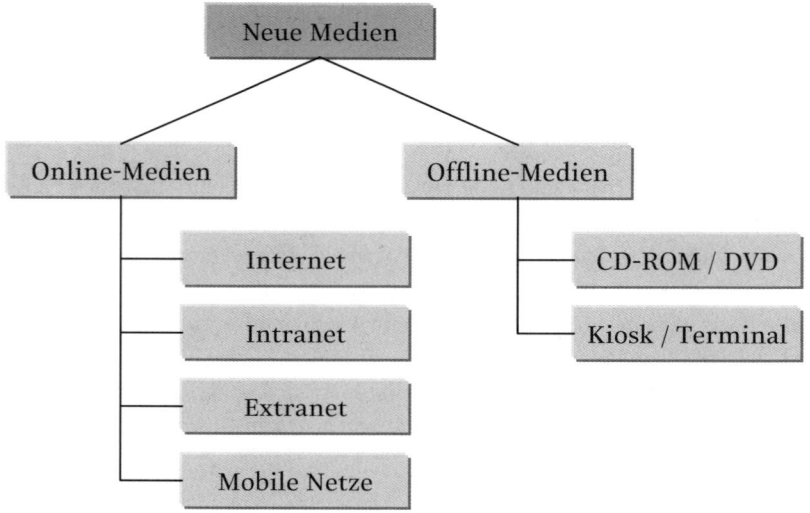

Die neuen Medien lassen sich grundsätzlich in die zwei großen Bereiche Online- und Offline-Medien unterteilen. Innerhalb der Bereiche gibt es folgende Einsatzgebiete:

- *Internet* – Der Star unter den neuen Medien ist sicherlich das Internet. Wer hätte das gedacht: Vor wenigen Jahren ist man als Agentur noch milde belächelt worden, wenn man im Rahmen eines Konzepts das Internet als Kommunikationsplattform vorgeschlagen hat. „Das ist doch nur was für junge Leute und Spinner", hieß es auf Kundenseite unisono. Heute gibt es eigentlich kein Konzept mehr ohne das Netz. Dabei wird oft übersehen, dass es neben dem World Wide Web noch viele andere Kommunikationswege wie Mail, Chat oder Newsgroups gibt.

- *Intranet* – Das Intranet ist das Medium der internen Kommunikation. Eigentlich führt für Unternehmen und Institutionen kein Weg an diesem Informationssystem für Mitarbeiter vorbei. Die Mehrzahl hat sich auch bereits ans Intranet herangepirscht. Viele Netze sind jedoch mehr als rudimentär und verdienen diese Bezeichnung nicht. Die Gestaltung glänzt durch klösterliche Kargheit. Die Inhalte sind eher dürr. Und mit der Aktualisierung hapert es.

- *Extranet* – Das Extranet wird auch unter dem Begriff „geschlossene Benutzergruppe" geführt. Es ist quasi ein Intranet für Außenstehende – beispielsweise für Kunden, ausgewählte Journalisten und Geschäftspartner. Über ein Passwort gelangt man ins Netz und erhält dort individuelle auf den Nutzer zugeschnittene Informationen. Auch sensible Informationen können hier geschützt vom öffentlichen Zugriff für exklusive Zielgruppen bereitgelegt werden. Das Extranet stellt eine wichtige Plattform für das bereits erwähnte One to One-Marketing dar.

- *Mobile Netze* – Die Kommunikation über mobile Geräte wie Handy, Smartphone oder Personal Organizer wird in den nächsten Jahren durch die Einführung des schnellen Datenübertragungsstandards UMTS erheblich an Bedeutung gewinnen. „Mobile Marketing" heißt das neue Instrument.
- *CD-ROM/DVD* – Bei den Offline-Medien hat die CD-ROM als multimediales Informations- und Motivationsinstrument die größte Bedeutung. Seit sie allerdings in vielen Zeitschriften als Ramschartikel beiliegt, hat ihr Imagewert erheblich gelitten. Als Ablösung steht bereits die DVD bereit. Aufgrund der hohen Speicherkapazität ermöglicht sie erstmals eine multimediale Präsentation (fast) ohne Grenzen.
- *Kiosk* – Der Kiosk ist ein Klassiker unter den neuen Medien. Der bekannteste Vertreter dieser Spezies dürfte der Touchscreen-Terminal sein, der heute auf keinem Messestand und in keinem Unternehmensfoyer mehr fehlen darf.

Bildschirmtext oder BTX, das neue Medium der ersten Stunde, gibt es inzwischen nicht mehr. Die berüchtigte Klötzchengrafik ist nur noch Nostalgie. Auch die Bildplatte ist unterdessen platt gemacht. Der Fortschritt ist nicht aufzuhalten. Im Zuge der Medienkonvergenz – also dem Zusammenwachsen von Fernsehen, Internet, Radio etc. – wird sich noch einiges entwickeln und die Kommunikationsrelationen durcheinander wirbeln. Das digitale Papier steht beispielsweise bereits am Start. Es lässt sich also prophezeien: In der Kommunikationsbranche wird in den nächsten Jahren garantiert keine Langeweile aufkommen.

Das Schaubild unterteilt nach dem technischen Trägermedium. Es sagt wenig über die Inhalte und die Form der Kommunikation aus. Wesentlich aufschlussreicher ist die nachstehende Grafik – bezogen auf das Internet:

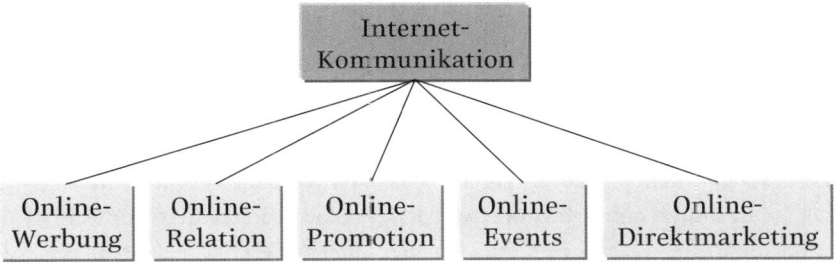

Siehe da: Im Internet finden sich letztlich alle Disziplinen der Kommunikation gespiegelt wieder. Also könnten die klassischen Agenturen diese Aufgaben doch einfach mit übernehmen? So einfach ist das in der Praxis nicht. Zum ersten fehlt das technische Know how – und davon braucht man eine gehörige Portion. Zum zweiten stellt sich heraus, dass viele der alten Regeln aus Werbung, VKF und Co. im Internet nicht mehr gelten. Zum dritten fällt es den klassischen Agenturen erstaunlich schwer, sich zu bewegen. Sie haben viel zu lange abgewartet und das Terrain jungen, neuen Anbietern und Agenturen überlassen.

Konkretes Beispiel: Wenn man im Sommer 2001 zu einer klassischen PR-Agentur ging und nach einer Online-Pressekonferenz fragte, dann bekam man oft nur ein irritiertes Kopfschütteln als Antwort. „Online-Pressekonferenz – was soll das denn sein?" – „So etwas funktioniert doch gar nicht!" – „Machen Sie besser eine konventionelle PK!" – so oder ähnlich lauteten die Reaktionen.

Sie wollen in Ihren Kommunikationskonzepten Mittel und Maßnahmen der neuen Medien integrieren? Dazu erste Tipps:

- *Klein anfangen, schrittweise ausbauen* – Starten Sie nicht gleich mit dem „Big Bang" ins Internet. Bauen Sie Ihre Kommunikation in mehreren Schritten behutsam auf und lernen Sie aus den Fehlern.
- *Wenn dann richtig* – Mancher startet ins Internet und macht dann nur halbe Sachen. Das Webdesign lässt zu wünschen übrig. Die letzte Aktualisierung liegt Monate zurück. Ein solcher Umgang mit dem Medium schadet letztendlich dem eigenen Image.
- *Keine Avantgarde* – Nutzen Sie nicht jeden neuen Internet-Gag oder Gimmick für Ihre Kommunikation. Hinter großen Worten wie „Comet Cursor", „Sticky Ad" oder „Interstitial" verbirgt sich oft nur eine kleine Werbewirkung.
- *Übergreifend planen* – Gute Kommunikationskonzepte für das Internet sind in aller Regel Online-Offline-Konzepte. Der Internetauftritt wird systematisch mit Offline-Instrumenten gekoppelt. Das heißt, in jede Anzeige und in jedes Event wird der Internetauftritt angemessen einbezogen. Umgekehrt nutzen die klassischen Offline-Maßnahmen immer häufiger das Internet als Rückkanal zur ergänzenden Information und zum Dialog.

Die Vor- und Nachteile der neuen Medien? Die Antwort fällt schwer, denn alles ist im Fluss. Die Erkenntnisse von heute sind schon morgen überholt.

Vorteile:

- *Innovativ* – Die neuen Medien haben ein modernes Image, das auf das beworbene Unternehmen oder Produkt abstrahlt.
- *Informativ* – Die neuen Medien eignen sich hervorragend als Informationsträger. Der Nutzer kann umfassend informiert werden. Er kann sich Schritt für Schritt durch die Information führen lassen. Er kann sich aber auch gezielt das heraussuchen, was für ihn von Interesse ist.
- *Multimedial* – Die Kommunikation über die neuen Medien verbindet Wort und Bild, Video und Ton miteinander, so dass eine ganze neue Art von Sinnesbeziehungen entsteht.
- *Schnell* – Kommunikation über die neuen Medien lässt sich schnell aktualisieren und transportieren. Sie ist, wenn es darauf ankommt, „sofort und überall".

- *Interaktiv* – Speziell die Online-Medien und der Kiosk ermöglichen sofortige Rückkopplung und Reaktion durch den Nutzer. Der Nutzer bekommt einen aktiven Part im Kommunikationsprozess.

Nachteile:

- *Überfüllt* – Die Menge der Information, die über die neuen Medien transportiert wird, geht gegen unendlich. Der eigene Kommunikationsimpuls droht darin unterzugehen.
- *Chaotisch* – Es gibt noch keine festen Kommunikationsregeln und Erfahrungswerte. Die neuen Medien sind ein kleines Abenteuer. Es fällt schwer, die Orientierung zu finden und zu behalten.

Event-Marketing

Das Marketing mit Ereignissen und Veranstaltungen ist eine florierende Branche. Kunden und Interessenten können das Unternehmen, seine Produkte und Protagonisten live und zum Anfassen erleben. Die Kommunikation wird zum Ereignis und damit steigen gleichzeitig die Chancen, dass die Medien darüber berichten.

Die Zahl der Events ist sprunghaft angestiegen. Teilweise war in den letzten Jahren eine regelrechte Event-Manie zu beobachten – immer größer, immer spektakulärer, immer teurer. Bei manchen Events erdrückte die faszinierende Form die eigentlichen Inhalte. Inzwischen sind die Unternehmen auf die Bremse getreten. Die Zahl der Events wird zurückgefahren. Dennoch kann von einer Branchenkrise nicht die Rede sein, denn in Zukunft verlagert sich der Schwerpunkt von der Quantität zur konzeptionellen Qualität. Aus dem Spektakel wird wieder mehr ein Kommunikationsinstrument.

Ein weiterer Schwachpunkt macht dem Event-Marketing zu schaffen: Die Events sind oft das Stiefkind der integrierten Kommunikation – sie laufen nebenher, ohne sauber in das Gesamtkonzept eingebettet zu sein. In der Regel werden Eventagenturen auch gar nicht gefragt, wenn es um die Entwicklung des kommunikativen Gesamtkonzepts geht.

> Was ist ein Event? Das Event ist ein Ereignis mit positiver Emotionalisierung. Es macht ein Produkt, eine Dienstleistung oder ein Unternehmen zum „Star". Das Ereignis hat einen besonderen und möglichst einmaligen Charakter. Es vermittelt der avisierten Zielgruppe ein Gefühl des authentischen Dabeiseins. Ein Event ist mit systematischer Kommunikation gekoppelt.

Event-Marketing geht einen Schritt weiter. Es ist die systematische Konzeption, Organisation, Inszenierung und Kontrolle von Events. Aufgabe ist es, eine emotionale Stimulans auszulösen, die Positionierungen und Botschaften der Kommunikation transportiert und nachhaltig penetriert. Das moderne Event-Marketing verbindet unterschiedliche Event-Module und andere Kommunikationsinstrumente zu einem „emotionalen Netzwerk".

Das Event-Marketing hat zum einen rein kognitive Ziele und unterscheidet sich hierbei nicht wesentlich von anderen Kommunikationsinstrumenten – Ziele sind hierbei z. B.:

- Aufmerksamkeit gewinnen,
- bekannt machen,
- Informationen vermitteln und lernen.

Wichtiger und prägender für das Event-Marketing sind allerdings die affektiven Ziele. Sie bilden die eigentlichen Stärken des Events – Ziele sind hierbei z. B.:

- Unterhalten und Faszinieren,
- Erlebniswelten schaffen,
- Sympathie und Präferenz stärken,
- Treffpunkte schaffen, soziale Interaktion ermöglichen,
- Kontakte pflegen und Kunden binden,
- Image ausbauen,
- Wir-Gefühl erzeugen.

Diese Ziele stellen hohe Ansprüche an jedes Event. Ein Event sollte daher nie „von der Stange" kommen. Es lebt von der Besonderheit und Einmaligkeit des Erlebnisses. Wiederholungen und Stereotypen zerstören die Erlebnisqualität. Die Event-Organisation darf deshalb nie die Nutzung kreativer Freiräume und die Generierung innovativer Event-Konzepte verhindern. Die Idee ist die Seele des Events.

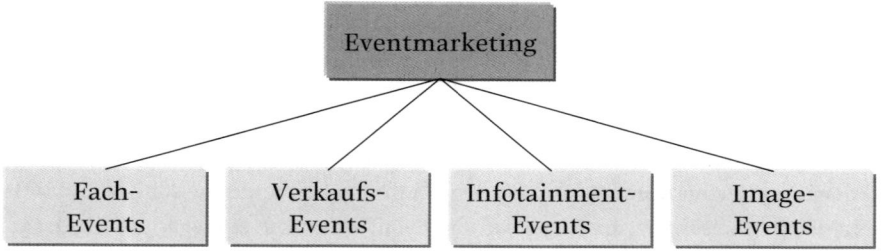

Die Vielzahl der möglichen Veranstaltungen und Ereignisse lassen sich in vier Eventbereiche untergliedern:

- *Fach-Events* – Die Vermittlung von Sachinformation und die Schulung stehen im Vordergrund. Typische Fach-Events sind Kongresse, Workshops, Symposien, Coachings etc.
- *Verkaufs-Events* – Bei diesen Ereignissen geht es primär um das Verkaufen oder das Anbahnen eines Verkaufs. Dazu gehören Messen, Verkaufspartys, Kundenbörsen etc.
- *Infotainment-Events* – Information und Unterhaltung werden zu einem ganzheitlichen Erlebnis verbunden. Es wird etwas für Auge und Ohr geboten – z. B. bei Kickoffs, Roadshows, Produktpräsentationen etc.
- *Image-Events* – Das Unternehmen ist ein „soziales Wesen". Es versteht zu feiern und zu fördern. Es ist ein guter Gastgeber und lädt ein – zu Jubiläen, Bällen, Konzerten, Sportveranstaltungen etc.

Events sind die Prise Salz, die ein Kommunikationskonzept erst schmackhaft machen. Die Kommunikation wird lebendig und sinnlich erfahrbar. Jede Anzeige ist dagegen nur Surrogat.

Nicht zu vergessen: Events eignen sich auch hervorragend als Presse- und Medienereignis. Der Ereignis- bzw. Neuigkeitswert weckt das Medieninteresse und zieht eine breite Berichterstattung nach sich. Die enge Koppelung von attraktiven Events mit gezielter Pressearbeit ergibt einen interessanten Kommunikationsmechanismus. Auch wenn es über das Unternehmen eigentlich nichts Neues zu berichten gibt, können wir über ein gekonntes Event-Marketing ausreichend positive Neuigkeiten „produzieren".

Die Vorteile

- *Emotionale Kraft* – Ein gutes Event stimuliert und fasziniert die Zielgruppe. Es wird eine hohe emotionale Bindung hergestellt.
- *Produkt zum Anfassen* – Die Zielgruppe erlebt das Produkt bzw. das Unternehmen aus nächster Nähe und authentisch. Werbebotschaften werden erlebbar.
- *Nachrichtenwert* – Ein Event ist ein Ereignis – und ein Ereignis hat Nachrichtenwert. Gute Events eignen sich hervorragend als Aufhänger für eine systematische Pressearbeit.
- *Interaktion* – Gute Events sind interaktiv. Die Zielgruppen werden aktiv einbezogen und setzen sich mit dem Produkt und Unternehmen auseinander. Der berühmte „Learning by doing"-Effekt entsteht.

Die Nachteile:

- *Nicht wiederholbar* – Gute Events sind einmalig und deshalb können sie nicht permanent wiederholt werden. Dann verlieren sie nämlich ihre Magie. Deshalb ist es Aufgabe des Event-Konzeptioners immer wieder etwas Neues zu finden, das alte Event zu „toppen". Das ist nicht einfach und klappt oft nicht.
- *Begrenzte Zielgruppe* – Das Event erreicht primär nur eine relativ kleine Gruppe – die Teilnehmer vor Ort. Das sind vielleicht einige Hundert oder Tausend. Viele andere werden zwar über die Medienresonanz erreicht – aber nur in stark verminderter Qualität.
- *Schwer kontrollierbare Einflussfaktoren* – Ein gutes Event ist eine Kunst. Wenn nur ein einzelnes Element im Gesamtbild stört, kann es den Gesamteindruck zerstören. Und es gibt viele solcher kritischen Punkte: Das Wetter spielt nicht mit, die Location (Veranstaltungsort) ist nicht optimal, das Catering ist zweitklassig, die Schlangen am Einlass sind lang, die Sanitäranlagen lassen zu wünschen übrig etc. – der Event-Manager muss an alles denken.

Interne Kommunikation

Die interne Kommunikation ist oft ein Stiefkind – viele Konzepte vergessen sie einfach. Unter interner Kommunikation versteht man die Ansprache der Mitarbeiter des Unternehmens sowie die Pflege dieser Beziehungen. Die interne Kommunikation hat zwei Dimensionen:

- *Die kontinuierliche Kommunikation nach innen* – Information und Motivation ist ein ständiger Prozess, der das ganze Jahr über mit verschiedenen Mitteln und Maßnahmen gefördert werden muss.
- *Die kampagnenorientierte Kommunikation nach innen* – Wenn ein Konzept für die externe Kommunikation entwickelt wird, dann sind die Mitarbeiter in dieses Konzept einzubeziehen, denn sie sind wichtige Sprachrohre und Multiplikatoren des Unternehmens.

Im Rahmen der Maßnahmenplanung geht es vorrangig um die kampagnenorientierte interne Kommunikation. Beziehen Sie in Ihr Konzept unbedingt spezielle Maßnahmen für Mitarbeiter ein. Starten Ihre externen Maßnahmen und die Mitarbeiter sind nicht informiert oder identifizieren sich nicht, dann leidet die Glaubwürdigkeit der gesamten Kommunikation darunter. Nicht wenige Kommunikationskampagnen verdorren, weil sie von den Mitarbeitern nicht akzeptiert werden.

Bei der Ansprache der Mitarbeiter in Unternehmen und Institutionen unterscheiden wir drei Gruppen, die oft eine spezifische Ansprache benötigen:

- *Die Entscheidungsebene* – Die Führungskräfte müssen frühzeitig und taktisch geschickt einbezogen werden. Es gilt, sie als Unterstützer zu gewinnen. Sie sollen die Botschaften nach innen in ihre Bereiche tragen.
- *Die direkt betroffenen Mitarbeiter* – Das sind die Mitarbeiter, die direkt von den Auswirkungen der externen Maßnahmen tangiert werden oder sogar involviert sind. Das Verkaufsteam beispielsweise oder die Damen und Herren am Kundentelefon.
- *Die gesamte Mitarbeiterschaft* – Die Mehrzahl der Mitarbeiter auf allen Ebenen des Unternehmens hat zwar direkt mit der Kommunikationskampagne nichts zu tun, aber als Meinungschor im Hintergrund muss man sie stets mit ins Kalkül ziehen.

Es braucht kein großes aufwendiges Repertoire von Maßnahmen für die interne Kommunikation. Man kann hier schon mit begrenzten Mitteln einiges erreichen. Allerdings nehmen es

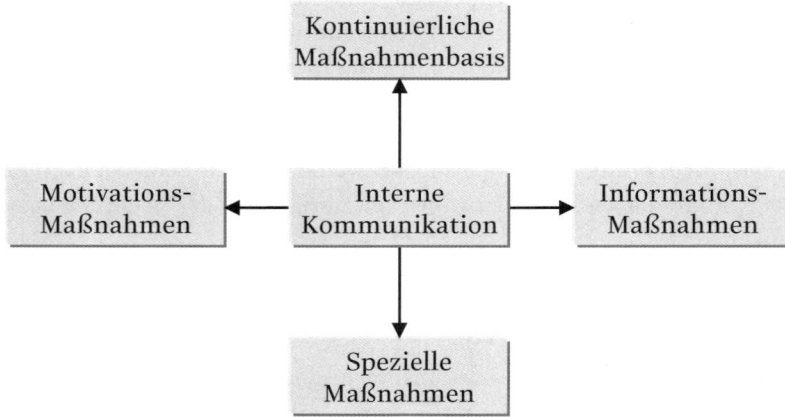

Mitarbeiter übel, wenn man zu sparsam und frugal mit ihnen kommuniziert. Die Beschränkung auf lieblose Kommunikationsstandards wird zum Angriff auf das Selbstwertgefühl der Leute.

Bei der internen Kommunikation im Kampagnen- oder Aktionskontext greift man auf vorhandene Maßnahmen zurück oder setzt neue spezielle Maßnahmen ein:

- *Vorhandene Maßnahmen* – Das sind Maßnahmen, die im Rahmen der kontinuierlichen internen Kommunikation bereits institutionalisiert sind und für die spezielle Kommunikationsaufgabe mitgenutzt werden. Beispielsweise die Mitarbeiterzeitschrift, das Intranet oder das jährliche Betriebsfest.
- *Spezielle Maßnahmen* – Diese werden gezielt für die Kommunikationsaufgabe entwickelt. Das könnte eine kleine Sympathiegabe für die Mitarbeiter zum Kommunikationsstart sein oder ein Workshop, um die Führungskräfte ins Boot zu holen.

Vorhandene und spezielle Maßnahmen unterteilen sich je nach Kommunikationsziel wiederum in zwei Gruppen:

- *Informationsmaßnahmen* – Sie machen die Mitarbeiter schlau, transportieren die notwendigen Daten und Fakten der bevorstehenden externen Kommunikation und zeigen auf, wie die Mitarbeiter einbezogen sind.
- *Motivationsmaßnahmen* – Sie öffnen die Mitarbeiter emotional für die Kampagne oder Aktion. Sie belohnen und stimulieren und erzeugen ein positives Klima.

Ein wichtiges Detail zum Schluss: Die interne Kommunikation sollte der externen in der Regel zeitlich vorgelagert sein. Die Mitarbeiter müssen es als Erste erfahren und zum Startschuss der Kommunikation bereits mit im Boot sein.

Sponsoring

Beim Sponsoring gibt es immer zwei Partner: den Sponsor und den Gesponsorten. Die Partnerschaft ist nicht wie beim Mäzenatentum ideell. Der Sponsor will für sein Sponsoring eine Gegenleistung sehen. Er gibt Geld- oder Sachleistungen und bekommt dafür Präsentationsmöglichkeiten, die ihm Image- und Sympathiewerte bringen.

Das Sponsoring hat in letzter Zeit etwas überhand genommen. Ganze Heerscharen von Vereinen, Verbänden, Veranstaltern und Initiativen sind auf der Suche nach Sponsoren für ihre Projekte und Aktionen. In großen Unternehmen läutet bei den Kommunikationsverantwortlichen ständig das Telefon und irgendjemand nervt mit einer neuen Sponsoringnachfrage.

Eine Unsitte ist es auch, das viele Sponsorings deshalb nicht zustande kommen, weil sich das Unternehmen davon einen positiven Imagetransfer erhofft, sondern weil man sich dem Gesponsorten verpflichtet fühlt. „Der ist im Vorstand meines Golfclubs, da kann ich doch nicht nein sagen", heißt es dann z. B..

Im Maßnahmenplan eines Konzepts können zwei Dimensionen des Sponsorings eine Rolle spielen:

- *Der Kunde wird zum Sponsor* – Man empfiehlt dem Kunden, eine bestimmte Veranstaltung oder Institution zu sponsern, weil diese Maßnahme passgenau in die Strategie passt und interessante Imagepluspunkte bringt.
- *Der Kunde sucht Sponsoren* – Es ist beispielsweise ein Event Bestandteil des Maßnahmenplans, der sich mit den vorhandenen Etatmitteln nicht finanzieren lässt. Der Konzeptioner schlägt die Einbeziehung von Sponsoren vor und er definiert Maßnahmen, wie diese Sponsoren angesprochen und überzeugt werden können. Wer schlau ist, verspricht dem Kunden hier nicht zu viel, denn die Sponsorengewinnung ist ein hartes Brot.

Wenn Sie Sponsoren für eine Ihrer Maßnahmen suchen, dann müssen Sie dem Sponsor als Gegenleistung entsprechende Präsentationsmöglichkeiten geben. Seien Sie hier nicht zu üppig, denn sonst zerstört die Sponsorenpräsentation Ihre gesamte Maßnahme. Das Ergebnis sind beispielsweise diese scheußlichen Events, wo Fahnen, Banner und Transparente der Sponsoren den eigentlichen Veranstaltungszweck überdecken und das Ganze zum Werbezirkus machen. Jeder kennt auch diese Anzeigen, bei denen in einem Wald von Sponsorenlogos, die eigentliche Botschaft unterzugehen droht.

Noch eins: Sponsoren machen Arbeit. Sie wollen gehegt und gepflegt werden. Planen Sie adäquate Maßnahmen dafür in Ihr Konzept ein. Suchen Sie lieber wenige große Sponsoren als viele Mini-Partner. Der Metzger, der 500 Bratwürste dazugibt, macht nämlich am Ende genauso viel Arbeit wie das große Telekommunikationsunternehmen, das mit 100.000 Euro einsteigt.

Product Placement

Beim Product Placement handelt es sich um die werbewirksame Einbettung von Produkten, Dienstleistungen oder Werbemitteln in ein Umfeld mit hohem Imagetransfer-Wert. Bekanntestes Beispiel ist sicherlich der BMW von James Bond. Jedes Jahr gibt es zehntausende solcher Placements. Die große Mehrzahl von ihnen nehmen wir nicht bewusst wahr, dennoch können Placements einen nicht zu unterschätzenden positiven Einfluss auf das Ansehen eines Produkts haben.

Der Schwerpunkt von Placements liegt auf Spielfilmen und Fernsehsendungen. In den letzten Jahren hat sich der Radius erweitert. So gibt es inzwischen Placements in Theaterstücken oder Starkonzerten, in Museen oder Ausstellungen. Placements sind auch auf redaktionellen Fotos von Magazinen möglich. Sogar Websites bieten sie inzwischen an.

Das Product Placement kann ganz unterschiedliche Realisierungsformen haben. Das Produkt ist einfach nur im Bild zu sehen, das Produkt wird in seiner Anwendung gezeigt, das Produkt spielt eine aktive Rolle in der Handlung oder das Produkt wird zum wichtigen Schlüssel für die Handlung.

Neu! Die Steigerungsform des Placements ist das Programming. Da werden ganze Sendeformate zwischen Medium und Unternehmen abgestimmt: Quizsendungen, Ratgeberreihen und andere Programmformen werden von den Unternehmen initiiert, finanziert und von den Medien ausgestrahlt.

Merchandising/Licensing

Merchandising ist das Vermarkten des Logos, des Corporate Design oder der Sympathieträger eines Unternehmens. Dabei soll zum einen Geld verdient werden. Genauso wichtig, wenn nicht wichtiger, sind jedoch der Penetrationseffekt und der Imagetransfer.

Im einfachsten Fall stellt das Unternehmen bestimmte Merchandisingartikel mit Firmenlogo oder Sympathiefigur her und verkauft sie an Kunden oder Interessenten. Das können T-Shirts, Kaffeetassen oder Stofftiere sein, aber auch höherwertige Artikel wie Fahrräder oder Autos sind möglich. In Berlin hat die Verkehrsgesellschaft BVG auf diese Weise sogar eine Unterwäsche-Kollektion recht erfolgreich vermarktet. Die Unterhosen mit dem Aufdruck der U-Bahn-Station „Krumme Lanke" sind ein Renner.

Zum Grundrepertoire der Kommunikation gehören Merchandising-Maßnahmen – z. B. bei Radiostationen, Sportvereinen, Museen oder Autoherstellern.

Merchandising-Maßnahmen eignen sich nicht in jedem Fall. Ihr Einsatz will gut durchdacht sein:

- Der Imagewert des Unternehmens muss hoch sein, denn der Kunde kauft nur, wenn er sich mit dem Unternehmen identifiziert.
- Der Gegenstand muss nützlich sein und die Zielgruppe treffen. Viele Merchandisingartikel entpuppen sich als Ladenhüter und werden am Ende verschenkt.
- Der Preis sollte in Relation zu gleich gearteten Angeboten günstig sein und dem Käufer einen Vorteil versprechen.

Bei Marken und Symbolen mit starker emotionaler Aufladung wird das Merchandising zum Licensing. Das heißt, das Unternehmen vergibt die Rechte an seinem Logo und seiner Werbefigur, so dass sie von Dritten genutzt werden können. Dabei unterscheidet man:

- *Produkt-Licensing* – Der Lizenznehmer vermarktet Produkte im Zeichen des Lizenzgebers. Das Spektrum reicht vom Bekleidungsartikel bis zum Computerspiel.
- *Event-Licensing* – Der Lizenznehmer darf den Namen oder das Design des Lizenzgebers für seine Veranstaltungen nutzen. Beispielsweise wirbt ein Veranstalter mit einem bekannten Fernsehschauspieler als Aufhänger für seine Veranstaltungsreihe unter dem Motto: „XY präsentiert: ..."
- *Werbe-Licensing* – Der Lizenznehmer verwendet Name oder Design des Lizenzgebers für seine Kommunikationsaktivitäten. Beispielsweise nutzt ein großes Markenartikel-Unternehmen eine Eishockey-Mannschaft als Aufhänger für eine Werbekampagne.

Achtung: der Begriff Merchandising taucht auch im Bereich der Verkaufsförderung auf. Dort steht er für die Pflege und Ausstattung des POS.

Die Zeitplanung

Soweit das beeindruckende Panorama der Kommunikationsbereiche. Wir machen nun einen Sprung auf die letzten Seiten eines Konzepts – zum Zeitplan. In der Zeitplanung werden die zeitlichen Relationen der einzelnen Mittel und Maßnahmen festgelegt. Es kommt nicht auf tagesgenaue Präzision an, sondern auf eine übersichtliche Relation. Der Betrachter soll auf einen Blick erkennen, was wann passiert. Idealerweise wird die Zeitplanung in ein Schaubild umgesetzt.

Bei der Ausarbeitung der Zeitplanung sind folgende Merksätze zu beachten:

- *Mit Dramaturgie arbeiten* – Gute Kommunikation vermeidet zeitliche Gleichförmigkeit. Sie bündelt die Kräfte, inszeniert von Zeit zu Zeit echte Höhepunkte und erzeugt einen Spannungsbogen.
- *Wiederholung aus Prinzip* – Kommunikation lebt von der Wiederholung. Die Botschaften werden immer wieder in Erinnerung gebracht.
- *Genügend Vorbereitungszeit* – Zwischen Fertigstellung des Konzepts und Startschuss der Kommunikation sollte genügend Zeit liegen. Eine zu knappe Vorbereitungszeit drückt auf die Qualität und treibt den Beteiligten den Angstschweiß auf die Stirn.
- *Mit Reserven planen* – Es empfiehlt sich dringend, in die Kommunikation genügend Zeitreserven einzubauen. Wer zu knirsch plant, darf sich nicht wundern, wenn es knallt.
- *Den Start betonen* – Der Start jeder Kampagne oder Aktion sollte gekonnt inszeniert werden. Die Kommunikation braucht einen gewissen Anfangsdruck, um in Bewegung zu kommen.
- *Kurz fassen* – Aktionen oder Kampagnen sollten nicht zu lange laufen. Je kompakter das Zeitfenster, desto höher der Kommunikationsdruck und desto geringer der Abnutzungsgrad der Maßnahmen.
- *Auf Interferenzen achten* – Manche Maßnahmen kommen sich ins Gehege, wenn sie gleichzeitig laufen. Wer also eine Journalistenreise ansetzt und zeitgleich eine hochkarätige Forumsveranstaltung plant, bekommt Probleme, denn die Journalisten können nur an einem Punkt zugleich sein – deshalb das gesamte Timing auf eventuelle Interferenzen überprüfen!
- *Nicht zulange pausieren* – Kommunikationsimpulse sind schnell vergessen, deshalb muss immer wieder stabilisiert und vitalisiert werden. Das spricht nicht gegen Kommunikationspausen. Sie sind durchaus sinnvoll, sie sollten aber nicht zu lange werden, sonst geraten die Botschaften wieder in Vergessenheit.

Die Maßnahmenplanung braucht in aller Regel eine klare zeitliche Dramaturgie. Nur wenige Konzepte sind punktuell angelegt. Bei allen anderen Konzepten ist die Frage zu klären, mit welcher Intensität die Maßnahmen innerhalb der Zeitachse wirken sollen. Verschiedene dramaturgische Einsatzvarianten stehen zur Verfügung:

- *Konstanter Einsatz* – Die Maßnahmen werden während der gesamten Kommunikation immer mit der gleichen Intensität gefahren. Es müssen dabei nicht durchgehend die gleichen Maßnahmen eingesetzt werden, vielmehr ist der Kommunikationsdruck in etwa immer gleich hoch zu halten.

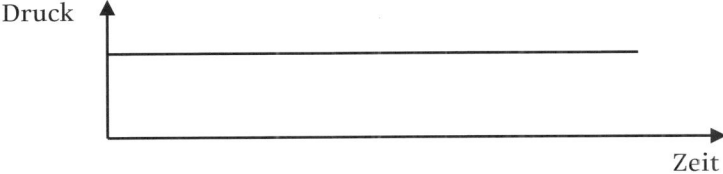

- *Startpunkt-Einsatz* – Die Kommunikation massiert die Kräfte gleich zu Anfang und startet mit voller Kraft durch. Bei Eröffnungen im Einzelhandel ist diese Dramaturgie beispielsweise anzutreffen.

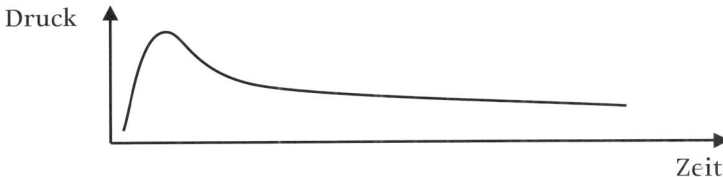

- *Wellen-Einsatz* – Die Kommunikation ist zwar permanent präsent, aber nicht auf konstantem Niveau. Es werden immer wieder druckvolle Höhepunkte gesetzt.

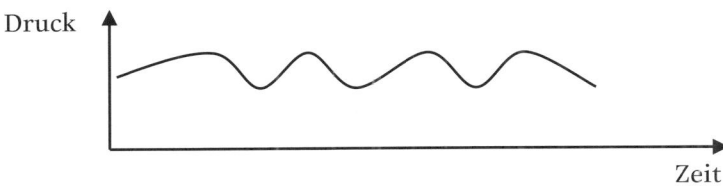

- *Guerillia-Einsatz* – Die Maßnahmenplanung erfolgt überraschend, scheinbar ohne zeitliches System. Aber gerade in diesen Überraschungseffekten liegt ein wesentlicher Effekt der Kommunikationswirkung. Überraschung steigert die Aufmerksamkeitswerte.

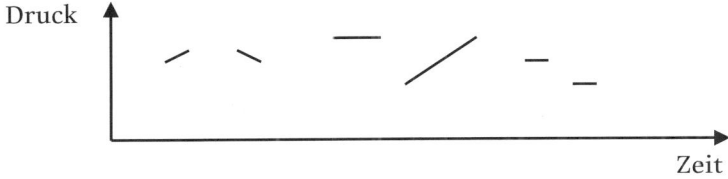

213

- *Intervall-Einsatz* – Die Kommunikation arbeitet mit Pausen. Auf Intervalle mit hohem Kommunikationsdruck folgen Zeiten ohne jegliche Kommunikation – wobei der Druck der Kommunikationsintervalle durchaus unterschiedliches Niveau haben kann.

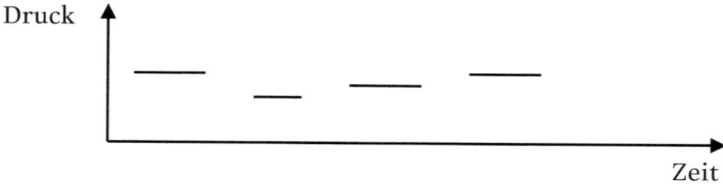

- *Schlusspunkt-Einsatz* – Der Höhepunkt liegt zum Schluss. Die gesamte Kommunikation arbeitet auf dieses Finale hin. Die Spannung steigt, der Werbedruck nimmt zu und die Kommunikation gewinnt an Dynamik.

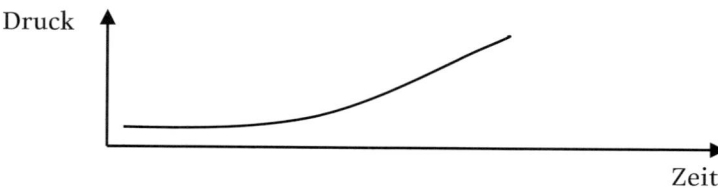

Die Etatplanung

Eine grobe Schätzung der Kosten ist bereits erfolgt. Ganz zum Schluss der Maßnahmenplanung schließt sich jetzt noch die eigentliche Budgetierung an. Jetzt wird nicht mehr über den Daumen gepeilt. Alle Maßnahmen werden durchgerechnet. Fordert der Kunde Etatansätze, hat man Glück gehabt. Es reicht in den meisten Fällen aus, die einzelnen Maßnahmenpositionen mit Etatgrößen zu versehen. Kommt es dem Kunden auf eine detaillierte Etatplanung an, dann müssen alle Maßnahmen komplett gerechnet und aufgeführt werden. Einige Agenturen gehen hier sogar so weit, die Kostenkomponenten der einzelnen Maßnahmen en Detail aufzuschlüsseln. Da wird also z.B. bei einer Anzeige genau definiert, wie viel Stunden Grafik und wie viel Stunden Text einfließen, wie hoch die Agenturleistungen und wie groß der Mediakosten-Anteil ist. Der Kunde begrüßt eine solche genaue Aufschlüsselung, denn sie macht die gesamte Etatplanung transparent. Der Verdacht, dass sich die Agentur eine goldene Nase verdienen will, wird so ausgeräumt.

Vorsicht ist angesagt, wenn die Etatplanung Angebotscharakter hat. Dann sind die genannten Kosten für die Agentur bindend. In diesem Fall sollte man besonders gründlich rechnen und bei Fremdkosten unbedingt schon Angebote der Lieferanten eingeholt haben.

214

Jede Agentur fragt natürlich nach der Etatgröße. Für die Unternehmensseite gibt es dann oft das Problem der Etatbestimmung. Wer nicht auf die Erfahrungswerte der Vorjahre zurückgreifen kann, sollte folgende Methoden zu Rate ziehen:

- *Competitive Parity* – Die Orientierung an den Etats der Konkurrenz, soweit sie geschätzt werden können.
- *Percentage of Sales* – Die Orientierung am Umsatz oder am gesamten Marketing-Etat
- Percentage of Profit – Die Orientierung am Gewinn, die aber in der Praxis bedenklich ist. Denn was passiert, wenn das Unternehmen Verlust einfährt?
- *Objektive and Task* – Die Orientierung an den gestellten Zielen und Kommunikationsaufgaben

Zugegeben, die Budgetierung ist eine hohe Kunst, die den Konzeptioner in aller Regel überfordert. In der Regel gibt er diese Arbeit an erfahrene Mitarbeiter weiter. Das können Produktioner, Art-Buyer oder Media-Leute sein – je nachdem. An einer falschen Budgetierung ist schon so manch ehrgeiziges Projekt gescheitert. Folgende Regeln sollten deshalb unbedingt eingehalten werden:

- Der Kunde muss der Agentur schon im Briefing eine Etatgrößenordnung nennen. Die Etatvorgabe ist Grundlage jeder konzeptionellen Arbeit. Ohne diese Orientierungsgröße werden Strategie und Maßnahmenplanung zum Blindflug. Kunden, die Etatvorgaben verweigern, wollen oft pokern. Lassen Sie sich darauf nicht ein.
- Schon in einer frühen Phase der Maßnahmenplanung sollte der Konzeptioner eine Skizze der Maßnahmen für eine erste überschlägige Vorkalkulation zur Verfügung stellen. Falls das Konzept überzieht, sind konzeptionelle Korrekturen zu diesem frühen Zeitpunkt noch relativ einfach.
- Das Konzept muss im Maßnahmenteil mit beiden Beinen auf dem Boden stehen, es dürfen keine Maßnahmen im Konzept bleiben, die durch die Etatplanung nicht hundertprozentig abgedeckt sind.
- Planen Sie Sicherheiten ein. Nur in ganz seltenen Fällen läuft alles glatt. Jedes Budget braucht ein finanzielles Polster, um Überraschungen und Pannen abfedern zu können. Etwa 10 bis 15% Sicherheitsreserve sind zu empfehlen.
- Halten Sie sich bei öffentlich-rechtlichen Ausschreibungen unbedingt an den vorgegebenen Etat. Eine Überschreitung der Budgetgröße kann zum „Sudden Death" führen.
- Bei allen anderen Ausschreibungen sollten Sie sich nicht an den Etat halten, es sei denn, es ist im Briefing explizit gefordert. Gehen Sie 20 bis 30% über den vorgegebenen Etat. Falls der Kunde vom Konzept fest überzeugt ist, hat er oft noch überraschenderweise einen Topf, aus dem er zusätzliche Mittel freimachen kann.
- Wenn sich der Kommunikationsetat halbiert, bedeutet das nicht, dass man schlicht den Maßnahmeneinsatz halbiert. Ein Konzept hat eine Statik wie ein Haus, halbiert man

den Mitteleinsatz, bricht es oft zusammen. Deshalb muss der Konzeptioner bei starken Mittelkürzungen das Konzept völlig neu planen.

- Bei der Präsentation des Konzepts sollte die Geldfrage möglichst weit hinten anstehen. Erst wenn der Kunde sich innerlich schon für das Konzept entschieden hat, kommt die Rede auf die Kosten. In aller Regel empfiehlt es sich nicht, die Kosten in den eigentlichen Präsentationsvortrag aufzunehmen.
- Keine Gratispräsentationen! Mehr und mehr Unternehmen schreiben Kampagnen aus und zahlen für die Präsentation keinen Cent Ausfallhonorar. Agenturen und Freiberufler sollten sich an solchen Ausschreibungen nicht beteiligen.
- Manche Unternehmen schreiben ihren PR- und Werbeetat aus und entscheiden sich dann für die billigsten Anbieter. Die Ergebnisse sind dementsprechend. Merke: Gute Arbeit kostet gutes Geld.

Die weitere Vorgehensweise

Der Punkt Vorgehensweise darf in keinem Konzept fehlen. Aus gutem Grund! Ist er nicht festgelegt, tut sich oft gar nichts. Der Kunde lässt sich Zeit, ist vom Alltagsgeschäft gefesselt und schiebt das Konzept auf die lange Bank. Ein Konzept ist eine Handlungsgrundlage und deshalb sollte immer auch festgelegt werden, wie die Handlung in Gang kommt:

- *Was?* – Welche Entscheidungs- und Realisierungsschritte müssen im Anschluss an das Konzept erfolgen?
- *Wann?* – Zu welchem Zeitpunkt haben diese Schritte zu erfolgen? Besonders deutlich sollte man hier die wesentlichen Meilensteine der Umsetzung definieren.
- *Wer?* – Wer ist für Entscheidung und Realisierungsschritte verantwortlich – auf Seiten des Kunden und der Agentur?
- *Wie?* – Welche Aufgaben übernimmt die Agentur? Was bleibt in der Verantwortung des Kunden? Wo liegen die Schnittstellen?

Ein letzter Punkt noch: Es macht sich gut, auf einer letzten Seite des Konzepts das Team der Agentur vorzustellen. Gemeint sind die Agenturmitarbeiter, die in der konzeptionellen Phase entscheidend mitgewirkt haben und all diejenigen, die im nächsten Schritt die Umsetzung übernehmen werden. Es gibt dem Kunden Vertrauen, wenn er die Mannschaft kennt, die in Zukunft für ihn arbeiten soll.

Übung

Ihr Kunde ist ein Zusammenschluss mehrerer Sportvereine, die gemeinsam neue Mitglieder und Förderer gewinnen wollen. Die Initiative ist mit viel Idealismus gestartet worden und hat in der Öffentlichkeit eine durchaus positive Resonanz gefunden. Nur ist die Welle der Unterstützung schnell abgeebbt. Bei der letzten Pressekonferenz vor einem halben Jahr sind nur 2 Journalisten gekommen. In 3 Wochen steht die nächste

PK an. Überlegen sie, wie Sie diese PR-Maßnahme inhaltlich gestalten, eventuell mit flankierenden Maßnahmen, so dass sie bei den Journalisten dieses Mal wesentlich mehr Resonanz findet – 20 anwesende Journalisten sollten es schon sein, nur wie?

Übung

Die Stadtwerke einer großen Stadt im Süden Deutschlands feiern ihr 50-jähriges Jubiläum. Im Mittelpunkt steht eine Jubiläumsveranstaltung mit einer Lasershow im Kraftwerk. Geladen sind etwa 250 Gäste: Politiker, Kunden, Medienvertreter – lauter wichtige Leute. Welche Mittel und Maßnahmen verbinden Sie mit dieser Veranstaltung, um aus dieser Schwerpunktmaßnahme das Optimale herauszuholen?

Maßnahmenplanung mit System

Grundsätzliches

Manche Agenturen konzipieren Maßnahmenpläne wie Versandhauskataloge. Es wird ein breites Spektrum von Maßnahmen vorgeschlagen und der Kunde darf sich etwas aussuchen. Hiervon ein bisschen ... und davon ... und das da auf Seite 27. Das Ergebnis ist in aller Regel der Räumungsverkauf der konzeptionellen Linie.

Maßnahmen müssen stets zu einem logischen System verbunden werden, sich gegenseitig stützen und stärken. Speziell bei der integrierten Kommunikation mit ihrem breiten Maßnahmenspektrum empfiehlt es sich, den Maßnahmen eine klare konzeptionelle Struktur zu geben. Diese Struktur sollte aus den Maßgaben des strategischen Teils abgeleitet werden. Viele Modelle sind hier möglich.

Im Folgenden möchte ich drei der gängigsten Strukturmodelle in der Praxis demonstrieren. Beachten Sie bitte, es handelt sich in allen drei Modellen um haargenau die gleichen Maßnahmen. Sie sind jeweils nur anders strukturiert

Nach Kommunikationsbereichen strukturieren

Das ist eigentlich der simpelste Ansatz, aber nicht unbedingt der schlechteste. Im vorliegenden Fall habe ich diesen Ansatz gewählt, weil der Kunde bisher alles andere als integrierte Kommunikation gepflegt hat. Einige Bereiche haben sich fröhlich kannibalisiert. Andere Bereiche waren völlig unterbelichtet. Ein wesentlicher strategischer Eckpunkt meines Konzepts war deshalb die Einführung eines abgestimmten integrierten Kommunikationssystems. So sah dieses System für das neue Planungsjahr im Überblick aus:

- Werbung
  - Anzeigenkampagne zur Einführung der neuen Serviceleistungen
  - Ergänzende Serviceblätter für die Kundenmappe
  - Service-Faltblatt zur breiten Streuung
  - Banner auf dem führenden Internet-Portal der Händler
- Direktmarketing
  - Mailing-Aktion an Stammkunden zur Einführung der Serviceleistungen
  - Einrichtung einer Service-Hotline für Stammkunden
  - Spezielle Einladungsaktion zum Händlertreff
- Events
  - Tag des Services im Frühjahr
  - Händlertreff im Herbst
- Public Relations
  - Aufbau einer leistungsfähigen Pressedatenbank
  - Regelmäßigen Pressedienst institutionalisieren
  - Etablierung einer Jahrespressekonferenz zum Ende des Jahres
- Interne Kommunikation
  - Kick off-Veranstaltung zum Start der neuen Services
  - Einführung einer Mitarbeiterzeitschrift
  - Einrichtung eines Intranets zuerst in der Verwaltung

Nach Zielgruppen strukturieren

Man stelle sich vor, der obige Kunde hätte nicht das Problem mit der integrierten Kommunikation. Vielmehr hätte er bisher hauptsächlich breit streuende Kommunikation ohne klares Zielgruppenkonzept gemacht. Im strategischen Teil des Konzepts läge daher ein Schwerpunkt auf der Entwicklung einer differenzierten Zielgruppenansprache. In diesem Fall würde es Sinn machen, den Maßnahmenkatalog nach Zielgruppen zu strukturieren – etwa so:

- Kundenpotential und -stamm
  - Anzeigenkampagne zur Einführung der neuen Serviceleistungen
  - Service-Faltblatt zur breiten Streuung
  - Tag des Services im Frühjahr
- Kundenstamm
  - Mailing-Aktion zur Einführung der neuen Serviceleistungen
  - Ergänzende Serviceblätter für die Kundenmappe
  - Spezielle Service-Hotline einrichten
- Händler
  - Regelmäßigen Infobrief für Handel einführen

- ○ Einladungsaktion zum Händlertreff
- ○ Händlertreff im Herbst
- Medien
  - ○ Aufbau einer leistungsfähigen Pressedatenbank
  - ○ Regelmäßigen Pressedienst institutionalisieren
  - ○ Ausgewählte Journalisten zum Händlertreff einladen
  - ○ Einführung einer Jahrespressekonferenz zum Ende des Jahres
- Mitarbeiter
  - ○ Kick off-Veranstaltung zum Start der neuen Services
  - ○ Einführung einer Mitarbeiterzeitschrift
  - ○ Einrichtung eines Intranets zuerst für die Verwaltung

Nach Zeit strukturieren

Nehmen wir diesmal an, bei der geplanten Kommunikation käme es entscheidend auf das richtige Timing an. Dann würde es Sinn machen, die Maßnahmen entsprechend ihrer zeitlichen Dramaturgie zu ordnen – und das sähe so aus:

- Vorbereitungsphase: Januar bis März 2002
  - ○ Aufbau einer leistungsfähigen Pressedatenbank
  - ○ Regelmäßigen Pressedienst institutionalisieren
  - ○ Kick off-Veranstaltung für die Mitarbeiter
- Einführungsphase Service (Schwerpunkt Kunden): März bis April 2002
  - ○ Mailing an die Stammkunden
  - ○ Servicetelefon für Stammkunden starten
  - ○ Tag des Services
  - ○ Anzeigenkampagne zur Einführung der neuen Serviceleistungen
  - ○ Ergänzende Serviceblätter für die Kundenmappe
  - ○ Service-Faltblatt zur breiten Streuung
- Stabilisierungsphase (Schwerpunkt Mitarbeiter): Mai bis August 2002
  - ○ Regelmäßigen Pressedienst institutionalisieren
  - ○ Einführung einer neuen Mitarbeiterzeitschrift
  - ○ Einführung eines Intranets zuerst in der Verwaltung
- Auffrischungsphase (Schwerpunkt Handel): September bis Dezember 2002
  - ○ Regelmäßigen Infobrief für Händler einführen
  - ○ Banner auf dem führenden Internet-Portal der Händler schalten
  - ○ Einladungsaktion zum Händlertreff
  - ○ Händlertreff im Herbst
  - ○ Einführung einer Jahrespressekonferenz zum Abschluss des Jahres

Der Maßnahmencheck

Grundsätzliches

Um die Eignung der Maßnahmen im Sinne der Strategie zu überprüfen, sollte man eine Checkliste entwickeln. Dort werden die maßgeblichen strategischen Kriterien für die Maßnahmen fixiert. Jede Maßnahme wird nun Kriterium für Kriterium mit einer Eignungsnote überprüft. Die einzelnen Noten werden addiert. Die Summe der erzielten Punkte gibt im Maßnahmenvergleich Hinweise auf die Qualifikation.

Mehr Medienresonanz für eine Hochschule

Eine Hochschule möchte im Rahmen einer größeren Kommunikationskampagne die Journalisten des Einzugsgebiets dazu bewegen, intensiver über die Hochschule zu berichten. Aus der gesamten Maßnahmenplanung seien hier zwei Maßnahmen beispielhaft vorgestellt.

Da gibt es den Vorschlag, ein Journalisten-Event an der Hochschule zu veranstalten. Für ein paar Stunden sollen die Journalisten in die Rolle von Studenten schlüpfen, Vorlesungen besuchen, in der Mensa speisen usw.

Ein anderer Vorschlag regt einen Journalisten-Wettbewerb an. Journalisten können ihre Beiträge über die Hochschule einreichen. Die besten Beiträge werden ein Mal im Jahr im Rahmen eines Festakts ausgezeichnet. Der verantwortliche Konzeptioner kam zu folgender Bewertung (10 = voll geeignet bis 1 = vollkommen ungeeignet):

Kriterium	Journalisten -Event	-Wettbewerb
Breite Akzeptanz und Teilnahme der Zielgruppe	7	7
Unterstützt Kommunikationsziel: Mehr Berichterstattung	6	8
Passend zur Positionierung: Transparente Hochschule	9	5
Botschaften der Hochschule transportierbar	8	6
Maßnahme noch im Sommersemester realisierbar	9	3
Maßnahme finanzierbar	9	9
Maßnahme langfristig institutionalisierbar	6	8
Gesamtpunktzahl	**54**	**46**

Der Zielgruppencheck

Tag der offenen Bühne

Das Stadttheater einer großen deutschen Stadt plant einen „Tag der offenen Tür". Der Bürger soll ans Theater herangeführt werden, wie es im schriftlichen Briefing heißt. Zum Abschluss der Maßnahmenplanung habe ich eine Matrix erstellt, die alle Maßnahmen den im Konzept definierten Zielgruppen gegenüberstellt. Ich kontrolliere ob für die einzelnen Zielgruppen auch genügend Kommunikationsdruck erzeugt wird. Schwachstellen fallen sofort ins Auge: Im vorliegenden Fall habe ich für die Mitarbeiter keine Schwerpunktmaßnahme. Sie laufen nur so mit.

	Theater-besucher	Öffent-lichkeit	Medien	Multi-plikatoren	Mitarbeiter
Transparent vor Theater	■	■			□
Infowand im Theater	■				□
Anzeige Tageszeitung	■	■		□	□
Anzeige Anzeigenblatt		■			□
Plakate	□	■			
Promotion Marktplatz	□	■			
Mailing Abo-Kunden	■				
Beilage Programmhefte	■				
Einladung VIPs					
Pressegespräch Vorfeld			■	■	
Presseinfo im Vorfeld			■		

■ Schwerpunktmaßnahme   □ Randmaßnahme

Zeitplan der Wassersparkampagne

Wann passiert was?

Der Zeitplan im Konzept ist nicht zu verwechseln mit der konkreten Projektplanung in der Umsetzungsphase. Beim konzeptionellen Zeitplan kommt es nicht auf den Tag an. Es soll der zeitliche Einsatz der Mittel im Überblick sichtbar werden – wie nachfolgend am Beispiel einer Wasserspar-Kampagne zu sehen.

	März	April	Mai	Juni	Juli	August	September	Oktober	November
Werbemaßnahmen									
Anzeigen	▬	▬	▬				▬	▬	
Funk	▬		▬	▬			▬	▬	▬
Großflächen	▬	▬	▬				▬	▬	
Schaufensterdeko	▬	▬	▬	▬	▬	▬	▬	▬	▬
Internet	▬	▬	▬	▬	▬	▬	▬	▬	▬
Begleitende Events									
Auftakt-Event „Wassermusik"	▪								
Ganzbemalung Schiff	▬	▬	▬						
Wassertour Einkaufszentren				▬					
Begleitende PR									
Auftakt- und Bilanz-PK	▪								▪
Pressemappe und -infos	▬	▬	▬						
Presseaktionen	▬	▬					▬		
Maßnahmen Mitarbeiter									
Kampagnenpräsentation	▪								
Infofaltblatt	▬								
Fragen/Antworten-Leporello	▬	▬	▬	▬	▬	▬	▬	▬	▬
Berichte Teammagazin	▬	▬	▬	▬	▬	▬	▬	▬	▬

8. Phase: Die Erfolgskontrolle

Konzeption braucht Kontrolle

Ohne Erfolgskontrolle geht es nicht. Sie ist ein wichtiges Zahnrad im Getriebe der Konzeption. Kommunikation ohne vernünftige Kontrolle ist schlichtweg Blindflug.

> *Definition: Erfolgskontrolle*
>
> Erfolgskontrolle ist die systematische Untersuchung und Analyse der Kommunikation mit Hilfe von Kontrollwerkzeugen vor, während und nach der Durchführung kommunikativer Maßnahmen.

Es darf folglich kein Kommunikationskonzept ohne klare Aussagen zur Erfolgskontrolle geben. Das Kapitel Erfolgskontrolle steht in der Regel am Ende eines jeden Konzeptpapiers bzw. am Ende einer jeden Präsentation. Das Kapitel ist zwar selten ein Glanzpunkt, eher eine notwendige Pflichtübung, dennoch sollte es selbst beim kleinsten Etat nicht fehlen. Das Kapitel beschreibt kurz und knapp die folgenden Parameter:

- Welche konzeptionelle Zielsetzung hat die Erfolgskontrolle? Die Erfolgskontrolle wird auf die strategische Linie des Konzepts gebracht. Die Kontrolle führt kein Eigenleben, sie ist die rechte Hand der Strategie.
- An welchen Punkten setzt die Erfolgskontrolle ihre Hebel an? Rundum alles zu untersuchen, ist kostenaufwendig und wenig praktikabel. Man sollte sich genau überlegen, an welchen Stellen man den Hebel der Erfolgskontrolle ansetzen will.
- Welche Kontrollmethoden kommen zum Einsatz? Das Konzept legt beispielsweise fest, dass es einen Pre- und einen Posttest geben wird, die durch eine Auswertung der Medienresonanz und des „Traffic" auf der Website flankiert werden.
- Wer macht die Erfolgskontrolle? Welche Elemente kann das Unternehmen mit Bordmitteln in den Griff bekommen? Wo kann die betreuende Kommunikationsagentur unterstützen? Wo und warum ist die Integration eines externen Marktforschungsinstituts notwendig?

Das Kapitel Erfolgskontrolle im Konzept kann kurz gehalten werden. Es sind keine ausholenden Abhandlungen gefragt. Es geht um die konzeptionelle Ausrichtung, aber noch nicht um die planerischen Details. Ein bis zwei Seiten im Konzept oder ein Chart in der Präsentation reichen in der Regel aus.

Bei der dazugehörigen Budgetierung darf die Erfolgskontrolle natürlich nicht vergessen werden. Entsprechende Etatmittel sind einzuplanen. Im Regelfall liegt man mit etwa 5% des Etats

8. Phase: Die Erfolgskontrolle

Was haben wir erreicht und mit welchen Methoden belegen wir den Erfolg unserer Maßnahmen?

Ist-Situation Erfolgskontrolle

Phasen der Erfolgskontrolle
Vorgelagerte Kontrolle
Begleitende Kontrolle
Nachgeschaltete Kontrolle

Ablauf der Erfolgskontrolle

Instrumente der Erfolgskontrolle
Befragung, Beobachtung und Experiment
Resonanzmessung
Effizienzkontrolle

Die Dimensionen der Erfolgskontrolle
Quantitative und qualitative Messungen
Messungen auf der strategischen und operativen Ebene

Typische Probleme

Praktische Einstiegshilfen

richtig. Bei neuen und schwierigen Kommunikationssituationen kann der Anteil auch bis auf 10% ansteigen.

Erfolgskontrolle – nein, danke?

Die Erfolgskontrolle macht Chancen und Fortschritte sichtbar, aber was vielleicht noch wichtiger ist, sie fokussiert Schwachstellen und Fehler. Aus Fehlern kann man bekanntlich lernen. Durch die Lerneffekte erhöht die Kommunikation ihren Wirkungsgrad und läuft bald wesentlich runder und effizienter. Der Mitteleinsatz wird optimiert, die Strategie feinjustiert und die kommunikative Ausschussquote sinkt auf ein Minimum. Soweit der moralische Anspruch. Wie sieht es in der Wirklichkeit aus? Traurig! Bei kleinen und mittleren Etats ist die Erfolgskontrolle oft nur das fünfte Rad am Wagen.

Werden die definierten Ziele erreicht? Greifen die laufenden Maßnahmen? Stehen Kosten und Nutzen in einem akzeptablen Verhältnis? Welche Risiken und Nebenwirkungen zeichnen sich ab? Bei vielen, allzu vielen Konzepten bleiben diese Fragen unbeantwortet. Um ehrlich zu sein, sie werden oft erst gar nicht gestellt. Markantes Kennzeichen der Erfolgskontrolle ist, dass sie in der Kommunikationspraxis häufig gar nicht oder nur sehr halbherzig stattfindet. Und die Kommunikationsverantwortlichen haben nicht mal ein schlechtes Gewissen. Das hat mehrere Ursachen:

- *Die Akzeptanz fehlt* – Viele Kommunikationsleute reagieren skeptisch oder sogar ablehnend. Sie bezweifeln den Sinn der Erfolgskontrolle. Da kommt für sie zu wenig heraus. Die Methoden und Ergebnisse erscheinen in ihrem Verständnis theoretisch konstruiert und wissenschaftlich abgehoben.
- *Das Wissen fehlt* – Die Erfolgskontrolle ist wie ein Buch mit sieben Siegeln. Die Wege der Erfolgskontrolle sind weit verzweigt und kompliziert. Es gibt keine Patentrezepte. Die Praktiker kennen sich nicht richtig aus und lassen lieber die Finger davon.
- *Das Geld fehlt* – Der Kommunikationsetat ist knapp und weitere Kürzungen stehen ins Haus. Alle stöhnen. In dieser Situation will man nicht noch Mittel abzweigen und in die Erfolgskontrolle stecken. „Für das Geld bringen wir lieber zusätzliche Maßnahmen auf die Schiene. Das bringt mehr!" – so oder ähnlich ist der O-Ton aus der Kommunikationspraxis.
- *Die Zeit fehlt* – Die Herbstkampagne kommt mit großen Schritten heran. Die Jahrespressekonferenz steht bereits vor der Tür. Das PR-Team steckt bis zum Hals in Arbeit und die Termine drücken. In dieser Stresssituation rutscht die Erfolgskontrolle der gerade abgelaufenen Kampagne schnell in den Hintergrund. Die ist nur noch der Schnee von gestern. Dazu hat keiner mehr Zeit und Muße.
- *Die Ziele fehlen* – Im Konzept werden die Kommunikationsziele schwammig formuliert und nicht quantifiziert. Irgendwie lag den Beteiligten auch wenig daran, die Ziele messbar zu machen. Im Nachhinein zeigt sich dann, dass schlichtweg die nötigen Messlatten fehlen, um die Erfolge messen zu können.

Soweit zu den Mangelerscheinungen bei der Erfolgskontrolle. Ab und zu trifft man auch auf das andere Extrem. Die Erfolgskontrolle bekommt absolutistische Züge. Eine Kommunikationskampagne wird in Grund und Boden kontrolliert. Es herrscht eine wahre Evaluierungswut, die alles unter sich begräbt: Kreativität, Initiative, Spontaneität, Emotionalität – all die wertvollen Ingredienzien einer guten Kommunikationsarbeit. Deshalb sei den manischen „Best-Quality-Inspektoren" ins Protokoll geschrieben: Zur Kommunikation gehört Risiko und Bauchgefühl. Wer versucht, das Risiko durch perfektionistische Kontrolle und preußische Normung auszuschließen, der entzieht der Kommunikation die lebensspendende Energie.

Die Phasen der Erfolgskontrolle

Die moderne Erfolgskontrolle begleitet den gesamten Prozess der Planung, Durchführung und Nachbereitung. Wir unterscheiden drei große Phasen:

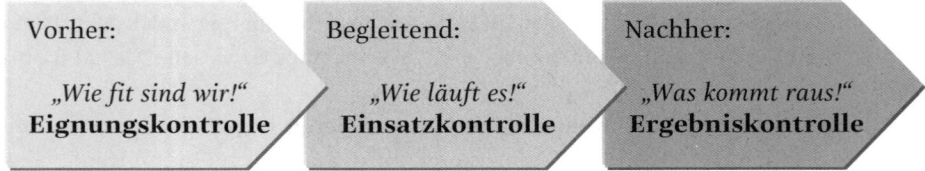

Vorher:

„Wie fit sind wir!"
Eignungskontrolle

Begleitend:

„Wie läuft es!"
Einsatzkontrolle

Nachher:

„Was kommt raus!"
Ergebniskontrolle

- *Vorher: Die Eignungskontrolle* – Ziel der Kontrolle im Vorfeld ist die Prävention. Das Risiko soll vorbeugend minimiert werden. Vorgecheckt werden z. B. die Akzeptanz der Text- und Bildgestaltung. Aber auch die Frage, ob das verantwortliche Arbeitsteam die anstehenden Aufgaben überhaupt bewältigen kann, sollte auf der Tagesordnung stehen. In den Vorchecks liegt eine Chance aber auch ein gewisses Risiko. Die große Chance ist die Früherkennung von kritischen Punkten. Das Risiko: Im Vorfeld werden oft gute kreative Ideen zu Tode getestet. Neue Ideen sind eben eine Idee anders. Und Ideen, die anders sind, werden von den Testpersonen erstmal zögernd oder sogar negativ bewertet. Gewohntes und Gelerntes kommt besser an. So setzen sich in den Vorcheckings am Ende oft die Ideen durch, die eigentlich nur dritte Wahl sind.

  Besonders Unternehmen mit ausgeprägter Hierarchie neigen zu ausführlichen Vortests. Die Kommunikationsverantwortlichen scheuen das Risiko. Sie wollen die Kommunikationskampagne „nicht auf die eigene Kappe nehmen". Durch Tests wird die Verantwortung mit Daten und Fakten quasi neutralisiert – die Testergebnisse entscheiden. Frische, wirkliche erfolgreiche Kommunikation lässt sich auf diesem Wege nicht gestalten. Gute Kommunikation braucht Leute, die den Mut haben, sich aus dem Fenster zu lehnen.

  Nicht nur für die Vortests gilt: Die Ergebnisse dürfen nicht 1:1 übernommen werden. Die Daten und Fakten müssen durchleuchtet und interpretiert werden. Sie sind vor allem mit der vorhandenen Erfahrung und der Intuition der Beteiligten anzureichern. Nicht selten widersprechen die Zahlen der eigenen Intuition. Profis folgen dann eher ihrem eigenen Gefühl. Für die Kommunikation sind Zahlen wichtige Orientierungsgrößen aber keinesfalls Doktrinen.

  Ein wichtiges Element der vorgelagerten Erfolgskontrolle muss unbedingt erwähnt werden: der Pretest. In einer Befragung oder einem Round-Table-Gespräch werden die Repräsentanten der Zielgruppe vorher zu bestimmten Kriterien befragt und die Ergebnisse festgehalten. Nach der Kommunikation folgt dann der Posttest. Es werden noch einmal die gleichen Kriterien abgefragt und die – hoffentlich positive – Änderung in der Bekanntheit oder der Einstellung erfasst.

- *Begleitend: Die Einsatzkontrolle* – Die begleitende Kontrolle ermöglicht es, im laufenden Kommunikationsprozess nachzusteuern und feinzujustieren. Durch das begleitende „Monitoring" installiert man ein Frühwarnsystem, das Fehlentwicklungen möglichst schnell und eindeutig anzeigt. Zwischenmessungen können z. B. monatliche Befragungen einer Kontrollgruppe sein oder die wöchentliche Analyse der Medienresonanz sowie die tägliche Auswertung der Berichte aus dem Callcenter und dem Vertrieb.

  Es reicht allerdings nicht aus, nur ein Frühwarnsystem für die Kommunikation zu schaffen. Es muss gleichzeitig auch ein Mechanismus gefunden werden, der es ermöglicht, zügig auf die Ergebnisse zu reagieren. Das könnte eine kleine Task Force sein, die das Geschehen auswertet und sofort entsprechende Gegenmaßnahmen vorschlägt. Der verantwortliche Konzeptioner sollte unbedingt in diese Task Force integriert sein. Er hat als „Anwalt der Strategie" dafür Sorge zu tragen, dass sich nicht der blanke taktische Pragmatismus durchsetzt, sondern die konzeptionelle Linie auch in der gesamten Durchführung erhalten bleibt.

  Ein guter Tipp an die Task Force: Reagiert nicht zu hektisch! Oft führen externe Faktoren, die nicht zu beeinflussen sind, zu Einbrüchen in der Kommunikationswirkung. Der Rückgang bei den Anrufen eines Bürgertelefons stellt sich beispielsweise als Folge der Begeisterung für die Abschlussetappen der Tour de France heraus. Nach der Tour pegelt sich die Anrufquote schnell wieder ein. Deshalb heißt es, Ruhe zu bewahren und erst nachzusteuern, wenn echte Probleme erkennbar sind. Manche frühe Panik entpuppt sich hinterher als Fehlalarm.

- *Nachher: Die Ergebniskontrolle* – Der Hauptschub der Erfolgskontrolle erfolgt direkt nach den Kommunikationsaktivitäten. Jetzt wird auf mehreren Ebenen mit unterschiedlichen Mitteln gemessen, was die ganze Anstrengung gebracht hat. Es empfiehlt sich, die Erfolgskontrolle zeitnah zum Ausklang der Kommunikation zu starten. Je frischer das Geschehen noch im Gedächtnis der Zielgruppe desto besser. Schon nach einigen Tagen beginnt nämlich die Erinnerung wieder zu verblassen und die Resonanzwerte gehen zurück.

  Die Ergebnisse der Erfolgskontrolle sind teilweise keine einfachen Wahrheiten. Es ist ein abwägender und analysierender Umgang mit den Resultaten erforderlich. Wichtig ist außerdem eine Erfolgskontrolle der Erfolgskontrolle. Nicht selten werden falsche Instrumente eingesetzt oder die Instrumente falsch konzipiert. Auch die Erfolgskontrolle selbst braucht eine schrittweise Optimierung.

Der Arbeitsablauf

Die drei Phasen der Erfolgskontrolle sind als Kern in einen komplexen Arbeitsablauf eingebettet. Der methodische Weg führt in mehreren großen Arbeitsschritten von der Konzeption am Anfang bis zu den Konsequenzen am Schluss:

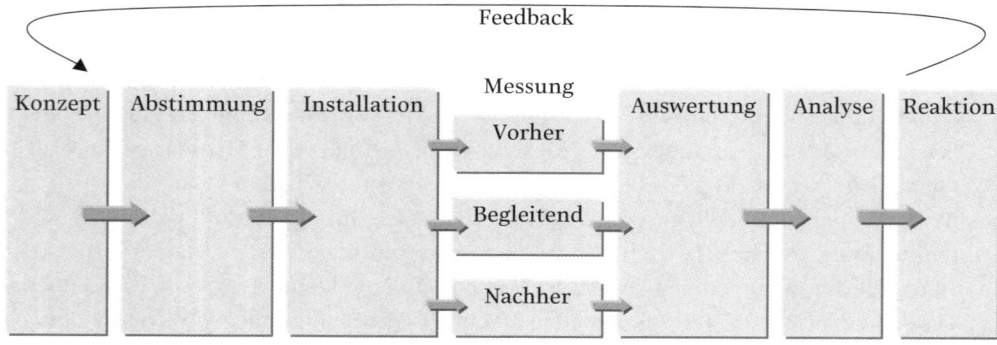

- *1. Schritt: Die Konzeption der Erfolgskontrolle* – Der Konzeptioner und sein Team definieren innerhalb des Konzepts die Zielsetzungen, Hebelpunkte und Methoden der Erfolgskontrolle.
- *2. Schritt: Abstimmung und Konkretisierung der Erfolgskontrolle* – Agentur, Unternehmen und beteiligte Marktforscher stimmen sich ab. Das grobe Kontrollkonzept des Konzeptioners wird zum konkreten Plan ausgebaut.
- *3. Schritt: Installation der Erfolgskontrolle* – Die Instrumente und Methoden werden vorbereitet und für den Einsatz startklar gemacht.
- *4. Schritt: Gezielte Messung* – Die Kontrolle läuft und die erforderlichen Messdaten werden gesammelt. Die Messung erfolgt vor, während und nach der Kommunikation.
- *5. Schritt: Auswertung und Aufbereitung* – Die Messdaten werden erfasst, schnell und systematisch ausgewertet und z. B. durch Diagramme oder Tabellen anschaulich aufbereitet.
- *6. Schritt: Analyse und Interpretation der aufbereiteten Messdaten* – Die Kommunikationsbeteiligten setzen sich zusammen. Sie reflektieren und interpretieren die Ergebnisse.
- *7. Schritt: Reaktion* – Was keinesfalls fehlen darf: Es werden Konsequenzen gezogen. Man macht sich daran, die gefundenen Fehler zu korrigieren und den Kurs zu optimieren.

Die 7 Schritte beschreiben eine methodische, keine zeitliche Schrittfolge. Die Abfolge ist nicht chronologisch. Während schon die begleitende Messung der Einsatzkontrolle läuft, wird oft noch an der Installation der anschließenden Ergebniskontrolle gefeilt. Die vorangestellte Eignungskontrolle wird sinnvollerweise vor Start der Kommunikation ausgewertet und analysiert.

Die Schrittfolge braucht unbedingt die Feedback-Schleife von der Analyse zur Konzeption. Der verantwortliche Konzeptioner ist an der Analyse beteiligt oder erfährt zumindest die wichtigen Ergebnisse, damit er Chancen und Fehler erkennt und für zukünftige Konzepte dazulernt.

Aufforderung zum De-Briefing

Zum Abschluss der Kommunikation und der implementierten Erfolgskontrolle sollte es ein De-Briefing geben. Die Formulierung „sollte" deutet es an: In der Praxis sind De-Briefings erschreckend selten. Beim De-Briefing kommen Unternehmen und Agentur zusammen. Die Ergebnisse der Erfolgskontrolle werden vorgestellt, diskutiert und in Handlungsempfehlungen umgesetzt. Das De-Briefing bereitet das Feld für zukünftige Kampagnen und Projekte vor.

In diesem analysierenden Abschlussgespräch spielt aber auch der subjektive Faktor eine wichtige Rolle. Es kommt nicht nur darauf an, objektive Daten und Fakten zu präsentieren. Die Beteiligten aus Unternehmen und Agentur sind gefragt, ihre Eindrücke zur Kampagne zu schildern. Das Bauchgefühl spielt eine nicht zu unterschätzende Rolle. Eine objektiv erfolgreiche Maßnahme ist nur ein halber Erfolg, wenn sich der Kunde in ihr nicht wiedererkennt. Hier wird von Konzeptioner und Agentur viel Einfühlungsvermögen verlangt.

Und das war's dann? Noch nicht ganz! Nach dem De-Briefing wandern die Ergebnisse der Erfolgskontrolle normalerweise sofort ins Archiv, werden vergessen und landen irgendwann im Shredder. Schade eigentlich, denn man könnte auch bei späteren Kommunikationskampagnen aus den vorangegangenen Ergebnissen einiges lernen. Allemal lohnenswert ist es deshalb, im Sinne des modernen Wissensmanagements zu arbeiten und den verantwortlichen Mitarbeitern die Kontrollergebnisse auf Dauer in einer Datenbank zugänglich zu machen.

Das Instrumentarium der Erfolgskontrolle

Der Instrumentenschrank der Erfolgskontrolle hat vier große Schubladen: die Befragung, die Beobachtung, das Experiment und – speziell in der PR – die Medienresonanzanalyse. In jedem dieser Bereiche stehen wiederum unterschiedliche Methoden und Techniken zur Verfügung. Schauen wir uns die wichtigsten an.

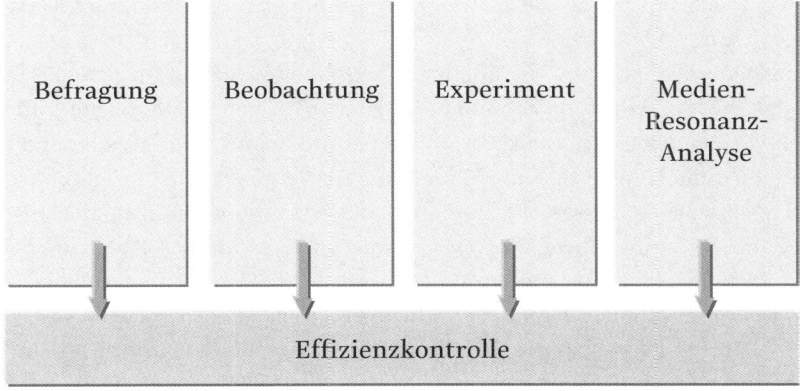

Die Befragung ist sicherlich der Klassiker unter den Instrumenten der Erfolgskontrolle. Die Befragung kann frei im Gespräch oder standardisiert mit Fragebogen erfolgen. Sie kann per Brief, Telefon, Internet oder persönlich durchgeführt werden. Die häufigsten Verfahren der Befragung sind die Kunden- bzw. Zielgruppenbefragungen. Möglich und erfolgversprechend sind aber auch Interviews mit Experten, mit den eigenen Mitarbeitern oder mit Journalisten. An zwei kritischen Punkten muss man aufpassen, denn dort scheitern viele Befragungen. Erstens werden häufig falsche bzw. falsch formulierte Fragen gestellt. Zweitens werden zu wenige oder die falschen Personen befragt, um ein klares Bild zu bekommen.

Die Beobachtung rückt Verhalten und Eigenschaften in den Blickpunkt, ohne durch Fragen und Antworten einzugreifen. Die Beobachtung erfolgt direkt am Ort des Geschehens – „im Feld" wie die Marktforscher zu sagen pflegen – oder in einer nachgestellten Situation – sprich: „im Labor". Bei der direkten Beobachtung ist der Beobachter anwesend. Bei einer indirekten Beobachtung bleibt er für den Beobachteten unsichtbar.

Beim Experiment entsteht eine Testkonstellation. Es werden Kommunikationssituationen bewusst herbeigeführt und verändert und die Reaktionen der Zielpersonen darauf ausgewertet. Die Auswertung erfolgt durch Beobachtung oder Befragung. In vielen PR-Fachbüchern spielt das Experiment keine Rolle. Dabei stammt ein Klassiker der Kontrolle aus dieser Schublade – der so genannte „Putzfrauentest". Bei diesem gängigen Test legt das Agenturteam völlig unbeteiligten Laien aus der Arbeitsumgebung beispielsweise mehrere Anzeigenmotive vor. Das Team beobachtet und hinterfragt die spontane Reaktion auf die Gestaltung der einzelnen Motive.

Die Medienresonanzanalyse ist eine Spezialität der Public Relations. Im Rahmen der Analyse wird die veröffentlichte Meinung in den Medien beobachtet und regelmäßig ausgewertet. Grundlage der Analyse sind Texte und Bilder in der Presse, Radiosendungen, TV-Berichterstattung und mehr und mehr auch die Internetresonanz. Im Ergebnis erfährt man, in welcher Form, mit welchen Inhalten und in welcher Menge die Kommunikationsbotschaften den Zielgruppen zugänglich waren. Ob die Zielgruppen die Botschaften dann auch wahrgenommen haben, ist eine ganz andere Frage.

Die verschiedenen Evaluationswege laufen auf denselben Scheitelpunkt zu: die Effizienzkontrolle. Bei der Effizienzkontrolle haben die Betriebswirtschaftler das Sagen und es wird der ökonomische Erfolg gemessen. Im Blickpunkt steht die Relation von Kosten und Nutzen. Hat sich der Etataufwand (Input) für eine Maßnahme im Vergleich zum erzielten Ergebnis (Output) wirklich gelohnt? Gemessen wird anhand von bestimmten Kennzahlen – z.B. Kosten pro Besucher bei einer Veranstaltung, Kosten für tausend erreichte Leser bei einer Anzeige oder Kosten pro Response bei einer Direkt-Mail-Aktion. Auch Umsatzsteigerungen, Erhöhungen der Kundenbindungsquote und ähnliche Indikatoren werden gern nachgemessen, wobei man aber stets im Hinterkopf behalten sollte, dass diese Messergebnisse nur zu einem Teil von der Kommunikation zu beeinflussen sind.

Quantitativ und Qualitativ

Ganz gleich ob Beobachtung, Befragung, Experiment oder Resonanzanalyse, in allen vier Bereichen ist eine quantitative und qualitative Messung möglich. Bei der quantitativen Messung sprechen die Zahlen. Gemessen wird der Bekanntheitsgrad eines Produkts, der Coupon-rücklauf bei einer Anzeige oder die Anzahl der Clippings als Resonanz auf ein Presseinf. Quantitative Erfolgskontrolle braucht möglichst hohe Fallzahlen, um zuverlässige Aussagen treffen zu können.

Qualitative Messungen dagegen haben relativ kleine Grundgesamtheiten. Es kommt nicht auf Masse, sondern auf Klasse an. Bei qualitativen Verfahren wird in die Tiefe gegangen und möglichst viel Substanz ans Tageslicht geholt. Zum Beispiel im Rahmen von Tiefeninterviews oder Round-Table-Gesprächen.

Im Alltag der Erfolgskontrolle haben heute die quantitativen Verfahren den Vorrang. Wir Deutschen verlassen uns lieber auf Mengenangaben und Prozentzahlen. Die qualitativen Messmethoden kommen zu kurz, obwohl sie in vielen Kommunikationsfällen der bessere Weg sind. Wenn ein Unternehmen herausbekommen will, warum immer mehr Mitglieder aus dem Kundenclub austreten, dann bekommt es über eine Telefonbefragung bei 200 ehemaligen Mitgliedern nur vorgeschobene Kulissen-Wahrheiten zu hören. Lädt das Unternehmen aber 20 Clubmitglieder unter Leitung eines erfahrenen Marktforschers zu intensiven Gesprächskreisen ein, dann öffnen sich die Kulissen. Man kann einen aufschlussreichen Blick dahinter werfen und erkennt die eigentlichen Motivationen.

Messpunkte der Erfolgskontrolle

Die Erfolgskontrolle überprüft die Tauglichkeit des Konzepts. Das Konzept wird „auf Herz und Nieren" geprüft. Dabei können die Messpunkte in allen Phasen des Konzepts angesetzt werden – vom grundlegenden Strategiebereich bis zum operativen Maßnahmenbereich.

Auf der strategischen Ebene wird in einem Ist-Soll-Abgleich die Konstruktion des kommunikativen Gebäudes kritisch überprüft:

- Wurden die Ziele durchgesetzt? – Das Konzept hat hoffentlich klare, messbare Soll-Ziele definiert. Die Erfolgskontrolle überprüft die Ist-Werte und versucht gegebenenfalls zu hinterfragen, warum bestimmte Ziele nicht erreicht werden konnten.
- Wurden die Zielgruppen bewegt? – Zu prüfen ist, ob und wie man bei den definierten Zielgruppen angekommen ist. Wirklich alle Zielgruppen sollten kritisch unter die Lupe genommen werden. Denn es passiert nicht selten, dass im Großen und Ganzen die Zielgruppenresonanz zwar zufrieden stellte, im Detail jedoch einzelne Zielgruppensegmente sträflich vernachlässigt wurden.
- Konnte die Positionierung durchgesetzt werden? – Das angestrebte Image muss sich in den Köpfen der Zielgruppen widerspiegeln. Eventuelle Verzerrungen und Unschärfen sind aufzuspüren und schnell zu korrigieren.

- Sind die Botschaften angekommen? – Der Lernerfolg ist zu testen und Lernlücken aufzuspüren. Die Erfahrung zeigt, dass nie alle Botschaften gleichermaßen gelernt und akzeptiert werden.
- Wie ist die kommunikative Leitidee aufgenommen worden? – Alle in der Agentur waren von der Idee begeistert, doch bei der Zielgruppe hat sie nicht richtig gezündet oder die Idee hat gezündet, aber anders als geplant. In beiden Fällen ist zu klären, woran es gelegen hat.

Auf der operativen Ebene nehmen die Beteiligten die praktische Funktionalität der Kommunikation ins Visier. Eine zentrale Rolle spielt dabei die Kontrolle der Maßnahmen:

- Haben die Maßnahmen funktioniert? – Die wichtigen Maßnahmen werden gründlich durchleuchtet. Bei auftauchenden Problemen stellt sich die Frage, ob die Maßnahme an sich oder ihre Ausgestaltung falsch war.
- Wie ist die grafische Gestaltung angekommen? – Das visuelle Erscheinungsbild ist wichtig für die Kommunikation. Ist das Bild in den Köpfen der Zielgruppe hängen geblieben und was hat es beim Betrachter ausgelöst?
- Welche Wirkung hatten die Worte? – Auch der Textbereich sollte kontrolliert werden. Untersucht werden z. B. Slogans, Claims und Kernbotschaften. Welche Wirkung hatten Inhalt und Stil auf die Zielgruppe?
- Hat der Zeitplan gestimmt? – Oft haut es mit dem Zeitplan nicht so hundertprozentig hin. Dann sollten die Ursachen und die Folgen transparent gemacht werden.
- Wurde der Etatrahmen eingehalten? – Der Etat muss gehalten werden – das ist sozusagen Ehrensache. Nur in gut begründeten Einzelfällen darf es teurer werden. Besonders positiv aufgenommen wird vom Kunden, wenn die Agentur unter der Etatgrenze geblieben ist. Clevere Agenturen beenden das Projekt oder die Kampagne deshalb grundsätzlich eine Idee unter ihrem Soll-Etat.

Kritische Punkte in der Praxis

Erfolgskontrolle bringt leider nicht immer das erhoffte Aha-Erlebnis. Teilweise entpuppt sie sich als mühsames Geschäft mit widersprüchlichen Ergebnissen. Eine kleine Ursachenforschung beleuchtet häufige Probleme und skizziert mögliche Lösungsansätze:

- Das Unternehmen A wollte es gut machen und hat besonders gründlich und vielseitig kontrolliert. Eine ganze Reihe von Messinstrumenten wurden auf die Spur gebracht – und nun widersprechen sich die Ergebnisse. Auf den ersten Blick lässt sich die Ursache für diese Widersprüchlichkeiten nicht ausmachen. Was ist zu tun? Das Unternehmen sollte die gewählten Methoden und Mittel auf den Prüfstand stellen und beim nächsten Durchlauf eine bessere Kombination wählen. Denn die Erfolgskontrolle braucht System, die einzelnen Aktivitäten müssen präzise aufeinander abgestimmt sein, sonst gibt es schnell Kontrollchaos.

- Die Kommunikationskampagne ist gelaufen. Beim Unternehmen B liegen die Ergebnisse einer Posttest-Befragung mit über 1.000 Interviews auf dem Tisch. Die Zahlen sind negativ. Alle Beteiligten reagieren mit Erstaunen und Verwirrung, denn ihr Bauchgefühl war überaus positiv. Jeder einzelne hatte die Kommunikationskampagne als Erfolg erlebt. Die Zahlen sprechen aber eine ganz andere Sprache. Kann man sich so geirrt haben? Man kann! Die Mitarbeiter in Unternehmen tendieren oft zur „rosa Brille". Eigentlich ganz natürlich: Erfolge machen das Arbeitsleben leichter. Denkbar wäre aber auch, dass die quantitative Marktforschung im konkreten Problemfall nicht gegriffen hat. Das Unternehmen sollte deshalb die quantitativen Ergebnisse durch Stichproben der qualitativen Marktforschung hinterfragen.
- Der Öffentlichkeitsarbeiter im Unternehmen C hat in den einschlägigen Fachbüchern gelesen, dass es nicht auf die Menge der Clippings, sondern letztendlich auf deren Qualität ankommt. Sein Chef ist jedoch tief enttäuscht, als die Medienresonanz der aktuellen Presseaktion nur 5 Ausschnitte bringt, auch wenn diese eine beeindruckend positive Texttendenz hatten. Pech gehabt! Der Öffentlichkeitsarbeiter ist einer typischen Fachbuchweisheit aufgesessen. Klasse ohne Masse bleibt Magerkost. Nicht nur der Chef von Unternehmen C ist erst richtig glücklich, wenn er einen dicken Aktenordner mit Clippings auf den Tisch bekommt. Zufrieden stellt er den Ordner ins Regal und zeigt ihn stolz jedem Besucher, der ins Büro kommt.
- Im Unternehmen D pflegt man die Erfolge schön zu schminken, um den eigenen Stuhl zu sichern. Evaluation wird zum willfährigen Erfüllungsgehilfen. Man muss nur die Fragen passend machen, um die richtigen Antworten zu bekommen. Für den verantwortlichen Öffentlichkeitsarbeiter in diesem Unternehmen ist dies sicherlich keine befriedigende Situation. Er sollte für sich im Stillen oder im kleinen Kreis seines Teams eine ehrliche Bilanz ziehen, um daraus zu lernen und die Kommunikationsarbeit weiterzuentwickeln.
- Im Unternehmen E sitzt man ständig in endlosen Sitzungen und redet viel, nur es passiert wenig. So auch im Fall der aktuellen Kampagne. Die Ergebnisse der Erfolgskontrolle sind beunruhigend. Die Schwerpunkt-Maßnahmen greifen nicht richtig. Es besteht Handlungsbedarf, aber keiner tut etwas. Es gibt endlose Abstimmungen, aber keine Entscheidungen. Gegen solche Schrecken-Strukturen kommt man in der Praxis kaum an. Eine, wenn auch kleine, Chance wäre, dass der Kommunikationsverantwortliche beim nächsten Mal schon im grundlegenden Konzeptpapier konkrete Werkzeuge und Maßgaben für den „Worst Case" ausarbeitet und verabschieden lässt. So wird der Entscheidungsweg im Fall des Falles wesentlich verkürzt.
- Der Konzeptioner hat für das Unternehmen F ein integriertes Kommunikationskonzept entwickelt. Bei der Einbettung der Erfolgskontrolle in das Konzept kommt er nicht voran. Zwar gibt es Wege, um die Erfolge in den einzelnen Disziplinen zu messen, aber

wirklich übergreifende Messinstrumente und -methoden sind selten. Kann ihm geholfen werden? Nein, denn die integrierte Kommunikation steht erst am Anfang der Entwicklung. Eine umfassende und übergreifende Erfolgskontrolle für das integrierte Instrumentarium existiert nur in Ansätzen. In der Praxis bedeutet dies: Es sind Improvisationstalent und eine Prise Pioniergeist gefragt.

Einstieg in die Erfolgskontrolle

Der erste Schritt in die Erfolgskontrolle ist ein persönlicher Schritt für jeden, der Konzepte entwickelt. Dieser kleine aber entscheidende Schritt führt weg vom Schreibtisch hinein ins wirkliche Leben. Wenn der Konzeptioner ein Event geplant hat, dann muss er bei der Veranstaltung selbst vor Ort sein. Hat er eine Pressereise konzipiert, steigt er mit in den Bus. Zeichnet er für einen neuen Kundenclub verantwortlich, dann wird er selbst Mitglied und erlebt den Mitgliedsalltag. Wer nur Konzepte zu Papier bringt und sich dann sang- und klanglos aus dem Kommunikationsprojekt verabschiedet, bleibt dumm.

Der zweite Schritt zur vernünftigen Erfolgskontrolle bezieht das Unternehmen ein. Viele Kontrollen – viel mehr als man denkt – lassen sich vom Unternehmen in Eigenregie durchführen. Bordmittel sind wichtige Ressourcen der Erfolgskontrolle. Die Mitarbeiter führen auf einem Kundenfest eine Besucherbefragung durch. Ein neuer Azubi macht inkognito einen Check im Servicecenter. Die Werbeabteilung lädt ausgewählte Kunden zu „Kaffee und Kuchen", um mit ihnen über die gerade laufende Kommunikationskampagne zu sprechen.

Der dritte Schritt geht in Richtung einer professionellen Betreuung. Bei komplexen und komplizierten Kommunikationsproblemen geht es nicht ohne die Unterstützung eines Marktforschungsinstitutes. In unsicherem Terrain sei dringend davon abgeraten, sich auf Bauchgefühl und Bordmittel zu verlassen. Wer noch keinen Kontakt zu einem geeigneten Marktforscher hat, der sollte bei der Suche ein paar grundlegende Kriterien beachten:

- Das Institut sollte Erfahrung auf dem jeweiligen Markt und mit den jeweiligen Zielgruppen haben. Gute Marktforschung braucht viel Einfühlungsvermögen.
- Lassen Sie sich vergleichbare Studien und Analysen von anderen Kunden des Instituts zeigen. Prüfen Sie kritisch, ob die Methoden und Ergebnisse für Sie greifbar und überzeugend sind.
- Bestehen Sie darauf, das Team kennen zu lernen, das Sie später betreuen soll. Stimmt die Chemie? Sie brauchen eine individuelle Betreuung. Marktforschung ist auch Vertrauenssache.
- Hinterfragen Sie die Schnelligkeit und Präzision Ihres zukünftigen Partners. Erfolgskontrolle ist nicht selten ein Blitz-Geschäft und wenn das Institut eher zu den Bremsern gehört, dann haben Sie bald ein Problem.

- Muss das Institut einen bekannten Namen haben? Eigentlich nicht – auch kleine Partner machen gute Arbeit und sind oft deutlich preiswerter. Nur bisweilen, wenn es darauf ankommt, die Ergebnisse nach außen zu verkaufen – sei es in einer Aufsichtsratssitzung oder in einer Pressekonferenz – dann hilft ein bekannter Name ganz ungemein. Er erhöht den psychologischen Wert der Ergebnisse.
- Nicht zuletzt: Holen Sie mehrere Vergleichsangebote ein, denn die Preise unterscheiden sich teilweise dramatisch. Aber Vorsicht, der billigste ist selten der beste Anbieter!

Übung

Stellen Sie sich vor, Sie sind der Öffentlichkeitsarbeiter eines öffentlichen Nahverkehrsunternehmens in einer deutschen Stadt. Sie veranstalten einen Tag der offenen Tür in dessen Betriebshof. Wie können Sie den Erfolg dieser Veranstaltung mit überschaubarem Aufwand überprüfen? Setzen Sie nur Bordmittel ein und planen Sie unter der Maxime: kreative Lösungen sind erlaubt.

Mehr als Mengenlehre

Ein Unternehmen der Baubranche wechselt die Gesellschaftsform. Aus der GmbH wird eine AG. Die Gesellschaft versendet eine Pressemitteilung zum Wechsel. Drei Wochen später verkündet der Pressesprecher dem neuen Vorstand einen vollen Erfolg: Immerhin 78 Clippings hat er gesammelt. Alle sind mit dieser einen Zahl voll zufrieden und gehen zum nächsten Tagesordnungspunkt über. Dabei hätte man wirklich mehr aus dieser Presseresonanz herausholen können – und das ohne große Kosten-Klimmzüge. Zum Beispiel:

- In welchen Medien standen die Artikel? (nach Medienkategorien und Region)
- Welche Auflagen/Leserzahlen haben die Medien? (laut Medienanalyse MA)
- Wie groß waren die Artikel? (Anzahl der Spalten bzw. Zeilen, Menge Fotos)
- Mit welcher Tendenz? (positiv, neutral, negativ)
- An welcher Stelle im Medium? (Rubrik, Seite, Umfeld, Platzierung)
- Welche der Unternehmens-Botschaften wurden transportiert?
- Wann sind die Artikel erschienen? (Zeitintervall nach Versand, Häufigkeitsverteilung)
- Welche Regionen in Deutschland haben diese Artikel abgedeckt?
- Welche Artikel haben die Hauptkonkurrenten in der gleichen Zeit platziert?
- Welche Journalisten haben den Artikel gezeichnet? Sind diese im Verteiler des Unternehmens erfasst?
- Welche der berichtenden Medien sind neu und hatten bisher noch nie über das Unternehmen berichtet?

Autovermieter entdeckt die Umwelt

Ein regionaler Autovermieter stellt seinen Fuhrpark auf besonders umweltschonende Automodelle um. In einer integrierten Kommunikationskampagne will er diesen besonderen Vermietungsvorteil im Einzugsgebiet bekannt machen und neue Kunden gewinnen. Die Erfolgskontrolle wird auf die Zielgruppen zugeschnitten:

- Zielrichtung autofahrende Öffentlichkeit in der Region
  - Pre- und Posttest mittels Straßeninterviews auf Parkplätzen (Durchführung: Marktforschungsinstitut)
  - Analyse des Feedback eines Anzeigencoupons, über den weiteres Infomaterial angefordert werden konnte (Durchführung: Mitarbeiter)
- Zielrichtung Kunden
  - Befragung aller Kunden an der Vermietungsstation – unterteilt nach Neukunden, Gelegenheitskunden und Stammkunden (Durchführung: Mitarbeiter der Vermietungsstation)
  - Mini-Befragung aller anrufenden Interessenten am Telefon (Durchführung: Telefonbetreuer)
  - Qualitative Einzelgespräche mit wichtigen Stammkunden (Durchführung: der Chef persönlich)
- Zielrichtung Medien
  - Auswertung der Presseberichte in den Aktionswochen (durch einen Mitarbeiter)
- Zielrichtung eigene Mitarbeiter
  - Round-Table mit den betroffenen Mitarbeitern sofort nach der Kampagne (Durchführung: der Chef persönlich)
- Zielrichtung Internet-User
  - Auswertung des Traffic auf der Website in den Kampagnenwochen (Durchführung: spezielle Software und Auswertung durch Mitarbeiter)
  - Integration eines Pop up-Fragebogens und Auswertung der Interviews (Durchführung: Marktforschungsinstitut mit Internet-Erfahrung)

Kontrolle lohnt sich

Erfolgskontrolle schafft klare Sicht. Man stochert nicht mehr im Nebel, sondern überblickt das Geschehen und kann gezielt reagieren. Zwei Praxisbeispiele verdeutlichen die Erfolgsaussichten der Erfolgskontrolle – wobei es beim zweiten Beispiel allerdings leider kein „Happy End" gibt.

Splash – ein Erlebnisbad bekommt Oberwasser

Das Splash ist eines dieser neuen Erlebnisbäder mit Wasserrutsche, Whirlpool und Wellenbecken. Nach einer großen Besucherwelle zum Start war es plötzlich recht ruhig um den Badebetrieb geworden. Es fehlten die Gäste. Eine Untersuchung wurde in Auftrag gegeben und stellte fest, dass der Bekanntheitsgrad im Einzugsbereich zu wünschen übrig ließ. Die Einführungswerbung war schon längst verblasst.

Es ging also der Auftrag an die betreuende Agentur, den Bekanntheitsgrad deutlich zu steigern. Die Agentur entwickelte eine moderne integrierte Kampagne, die Werbung, Events und PR miteinander verband. Ein wichtiger strategischer Hebel der Agentur war es, mehr als nur den Namen in der Kommunikation zu transportieren. Es wurden gleichzeitig mehrere Benefits (= Nutzenvorteile) markant herausgestellt. Dazu gehörte die zentrale Lage des Bades, die hohe Zahl der Parkplätze, die attraktiven Events und Aktionen im Bad sowie das flankierende Gesundheits- und Fitness-Angebot. Über einen Pre- und einen Posttest prüfte ein lokales Marktforschungsinstitut, ob es der Kampagne gelungen war, besagte Benefits in die Köpfe der Öffentlichkeit (= der potentiellen Badegäste) zu bekommen.

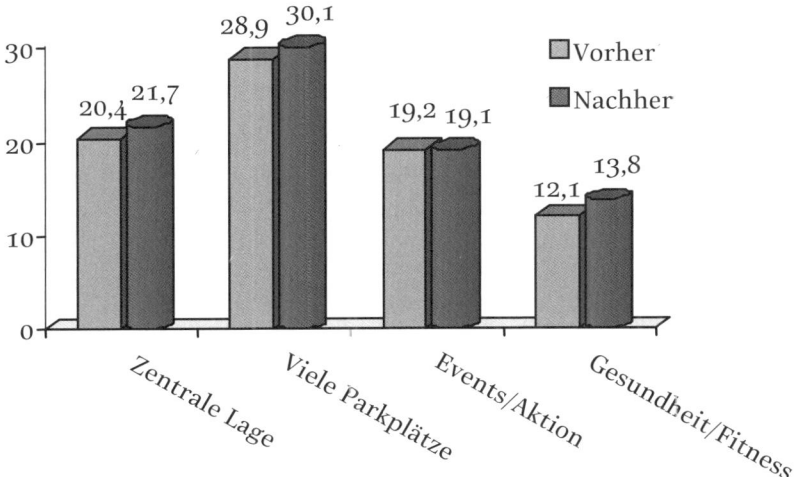

Als die Testauswertung präsentiert wurde, gab es lange Gesichter. Die Aufsplittung der Kommunikation auf mehrere Botschaften hatte augenscheinlich nicht funktioniert. Die Werte waren überall nur leicht angestiegen oder sogar zurückgegangen. Insgesamt blieb der erhoffte Push für den Bekanntheitsgrad aus. Parallel berichtete die Buchhaltung, dass die Besucherzahlen im Kampagnenzeitraum nur um 0,7% gestiegen waren.

Im nächsten Jahr änderte die betreuende Agentur ihre Strategie und konzentrierte die Kräfte. Es gab nun nur noch eine zentrale Botschaft, auf die alles aufbaute: „Splash ist Badespaß". Die gesamte Kommunikation hatte die Aufgabe, diese eine Kernaussage mit Leben zu füllen.

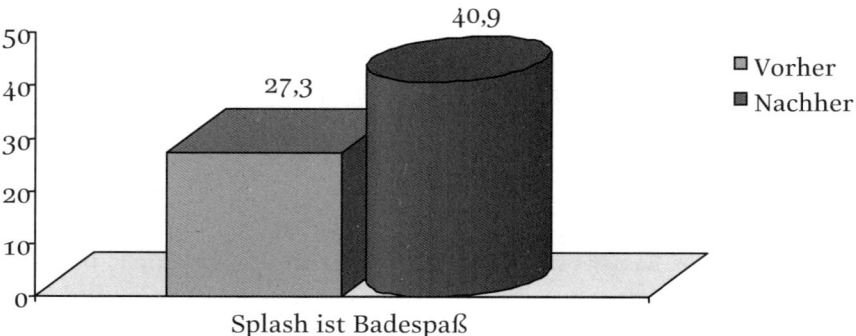

Im zweiten Anlauf platzte der Knoten. Die Zustimmung zu „Splash ist Badespaß" war um immerhin 13,6% gestiegen. Alle waren zufrieden, zumal sich die Steigerung des Bekanntheitsgrads jetzt endlich auch in einer spürbaren Steigerung der Besucherzahl niederschlug.

Eyecatcher – Ist der Ruf erst ruiniert ...

Das zweite Beispiel stammt aus den legendären New-Business-Zeiten des Jahres 2000. Es geht um ein Internetportal, das Großes plante. Das Portal war bereits im Netz. Die Nutzerzahlen hatten positive Tendenz – obwohl das Unternehmen betriebswirtschaftlich noch tief in den roten Zahlen steckte – aber das ging ja damals allen so.

Eine imagebildende Anzeigenkampagne wurde geplant und der Werbemann des Unternehmens hatte zusammen mit seiner Agentur die gesamte Schaltung auf ein Motiv konzentriert. Als Blickfang im Bild stand ein dicker Mann, der dem Betrachter seinen opulenten blanken Hintern entgegenstreckte. Die freiberufliche Pressepromoterin des Unternehmens war entsetzt, alle anderen begeistert. „Das schadet unserer Integrität", warnte die PR-Frau. „Das knallt voll rein", entgegnete die Unternehmenscrew und setzte sich durch. Ramba-Zamba! Auffallen und provozieren – das war die Devise.

Das Motiv lief sechs Wochen und schluckte viel Geld. Ein Marktforschungsunternehmen begleitete die Imagekampagne mit einem Pre- und Posttest, der komplett online lief. Die Ergebnisse sprachen eine deutliche Sprache und raubten den Werbeenthusiasten des Unternehmens die Illusion.

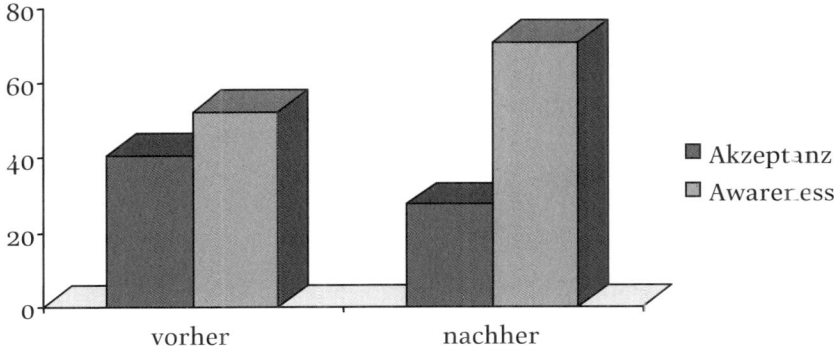

Das war also der berühmte Schuss ins Knie. Viele in der jungen Zielgruppe hatten das nackte Gesäß gesehen, aber die meisten Betrachter fanden das Niveau unter null. Das Image des Internetportals bekam ein paar unschöne Kratzer. Gegensteuern war schwierig – denn ein Image lässt sich zwar über Nacht ruinieren, aber nur sehr mühsam und langwierig wieder ins Lot bringen. Einige Monate später war der Stern dieser jungen New Business-Unternehmung erloschen.

9. Phase: Präsentation und Dokumentation

Prüfstein Präsentation

Das Konzept wird zuerst grob skizziert und intern im Team diskutiert, dann detailliert ausgearbeitet, terminiert und budgetiert. Der Fertigstellungstermin rückt meist schneller heran, als es den Beteiligten lieb ist. Das fertige Konzept muss dem Kunden vorgestellt werden. Entscheider und Fachabteilungen des Kunden setzen sich zusammen, um das Ergebnis der konzeptionellen Entwicklung in Augenschein zu nehmen und kritisch zu bewerten. Als Entscheidungsgrundlage stehen in aller Regel zwei Konzeptinstrumente zur Verfügung:

- die mündliche Konzeptpräsentation,
- das schriftliche Konzeptpapier.

Beide Medien müssen die konzeptionelle Linie auf den Punkt bringen und auf den Kunden zugeschnitten werden. Aussagekräftig in den Inhalten, überschaubar im Aufbau, leicht verdaulich in der Form.

Eine herausragende Bedeutung kommt dabei der mündlichen Präsentation des Konzepts zu. Sie ist zweifellos die „Stunde der Wahrheit". In einem kurzen und möglichst prägnanten Vortrag werden Analyse, Strategie und Maßnahmensystem vorgestellt. Der Vortrag muss überzeugen. Eine zweite Chance gibt es in aller Regel nicht. Entsprechend spannungsgeladen ist die Stimmung der Beteiligten vor und während der Präsentation. Bei Wettbewerbspräsentationen mit mehreren Agenturen steigert sich die Spannung noch, denn im Wettbewerb kommt nur das beste Konzept weiter.

Die meisten Auftraggeber entscheiden vorrangig aufgrund der mündlichen Präsentation. Oft wird das schriftliche Konzept nur nebenher überflogen – das gilt speziell für die meist stressgeplagten Entscheider.

Die Erfahrung zeigt auch, dass eine gute mündliche Präsentation aus einem eher mäßigen Konzept noch einiges herausholen kann. Vor allem bei Projekten, die aufgrund eines engen Briefing wenig konzeptionellen Spielraum lassen, kann eine gute Präsentation entscheidende Pluspunkte bringen.

Die Vorbereitungsphase

Die Arbeit an der Präsentation beginnt schon mit dem ersten Meilenstein der Konzeption: dem Briefing. Gleich in den ersten Gesprächen mit dem Kunden spielt die mündliche Präsentation eine Rolle. Es wird der Rahmen des Präsentationsgeschehens möglichst frühzeitig abgesteckt. Schon beim Briefinggespräch widmet sich ein kleiner, aber wichtiger Fragenkomplex der späteren Präsentation. Alle wichtigen Koordinaten werden abgefragt.

9. Phase: Präsentation und Dokumentation

Wie präsentieren wir unser Kommunikationskonzept und wie dokumentieren wir die Ergebnisse unserer Arbeit ?

Präsentation

Vorbereitungsphase
Zuhörerkreis
Raumsituation
Zeitfenster

Präsentationsentwicklung
Entwicklung Charts und Skript
Probepräsentation

Instrumente und Medien
Technische Medien
Charts/Folien
Stichwortskript

Spielarten der Präsentation

Vortragstechnik

Präsentationsinhalte

Abschließende Diskussion

Das schriftliche Konzeptpapier
Inhalte
Die richtige Form
Die Dokumentation als Schlusspunkt

Eine Schlüsselstellung hat dabei der Zuhörerkreis, vor dem man präsentiert. Wie groß ist der Kreis? Wie setzt er sich zusammen? Wer sind die Entscheider? Schon im Briefinggespräch sammelt man Informationen zu diesen Fragen, um eine Präsentation entwickeln zu können, die das Etikett „zielgruppengerecht" verdient.

242

Der Zuhörerkreis

Es macht einen großen Unterschied, ob man vor 3 oder 30 Leuten präsentiert. Vielleicht sind es sogar 300. Eine Briefingfrage geht deshalb immer auf die Größe des Zuhörerkreises ein. Je nach Größe empfiehlt es sich, andere Präsentationsformen zu wählen und geeignete Präsentationstechniken einzusetzen. Wenn Sie beispielsweise nur vor einer Person präsentieren, dann sollten Sie nicht stehend und mit Overhead-Projektor vortragen. Die Wirkung wäre grotesk. Wenn Ihr Auftraggeber mehrere Abteilungen des Hauses zur Präsentation eingeladen hat, die teilweise keine Ahnung von PR und Kommunikation haben, dann wäre es fatal, eine fachlich komplexe und sehr lange Präsentation vorzubereiten. Statt die Leute zu fesseln, würden Sie bald Unruhe und Desinteresse erzeugen

Es kommt nicht darauf an, die genaue Anzahl zu wissen. Wichtig ist die Größenordnung. Haben Sie es mit einer kleinen kompakten Gruppe oder einem größeren Kreis zu tun? Falls Ihr Auftraggeber beim Briefing den Zuhörerkreis noch nicht umreißen kann, haken Sie später immer wieder nach.

Nehmen wir an, Sie haben erfahren, wie viele Zuhörer vor Ihnen sitzen werden. Die nächste Frage gilt der Zusammensetzung des Auditoriums. Was sind das für Leute, auf die Sie sich einstellen müssen? Vor einer Gruppe von versierten Marketingexperten sollten Sie anders präsentieren als vor den Pressesprechern des Unternehmens. Zuhörer, die Ihre Agentur zum ersten Mal erleben, brauchen eine andere Ansprache als Zuhörer, mit denen Sie schon seit ewigen Zeiten vertrauensvoll zusammenarbeiten.

Kleiner Zuhörerkreis	Großer Zuhörerkreis
Längere Präsentationszeit möglich	Kurze Präsentationszeit bevorzugt
Kompakte Visualisierung am Tisch	Mit Beamer oder Overhead vergrößern
Eher im Sitzen am Tisch präsentieren	Unbedingt stehend präsentieren
In normaler Lautstärke reden	Laut reden, eventuell Mikrophon einsetzen

Fragen Sie im Briefinggespräch und bei späteren Gesprächsanlässen unbedingt folgende Kriterien ab:

- Aufgabenkenntnis – Was wissen die Teilnehmer von Aufgabe und Problemstellung? Sind sie im Thema? Waren sie beim Briefing dabei oder kommen sie zur Präsentation neu hinzu?
- Hierarchische Stellung – Wer sind die Entscheider? Welche Stellung haben die Entscheider im Unternehmen? Wer sind die Kommunikationsfachleute? Welchen Einfluss haben sie?
- Einstellung zur Aufgabe – Akzeptieren die Zuhörer die gestellte Kommunikationsaufgabe oder finden sie das ganze Projekt in Teilen oder vollkommen überflüssig? Gibt es möglicherweise ganz unterschiedliche Sichtweisen, was die Aufgabenstellung angeht?
- Einstellung zur Agentur – Welchen Ruf hat die Agentur bei den Beteiligten? Wer sind die Unterstützer? Ist möglicherweise sogar mit Agenturgegnern zu rechnen?

- Fachliches Grundwissen – Sind die Zuhörer in Sachen Kommunikation und PR versiert? Kennen sie die gängigen Begriffe, Methoden und Mittel?
- Zusammensetzung – Ist die Zuhörerschaft homogen zusammengesetzt oder besteht sie aus ganz unterschiedlichen Fraktionen – unterschiedlich, was Grundwissen, Einstellung oder Aufgabenkenntnis angeht? Wie groß ist die Gefahr, zwischen die Stühle zu geraten?
- Tagesform – Zu welcher Tageszeit wird präsentiert? Was haben die Zuhörer zu diesem Zeitpunkt schon hinter sich gebracht? Präsentieren Sie womöglich als letzte von 7 Agenturen am Abend? Oder hatten die Entscheider direkt vor der Präsentation eine Pressekonferenz, bei der sie eine unangenehme Gewinnwarnung veröffentlichen mussten?

Noch eins: Seien Sie auf Überraschungen gefasst. Auch wenn der Kunde vorher eine ungefähre Teilnehmerzahl genannt hat, kann es passieren, Sie machen die Tür zum Präsentationsraum auf und da sitzen plötzlich doppelt so viele Personen im Raum.

Die Raumsituation

Fragen Sie unbedingt auch nach dem Raum, in dem später die Präsentation stattfindet. Noch besser wäre es, vorher einen prüfenden Blick in diesen Raum zu werfen. Denn stimmt die Raumsituation nicht, dann können daraus für die Präsentation jede Menge Schwierigkeiten entstehen. Das sind die häufigsten Fallen:

- *Falsche Raumgröße* – Man stelle sich vor: der Raum fasst 12 Personen, aber zur Präsentation werden über 20 erwartet. Wer sich schon einmal in stickiger Luft und bei schweißtreibenden Temperaturen durch seine Präsentation gekämpft hat, weiß, was wir meinen. Bei eklatanten Missverhältnissen sollten Sie sich wehren und den Kunden auf die Raumproblematik hinweisen.
- *Keine weiße Projektionswand* – Der Kunde hat ein enges Zeitkorsett und gibt höchstens 5 Minuten für den Aufbau der Präsentationstechnik. Der Schreck fährt dem Agenturteam in die Glieder, als es bemerkt, dass alle Wände im Raum dunkel getäfelt sind. Besser die Agentur hätte sich vorher schlau gemacht. Entweder hätte sie beim Kunden eine Leinwand angemeldet oder besser gleich ihre eigene Leinwand mitgebracht.
- *Keine Verdunklung* – Eine Präsentation lebt hauptsächlich von den wirkungsvollen Präsentationscharts. Aber wie das Präsentationsleben so spielt, bricht mit einem Mal die Sonne zwischen den Wolken hervor und strahlt prächtig direkt auf die Projektionsfläche. Der Raum hat keine Verdunkelungsmöglichkeiten. Herzliches Beileid! Überzeugen Sie sich vorher, dass der Raum vernünftige Verdunkelungseinrichtungen hat. Wenn nicht, dann sollten Sie rechtzeitig im Vorfeld auf einen Raumwechsel bestehen.
- *Mangelhafte Technik und Ausstattung* – Das Spektrum der Möglichkeiten ist breit. Im Raum gibt es keine Steckdosen in Reichweite. Der Kunde stellt nur einen altersschwachen Beamer ohne hohe Auflösung zur Verfügung. Die Projektionsfläche an der Medienwand hat

unschöne gelbe Flecken. Alles ist möglich. Am besten Sie bringen stets die technische Ausstattung mit. Und vergessen Sie nie, eine Verlängerungsschnur im Koffer zu haben.

- *Präsentationssituation ungünstig* – Die Raumsituation ist so, dass der Vortragende direkt neben der Tür präsentiert, die dann während des Vortrages mehrmals aufgeht. Oder der Vortragende steht zum Fenster und ist für die Zuhörer als dunkler Umriss schlecht erkennbar. Diese und andere Situationen machen Ihnen das Präsentationsleben schwer. Meist ist die Raumkonstellation zu ändern, wenn man vorher in den Raum geschaut hat. Ist das nicht machbar, kommen Sie frühzeitig zur Präsentation, damit im Fall des Falles noch genügend Spielraum bleibt, um Änderungen vorzunehmen.

Der Faktor Zeit

Der dritte Faktor, den Sie schon im Vorfeld abklären sollten, ist die Zeitkomponente. Wie viel Präsentationszeit hat die Agentur?

Da stellt sich zuallererst die Frage, wie viel Zeit brauchen Sie denn? Grundsätzlich gilt die Regel, dass ein Konzept, das sich nicht in 10 Minuten präsentieren lässt, kein gutes Konzept ist. Diese Regel lässt durchblicken, dass es allgemein besser ist, den Vortrag kurz zu fassen. Lange Präsentationszeiten führen oft zu Ermüdungserscheinungen bei den Zuhörern. Zuhören will gelernt sein, jedoch beherrschen erstaunlich wenige Menschen diese Kunst.

Zwischen 20 und 30 Minuten liegt das Idealmaß für eine Präsentation. Bei komplexen Strategien und Maßnahmensystemen sind bis zu 45 Minuten durchaus vertretbar. Alles andere grenzt an Geschwätzigkeit.

Allerdings gibt es manchmal Kunden, denen das Thema besonders wichtig ist und die Wert auf Ausführlichkeit legen. Dem darf man sich nicht verschließen. Im Einzelfall sind daher Präsentationszeiten von 2 bis 4 Stunden durchaus möglich. Unser Rekord liegt bei 1,5 Tagen.

Im Normalfall hat der Kunde feste Vorstellungen, was das Zeitfenster für die Präsentation angeht. Fragen Sie rechtzeitig nach. Oft ist eine Stunde üblich. Erscheint Ihnen das vorgegebene Zeitfenster als gefährlich knapp, dann reden Sie im Vorfeld mit dem Auftraggeber und versuchen eine Verlängerung auszuhandeln. Die Meisten dürften Verständnis zeigen und Ihnen entgegenkommen. Fragen Sie auch unbedingt nach, wie hart die Deadline ist. Manche Auftraggeber schauen auf die Uhr, bestehen darauf, dass Sie pünktlich fertig werden oder brechen den Vortrag sogar abrupt ab. Auch wenn es kein hartes Zeitlimit gibt, sollte die Präsentationszeit nicht überstrapaziert werden. Mehr als 5 Minuten Überziehungszeit lassen auf schlechte Präsentationsvorbereitung schließen.

Denken Sie bei der Festlegung der Präsentationszeit daran, dass die Präsentation nicht nur aus dem Vortrag besteht. Im zur Verfügung stehenden Zeitfenster sind mehrere Arbeitsschritte unterzubringen. Das Timing einer fiktiven Präsentation soll das verdeutlichen. Der Kunde hat für die Präsentation alles in allem eine Stunde vorgesehen:

- *Aufbauzeit:* 7 Minuten – In Zeiten von Beamer- und Notebook-Präsentation geht es nicht mehr ohne diesen Zeitpuffer am Anfang.
- *Begrüßung und Agenturvorstellung*: 3 Minuten – Gepflogenheit jeder Präsentation sind die obligaten einleitenden Worte und eine Vorstellung des Präsentationsteams. Diese wenigen Minuten helfen auch Ruhe in den Raum zu bringen. Die letzten Nachzügler treffen ein und alle haben ihren Kaffee eingeschenkt und ihre Unterlagen geordnet.
- *Vortrag*: 30 Minuten – Nur etwa die Hälfte der Präsentationszeit bleibt für den eigentlichen Vortrag. Ein paar Minuten Verlängerung sind im Einzelfall denkbar.
- *Diskussion und Fragen*: 20 Minuten – Der anschließende Dialog aller Präsentationsteilnehmer ist wichtig für die Entscheidungsfindung und darf auf keinen Fall zu kurz kommen.

Technische Hilfsmittel und Medien

Es gibt Presenter, die völlig ohne Hilfsmittel auskommen. Sie tragen das Konzept komplett in freier Rede ohne Medienunterstützung vor, und es kommt hervorragend an. Aber das sind beneidenswerte Ausnahmepersönlichkeiten. Alle anderen sollten unbedingt die Chance der visuellen Vortragsunterstützung nutzen.

Die visuelle Ebene veranschaulicht das Gesagte, markiert die Struktur des Vortrags und gibt dem Vortragenden mehr Sicherheit. Es steht ein ganzes Spektrum von Hilfsmitteln zur Verfügung, die zur Visualisierung der Präsentation genutzt werden können. Die Wichtigsten sind:

- *Klappmappe* – Die Mappe gibt es in unterschiedlichen Formaten. DIN A 3 ist am gängigsten. Die Mappe wird aufgeklappt und auf den Tisch gestellt. Die einzelnen Charts sind über ein Ringregister in die Mappe eingelegt und werden Seite für Seite umgeklappt. Die Präsentation mit Klappmappe erfordert wenig Aufwand und ist relativ unspektakulär. Sie ist sinnvoll bei Arbeitspräsentationen und im kleinen Zuhörerkreis. Vorsicht ist schon bei mehr als sechs Zuhörern geboten, denn dann fangen die Sichtprobleme an. Auch im „Unspektakulären" liegt eine Gefahr. Mancher Kunde fühlt sich nicht wichtig genug genommen.
- *Flipchart* – Die Tafel mit großem Papierblock steht eigentlich in jedem Sitzungsraum. Theoretisch könnte man seine Charts live während der Präsentation anskribbeln und so dem Ganzen eine Art Workshopcharakter geben. Aber die meisten bekommen das technisch nicht in Griff. Es empfiehlt sich deshalb, die Charts vorzuproduzieren. Die Flipchartpräsentation eignet sich für größere Zuhörerkreise, denen man einen Hauch von Workshop und Arbeitskreis vermitteln will.
- *Pappenschlacht* – Das ist der Klassiker der Präsentation speziell bei Werbeagenturen. Die Layouts der entsprechenden Kampagne werden auf Pappen aufgezogen und hinten mit einem Herzflügelaufsteller versehen. Die Pappen stellt man dann während der Präsentation nacheinander auf. Um den Seriencharakter der Gestaltung zu dokumentieren,

246

bleiben die einzelnen Pappen oft bis zum Ende stehen. Die „Pappenschlacht" eignet sich für Präsentationen, bei denen die Grafik eine tragende Rolle spielt. Per Beamerprojektion und Overhead lässt sich stets nur ein Layout zeigen, der Seriencharakter verliert an Wirkung. Außerdem ist die Projektionsqualität miserabel. Die Layouts lassen teilweise erheblich an Brillanz vermissen. Fazit: Die klassische Pappenschlacht hat keineswegs ausgedient.

- *Overheadprojektor* – Overhead war Jahre, wenn nicht Jahrzehnte, der Standard für die Präsentation von Konzepten. Inzwischen steht der Projektor in der Ecke und verstaubt. Beamer und Notebook haben ihn endgültig abgelöst. Dennoch gibt es Situationen, in denen die Präsentation über projizierte Folien weiterhin sinnvoll ist. Wenn man beispielsweise vor einer größeren Gruppe präsentiert, mit einfachen Charts arbeitet und bewusst wenig Aufwand treiben will, dann ist der Overheadprojektor durchaus noch passend

- *Diaprojektor* – Was hat der Diaprojektor bei Präsentationen zu suchen? In einer speziellen Situation ist er unverzichtbar. Die Agentur präsentiert vor einer größeren Gruppe und es kommt entscheidend auf die Arbeit der Grafik an. Die Agentur zeigt Layouts, die eine starke Ausstrahlung entwickeln, wenn sie in sauberer Qualität projiziert werden. Das Dia hat die nötige Brillanz und Bildtiefe. Das Beamerbild kann da (noch) nicht mithalten.

- *Dummy* – Unter „Dummy" verstehen die Agenturleute einen von Hand gebauten Prototyp des einzelnen Werbemittels. Da wird ein Faltblatt fix und fertig geklebt, gefalzt und den Zuhörern an die Hand gegeben. Oder ein Plakat wird 1:1 umgesetzt und an die Wand gehängt. Werden im Rahmen des Konzepts Werbe- und PR-Mittel gestaltet, macht es häufig Sinn, diese Mittel auch als Dummy zu präsentieren. Denn projizierte Bilder halten Distanz. Dummys stellen Nähe her, die Gestaltung wird sinnlich fassbar.

- *Zeigestock und Pointer* – Hier und da sehe ich Konzeptioner, die während ihrer Präsentation einen Zeigestock oder Laserpointer benutzen. Das macht Sinn, wenn auf den Charts komplexe Schaubilder zu sehen sind und auf einzelne Bildbereiche gezielt hingewiesen werden soll. Das macht keinen Sinn, wenn man den Stock oder Pointer zwar in der Hand hält, ihn dann aber kaum bis gar nicht einsetzt.

- *Mikrophon* – Bei größeren Zuhörerkreisen sollte man auf jeden Fall zum Mikrophon greifen. Die Präsentation muss den Raum füllen und voll präsent sein. Falls ein Mikro nötig ist, sollte man unbedingt vorher einen Soundcheck einplanen. Auch kann es ganz praktisch sein, sich das Mikro umzuhängen, denn dann behält der Vortragende die Hände frei. Zudem muss er nicht fortwährend auf den richtigen Abstand von Mund zu Mikro achten.

Präsentation mit Notebook und Beamer

In der Mehrzahl der Fälle präsentieren die Agenturen heutzutage mit Notebook und Beamer. Mancher Kunde erwartet sogar den Einsatz der neuen Technik und fühlt sich nicht wichtig genommen, wenn die Agentur nur mit Klappmappe zur Präsentation auftaucht. Es führt daher fast kein Weg an der modernen Technik vorbei. Sie hat aber auch ihre Tücken. Dies sind die wichtigsten Sicherungsmaßnahmen:

- *Die Präsentationssoftware beherrschen* – Wer Präsentationen entwickelt, sollte mit der Präsentationssoftware wie z. B. Powerpoint sicher umgehen können. Er muss die Software möglichst effizient und den Programmkonventionen entsprechend einsetzen. Eine vorherige Schulung empfiehlt sich in jedem Fall.

- *Das Präsentationsnotebook ist heilig* – Das Notebook für die Präsentationen bleibt in der Agentur immer unter Verschluss. Es wird für die Präsentationssituation optimal vorkonfiguriert und nicht für die Alltagsarbeit eingesetzt. Neue Software darf nur mit aller Vorsicht installiert werden.

- *Gängige Fehler beheben können* – Ab und zu überrascht der Computer beim Hochfahren vor der Präsentation oder sogar während des Vortrags mit einer Fehlermeldung. Wer jetzt nicht weiß, was zu tun ist und sich nur mit Herumprobieren helfen kann, steckt in ernsthaften Schwierigkeiten.

- *Qualität der Technik ist gefragt* – Wer mit einem leistungsschwachen Notebook zu Präsentationen geht, darf sich nicht wundern, dass er bei vielen Charts mit großen Fotos plötzlich ungeduldig auf das nächste Bild warten muss oder dass sein System während einer Videosequenz ins Ruckeln gerät. Präsentationen sollten nur mit starken, soliden Notebooks gefahren werden. Auch beim Beamer empfiehlt sich Qualität. Wer z. B. an der Lichtstärke spart, der kommt bei Tageslichteinsätzen schnell in Schwierigkeiten

- *Immer Ersatzmedien dabeihaben* – Halten Sie immer Präsentationsersatz auf Reserve. Hilfreich ist es schon, wenn die Agentur eine CD-ROM mit einem Duplikat der Präsentation im Koffer hat. Noch sicherer geht man mit einer Kopie der Präsentationscharts auf Overheadfolien oder in der Klappmappe. Oft werden diese Rettungsanker monatelang nicht gebraucht. Gehen Sie trotzdem stets auf Nummer sicher.

Jetzt haben Sie die Technik im Griff – und dennoch ist die Präsentation kein voller Erfolg. Denn was Sie den Leuten per Beamer an die Wand werfen, will nicht so recht überzeugen. Die gesamte Regie der multimedialen Charts stimmt nicht. Ihr Vortrag wird durch die Charts nicht verstärkt, sondern eher behindert. Hier einige Tipps zur multimedialen Präsentation mit Notebook und Beamer:

- *Keine Animationsorgie* – Die Präsentationsprogramme von heute bieten tolle Effekte. Da fliegen die Buchstaben wie Düsenjets ins Bild und lösen sich hinterher in Nebelwolken auf. Die einzelnen Charts kreisen beim Wechsel um die eigene Achse und ein Lichtstrahl fällt effektvoll auf die neue Chartüberschrift. Lassen Sie sich nicht verführen. Setzen Sie

Effekte sehr asketisch ein – und zwar nur da, wo sie den Vortrag wirkungsvoll unterstützen. Jeder Effekt hat eine Aufgabe. Alles andere ist nur Bildstörung.

- *Nicht zu viele Charts* – Weil es so einfach läuft, verführt die Software dazu, noch ein paar Charts mehr einzufügen. In der Präsentation wechseln dann die Charts im Halbminuten-Stakkato. Alles starrt ständig auf das nächste Bild. Wie soll sich da bloß der Vortrag entfalten? Versuchen Sie sich auf wenige Charts zu beschränken. Für eine 20-Minuten-Präsentation reichen 12 bis 16 Charts vollkommen aus.
- *Datenvolumen reduzieren* – Mehrere vollflächige Fotos, einige große Schaubilder mit komplizierten Verläufen sowie eine längere Videopassage und schon gehen Hard- und Software in die Knie. Halten Sie immer das Datenvolumen im Blick und seien Sie auf der Hut, wenn das Notebook einen betagten Prozessor oder zu wenig Arbeitsspeicher hat.
- *Bildqualität vorher kontrollieren* – Auf dem TFT-Display des Notebook sah die Grafik toll aus, über den Beamer projiziert wirkt sie flau und matschig. Die gelbe Schrift ist gar nicht mehr lesbar und aus der dunkelblauen Linie ist schwarz geworden. Sie sollten eine Präsentation deshalb vorher stets auf die Projektionsqualität hin testen.
- *Bei Ton auf Qualität achten* – Natürlich kann man bei der Präsentation auch Ton einsetzen. Verlassen Sie sich aber nie auf die Notebook-Lautsprecher. In größeren Räumen wirkt die Klangqualität kleinlaut und kläglich. Nutzen Sie Zusatzlautsprecher und planen Sie Zeit für einen kleinen Soundcheck vor der Präsentation ein.

Beim Lesen der vorangegangenen Textabschnitte könnte der Eindruck entstehen, Notebook und Beamer seien unsichere Präsentationskandidaten, von denen man besser die Finger lässt. Dieser Eindruck ist keinesfalls beabsichtigt. Das Gegenteil ist richtig. Der multimedialen Präsentation gehört die Zukunft. Sie hat eine Reihe von markanten Vorteilen, die alles in allem das Präsentationsleben leichter machen.

Änderungen in der Präsentation sind jederzeit problemlos möglich. Noch Sekunden vor dem Vortrag lassen sich Texte austauschen, die Reihenfolge ändern oder Charts ganz herausnehmen.

Sie können die Präsentation überall auf den verschiedensten Medien vorführen. Der Beamer ist nur eine Variante. Es geht genauso gut über das Display des Notebook oder über einen Fernseher. Sogar in meinem kleinen Palm-Organizer habe ich eine entsprechende Software. Nicht zu vergessen das Internet. Sie verschicken Ihre Präsentation per E-Mail in Sekunden um die Welt. Sie können die Charts auch auf Ihrer Website veröffentlichen, so dass sich jeder das Konzept anschauen kann.

Schnelle Medienwechsel – z. B. von Video zu Textchart und wieder zu Video – waren in der Vergangenheit ein echtes präsentationstechnisches Risiko. Hier und heute läuft alles in einem Programm auf einem Medium.

Die Animationsmöglichkeiten erlauben es, Schaubilder didaktisch und übersichtlich in mehreren Schritten aufzubauen. Konzeptkapitel lassen sich durch Dunkelblenden klar voneinander abgrenzen. Wichtige Punkte auf einem Chart werden einzeln Schritt für Schritt eingeblendet. Wenn Sie die Technik richtig einsetzen, können Sie jeden Vortrag spürbar aufwerten.

Die multimediale Präsentation bietet eine große Chance. Sie ist zugleich aber auch eine Verpflichtung. Präsentationen über Notebook und Beamer brauchen mehr Zeit, mehr Sorgfalt – und vor allem mehr Regie.

Wirkungsvolle Präsentationscharts

Ganz gleich, ob Sie Klappmappe oder Overhead oder Beamer als Präsentationstechnik benutzen, immer haben Sie Charts als Basis. Unter Chart versteht man die einzelne Folie, das einzelne Blatt oder die einzelne Seite einer Präsentation. Der richtige Einsatz und die richtige Gestaltung sind mitentscheidend für den Vortragserfolg. Viele „basteln" sich Charts nach bestem Wissen und Gewissen.

Nur wenige haben die Gestaltung wirklich im Griff. Es fängt schon beim Aufbau an. Zu viele und unklare Ebenen auf einem Chart verwirren die Betrachter. Gehen Sie bei der Entwicklung von Charts von folgendem Grundraster aus:

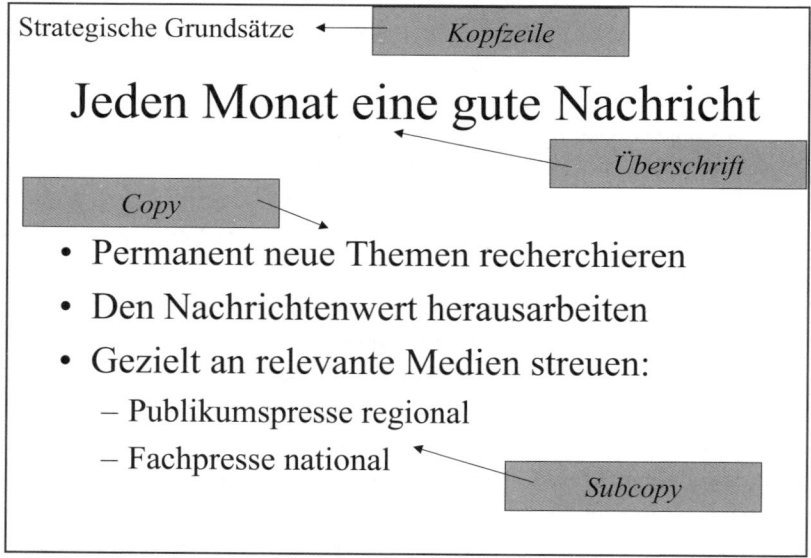

Oben im Chart steht die *Kopfzeile*. Sie fungiert als Orientierungshilfe und macht klar, an welcher Station der Präsentation man sich befindet. Bei kurzen Präsentationen mit wenigen Charts kann auf die Kopfzeile verzichtet werden. Bei langen, komplexen Präsentationen empfiehlt es sich, an den Anfang der Präsentation einen „Fahrplan" zu stellen, der die einzelnen Stationen im Überblick abbildet.

Die *Überschrift* bringt die „Message", die Kernaussage des Charts auf einen einprägsamen Nenner. Die Überschrift ist kurz und fällt sofort ins Auge.

Das *Copy-Feld* beinhaltet die Aussagen des Chart. Bei Textaussagen stehen diese kurz und stichwortartig untereinander. Mehr als 6 bis 7 Spiegelstriche sollte es nicht geben. Falls sich statt der Textaussage eine adäquate Bildaussage finden lässt, sollte man im Copy-Feld bevorzugt mit Schaubildern, Fotos oder Grafiken arbeiten.

Als *Subcopy* bezeichnet man Unteraussagen im Copy-Feld. Diese Unteraussagen sollten auf ein Minimum begrenzt werden. Auch wenn die meisten Präsentationsprogramme jede Menge Unterebenen ermöglichen, sei empfohlen, nur mit einer Subcopy-Ebene zu arbeiten.

Es hapert aber oft nicht nur am Aufbau, sondern vor allem am gesamten Erscheinungsbild. Immer wieder kommen Charts zum Einsatz, deren Schrift viel zu klein ist oder die bis zum Rand mit Informationen überladen sind. Schlecht gemachte Charts verkehren ihre Wirkung ins Gegenteil. Es lohnt sich also einige Grundregeln zu beachten, damit Ihre Charts richtig zur Geltung kommen:

- *Wenig drauf* – Verringern Sie die Informationsmenge auf jedem Chart. Üben Sie sich in der Kunst der Reduktion. Es gilt das Minimalprinzip.

- *Text stichwortartig* – Verzichten Sie auf ausformulierte Sätze, auf üppige adjektivreiche Formulierungen. Die Information sollte sich auf knappe, stichwortartige Kernpunkte konzentrieren.

- *Groß in Schrift und Bild* – Damit Ihre Kernpunkte sofort klar erkennbar sind, müssen sie mit großer Typographie deutlich lesbar auf den Chart gesetzt werden. Nur kein Augenpulver produzieren.

- *Keine Vortragsdublette* – Die Charts sollten nicht einfach nur als projiziertes Stichwortmanuskript Ihres Vortrags dienen, das Sie Punkt für Punkt runterlesen. Geben Sie den Charts eine aussagekräftige Rolle. Nutzen Sie die Chartaussagen, um Kernpunkte des Vortrags zu verstärken oder einzuleiten. Nutzen Sie die Charts, um den Vortrag zu kontrapunktieren oder zu kommentieren. Bauen Sie einen Spannungsbogen zwischen Ihren Worten und den Präsentationscharts.

- *Die Chartinhalte auf Vortragslinie bringen* – Achten Sie bei der Reihenfolge der Charts bzw. der Reihenfolge der Aussagen auf den jeweiligen Charts, dass Ihr Vortrag frei nach vorne fließen kann. Wenn Sie während der Probepräsentation merken, dass Sie z.B. die Spiegelstriche eines Charts in versetzter Reihenfolge abarbeiten müssen, um im Redefluss zu bleiben, dann ändern Sie diesen Zickzackkurs unbedingt.

- *Keine Spielereien* – Alles auf dem Chart hat eine Funktion, stützt und stärkt den Vortrag. Reine Verzierungen und aussagelose Bildelemente haben auf dem Chart nichts zu suchen. Gefährlich sind auch die gerne verwendeten Klischeebilder der einschlägigen Clipartsammlungen.

- *Auf Ästhetik achten* – Wenn Ihre Präsentation professionell gestaltet und damit zum ästhetischen Vergnügen wird – um so besser. Die gute Form unterstützt die Inhalte. Es
  lohnt sich, in die Gestaltung der Charts genügend Zeit und Sorgfalt zu stecken. Wenn
  möglich, sollten Sie sogar einen Grafiker als Unterstützung einsetzen. Aber nur einen,
  der sich mit Präsentationsprogrammen auskennt. Man kann natürlich auch die vorgegebenen Präsentationsvorlagen z. B. von Powerpoint nutzen. Viele der Designvorschläge
  sind allerdings sehr amerikanisch und für das europäische Auge gewöhnungsbedürftig.

Präsentationstaugliches Stichwortskript

Beim Ausarbeiten des Stichwort-Manuskripts ordnen Sie die konzeptionellen Gedanken und
formen Ihren Vortrag. Später brauchen Sie das Skript als Hilfslinie und Rückversicherung für
den Vortrag. Wie der Name schon sagt, besteht das Stichwortskript aus Stichworten. Sie sollten
in keinem Fall ein komplettes Redemanuskript ausformulieren. Eine Präsentation sollte nicht
abgelesen, sondern frei vorgetragen werden.

Das Skript ist in der Reihenfolge der Charts strukturiert. Jeder Chart bedeutet einen Glie-
derungspunkt im Skript. Die Stichworte jedes Gliederungspunktes sind knapp gehalten. Da
stehen die wesentlichen Botschaften. Behalten Sie die große Linie im Blick und versuchen Sie
nicht jedes Detail des Vortrags in den Stichworten zu erfassen. Die Typographie sollte groß
und gut lesbar sein. Die einzelnen Botschaften müssen durch Spiegelstriche deutlich voneinander abgetrennt werden. Das Skript für einen 20-Minuten-Vortrag müsste mit etwa 1,5 bis 2
DIN A 4-Seiten auskommen. Weniger ist auch hier mehr.

Die meisten Präsentationsprogramme bieten einen Ausdruck-Modus an, bei dem auf dem
Blatt links mehrere Charts stehen und rechts genügend Raum für Notizen bleibt. Eine feine
Sache. Probieren Sie aus, ob Sie damit klar kommen.

Gebräuchlich ist auch die Kartentechnik. Der Vortragende unterteilt das Skript in einzelne
Karteikarten. Jede Karte steht für ein Chart. Er wechselt also bei jedem Chart gleichzeitig die
Karte.

Bei Klappmappen-Präsentationen können Sie Ihre Stichworte jeweils auf die Rückseite des
vorangegangenen Mappenblatts schreiben. Beim Umschlagen haben Sie die Stichworte dann
auf der Rückseite der Mappe gut im Blick.

Für Overheadcharts werden in Fachgeschäften Schutzrahmen verkauft. Diese Rahmen haben
in der Regel einen Rand, der sich hervorragend mit den Stichworten der entsprechenden Vor-
tragspassage versehen lässt.

Der Präsentationsstil

Der Stil der Präsentation hängt natürlich ganz entscheidend vom Inhalt des Konzepts und vom
Auftraggeber ab. Vortrag und visuelle Unterstützung müssen nach Maß auf den Kunden zugeschnitten werden. Das untenstehende Schaubild definiert vier stilistische Felder mit entspre-

chenden Polen. Wo Sie Ihre Präsentation ansiedeln, ist jeweils eine Einzelfallentscheidung. Erfahrungswerte zeigen, dass es allerdings nicht ratsam ist, sich zu dicht an den Extrempunkten der vier Pole zu positionieren.

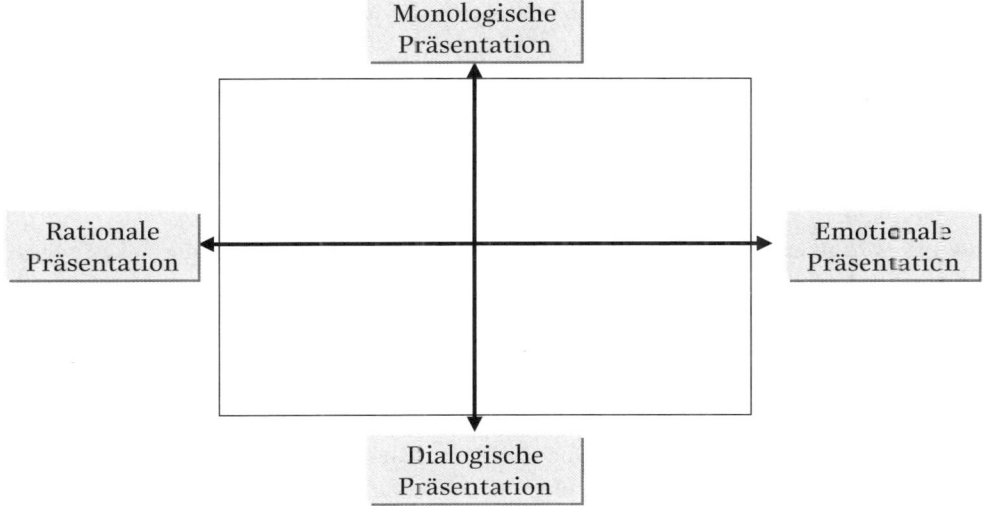

- *Rationale Präsentation* – Im Vordergrund stehen Fakten und Strategien. Die Präsentation ist sehr sachlich und auf solider kommunikationstheoretischer Basis. Die Präsentation vermittelt hohe Fachkompetenz und legt Wert auf Autorität. Sie spricht den Kopf an.
- *Emotionale Präsentation* – Die Präsentation ist rundum unterhaltsam. Sie wird anschaulich und locker vorgetragen. Der Vortragende arbeitet mit kleinen Showeffekten und erreicht sein Publikum stark über den Bauch.
- *Monologische Präsentation* – Der Vortragende präsentiert stehend vor seinen Zuhörern. Er weist am Anfang der Präsentation darauf hin, dass er ohne Unterbrechungen durchpräsentieren will. Fragen sollen im Anschluss gestellt werden. Es kommt ihm darauf an, einen möglichst geschlossenen Eindruck des Konzepts zu vermitteln. Die Zuhörer sind nur Beobachter.
- *Dialogische Präsentation* – Die Zuhörer sind einbezogen. Sie können während der Präsentation bereits Fragen stellen. Der Vortragende spricht sie vielleicht sogar direkt an und schlüpft in die Rolle eines Moderators. Die Präsentation hat eher Workshopcharakter. Die Zuhörer werden zu Beteiligten.

Die Rolle des Vortragenden

Ob eine Präsentation Erfolg hat, hängt letztendlich viel vom Vortragenden ab. Er spielt zweifellos eine tragende Rolle. Diese Rolle ist nicht einfach, denn je nach Auftraggeber, Aufgabenstellung und Vortragssituation müssen die Akzente anders gesetzt werden. Der Vortragende braucht vielseitige Talente, die es je nach Situation mit unterschiedlicher Gewichtung einzusetzen gilt:

- *Der Vortragende als Verkäufer* – Das Konzept ist das „Produkt" der Agentur, das es zu „verkaufen" gilt. Am Ende der Präsentation sollte idealerweise die „Kaufentscheidung" des Kunden stehen. In diesem Sinne fließen durchaus klassische Verkaufstechniken in die Präsentation ein. Aber nicht überziehen! Die Präsentation darf keinesfalls verkäuferisch großspurig und rhetorisch glatt werden.

- *Der Vortragende als Experte* – Das Konzept braucht eine fachlich fundierte Grundlage. Es gründet auf anerkannten Methoden und Modellen aus Marketing und Kommunikation. Der Vortragende stellt durch einen fundierten Vortrag die fachliche Kompetenz der Agentur unter Beweis. Die Präsentation sollte dadurch aber mitnichten theorielastig und professoral werden.

- *Der Vortragende als Praktiker* – Das Konzept ist eine Gebrauchsanweisung für die Kommunikation. Entsprechend verständlich, praxisnah und anschaulich sollte präsentiert werden. In den Köpfen der Zuhörer entsteht das Bild der geplanten Kampagne. Außerdem entsteht die Gewissheit, dass die Kampagne vom Team nicht nur gut gedacht ist, sondern anschließend auch genauso gut umgesetzt wird.

- *Der Vortragende als Unterhalter* – Der Begriff „Presentainment" wird nicht gerne verwandt, aber er trifft zu. Die Zuhörer müssen emotional geöffnet und interessiert, im Einzelfall sogar fasziniert werden. Deshalb gehört in fast jede gute Präsentation ein Prise Unterhaltung. Gerade genug, um die Zuhörer auf den Geschmack zu bringen.

Präsentationsentwicklung

Weil der Mensch als Zuhörer in einer ganz anderen Adaptionssituation ist als als Leser, braucht auch die Präsentation eine ganz andere formale und inhaltliche Herangehensweise. Der Zuhörer kann nicht so viele Informationen aufnehmen, er ist schneller unkonzentriert und schweift ab. Der Zuhörer reagiert auch emotionaler als der Leser. Der Vortragende bekommt damit eine gute Chance, ihn zu packen und zu begeistern. Nutzen Sie diese Chance!

Was ist zu tun? Legen Sie zuallererst die schriftliche Konzeptausarbeitung in den nächsten Schrank und fangen Sie ganz anders an. Ein schriftliches Konzept ist eine Abhandlung, eine mündliche Präsentation eine Handlung. Sich zu viel vom schriftlichen Konzept leiten zu lassen, behindert nur und lähmt den Fluss der Handlung. Am allerbesten wäre sogar, Sie entwickeln zuerst die Präsentation und erst dann das schriftliche Papier. So können Sie frei und ohne Ballast an den Handlungsfaden gehen.

Lassen Sie sich Zeit beim Aufbau der Präsentation. Der mündliche Vortrag ist in der Regel entscheidender. Ein häufiger Fehler ist es, sich tagelang in das akribische Ausformulieren des Textes zu verbeißen. Am Ende bleibt kaum noch Zeit und die Präsentation wird unter Druck und in Hetze improvisiert.

Die Präsentationsausarbeitung braucht viel Zeit. Sie ist kein Geschäft zwischen Tür und Angel. Die Präsentation sollte reifen können, sich weiterentwickeln und immer noch eine Idee besser werden.

„Sich viel Zeit zu nehmen", heißt aber keinesfalls, viel Inhalt zu produzieren. Reduzieren Sie und konzentrieren Sie sich. Die mündliche Präsentation verträgt nur einen Bruchteil der Fakten, die in ein schriftliches Konzept hineinpassen. Wenn die Agentur ihre mündliche Präsentation überlädt, dann überfordert sie damit die Köpfe der Zuhörer. Viel gehört und wenig behalten – so lassen sich die Folgen beschreiben. Konzentrieren Sie sich auf das Wesentliche und arbeiten Sie das klar heraus.

> Die Entwicklungsarbeiten an der Präsentation laufen auf zwei Schienen: die Ausarbeitung des eigentlichen Vortrags in Stichworten und die Entwicklung von visuellen Medien wie Charts und Folien.

Bevor bei der Ausarbeitung ins Detail gegangen wird, sollten zuerst die tragenden Eckpfeiler der Präsentation festliegen. Welche maßgeblichen Botschaften wollen Sie mit dem Vortrag rüberbringen und wie lassen sich diese Botschaften möglichst überzeugend präsentieren? Es entsteht eine erste Grobskizze, die bei den Filmleuten „Treatment" heißt. Sie skizzieren kurz und knapp den Handlungsbogen der Präsentation.

Im nächsten Arbeitsschritt entwickeln Sie, der Linie des Treatment folgend, die Präsentationscharts. Die Charts werden per Hand auf Papier skizziert oder in die Standardmaske eines Präsentationsprogramms eingetippt. Es entsteht ein erster Chartentwurf, die Feinarbeit kommt später.

Sind Sie soweit? Dann können Sie im nächsten Schritt anfangen, in die Details des Vortrags zu gehen. Sprich: Es werden die notwendigen Stichworte zu Papier gebracht. Die Struktur der Stichworte orientiert sich sauber an der Struktur der Charts.

Sobald Sie die Chartentwürfe und das in Chartsystematik strukturierte Stichwortskript fertig haben, sollte ein erster Präsentationsversuch starten. Es übt sich besser, solange die Erinnerung noch frisch im Kopf ist.

Sie gehen in einen ruhigen Raum, machen die Tür hinter sich zu und nehmen eine Uhr mit. Präsentieren Sie einmal durch und behalten Sie dabei die Zeit im Blick. Die Charts liegen als Papierausdrucke auf dem Tisch. Das Blatt mit den Stichworten liegt gleich daneben.

Präsentieren Sie laut. Nicht stoppen! Immer weitermachen! Präsentieren Sie komplett und ohne Pause durch – ganz gleich wie viele Stolperer und Lücken Sie noch drin haben. Anschließend sofort der Blick auf die Uhr. Wahrscheinlich ist der Vortrag zu lang gewesen. Am Anfang neigt man fast immer zu Längen. Außerdem hat es sicherlich diverse Stellen gegeben, wo Sie aus dem Konzept gekommen sind, wo die Stichworte nicht gestimmt haben oder die Charts schlecht aufgebaut waren. Notieren Sie sich alle Schwachpunkte.

Damit ist es an der Zeit, Ihre Präsentation noch einmal zu bearbeiten. Bauen Sie um, nehmen Sie die Handicaps heraus, kürzen Sie gegebenenfalls den Vortrag. Auch wenn es mit dem Kürzen so eine Sache ist und man ständig das Gefühl hat, essentielle Aussagen zu kippen, dampfen Sie den Vortrag dennoch zusammen. Es tut ihm nur gut. Schlanker ist besser.

> Im nächsten Vorbereitungsschritt folgt die eigentliche Probepräsentation. Sie simulieren die Präsentationssituation mit ein paar Zuhörern. Nehmen Sie Leute, die mit dem Thema wenig zu tun haben. Wenn Sie sich bei denen verständlich machen, dann sind Sie auf dem richtigen Kurs.

Stellen Sie sich vor die Zuhörer, präsentieren Sie wiederum laut und im Stehen. Präsentieren Sie mit den überarbeiteten Chartausdrucken und Ihrem Stichwortskript komplett durch. Hinterher folgt die Manöverkritik der Zuhörer. Was war inhaltlich krumm, falsch oder unverständlich? Wo hat der Stil nicht gestimmt? Wo passte die Form nicht zu den Inhalten? Selbstredend sollte auch über Ihre Vortragsleistung geredet werden. War Ihre Stimme zu leise? Haben Sie Ihre Zuhörer kaum angeschaut?

Es folgt ein letztes „Feintuning". Hier noch ein wenig kürzen und da noch eine Änderung in der Reihenfolge der Charts vornehmen. Erst wenn Inhalte und Struktur komplett stehen, beginnt die Arbeit am Design der Charts. Sie geben Ihre Chartentwürfe beispielsweise in das Grafikatelier der Agentur, wo sie formatiert und dem Corporate Design der Agentur angepasst werden.

Zuletzt empfiehlt sich eine letzte Übungsstunde, allein im stillen Kämmerchen oder im Rahmen einer abschließenden großen „Generalprobe" in der Agentur.

Am Tag der Präsentation schauen Sie sich noch einmal Ihre Charts und Stichworte an, lassen Ihren Vortrag im Kopf Revue passieren.

Was lässt sich jetzt noch tun? Auch wenn es banal klingt, tun Sie alles, um zur Präsentation topfit zu sein. Sie verzichten am Abend vor der Präsentation auf die gute Flasche Wein, schlafen sich aus und frühstücken ausgiebig. Verhalten Sie sich wie ein Spitzensportler vor seinem Wettkampf. Machen Sie sich rechtzeitig auf den Weg zur Präsentation.

Ein letzter Tipp: Gehen Sie nicht allein in eine Präsentation. Zu zwei oder zu dritt wird vieles einfacher. Sie haben Unterstützung beim Aufbau. Ihre Partner übernehmen vielleicht die Vorstellung der Agentur, stärken Ihnen den Rücken während des Vortrags und greifen verstärkend in die anschließende Diskussion ein.

Anmerkungen zur Teampräsentation

Im Regelfall präsentiert ein einzelne Person – idealerweise der Konzeptioner, der das Konzept entwickelt hat. Aber natürlich ist es auch gut möglich, mit mehreren zu präsentieren. Das Agenturteam teilt sich den Vortrag und tritt gemeinsam in Aktion. Dieses Teamwork will aber besonders gut vorbereitet sein.

Die Zahl der Vortragenden sollte nicht zu groß werden. Bei 3 maximal 4 Personen liegt die Obergrenze. Setzen Sie die Vortragenden rollenadäquat ein. Der Grafiker erklärt den gestalterischen Part, der Journalist erzählt von den Pressekontakten und die Eventspezialistin stellt den Tag der offenen Tür vor.

Stimmen Sie genau ab, wer was sagt. Die einzelnen Vortragsteile dürfen sich nicht überschneiden oder Redundanzen beinhalten.

Üben Sie die Präsentation vorher. Eine Probepräsentation ist bei Teamvorträgen entscheidend wichtig. Die Gefahr, dass die Übergänge holpern und der roten Faden sich verheddert, ist sonst sehr groß.

Bauen Sie nahtlose Übergänge. Die einzelnen Partner übergeben direkt und ohne große Zäsur. Es wirkt verkrampft, wenn der Vorredner mit der Bemerkung schließt: „Jetzt hören Sie Herrn Maier". Und Maier tritt vor und eröffnet: „Guten Tag, ich bin Herr Maier und freue mich, heute hier präsentieren zu dürfen ..."

Wer präsentiert, sollte dabei mehr als eine Statistenrolle haben. Ein kurzes Intermezzo unter dem Motto „Jetzt sagt Ihnen Frau Schulz zwei Sätze zur Mediastrategie, bevor ich weitermache ..." stört nur den Präsentationsfluss und belastet die Präsentation unnötig.

Eventuell kann es sinnvoll sein, den Talentiertesten im Team zum Moderator zu ernennen. Er führt in die Präsentation ein, verbindet die Übergänge sinnvoll und zieht zum Finale noch einmal ein Fazit.

Die Präsentationstechnik

Es gibt ein ganzes Bücherregal voller Fachliteratur zum Thema Präsentationstechnik. Dort werden unter anderem ausführliche Hilfestellungen zu Rhetorik des Vortrags, zur Mimik und Gestik gegeben. Schauen Sie sich das ein oder andere Buch an, aber überladen Sie sich nicht mit Technik.

Am besten, Sie bleiben in der Präsentation wie Sie sind. Präsentieren Sie natürlich und ehrlich. Der Zuhörer soll spüren, dass Sie tief im Thema stecken und voll hinter dem Konzept stehen. Dass Sie aufgeregt sind, stört dabei nicht im Geringsten. Es macht den Vortrag nur glaubwürdiger, denn jeder spürt, Sie nehmen das Thema ernst. Nur wenn Sie ein echtes Handicap haben, das den Vortrag regelrecht stört, dann sollten Sie daran arbeiten.

Das sind Fehler, die Sie vermeiden sollten:

- *Zu leise reden* – Das ist vor allem bei größeren Auditorien ein Problem. Reden Sie lieber ein wenig zu laut. Der Vortrag braucht Präsenz, soll den Raum füllen.
- *Zu schnell reden* – Schnelles, gleichförmiges Reden macht das Zuhören besonders schwer. Der Vortrag bekommt keinen Spannungsbogen. Wichtige Aussagen gehen in der allgemeinen Wortflut unter. Auch wer von Natur aus ein Schnellsprecher ist, sollte sich trainieren, Pausen zu machen und an wichtigen Stellen das Tempo herunterzuziehen.

- *Mit dem Rücken zum Publikum präsentieren* – Das ist ein beliebter Fehler, der bei vielen Präsentationen zu beobachten ist. Der Vortragende schaut die ganze Zeit nur die Charts an, die hinter ihm an die Wand projiziert werden. Er hält sich daran fest und verliert so sein Publikum. Falls Sie diese Charts unbedingt im Blick brauchen, dann richten Sie das Notebook so aus, dass Sie auf dem Display die Charts im Blick halten. Oder Sie nutzen die Möglichkeit vieler Präsentationsprogramme, ein Stichwortmanuskript mit eingeklinkten Charts auszudrucken. Unerlässlich ist, dass Sie Richtung Publikum präsentieren. Sie schauen die Leute an und suchen Blickkontakt.

- *Sich sitzend in Deckung bringen* – In manchen Präsentationsrunden ist es richtig, im Sitzen zu präsentieren. Vorstellbar ist, Sie wollen durch das gemeinsame Sitzen am runden Tisch den Teamgedanken herausstellen. Es gibt aber immer wieder Situationen, da bleibt der Vortragende hauptsächlich deshalb sitzen, weil er sich unsicher fühlt und weil der Tisch vor ihm die nötige Deckung zu bieten scheint. Raus aus der Deckung! Sie sollten bevorzugt im Stehen präsentieren. Sie haben mehr Spielraum und Bewegungsfreiheit. Sie können statt nur mit dem Kopf und den Händen, mit dem ganzen Körper präsentieren. Ihr Vortrag gewinnt mehr Präsenz.

- *Nervöse Unruhe erzeugen* – Bei manchen Menschen führt der Stress der Vortragssituation dazu, dass sie eine nervöse Unruhe ausstrahlen. Sie kneten in einer Tour ihr Stichwortskript oder wechseln permanent von einem Fuß auf den anderen oder streichen sich fahrig im Minutenrhythmus durch das Haar. Es steckt unverkennbar Energie im Vortragenden, und das ist eigentlich positiv. Versuchen Sie diese Energie konstruktiv zu kanalisieren. Leiten Sie z. B. den nervösen Bewegungsdrang der Hände in eine lebendige Gestik um.

- *Mit Floskeln vortragen* – Der eine oder andere wiederholt während seines Vortrags immer wieder die gleichen Wortfloskeln. „Ich möchte mal sagen ..." heißt es da als Einleitung jedes dritten Satzes. Solche unnützen Sprachschnörkel sollten abtrainiert werden.

- *Im Konjunktiv reden* – Den gesamten Vortrag in die Form von „könnte", „würde" und „müsste" zu kleiden, besitzt wenig Überzeugungskraft. Sie stehen hinter dem Konzept, das sollten Sie zeigen – mit Bestimmtheit.

- *Keine positive Ausstrahlung haben* – Ihr Konzept versteht sich als Auftakt für eine tolle Kampagne. Alle sollen begeistert werden und mitziehen. Erzeugen Sie Aufbruchstimmung! Grundverkehrt ist es, die Präsentation mit vielem Wenn und Aber zu durchsetzen, immer wieder mögliche Gefahrenstellen herauszustellen und den Zuhörern den Eindruck zu vermitteln, dass alles sehr schwierig und höchst kompliziert wird. Entschuldigen Sie sich nicht, beklagen Sie sich nicht. Wenn Ihr Konzept und Ihr Vortrag keinen Mut zum Handeln machen, dann können Sie getrost einpacken und nach Hause gehen. Sie haben den falschen Beruf gewählt.

- *Abgehoben präsentieren* – Eine Präsentation ist keine intellektuelle Bildungsveranstaltung. Bei langen und komplexen Argumentationsketten, gespickt mit vielen Fremdwörtern, beginnen die Zuhörer ihre Stirn in Falten zu legen.
- *Nicht als „Stefan Raab" auftreten* – Ein Prise Entertainment – ja gut! Aber Sie sind kein Alleinunterhalter, der den ganzen Laden mit seinen Präsentationswitzen zu Lachstürmen hinreißen soll. Überhaupt: Hüten Sie sich vor schlechten Witzen und alten ausgelatschten Bonmots.

Inhaltlicher Aufbau der Präsentation

Wie baut sich ein Präsentationsvortrag inhaltlich auf? Ein festes Ablaufraster gibt es eigentlich nicht. Alles ist erlaubt, solange die Kernpunkte des Konzepts überzeugend und anschaulich vermittelt werden.

Vor der eigentlichen Konzeptpräsentation stellen sich die Vertreter der Agentur kurz vor. Wer sind wir und welche Aufgabe haben wir innerhalb des Projekts. Manche Kunden legen viel Wert darauf, dass ihr späterer Projektleiter oder Kundenberater persönlich bei der Präsentation anwesend ist. Sollte die Agentur den meisten Anwesenden noch unbekannt sein, ist es zweckmäßig, ein kurzes Agenturprofil an den Anfang zu stellen.

Danach beginnt der eigentliche Vortrag. Steigen Sie nicht gleich voll ein. Beginnen Sie mit einem „Warming up". Das könnte eine kleine sympathische Story sein, die in das Konzept einführt. Lassen Sie den Zuhörern einen kleinen Moment Zeit, um sich an Sie und den Vortrag zu gewöhnen.

Den konzeptionellen Anfang macht dann der analytische Teil der Präsentation. Sie wiederholen kurz und knapp die Aufgabenstellung und definieren damit den Ausgangspunkt der Arbeit. Dann fassen Sie die Ergebnisse der Recherche auf einem Chart zusammen, die beispielsweise „Markt im Blickpunkt" heißen könnte. Sind die Resultate dem Kunden geläufig, sollten Sie sich kurz fassen. Haben Sie neue, überraschende Daten und Fakten, dann lohnt es sich, diesen Punkt auszubauen. Am Ende dieses ersten Vortragsteiles steht Ihre Analyse beispielsweise in Form einer SWOT-Analyse. Fokussieren Sie auf dem dazugehörigen Chart nur die wichtigsten Kriterien heraus. Die Ist-Situation sollten alle übersichtlich und klar vor Augen haben. Im Idealfall nicken die Beteiligten mit dem Kopf und bestätigen: „Gut erkannt. Da stehen wir tatsächlich!"

Das Fazit des analytischen Teils ist quasi das Sprungbrett für die Strategie. Der strategische Teil wird direkt aus den Ergebnissen der Analyse abgeleitet. Die Strategie muss ihren Reiz entfalten, auf die Zuhörer zupackend und schlüssig wirken.

Der Schwerpunkt der Präsentation liegt in aller Regel auf dem Maßnahmensystem. Bei den Maßnahmen kommt der Vortrag zur Sache und das Interesse der Zuhörer steigt. Sie erfahren, was konkret passieren soll. Die Maßnahmen sind letztendlich das, was der Kunde „kaufen" muss. Die Maßnahmenpräsentation darf nicht zur Aufzählung von Einzelmaßnahmen verkommen. Es muss eine klare Systematik erkennbar sein. Die Strategie spiegelt sich in jeder Maßnahme erkennbar wider.

Präsentieren Sie die Maßnahmen lebendig, so dass sich jeder lebhaft vorstellen kann, was da passieren soll. Es muss ein Bild vor den Augen der Zuhörer entstehen. Auch wenn das Konzept aus vielen Maßnahmen besteht, müssen Sie in der Präsentation nicht unbedingt alle bis ins Detail vorstellen. Greifen Sie die wichtigsten Maßnahmen heraus. Der Zuhörer darf nicht in der Flut der Mittel und Maßnahmen ertrinken. Er muss den Überblick behalten. Inszenieren Sie Höhepunkte. Fassen Sie an bestimmten Stellen noch einmal zusammen. Tun Sie alles, damit die Zuhörer Ihnen folgen können.

Das Vortragsende rückt in Sicht. Gehen Sie gezielt auf die Zeitplanung und die Erfolgskontrolle ein und dann bauen Sie ein kleines Finale. Ihr Ausstieg aus der Präsentation darf auf keinen Fall „verkleckern". Gestalten Sie ihn bewusst und mit einem letzten vernehmlichen Schlussakkord, indem Sie z. B. mit einer Schlusspointe noch einmal auf die Story vom Anfang zurückkommen.

> Und was ist mit den Kosten? Meine Antwort: Packen Sie keine Kostenübersicht an das Ende der Präsentation. Was spricht dagegen? Stellen Sie sich vor: Die Analyse kommt auf den Punkt, die Strategie gibt gekonnt die Richtung vor, das Maßnahmensystem ist rund und dicht. Sie spüren die Zuhörer sind auf Ihrer Seite, sie fangen an, sich mit dem Konzept zu identifizieren. Prima! Schließlich kommt als letzter Chart die Kostenübersicht. Schlagartig erlischt die Begeisterung der Zuhörer, denn sie schauen den nackten Tatsachen ins Gesicht. Von Schlussbeifall kann jetzt keine Rede mehr sein. Ihr Vortrag geht nahtlos über in die Kostendiskussion.

Die anschließende Diskussion

Geschafft – der Präsentationsvortrag ist gelaufen. Dass die Diskussion im ersten Moment zähflüssig anläuft, ist natürlich. Die Anwesenden müssen sich erst sortieren. Wenn danach dennoch keine Diskussion zustande kommt und der Rest nur Schweigen ist, dann ist das allerdings kein gutes Zeichen.

Fördern Sie eine lebhafte Diskussion. Jede Zustimmung zum Konzept sollten Sie in Ihrer anschließenden Reaktion immer wieder unterstreichen. Verstärken Sie die Gemeinsamkeiten. Auch Einwände und Bedenken sind durchaus positiv zu werten. Sie zeigen, dass die Zuhörer das Konzept ernst nehmen und sich mit ihm auseinandersetzen. Gehen Sie unbedingt auf die Fragen und Kommentare ein, versuchen Sie die Einwände zu entkräften und die Bedenken abzubauen.

Es ist ratsam, schon im Vorfeld der Präsentation – beispielsweise im Rahmen der Probepräsentation – mögliche Einwände zu sammeln und über die adäquaten Antworten nachzudenken. Meist sind die Einwände vorhersehbar und beziehen sich auf naheliegende Problemkreise.

Ein entscheidender Vorteil für die Diskussion ist auch, wenn Sie nicht allein sind. Ihr Agenturteam greift jetzt aktiv ins Geschehen ein und hält Ihnen den Rücken frei. Alle kämpfen gemeinsam für das Konzept.

Stößt der Kunde auf einen Schwachpunkt im Konzept, dann sollten Sie nicht um jeden Preis versuchen, diesen Punkt zu übertünchen. Präsentieren Sie sich nicht als die perfekte Alleskönner-Agentur.

Und was ist mit den Kosten? Schon richtig, Sie werden nicht umhinkönnen, während der Diskussion auch konkret auf die Kosten einzugehen. Aber versuchen Sie diesen Punkt hinauszuzögern. Erst sollte die inhaltliche, vertrauensbildende Diskussion laufen. Wie hat uns ein Autoverkäufer einmal erklärt: „Ich rede erst über den Preis, wenn sich der Kunde schon innerlich für das Auto entschieden hat." Das ist der Punkt, versuchen Sie diesen Punkt zu erreichen und dann steigen Sie in die Kostendiskussion ein.

Die Kostendiskussion wird einfacher, wenn Sie neben einer ausführlichen Kostenaufstellung ein Blatt zur Hand haben, auf dem alle Kosten übersichtlich zusammengefasst sind. Da immer wieder Fragen zu Einzelpositionen aufkommen, empfiehlt es sich, in Sachen Kosten fit zu sein.

Vergessen Sie zum Abschluss des Termins nicht zu fragen, wann und wie es weitergehen soll. Denn manche Kunden pflegen sich nach der Präsentation viel, sehr viel Zeit für die Entscheidung zu lassen.

Die Präsentation liegt hinter Ihnen. Gehen Sie nicht gleich zur Tagesordnung über. Alle aus der Agentur, die bei der Präsentation dabei waren, sollten sich möglichst noch am gleichen Tag zu einer „Manöverkritik" zusammensetzen.

Das schriftliche Konzeptpapier

Das Kapitel zum schriftlichen Konzeptpapier ist im Vergleich zur Präsentation relativ kurz. Es gibt bei weitem nicht so viel zu sagen. Das schriftliche Konzept ist viel Fleißarbeit. Manchmal ist man mehrere Tage hintereinander am Computer gefesselt, um den Text zu formulieren. Umso frustrierender ist die Erfahrung, dass die schriftlichen Konzepte viele Kunden nur wenig interessieren. Sie werden überflogen und teilweise gar nicht gelesen.

Wir kennen Agenturen, die auf ausformulierte, schriftliche Konzepte fast komplett verzichten. Sie geben lediglich einen Ausdruck der Präsentationscharts an den Kunden weiter. In der Regel reicht das aus. Dennoch sei eine Nachahmung nicht unbedingt empfohlen. Agenturen, die sich als strategische Berater sehen, sollten auch entsprechende Grundlagen schaffen.

Das schriftliche Konzeptpapier hat mehrere Funktionen. Es ist die Entscheidungsgrundlage für den Kunden. Es ist eine wichtige Orientierungsgröße für alle, die am Konzept beteiligt sind. Und es ist eine praktische Gebrauchsanweisung für das Kernteam, dass im nächsten Schritt das Konzept realisieren soll. Nicht zuletzt ist es eine kaufmännische Hilfe für die Agentur. Die Leistung ist mit dem Konzept dokumentiert. Die Honorarrechnung hat eine überprüfbare Grundlage und dem Kunden fällt es einfacher zu zahlen.

Wie umfangreich sollte ein Konzeptpapier sein? Fassen Sie sich kurz – denn wie gesagt, die Leute lesen nicht gerne lange Abhandlungen. Manchmal reichen schon 3 bis 4 Seiten aus. Im Regelfall liegt ein Konzept irgendwo zwischen 10 und 20 Seiten. Nur große konzeptionelle Aufgaben sollten mehr Raum bekommen. Bis 60 Seiten liegt noch im Bereich des Möglichen. Nur ganz selten mal geht ein Konzept über dieses Maß hinaus.

Im Sprachgebrauch zwischen Kunden und Agentur gibt es verschiedene Kategorien von Konzeptpapieren. Es sollte im Vorfeld bereits beim Briefing geklärt werden, was im konkreten Fall gewünscht ist:

- *Das Handout* – Dabei handelt es sich lediglich um einen Ausdruck der Präsentationscharts. Bei ganz simplen konzeptionellen Problemen ist diese Form ausreichend
- *Das Kurzkonzept* – Strategie und Maßnahmen werden auf wenigen Seiten sehr übersichtlich auf den Punkt gebracht. Das Konzept hat die Form einer sorgfältig erarbeiteten Studie, die allen Beteiligten einen kompakten Überblick verschaffen soll.
- *Das Detailkonzept* – Alle Beteiligten legen auf die konzeptionelle Arbeit großen Wert. Mit sehr viel Sorgfalt und hohem Zeitaufwand wurde an der Konzeption gearbeitet. Das Ergebnis ist ein ausführliches Konzeptpapier, das Analyse, Strategie und Maßnahmen vollständig beschreibt. Das Konzept hat die Form einer Projektdokumentation, die allen Beteiligten einen gründlichen Einblick gibt.
- *Das Arbeitskonzept* – Es wurde „quick and dirty" zu Papier gebracht, ohne große Form und ausgefeilte Formulierungen. Es dient als praktische Diskussions- und Arbeitsgrundlage für alle Beteiligten.
- *Das Repräsentationskonzept* – Das Konzept wird sorgsam formuliert und professionell layoutet. Fotos und Schaubilder werden eingearbeitet. Die Gestaltung kann sich sehen lassen. Das Konzept soll Eindruck machen.

Bei der Arbeit am Konzepttext braucht der Konzeptioner Zeit und Ruhe. Gute Konzeptpapiere schreibt man nicht zwischen Tür und Angel. Gefährlich ist es, sich bei der Ausarbeitung festzufahren und stundenlang an einer bestimmten Passage zu feilen, um alles perfekt zu machen. Konzeptpapiere sind keine Doktorarbeiten, sie sollten zügig entstehen.

Das konzeptionelle Denkgebäude ist bereits vorher entwickelt worden. Das Konzeptpapier formuliert dieses Gebäude lediglich aus. Wer erst beim Schreiben mit dem Nachdenken über die Konzeption beginnt, ist auf dem falschen Weg. Er läuft Gefahr, in die falsche Richtung zu marschieren, ständig stecken zu bleiben und letztendlich mit großem Zeitaufwand viel Makulatur zu produzieren. Es gilt also der Grundsatz: Fangen Sie erst zu schreiben an, wenn Sie wissen, was Sie konzeptionell wollen. Das heißt nun beileibe nicht, dass alles im Konzept bereits im Detail fixiert sein muss. Das Konzeptschreiben ist eine gute Reflektion. An vielen Stellen fallen Ihnen noch Verbesserungen ein. Sie klopfen die Konzeption beim Schreiben noch einmal auf Logik und Machbarkeit ab.

Bevor Sie mit der Schreibarbeit anfangen, geben Sie Ihrem Konzept im ersten Arbeitsschritt eine Struktur. Sie arbeiten die Gliederung aus. Dann füllen Sie diese Gliederung mit den einzelnen Angaben und Fakten. Mancher formuliert dabei gleich ganze Sätze. Für andere ist es einfacher, die Inhalte erst einmal in Stichwortform in die Struktur zu gießen.

Danach ist die Rohform Ihres Konzepts fertiggestellt. Nehmen Sie sich nun genügend Zeit, um diese grobe Form auszuformulieren und zu feilen. Je lesbarer der Text desto besser. Für das Schreiben gilt: keine langen, verschachtelten Sätze, kein Übermaß an Passivsätzen und Konjunktiven, keine Flut von Substantivierungen und Fremdwörtern. Versuchen Sie anschaulich und lebendig zu schreiben. Füllen Sie die Konzeptseiten nicht bis zum Rand. Mit klarer Seitenaufteilung, mit Absätzen und Überschriften schaffen Sie eine klare Struktur und Übersichtlichkeit. Arbeiten Sie beim Formulieren nicht mit Textbausteinen und Schablonen. Das Konzept wird auswechselbar und flach. Jedes Konzept sollte als individuelle Leistung auf das Problem des Kunden zugeschnitten werden.

Ist das Konzept fertig, legen Sie es für einen oder zwei Tage weg. Dann lesen Sie es noch einmal durch. Wahrscheinlich werden Sie mit der zeitlichen Distanz noch auf einige Unebenheiten und Lücken stoßen, die in einem letzten schnellen Feinschliff-Durchgang behoben werden. Bei diesem zweiten Lesen des Konzepts gibt es allerdings auch eine große Gefahr: Ihnen gefällt das Geschriebene plötzlich nicht mehr. Lassen Sie sich von dieser Sinnkrise nicht wegreißen, sondern geben Sie das Papier anderen aus dem Team zu lesen. Erst wenn das Team ebenfalls der Meinung ist, bauen Sie das Konzept noch einmal gründlich um.

Es kommt auch auf das Aussehen an. Das fertige Konzeptpapier sollte keine orthografischen Fehler mehr enthalten. Es sollte übersichtlich formatiert, danach kopiert und gebunden werden. Jedes Konzeptpapier ist wie die Visitenkarte der Agentur.

Nun ist das Konzeptpapier fertig. Geben Sie es möglichst nicht vor der Präsentation an den Kunden. Hat der Kunde das Konzept bereits im Vorfeld gelesen, sinkt die Aufmerksamkeit und fehlt die spontane Begeisterung. Außerdem haben die überall anzutreffenden Bedenkenträger reichlich Zeit, um Munition zu sammeln. Geben Sie das Papier auch nie zum Beginn Ihres Präsentationsvortrags in die Runde. Sie erleben sonst das blaue Wunder. Alle blättern im Konzept und hören nur noch mit halbem Ohr zu.

Und das war's? Nein, noch nicht ganz. Der Konzeptionsprozess ist mit der Fertigstellung und Übergabe des schriftlichen Konzepts oft noch nicht beendet. In der Umsetzung zeigt sich, dass einzelne Maßgaben des Papiers nicht zu halten sind. In dieser Situation ist es entscheidend, dass der Konzeptioner als Anwalt seines Konzepts lenkend eingreift. Seine Aufgabe ist es, die konzeptionelle Linie zu halten. Das Konzept droht sonst durch die Macht des Faktischen zerrieben zu werden. Bei größeren konzeptionellen Anpassungen empfiehlt es sich, das gesamte Konzeptpapier noch einmal zu überarbeiten. Bei manchen Kampagnen und Projekten gibt es deshalb, wie bei der Software, mehrere Konzept-Updates.

Dokumentation als Endpunkt

Das Projekt ist gelaufen und abgeschlossen – hoffentlich erfolgreich. Das Konzeptteam ist schon längst mit ganz anderen konzeptionellen Aufgaben betraut. Bei großen und komplexen Projekten macht es Sinn, als Abschluss noch eine Dokumentation zu entwickeln. Die Dokumentation besteht aus 3 Teilen:

- *Was haben wir uns gedacht?* – Die Zusammenfassung der wichtigen Konzeptionsgrößen.
- *Wie haben wir es gemacht?* – Die Darstellung der gesamten Projektumsetzung in Wort und Bild.
- *Was ist dabei herausgekommen?* – Die Kontrollergebnisse und die bezugnehmende Analyse.

Die Projektdokumentation vollzieht also das gesamte Projekt noch einmal in den wichtigen Grundzügen nach. Für Kunde, Agentur und Konzeptionsteam ist dieses Spiegelbild des gesamten Projekts sehr hilfreich. Die Beteiligten bekommen den Überblick, erkennen die Schwächen und sammeln Erfahrungen für die zukünftige Arbeit.

Das Survival-Kit für Ihre Präsentation

Es gibt viele dicke Bücher und sündhaft teure Seminare zum Thema Präsentation. Dort wird alles bis ins Detail beleuchtet. Hinterher wirft die Präsentation plötzlich beängstigende Schatten, denn an so vieles ist zu denken. Vergessen Sie's!
Überfrachten Sie sich bloß nicht mit Präsentationstheorie. Da ist viel Ballast dabei, an dem Sie schwer zu schleppen haben. Eigentlich reichen ein paar einfache Grundregeln aus, damit Sie im Ernstfall überzeugen können:

- *Keep it simple* – Packen Sie das schriftliche Konzept zur Seite. Die mündliche Präsentation ist eine andere Welt. Legen Sie Ihren Präsentationsvortrag ganz einfach, klar und übersichtlich an. Erzählen Sie lebendig und anschaulich.
- *Schritt für Schritt und alle kommen mit* – Arbeiten Sie sehr logisch und didaktisch. Ihre Präsentation baut sich in nachvollziehbaren Schritten auf und marschiert geradeaus auf Ihr Ziel zu. Orientieren Sie sich dabei unbedingt an der Schrittfolge der Konzeptionsmethodik.
- *An Anfang und Ende denken* – Entwickeln Sie einen einstimmenden Anfang und einen aufbauenden Schluss. Lassen Sie den Leuten Zeit, mit Ihnen und Ihrem Vortrag warm zu werden. Schließen Sie zum Ende Ihren konzeptionellen Bogen mit einem deutlichen Höhepunkt.
- *Keine Allgemeinplätze* – Präsentieren Sie eigenständig, einprägsam und überraschend. Lassen Sie aus, was alle schon kennen.
- *Fassen Sie sich kurz* – Nicht alles, was für Sie wichtig scheint, ist auch für den Zuhörer wichtig. Kürzen Sie. Noch mehr! Und noch mehr! Konzentrieren Sie sich auf

Kernaussagen. Der Mensch hat nur sieben Speicherstellen im Präsenzgedächtnis, daran sollten Sie immer denken.

- *Charts als Chance* – Nutzen Sie die Visualisierungsmöglichkeiten der Charts, um Ihren Vortrag anschaulicher zu machen. Gestalten Sie Ihre Charts mit wenig Volumen aber viel Substanz. Denken Sie daran: Zu viele und zu unübersichtliche Charts verkehren ihren Zweck ins Gegenteil. Sie lenken vom Vortrag ab.

- *Übung macht den Meister* – Machen Sie sich Stichworte für Ihren Vortrag. Mehr nicht. Arbeiten Sie keinesfalls einen kompletten Redetext aus. Üben Sie mit Hilfe der Charts und der Stichworte die Präsentation zuerst allein und laut. Arrangieren Sie dann eine Probepräsentation mit kritischen Zuhörern. Aber üben Sie nicht zu viel, denn dann fangen Sie an auswendig zu lernen und werden fast automatisch schlechter.

- *Mit Stehvermögen* – Präsentieren Sie im Stehen, denn das bringt Ihrem Vortrag Präsenz. Suchen Sie sich einen zentralen Standort. Gehen Sie dicht an Ihre Zuhörer heran. Bewegen Sie sich, wenn Sie sich dabei besser fühlen.

- *Auge in Auge* – Halten Sie Ihre Zuhörer stets im Blick. Sprechen Sie die Zuhörer an. Nur die netten Zeitgenossen, die Ihnen mit Kopfschütteln und abfälligen Handbewegungen das Präsentationsleben schwer machen, blenden Sie möglichst aus.

- *Natürlich bleiben* – Überfrachten Sie sich nicht mit rhetorischen Redewendungen und opulenter Gestik. Bleiben Sie, wie Sie sind. Bleiben Sie natürlich. Nur an groben Handicaps sollten Sie arbeiten.

- *Stoppen verboten* – Wenn Sie während der Präsentation ins Schleudern kommen: Weitermachen! Nur nicht bremsen, stoppen und sich verhaspeln. Keine Panik, wenn Ihr Vortrag einen Umweg macht oder Stationen auslässt. Denn keiner weiß, was Sie eigentlich sagen wollten.

- *Nervosität belebt* – Wenn Sie nervös sind: Prima! Was besseres kann Ihnen gar nicht passieren. Denn eine gesunde Nervosität belebt Ihren Vortrag ganz ungemein.

Präsentationscharts als Blickfang

Falsch

Der Chart schwelgt in Text. Der Zuhörer liest die Inhalte und hört dem Vortragenden nicht mehr richtig zu. Auf die Frage, warum er denn so viel Text auf seine Charts unterbringe, antwortete mir ein Referent einmal: „Weil ich so wenig Präsentationszeit habe, können die Leute, alles was ich nicht sagen kann, auf den Charts nachlesen."

Die wichtigen Eckdaten der Veranstaltung

- **Der Veranstaltungstermin:** Das geplante Forum sollte in den ersten zwei Novemberwochen 2000 veranstaltet werden - vorzugsweise am Dienstag, Mittwoch oder Donnerstag.
- **Die Veranstaltungsdauer:** Geplant ist zum jetzigen Zeitpunkt eine halbtägige Veranstaltung, die von 13:00 bis 19:00 Uhr läuft und mit einem Get Together ausklingt.
- **Die Veranstaltungsteilnehmer:** Wir kalkulieren mit ca. 400 Teilnehmern aus ganz Deutschland. Eingeladen werden Entscheider aus der Wirtschaft, insbesondere kleinere und mittlere Unternehmen. Hinzu relevanter Vertreter aus der Politik mit Schwerpunkt auf den Abgeordneten des Landestages.
- **Der Veranstaltungsort:** Der repräsentative Fontane-Saal mit 400 Plätzen im Plenum und Räumlichkeiten für 3 Workshops; zentral gelegen; von der Stadtmitte aus schnell und problemlos zu erreichen.

Richtig

Der Vortragende steht im Mittelpunkt. Der Chart unterstützt ihn mit einigen markanten Eckpunkten – kurz und knapp auf den Punkt gebracht.

Eckdaten

- **Wann?** Anfang November 2000
- **Wie lange?** 13:00 – 19:00 Uhr
- **Wer?** 400 Teilnehmer aus Wirtschaft und Politik
- **Wo?** Im zentral gelegenen Fontane-Center

Falsch

Die Inhalte dieses Charts schreien direkt nach einer bildlichen Umsetzung. Diese Chance wird hier fahrlässig verschenkt. Schade eigentlich.

Die Ergebnisse der Besucherbefragung

- 57,77 Prozent der Besucher fanden die Ausstellung sehr gut und informativ.
- 23,44 Prozent der Besucher fanden den Informationswert der Tafeln und Exponate im Großen und Ganzen gut.
- 12,35 Prozent beurteilten die Informationen der Ausstellung als mangelhaft.
- 7,44 Prozent verweigerten dem Interviewer eine Antwort.

(Quelle: Die Besucherbefragung des Museumsvereins vom 24. Juli 1999)

Richtig

Der Mensch ist ein Augentier. Also sollten wir seine Augen füttern. Die gleiche Aussage wie oben kommt mit einer Infografik wesentlich kürzer und prägnanter rüber.

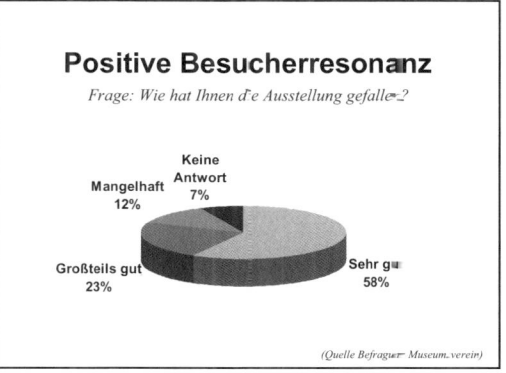

Falsch

Viele Vortragende schreiben auf die Charts quasi nur die Stichworte ihrer Präsentation. Der Faszinationsgrad hält sich in Grenzen.

Spezielle Zielgruppen des neuen Beratungszentrums

- Personen, die eine Existenzgründung in nächster Zeit ins Auge fassen
- Unternehmen, die sich in den letzten zwei Jahren gegründet haben

Richtig

Versuchen Sie Charts zu bauen, die anreizen, die Ihren Vortrag pointieren oder kontrapunktieren. Die Charts liefern die Leitmotive für Ihren Vortrag.

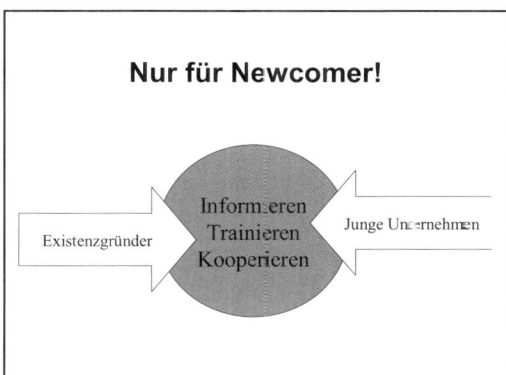

Falsch

Zwei Seiten vorher stand doch: Der Mensch ist ein Augentier? Also gib ihm Saures! Hier wird in der Mottenkiste der Gestaltung geschwelgt und mit Clipart-Klischees verziert. Das Ergebnis ist ein Chart in der Tradition des Gelsenkirchener Barocks.

Ein negatives Medienfeuerwerk

- 120 Entlassungen in der Produktion
- Emissionsprobleme im Werk III
- Missglückte Pressekonferenz im Juni
- Pressestelle unterbesetzt

Richtig

Wer kein Händchen für grafische Gestaltung hat, sollte die Finger davon lassen. Lieber schlicht und klar bleiben. Und vor allem: Hüten Sie sich vor den einschlägigen Clipart-Sammlungen.

Negatives Medienfeuerwerk

- 120 Entlassungen in der Produktion
- Emissionsprobleme im Werk III
- Missglückte Pressekonferenz im Juni
- Pressestelle unterbesetzt

Die Schlussbemerkung

Es geht voran

In diesen Jahren Public Relations und Kommunikation zu machen, ist eine spannende Sache. Die gesamte Branche befindet sich in einer rasanten Entwicklung. Es weht ein frischer Wind und wir haben das feste Gefühl, dass es noch viel Neuland zu entdecken gibt.

Unser Buch kann und will vor diesem bewegten Hintergrund nicht mehr als eine Momentaufnahme sein. Die Entwicklung geht weiter und wir sind gespannt wohin. Am Horizont werden neue Tendenzen sichtbar und es lässt sich trefflich bei einem guten Glas Wein darüber diskutieren, welche Tendenzen sich durchsetzen und welche nur ein kurzes Wetterleuchten sein werden:

- *Integrierter bitte!* – Ein großer Trend scheint uns ganz sicher: der Aufbruch in Richtung der integrierten Kommunikation. Seit Jahren wird schon darüber geredet, aber lange hat sich keiner so richtig getraut. Aber die steigende Informations- und Werbeflut, die zunehmende Zahl der kommunikativen Möglichkeiten und der Zwang, kostenbewusst zu kommunizieren, führen inzwischen dazu, dass immer mehr Unternehmen und Agenturen ihre Kommunikationsfunktionen integrieren. Das geht nicht im Schnelldurchgang. Die Integration braucht Zeit, viel Zeit – aber sie wird kommen.
- *Von der Massen- zur Beziehungskommunikation* – Jahrzehnte war die Werbung die Königsdisziplin – und mal ehrlich: die PR-Leute haben darunter gelitten. Nun beginnen sich die Machtverhältnisse zu verschieben. Die breit streuende Massenkommunikation bewirkt immer weniger und kostet immer mehr. Deshalb orientieren sich die Kommunikationsverantwortlichen allerorten stärker an direkten Kommunikationswegen. Gezielt, ohne Streuverluste und individuell sollen die Zielgruppen erreicht werden. „Werbung für Millionen" ist aus dem Tritt gekommen. Schlagworte wie „1:1-Marketing" oder „Customer Relationship Management" bestimmen die Diskussion. Man sollte aber glauben wir, vor lauter Beziehungsmarketing, die Beziehungsgrößen nicht aus den Augen verlieren. Die Massenkommunikation wird nicht verschwinden, sie wird in bestimmten Situationen und bei bestimmten Produkten weiterhin gebraucht. Die große Euphorie des Beziehungsmarketing dürfte in ein oder zwei Jahren verflogen sein. Was dann noch an wirklicher Substanz bleibt, weiß heute noch keiner abzuschätzen
- *Die Medienkonversion* – Kommunikation in der modernen Gesellschaft läuft über Medien. Diese Medien waren bisher sauber in Gattungen getrennt, aber plötzlich beginnen die Grenzen zu verschwimmen. In wenigen Jahren wird es diese Grenzen nicht einmal mehr

geben. Das digitale Papier ist bereits zum Patent angemeldet, so dass man sich demnächst die Zeitung mit bewegten Bildern aus dem Netz laden kann. Unsere favorisierte Radiostation hören wir schon lange über das Internet. Auch Fernsehen und Internet fließen mehr und mehr zusammen. Für PR, Werbung und alle anderen Kommunikationsdisziplinen dürfte diese Konversion immense Auswirkungen haben.

- *Die Welt im Internet* – Internet war bisher ein Nebenschauplatz der Kommunikation. Und manche Agentur und nicht wenige Auftraggeber würden dieses Medium am liebsten weiter links liegen lassen. Aber das wäre eine krasse Fehlentscheidung. Das Internet ist dabei, unser gesamtes Kommunikations- und Informationsverhalten komplett zu verändern. Die Schöpfungsgeschichte des Netzes steckt noch ganz in den Anfängen, die eigentliche große Umwälzung steht erst noch bevor. Wir Kommunikationsfachleute dürfen uns dieser Entwicklung nicht verschließen. Im Gegenteil! Wir sollten sie bewusst und verantwortungsvoll mitprägen.

- *Strategische Beratung gewinnt* – Die Beratungs- und Managementfunktion der Agenturen gewinnt an Bedeutung. Die Kommunikation der Zukunft braucht aufgrund ihrer Komplexität wesentlich mehr Kompetenz. Aus Handwerkern werden Architekten der Kommunikation. Speziell für die PR-Branche liegt hier die Chance, ihre seit Jahren reiflich geübte Beratungsautorität noch besser ins Spiel zu bringen.

- *Die neue Verantwortung* – Um ehrlich zu sein, ist dieser letzte Trend noch nicht so deutlich auszumachen. Wir geben zu, wir schreiben ihn vielleicht sogar ein wenig herbei. Aber er liegt uns sehr am Herzen. In den letzten Jahren ist die Ethik der Kommunikationsbranche erschreckend ins Rutschen geraten. Erlaubt ist, was sich bezahlt macht und offene Augen und Ohren findet – so scheint die „Mission" der Branche zu lauten. Zwar wird offiziell nach wie vor die weiße Weste zum Trocknen aus dem Fenster gehängt – aber dahinter!!! Wir wünschen uns deshalb für die nächsten Jahre eine Renaissance der Verantwortung und Integrität. Wir wünschen uns Grundsätze, die auch eingehalten werden und eine Offenheit, die mehr ist als nur eine Fata Morgana. Das größte Kapital der Branche ist nicht Geld, sondern Vertrauen.

Die ganze hektische Entwicklung macht, das ist uns klar, auch vor unserem Buch nicht halt. Die strategische Konzeption wird in den nächsten Jahren erheblich an Bedeutung gewinnen Mit dem Spurt der Kommunikation wird sich auch der Konzeptionsbegriff weiterentwickeln. Es geht voran. Und als konzeptionell denkende PR- und Kommunikationsfachleute sollten wir alle nicht zu den Bremsern, sondern zu den mutigen Schrittmachern gehören. Denn ein gutes Konzept ist seiner Zeit immer eine Idee voraus.

Das Leerstandsdrama — Konzeption live

Kommunikationskonzept in 7 Akten

1. Akt: Das Briefing

Für die einen ist es das Zuhause. Die anderen nennen es „Schlafsiedlung", „Trabantenstadt" oder „Ansammlung von seelenlosen Wohnsilos".

Januar 1999. Wir saßen zum Briefinggespräch hoch oben im Konferenzraum des Kunden mit einem prächtigen Panoramablick über die gesamte Großsiedlung. Unser Kunde war die Wohnbau Nord – das größte Wohnungsunternehmen in einer norddeutschen Großstadt. Wir – das waren meine ehrgeizige Agenturchefin und ich, der Konzeptioner Klaus Schmidbauer.

Uns gegenüber saß Herr Luther, der Öffentlichkeitsarbeiter der Gesellschaft – ein unterkühlter Mittvierziger, der immer alles selbst in die Hand genommen hatte und der sich nun ein wenig zu genieren schien, weil er – auf Anweisung von oben – eine Agentur mit ins Boot holen musste.

Denn es gab da ein Problem, das er – zugegeben – mit Bordmitteln nicht mehr in den Griff bekam.

Ein Blick zurück: Drei Jahren zuvor schien in der Großsiedlung die Welt noch in Ordnung, denn die Umzugsquote war niedrig und der durchschnittliche Mieter wohnte schon seit über 17 Jahre in seiner Wohnung. Er war älter geworden, sein Einkommen war im Laufe der Jahre gestiegen, aber wie eh und je stand der Mieter treu zu seinem Viertel. Er hatte hier seine Wohnung, seine Freunde und er fühlte sich rundum zuhause.

Dann zogen dunkle Wolken auf. Die Wohnungsmarktwaage kippte in Richtung Nachfrage. In der Stadt und im Umland gab es plötzlich ein großes Angebot von freien Wohnungen zu mieterfreundlichen Preisen.

Es dauerte nicht lange und viel mehr Mieter als bisher bestellten den Möbelwagen und zogen um. Die Fluktuationsquote schnellte in die Höhe.

Die anderen Mieter schauten aus dem Fenster und sahen nun ständig irgendwo den Möbelwagen vor der Tür stehen. Und jeder Möbelwagen warf einen bedrohlichen Schatten über die vertraute Nachbarschaft. Neue, unbekannte Menschen zogen zu – fremde Gesichter. Das Misstrauen stieg. Die alten Mieter fühlten sich nicht mehr richtig wohl. Aber dagegen ließ sich doch etwas tun! Es gab ja genügend freie Wohnungen in der ganzen Stadt! So passierte es immer häufiger, dass sich selbst die Stammmieter des Viertels entschlossen umzuziehen. Das Schwungrad der Fluktuation kam so richtig ins Rotieren.

Das völlig überraschte Wohnungsunternehmen versuchte nun gegenzusteuern. Alle Kräfte wurden auf die Vermietungswerbung konzentriert und es konnten jede Woche Dutzende von neuen Mietverträgen abgeschlossen werden. Doch wie sich schnell zeigte, waren es nie genug. Die Fluktuation auf hohem Niveau führte bald zu Leerstand. Hässliche gardinenlose Flecken in den Fensterfronten taten sich auf. Und wo erst einmal zwei oder drei Wohnungen im Haus leer standen, da entstand schnell ein kalter Sog und immer mehr zogen aus.

Zum Zeitpunkt unseres Besuchs lag der Leerstand bei knapp 5 Prozent. Das klang nicht dramatisch, bedeutete aber für die Wohnbau Nord Einnahmenverluste in Millionen-Höhe.

„Wenn das so weitergeht, bluten wir aus", sorgte sich unser Öffentlichkeitsarbeiter und fuhr fort: „Wissen Sie, Herr Schmidbauer, unsere Neuvermietungswerbung läuft auf Hochtouren, doch wir merken mehr und mehr, dass wir gegen den Strom rudern, nicht vorankommen und mehr noch: zurücktreiben."

Mein Blick wanderte aus dem Fenster über den Horizont der Siedlung und ich war ehrlich zu mir selbst und sagte mir, dass ich auch nicht gerne dort wohnen würde.

Inzwischen hatte Herr Luther ein paar Zeitungsausschnitte vor uns auf den Tisch gelegt. Markige Aussagen wie „Sozialer Brennpunkt am Stadtrand", „Wohnen in der Tristesse" oder „Verslumt der Norden?" waren markiert.

„Deshalb habe ich Sie angerufen", erklärte er, „Unser Image hat unter der aktuellen Entwicklung gelitten – eigentlich war es nie richtig gut. Aber eins ist uns klar geworden: Wir brauchen gute neue Mieter und wir wollen unseren Stamm besser binden. Nach Auffassung unseres Vorstands ist das nur möglich, wenn wir gleichzeitig unser Image wieder besser in den Griff bekommen."

Die Aufgabe des Wohnungsunternehmens an die Agentur ließ sich wie folgt auf den Punkt bringen: Es sollte eine Kampagne konzipiert werden, die das Image des Wohnbestands im Viertel und draußen in der Stadt wieder aufpolierte, um so neue Mieter zu finden und den vorhandenen Mieterstamm besser zu binden.

Und wie das immer so war, hatte es der Kunde brandeilig. In 14 Tagen sollte das Konzept präsentationsfertig sein. Ein Freitag Ende Januar wurde als Präsentationstermin angesetzt.

„Kein Problem!", erklärte meine Chefin. Sie brauchte die Arbeit ja nicht zu machen. Für mich bedeutete dieser Blitzauftrag wieder jede Menge Abend- und Wochenendarbeit. Was meine Frau und meine Kinder wohl dazu sagen würden?

2. Akt: Die Recherche

Es gibt da eine goldene Regel, die fast in jedem Fachbuch zu finden ist: ein Konzept ist nur so gut wie das Briefing.

„Stimmt!", kann ich da nur sagen. Deshalb schreibe ich jeden Briefingtermin sorgfältig mit, sende den fertigen Gesprächsbericht an den Kunden mit Bitte um Stellungnahme. Ich gehe auf Nummer sicher, um später keine böse Überraschung zu erleben. Dennoch ist das Briefing nur die halbe Wahrheit. Das darf man nie vergessen, denn eine weitverbreitete Krankheit in Unternehmen ist die Betriebsblindheit. Deshalb verließ ich mich nicht auf meinen ausführlichen Gesprächsbericht, den mir der Öffentlichkeitsarbeiter übrigens prompt per Telefon bestätigt hatte. Nein, ich begab mich an die „investigative Arbeit", wie es in Detektivromanen so schön heißt. Ich versuchte mir ein eigenes, unabhängiges Bild der Situation zu machen.

Im Fall unserer Großsiedlung bedeutete dies: ich schaute mich um, spazierte durch die Straßen des Viertels, sprach mit dem Verkäufer im Lottoladen oder fragte den Wirt in der Eckkneipe aus. Fast einen ganzen Tag lang blieb ich vor Ort und machte mich schlau.

Bei der Wohnbau Nord sammelte ich alles greifbare Infomaterial ein. Im Rathaus der Stadt besorgte ich mir statistisches Material und in der Stadtbücherei, die seit neuestem großspurig „Mediathek" hieß, fand ich ein spannendes Werk über Großsiedlungen unter dem Titel „Überforderte Nachbarschaften".

Die meisten Beobachtungen und Einschätzungen des Herrn Luther bestätigten sich. Aber hier und da stolperte ich über eine neue Erkenntnis, die mir auf die Sprünge half.

Nehmen wir als Beispiel die Sache mit dem Image der Großsiedlung bei den eigenen Bewohnern. „Zunehmend negatives Image bei den Mietern", hatte ich die Aussagen des Öffentlichkeitsarbeiters im Bericht zusammengefasst. In meinen Gesprächen vor Ort fiel mir auf, dass die Bewohner eigentlich ganz gerne dort wohnten, auch wenn sie ansonsten viel schimpften und dabei kein Blatt vor den Mund nahmen. Da lebten manche schon in der dritten Generation im Viertel und konnten sich auch gar nichts anderes vorstellen. Kein Zweifel, fast alle meine Gesprächspartner identifizierten sich mit ihrem Zuhause.

Aber sobald man sie fragte, was denn in der Stadt so über die Großsiedlung geredet würde, da schlug die Stimmung um.

„Die mögen unser Viertel nicht", sagte einer.

„Die halten sich für was Besseres", bestätigte ein anderer.

Das „antizipierte Fremdimage" war negativ, würde ein Marktforscher die Ergebnisse meiner Gespräche zusammenfassen. Die Bewohner waren überzeugt, dass ihr Quartier draußen nicht beliebt sei. Da hatten sie irgendwie Recht.

Das Gespräch mit der Dame von der Statistik im Rathaus, bestätigte den Eindruck. Sie ließ kaum ein gutes Haar an der Großsiedlung, musste aber auf Nachfrage zugeben, dass sie das Viertel nur vom Hörensagen kannte.

Am nächsten Morgen schaute ich mir noch einmal die Negativberichte aus der lokalen Zeitung an, die mir Herr Luther mitgegeben hatte. Ich beschloss den Journalisten, der mit Namen genannt war, kurzerhand anzurufen. Er zeigte sich am Telefon überraschend gesprächig. Er fand viele Worte, ihm fehlten aber oft die Fakten. So gebrauchte er den Begriff des „uniformen Wohnens", fiel aber aus allen Wolken, als ich ihm berichtete, dass die Wohnungen im Viertel über 750 verschiedene Grundrisse hätten.

Fassen wir zusammen: Das Fremdimage war schlecht. Die Großsiedlung genoss draußen nicht den besten Ruf. Die Bewohner litten darunter. Sie fühlten sich aber wie eh und je zuhause und standen zu ihrem Viertel.

Nur warum zogen sie weg? Hier half mir eine aktuelle Wohnungsmarktstatistik weiter, die ich im Internet fand. Die Zahlen belegten, dass die Fluktuation in der Region allgemein hoch lag und nicht nur ein Phänomen der Großsiedlung war. Dort traten die Symptome nur besonders drastisch zu Tage – fokussiert wie unter einem Brennglas.

3. Akt: Die Analyse

Zwei Tage später fand ich endlich Luft für eine gründliche Analyse. Eigentlich hätte ich schon viel früher damit anfangen wollen. Aber wie das Konzeptionerleben so spielte: Es kam immer eine Agenturbesprechung oder ein dringender Kundentermin dazwischen.

Zuallererst schloss ich meine Bürotür. Die geschlossene Tür war das unmissverständliche Zeichen an meine Kollegen, dass ich nicht gestört werden wollte. Manchmal hielten sie sich sogar daran.

Dann machte ich es mir auf meinem knallroten Denkersofa bequem. Eine Kanne mit wunderbarem Darjeeling Imperial First Flush wartete auf mich. Vor mir lag das gesamte Material meiner Recherche. Ich ordnete, las quer und trennte die Spreu vom Weizen. Am Ende blieb ein kleiner überschaubarer Stapel mit Daten und Fakten übrig. Das war die Grundlage für meine Analyse.

Die Kommunikationstheorie kennt eine ganze Reihe von Analyse-Modellen. Die Stärken- und Schwächenanalyse ist eine davon. Ich gebe zu, sie ist nicht unbedingt die Krönung. Aber für mich sind diese Modelle keine Weltanschauungen, sondern nützliche Hilfskonstruktionen, um meine Gedanken zu ordnen und mit der Aufteilung in Stärken und Schwächen komme ich intuitiv am besten klar – viele Agenturkunden übrigens auch.

Auch bin ich ein Augenmensch und muss Zusammenhänge bildlich erfassen, um sie begreifen zu können. Deshalb hing in meinem Büro eine große Pinnwand. Die Wand hatte ich mit einem fetten Filzstiftstrich unterteilt. Links war der Platz für die Stärken und rechts für die Schwächen.

Vor mir lag ein Stapel Karteikarten. Auf den Karten würde ich alle relevanten Stärken und Schwächen notieren und sie dann an die Pinnwand hängen.

„750 Grundrisse" kritzelte ich auf die erste Karte. 750 Grundrisse standen für Vielfalt und gegen das Vorurteil des uniformen Wohnens. Der Anfang war gemacht. Die erste Karte hing.

Während ich noch über die zweite Stärke nachdachte, öffnete sich leise die Tür und störte meine konzeptionelle Klausur. Herein schlich meine Chefin – sie sah aus, als hätte sie ein schlechtes Gewissen:

„Ich habe da ein ziemliches Problem."

„Du entschuldige – ich stecke gerade mitten in der Arbeit für den Leerstandsjob."

„Aber das sind doch noch ganze 11 Tage bis zur Präsentation."

In mir keimte ein böser Verdacht auf und es dauerte nur Sekunden bis er sich bestätigte:

„Du erinnerst dich, ich hatte diesen freien Konzeptioner an den Feuermelder-Job gesetzt, um dich zu entlasten. Heute hat er geliefert. Kurz und gut: Das Konzept hat er in doppelter Hinsicht geliefert. Tut mir echt leid, du musst dich da noch mal dransetzen. Lass alles andere stehen und liegen, denn morgen Mittag ist Abgabetermin."

Einen Tag später folgte mein zweiter Anlauf in Sachen Leerstandsdrama. Die Kulisse sah ähnlich aus: die geschlossene Tür, ich auf meinem knallroten Sofa und vor mir die Pinnwand mit der einsamen Karte „750 Grundrisse".

Während ich mich nochmals in die Unterlagen einlas, um zurück ins Konzept zu finden, flog die Tür auf. Diesmal stürmte Torpedo, unser neuer Artdirector mein Büro:

„Hey Klaus, altes Haus, du brütest doch gerade über diesem Leerstands-Ei. Stimmt's?"

„Mein lieber Torpedo, ist dir die geschlossene Tür aufgefallen? Und weißt du, was die bedeutet? Ich will meine Ruhe! R-U-H-E!."

„Immer mit der Ruhe. Ich bin gekommen, um dir beim Leerstandsjob zum Durchbruch zu verhelfen. Ich hatte gerade eine kreative Erleuchtung für ein Großplakatmotiv und du sollst die Botschaft als Erster erfahren."

Bei Torpedos missionarischer Energie hatte Gegenwehr wenig Sinn, darum ergab ich mich in mein Schicksal:

„Lass hören! Ich bin mit dem Konzept noch nicht mal aus den Startlöchern und du denkst schon über Plakate nach."

„Man kann nie früh genug damit anfangen. Also pass mal auf. Wir machen das mit Fenstern, großen offenen Fenstern. Unsere Plakate platzieren Mieter an offenen Fenstern. Die Mieter sind richtige Typen mit witzigen Sprüchen in der Headline. Wir pflastern den totalen Blickfang an alle Plakatwände der Stadt. Hey Junge, wie findest du das?"

Unser Artdirector schien völlig berauscht von seiner Idee. Meine Antwort blieb vergleichsweise nüchtern:

„Klingt irgendwie interessant. Aber lass mich doch erst das verdammte Konzept auf Schiene setzen, bevor wir weiter über die kreative Umsetzung reden. Vielleicht sind Großflächen gar nicht sinnvoll? Vielleicht lässt sich unser Kommunikationsproblem nicht mit witzigen Mietersprüchen lösen?"

Torpedo winkte ab: „Hey Junge – warum machst du dir die Sache bloß so schwer. Schreib doch dein Konzept einfach um meine Idee herum. In meiner letzten Agentur haben wir das oft so gemacht. Das lief wie geschmiert."

Unser kleines Gespräch lief noch einige Zeit in diesem Stil weiter. Am Ende war der Tee kalt und ich vollkommen aus dem Konzept.

Erst Stunden später unternahm ich einen erneuten Anlauf, um die Analyse für meinen Leerstandsjob in Griff zu kriegen. Es war inzwischen nach acht Uhr abends und endlich hatte ich

Ruhe: Keine Chefin, kein Torpedo und keine Kunden mehr am Telefon. Es dauerte nur zwei Stunden und alle wesentlichen Stärken und Schwächen hingen an der Pinnwand.

Tags darauf saßen meine Chefin und ich im Auto. Wir machten uns auf den Weg zu diesem Feuermeldermenschen, der noch Fragen zum Konzept hatte und uns umgehend sprechen wollte.

Als wir am Ende der Ausfallstraße in einem Stau hingen blieben, erkundigte sich die Chefin nach meinem Arbeitsstand:

„Wie weit bist du mit dem Leerstandsjob." fragte sie.

„Mit dem Analyseteil bin ich gestern Abend fertig geworden."

„Und? Ein hoffungsloser Fall? Oder siehst du Stärken, die eine Kampagne tragen könnten?"

„Es besteht durchaus Hoffnung", entgegnete ich.

„Willst du etwa auf die 475 verschiedenen Grundrisse anspielen, Klaus?"

„Wenn du die 750 Grundrisse meinst, die sind eine beachtliche Stärke und taugen als Botschaft für unsere Kampagne. Aber man muss sie mit Bedacht einsetzen. Hinter den Grundrissen stehen viele Dunkelbäder, winzige Kinderzimmer und noch kleinere Küchen. Die Vielfalt hat ihre Grenzen."

Langsam kam der Verkehr wieder in Fluss. Die Chefin schaltete hoch in den zweiten Gang und bohrte weiter: „Auf welche Stärken können wir sonst noch bauen?"

„Ich bin über eine aufschlussreiche Statistik des Grünflächenamts von 1997 gestolpert, die besagt, dass unsere Großsiedlung mehr Grünflächen hat als alle anderen Stadtviertel."

„Wohnen im Grünen – die Botschaft kommt immer gut."

„Außerdem liegt die Wohndauer trotz der hohen Fluktuation bei stolzen 17,6 Jahren. Laut Statistik des Rathauses kommt die Stadt im Durchschnitt nur auf etwas über 9 Jahre."

„Treue Mieter – daraus lässt sich was machen. Apropos: Torpedo hat mir von seiner Idee mit den Mietern am offenen Fenster vorgeschwärmt. Das würde in die Richtung passen."

„Nicht zu vergessen, dass die Gesellschaft ihren Mietern über 40 Serviceleistungen rund ums Wohnen bietet. Ich hab das aufgelistet – von der Gästewohnung über Wohnungstausch bis zum 24-Stunden-Hausmeisterservice. Der Service läuft aber bisher mehr im Hintergrund und wird nicht als Stärke herausgearbeitet."

„Vielleicht will die Wohnbau Nord den Service bewusst nicht an die große Glocke hängen, um nicht mehr Nachfrage zu erzeugen. Mehr Servicenachfrage macht schließlich auch mehr Arbeit."

„Da magst du Recht haben. Unser Wohnungsunternehmen hat nämlich nicht nur treue Mieter, sondern auch treue Mitarbeiter. Viele sind schon seit ewigen Zeiten da. Die arbeiten wie Beamte und der ganze Apparat ist fürchterlich unbeweglich."

„Der Markt wird sie in Bewegung bringen," prophezeite meine Chefin, wechselte auf die Überholspur und versuchte die im Stau verlorene Zeit wieder reinzuholen. Währenddessen setzte ich meinen Bericht über die Stärken- und Schwächenanalyse fort:

276

„Es gibt 39 Spielplätze, genügend Kindergärten und alle Arten von Schulen. Alles in Laufweite. Für Familien mit Kindern sind das eigentlich ideale Voraussetzungen. Aber auch diese Stärke spielte in der bisherigen Werbung keine Rolle."

„Hast du überprüft, welche Argumente in der bisherigen Werbung eine tragende Rolle spielten?".

„Ich habe mir die alten Vermietungsanzeigen der Gesellschaft angeschaut. Der niedrige Preis war bisher ihr Hauptargument, damit machen fast alle Motive auf. Doch ich sehe die Miete eher als Schwäche. In den Altbauquartieren in der Innenstadt wohnst du billiger und der Preisabstand zu komfortablen Neubauwohnungen im Umland ist minimal. Außerdem ..."

„Da vorne kommt der Glaspalast von unserem Feuermeldermenschen", unterbrach mich die Chefin, setzte den Blinker und bog auf den Kundenparkplatz ein. Plötzlich fiel ihr noch etwas Wichtiges ein:

„Tu mir einen Gefallen, Klaus, denk dir nicht wieder Sachen aus, die der Agentur jede Menge Arbeit und Ärger machen und am Ende keinen Deckungsbeitrag bringen. Denk bitte bei deinem konzeptionellen Schöpfungsakt ab und zu an meine kleinen unternehmerischen Sorgen. Torpedo liegt mit seinen Großflächen gar nicht so verkehrt, da bleibt wenigstens für die Agentur was hängen."

Intermezzo: Das Re-Briefing

So ein Re-Briefing als Abschluss der Analyse kann eine überaus nützliche Sache sein. Es hilft den konzeptionellen Kurs zu korrigieren und nicht ins Abseits zu laufen. Ich investierte also noch einmal einen halben Tag, fuhr zu Herrn Luther, dem Öffentlichkeitsarbeiter. Ich sprach mit ihm die Aufgabenstellung für die Agentur durch, konfrontierte ihn mit einigen markanten Ergebnissen der Recherche und skizzierte die konzeptionelle Sicht der Agentur.

Herr Luther war leider nur mit halbem Ohr bei der Sache. Es gab großen Ärger mit der Betriebskostenabrechnung und noch am gleichen Tag musste er einen Brief an alle Mieter aufsetzen und versenden. Das hatte für ihn Vorrang.

Den kritischen Punkt des negativen Außenimages bestätigte er mit wenigen dürren Worten. Die Frage, warum bisher fast alle Anzeigen über den Preis argumentierten, beantwortete er ebenso knapp. Der Preis als Aufhänger hätte einfach am besten funktioniert. Die Anzeigenresonanz wäre so am stärksten und darauf käme es ja schließlich an.

Als nächstes ging ich auf die Servicestärke der Wohnbau Nord ein und zeigte ihm meine lange Liste. Er warf einen Blick darauf und bremste meine Euphorie.

„Wissen Sie, einige der Dienstleistungen auf Ihrer Liste existieren doch mehr oder weniger nur auf dem Papier. Die werden so gut wie nicht nachgefragt."

„Aber man könnte sie doch neu beleben."

„Aus Kommunikationssicht haben Sie recht, das will ich anerkennen, Herr Schmidbauer. Aber Service kostet Geld. Die allgemeine Auffassung des Hauses ist im Moment eher, die Kosten zu dämpfen. Es gibt da auch noch die unternehmerische Sicht der Dinge, die nicht zufriedenstellende Bilanz und die Probleme mit dem Aufsichtsrat."

In mir bekam plötzlich das Gefühl feste Kontur, dass Herr Luther nicht zu den Entscheidern im Haus gehörte, auf die es ankam. Nur wer waren die Entscheider und wie dachten sie?

Nach dem Gespräch brachte mich Luther noch bis zum Fahrstuhl. Auf dem Weg kam uns ein älterer hochgewachsener Manager entgegen – in einheitsgrauem Edelzwirn gekleidet und von einer starken Unternehmeraura umgeben. Luther stellte uns vor. Mir gegenüber stand Herr Schulze-Höllerich, der geschäftsführende Vorstand der Wohnbau Nord.

Schulze-Höllerich hatte für mich im Vorrübergehen einen kräftigen Händedruck und eine aufschlussreiche Bemerkung übrig:

„Die Vermietungsquoten der letzten Wochen waren traurig, junger Mann. Also legen Sie sich ins Zeug. Wir brauchen dringend eine Kampagne, die dem was entgegensetzt."

Er wandte sich seinem Öffentlichkeitsarbeiter zu.

„Kollege Luther, für mich hat das Priorität. Ich werde mir deshalb die Zeit nehmen und nächste Woche bei der Präsentation der beiden Agenturen dabei sein."

Eine Schrecksekunde später war der Vorstand schon wieder entschwunden – wahrscheinlich auf dem Weg zur nächsten Sitzung. Ich blieb leicht verdattert zurück

„Zwei Agenturen? Was meinte Herr Schulze-Höllerich denn damit?" frage ich Herrn Luther.

„Ach, hatte ich Ihnen das noch nicht gesagt?" antwortete Luther und versuchte eine Unschuldsmiene aufzusetzen,

„Das Haus hat sich entschlossen, eine zweite Agentur aufzufordern. Wissen Sie, für diese Entscheidung waren sozusagen politische Gründe ausschlaggebend. Herr Schulze-Höllerich hielt es für besser, auch einer Agentur aus unserer Stadt eine Chance zu geben. Sonst heißt es hinterher wieder, wir würden die einheimische Wirtschaft vernachlässigen."

Kein Zweifel, dieser Schulze-Höllerich war bei der Wohnbau einer der führenden Köpfe. Doch sein unternehmerisches Credo und seine aktuelle Einschätzung der Lage kannte ich nur aus zweiter Hand. Besser gesagt: aus Luthers Mund.

Stunden später durfte ich meiner Chefin die frohe Botschaft verkünden, dass ab sofort eine zweite Agentur im Rennen wäre. Aber diese hässliche Überraschung machte sie nur noch entschlossener:

„Wir müssen gewinnen. In den letzten Monaten haben wir zu viele Ausschreibungen verloren. Ich komme mir schon vor wie die Pechmarie."

Sie hielt einen Moment inne und beugte sich zu mir vor:

„Klaus, ich sage dir ganz offen, wenn das so weitergeht, muss ich Leute entlassen. Wir müssen einfach gewinnen!"

4. Akt: Die Strategie

Als wir am Abend von unserem Feuermeldertermin zurück in die Agentur kamen, läuteten bei mir alle Alarmglocken. Nur noch acht Tage bis zur Präsentation bei der Wohnbau Nord. Ich musste mich dringend um die Strategie für den Leerstandsjob kümmern. Grafiker, Texter und alle anderen saßen auf heißen Kohlen und wollten endlich mit der Umsetzung anfangen.

Ich entschloss mich also, auch diesen Abend in der Agentur zu verbringen. Zuerst sagte ich meiner Frau und den Kindern am Telefon Gute Nacht. Meine Familie hörte sich nicht glücklich an und ich versprach hoch und heilig, dass wir am Wochenende nach der Präsentation zusammen an die Ostsee fahren würden. Die Kinder zumindest waren begeistert. Der Pizzabote kam und brachte mir eine „Vier Jahreszeiten" mit extra viel Champignons und nach einem hastigen Abendessen konnte es losgehen.

„Ziele" schrieb ich auf meine Pinnwand und legte die Karteikarten parat. Was wollten wir mit der geplanten Kampagne erreichen?

„Den Bekanntheitsgrad zu erhöhen, bringt nichts", war mein erster Gedanke, „denn die Großsiedlung, die kennt doch jedes Kind".

„Von Kennen kann ja wohl nicht die Rede sein", widersprach mir meine innere Stimme. Ich dachte über den Einwand nach. Er war nur zu berechtigt:

„Zwar haben alle ein Bild vom Viertel im Kopf, aber das Bild ist ziemlich diffus. Da setzen wir an. Erstes Ziel muss es sein, die Vorteile des Viertels zu transportieren. Die Kampagne muss zuallererst aufklären, eine klare und überzeugende Informationsarbeit leisten. Und wenn es sich aufgeklart hat, dann rückt unser zweites Ziel in Sichtweite, nämlich das Image des Viertels aufzupolieren."

„Wirklich?", zweifelte meine Stimme, „willst du dir allen Ernstes das Image des ganzen Viertels vornehmen? Da schießt du aber weit über das Ziel hinaus. Das Image des ganzen Viertels herauszuputzen, das schafft die Nordbau nie und nimmer im Alleingang".

„Du meinst, das sei nur mit vereinten Kräften zu schaffen – Politik, Unternehmen, Vereine usw.?"

„Ich meine, du solltest dich an dein Briefing erinnern. Was hat Luther dir gesagt? Was steht im Gesprächsbericht?"

Ich kramte den Gesprächsbericht hervor und las nach:

„Vorrangige Aufgabe ist es, das Image des Wohnbestands aufzubessern", stand da schwarz auf weiß.

„Klar, unserem Wohnungsunternehmen geht es um sein Produkt. Auf das Produkt Wohnen muss unsere Imagekampagne ausgerichtet sein."

„Image hin, Image her. Ich sage dir, das Glück des Kunden wird in Vermietungserfolg gemessen", verunsicherte mich meine Stimme.

„Im Gesprächsbericht steht, dass die Zielvorgabe des Kunden, eine Imagekampagne ist und Luther hat das im Re-Briefing bestätigt. Aber um dich zu beruhigen: Wir verlieren das Leer-

standsproblem nicht aus den Augen. Unser drittes Ziel ist die Vermietung. Durch eine überzeugende Imagearbeit helfen wir indirekt, neue Mieter zu finden und die alten Mieter zu binden. Denn ein gutes Image fördert die Vermietungsarbeit.

Die nächste Spalte auf meiner Pinnwand stand unter der Überschrift „Zielgruppen". Wen woll-
ten wir erreichen? Der gedankliche Einstieg fiel hier leicht:
„Um was zu bewegen, brauchen wir eine schlagkräftige populäre Kampagne, die bei der breiten Öffentlichkeit wirklich ankommt."
„Ich höre die Nordbau schon stöhnen: Was das wieder kostet!", orakelte mein Stimme.
„Image gibt es nicht zum Spartarif. Aber wir fokussieren unsere Imagearbeit auf die Stadt und
das Umland. So hält sich der Etat in erträglichen Grenzen."
Damit hing die Karte „Öffentlichkeit in Stadt und Umland" an der Wand. Aber irgendwie war
ich noch nicht zufrieden:
„Ich denke, da sollten wir noch einmal unterscheiden zwischen der Öffentlichkeit in der Groß-
siedlung und den Leuten außerhalb. Der Schwerpunkt liegt auf außerhalb. Wie hieß das noch?
Antiziertes Fremdimage."
Die nächste Zielgruppenkarte war einfach. „Medien" stand darauf. Bei zwei Tageszeitungen,
einem privaten Radio und drei Anzeigenblättern blieb die Medienlandschaft überschaubar.
Schwieriger war da schon die Ansprache der meinungsmachenden Lokalpolitiker, Unterneh-
mer und Friseure. Denn die wussten letztendlich nicht mehr über die Großsiedlung als der
Mann auf der Straße. Da kam es auf gezielte missionarische Arbeit an.
Ich fasste diese Zielgruppe unter dem Begriff „Lokale Multiplikatoren" zusammen.
„Habe ich was vergessen?"
„Die 217 ziemlich verunsicherten Mitarbeiter. Ich höre sie schon in den Fluren schimpfen: Die
spinnen, die Werbeleute!"
Also bekamen auch die Mitarbeiter ihre Karte. Wenn die nicht mitzogen, konnten wir mit der
Imagekampagne leicht hinten runter fallen.

Und wie positionieren wir die Wohnungsbaugesellschaft? Die dritte Spalte meiner Pinnwand
war ins Blickfeld gerückt. Vor meinem geistigen Auge erschien eine Bühne, der Vorhang ging
auf und die Wohnbau stand als Hauptdarstellerin im Rampenlicht. Welche Rolle sollte sie spielen? Jahrzehnte verstand sich die Wohnbaugesellschaft als eine Art Behörde, die ihre Wohnungen und Mieter solide verwaltete. Ich schüttelte den Kopf:
„Die Zeiten sind vorbei. Es ist höchste Zeit für den großen Rollentausch. Unsere Kampagne
präsentiert die Wohnbau Nord als modernen Wohndienstleister, der die Menschen und nicht
die Verwaltungsvorschriften in den Mittelpunkt stellt."
Ich schrieb „Moderner Wohndienstleister" auf die eine und „Menschen im Mittelpunkt" auf
die andere Karte, da meldete sich meine Stimme zu Wort:

280

„Deine Positionierung ist gut und schön – und hoffentlich keine Nummer zu groß für die Verhältnisse der Nordbau. Aber wenn ich erinnern darf: Das Produkt Wohnen steht im Mittelpunkt, hast du vor wenigen Minuten verkündet. Vergiss nicht das Produkt in Position zu bringen "

„Okay, was hältst du von folgender Positionierung? Die Wohnbau bietet weit mehr als nur eine Wohnung. Ihr Angebotsvorteil ist ein umfassender Service, nette Nachbarn, moderner Komfort und ein grünes Wohnumfeld. Wir proklamieren damit eine neue Qualität des Wohnens und bauen uns damit eine Alleinstellung gegenüber der Konkurrenz auf."

Ich war in Fahrt gekommen und wechselte nahtlos zu den Botschaften der Kampagne:

„So gesehen ist unsere Imagekampagne quasi eine Kampagne der Stärken."

Ich schrieb „Kampagne der Stärken" auf die nächste Karte, steckte sie an die Wand und betrachtete das Ergebnis. Ich war zufrieden:

Kampagne der Stärken, das klang gut, das würden Schulze-Höllerich und Luther gerne hören. Wir machen die wichtigsten Stärken zu unseren Kampagnenbotschaften – von den vielen Grundrissen bis zu den treuen Nachbarn. Und als glaubwürdige Zeugen ziehen wir unsere Mieter heran, die seit ewigen Zeiten im Viertel wohnen und sich dort wohlfühlen."

Torpedos Mieter am Fenster fielen mir ein und ich musste lächeln. Zugegeben, seine Fensteridee passte als Leitidee doch ganz gut in meine Strategie. Ich war schon gespannt, was er daraus machen würde.

5. Akt: Das Maßnahmensystem

Der Countdown lief. Ein Woche noch bis zum bewussten Freitag, dem Tag der Präsentation. Inzwischen hatten wir in der Agentur ein Team zusammengestellt, das sich mit vereinten Kräften um den Leerstandsjob kümmerte.

Torpedo gehörte dazu, der mit seinem flinken Mac bereits erste Plakatmotive gezaubert hatte. Die Mieter in ihren offenen Fenstern machten sich wirklich ganz prächtig.

Hansi war unser Pressemann, ein erfahrener Journalist und seit vielen Jahren im Geschäft. Presse war seine Leidenschaft. Er kannte die gesamte Medienszene und konnte stundenlang Stories von verunglückten Pressekonferenzen und erfolgreichen Medienkooperationen zum Besten geben.

Unsere Projektassistentin hieß Nadine. Mit 22 Jahren war sie die Jüngste im Team. Ihre Aufgabe bestand darin, die Maßnahmen der Kampagne zu kalkulieren und unser chaotisches Team einigermaßen zu koordinieren. Dann gab es da noch unseren Texter Benno, mit trendigem Ziegenbärtchen und Jesuslatschen, die er selbst im tiefsten Winter trug. Benno redete kaum, schrieb dafür aber ziemlich beredte Texte.

Beinahe hätte ich es vergessen: selbstverständlich gehörte auch die Chefin dazu. Der Leerstandsjob war ihr zu wichtig, um uns allein darauf loszulassen.

Am Nachmittag trafen wir uns zum lockeren Gedankenaustausch, – oder zum „Brainstorming" wie das in Neudeutsch heißt – um über das Maßnahmengerüst der Kampagne zu diskutieren.

Die Strategie hatte ich im Alleingang entwickelt. Die anderen wären auch gar nicht wild auf eine Mitarbeit gewesen, denn ihnen war der ganze strategische Teil viel zu spröde. Die Maßnahmen aber gingen das ganze Team an. Bei der Umsetzung saßen später alle im Boot und darum war es in der Agentur üblich, dass alle mitreden konnten, wenn dieses Boot gebaut und zu Wasser gelassen wurde.

Als wir gerade den Konferenzraum stürmen wollten, war der überraschend besetzt. Es fand dort gerade irgendein Kundenmeeting statt und Kunden haben Vorrang. Wohl oder übel mussten wir auf die Teeküche ausweichen.

Die Teeküche war an sich ganz gemütlich, sie hatte aber einen Fehler. Es war der einzige Raum in der Agentur, in dem geraucht werden durfte.

Unsere Brainstormings folgten alle einem ungeschriebenen Ritus. Die erste Regel lautete: Brainstormings fangen nie pünktlich an. Es dauerte mindestens eine halbe Stunde bis das Team am Tisch versammelt war. Zweite Regel: die Chefin kam immer als Letzte und ließ alle endlos warten. Es hatte auch keinen Sinn ohne sie anzufangen, denn sie bestand darauf, die Runde mit ein paar Worten zur Lage zu eröffnen. Dritte Regel: Es gab immer jede Menge Kekse, Pralinen und andere Naschsachen aus dem Kundenschrank. All die tollen Leckereien, die ansonsten den Kunden vorbehalten waren. Als die Chefin endlich in der Teeküche eintraf, waren die meisten Teller allerdings schon leergeputzt.

„Lasst uns sofort loslegen!"

Es begann eine überaus lebhafte Diskussion, die sich in der ersten halben Stunde nur um „Alley Macbeal" drehte, der Lieblingsfernsehserie der gesamten Agentur. Es war schließlich die Chefin, die zur Arbeit mahnte, denn sie habe noch einen Abendtermin und nicht unbegrenzt Zeit.

Nach einem kurzen Lagebericht unserer Chefin bewunderten wir Torpedos Entwürfe. Er hatte es einfach raus, Layouts als Hingucker zu inszenieren. Zwar fand ich, dass einigen Headlines der richtige Witz fehlte, aber Benno versprach noch einmal über die Texte zu gehen. Hansi schlug vor, die Nummer eines Infotelefons zu integrieren, um damit deutlich zu machen, dass die Wohnbau Nord offen für den Dialog sei. Diese Idee fand bei Torpedo nur wenig Gegenliebe. Er verteidigte seine „reduzierte Linie", wie er sie nannte. Nach kurzem Schlagabtausch einigten wir uns auf einen kleinen moderaten Hinweis auf das Infotelefon rechts unten neben dem Logo.

Dann stiegen wir in die Maßnahmenplanung ein. Wir legten fest, dass die Maßnahmen spätestens Mitte März starten sollten. Mit dem Frühling stieg die Zahl der Leute, die an Tapetenwechsel dachten, sprunghaft an und dann wollten wir zur Stelle sein.

Ich gab die weitere Marschrichtung vor: „Nichts klebt so zäh in den Köpfen der Leute wie ein altes, gewohntes Image. Wenn wir da was bewegen wollen, müssen wir richtig Druck erzeugen. Denkt also dran, die Kampagne der Stärken darf kein laues Lüftchen werden."

„Torpedos Großplakate und Anzeigen sind schon der goldrichtige Ansatz. Mit beiden Instrumenten können wir Breitenwirkung erzielen und unsere Imagethemen zum Stadtgespräch machen," stellte Hansi fest.

„Vergesst über eurer Begeisterung für die Breitenwirkung nicht, dass Großplakate gehörig ins Geld gehen", unterbrach ihn die Chefin, „Nadine, du musst möglichst heute noch nachrechnen, was uns die Plakatbelegung kosten würde."

Ich fügte hinzu: „Nadine, schau auch gleich mal, ob wir März und April überhaupt noch genügend freie Plakatflächen bekommen. Nichts ist peinlicher, als dem Kunden eine Maßnahme vorzuschlagen, die dann gar nicht umzusetzen ist."

Hansi hatte währenddessen noch einmal die Plakatentwürfe gemustert und meinte: „Was mich beim zweiten Hinsehen stört ist, dass wir echte Stärken und gute Argumente haben. Aber schau dir Torpedos Plakate an, so richtig beweiskräftig und überzeugend kommen die Stärken nicht raus. Das ist alles ziemlich werblich und waschmittelmäßig."

Torpedo ging sofort in die Offensive: „Packt mir ja nicht die Layouts mit irgendwelchen Textwüsten voll. Kein Mensch liest Plakate und Anzeigentexte. Das ist doch genau der Grund, warum Benno immer so leidet." Benno lächelte gequält und schwieg.

Ich versuchte den angriffslustigen Torpedo zu beruhigen: „Keine Angst, keiner will Hand an deine Grafik legen. Aber Hansi hat Recht, wir brauchen nicht nur Breitenwirkung, sondern auch Tiefenwirkung. Wir müssen der Wohnbau mehr Substanz bieten als nur bunte Bilder. Hat jemand einen konstruktiven Vorschlag?"

„Lass uns noch eine Tüte Schokokekse holen!"

„Blendende Idee."

„Schokolade regt die Gehirntätigkeit an."

Alle waren spontan einverstanden. Nadine, die den Schlüssel zum Kundenschrank hatte, zog los und organisierte eine riesen Familientüte Schokoladentrüffel.

Die Chefin war als erste wieder bei der Sache: „Ich denke, wir sollten ein Faltblatt vorschlagen, ähnlich wie damals bei der Biomüllkampagne. Ein Faltblatt, das unsere Stärken anschaulich und beweiskräftig dokumentiert. Plakate und Anzeigen machen neugierig und wer mehr wissen will, der bekommt das Faltblatt in die Hand."

Hansi spann die Idee fort: „Ich würde weiter gehen. Lass uns doch ein kleines Wohnmagazin daraus machen. 12 Seiten oder so. Das erscheint 2 x im Jahr und wird den beiden großen Tageszeitungen beigelegt. Wir können die Imagevorteile in Stories, Berichten und Reportagen so richtig lebendig werden lassen. Über so ein Periodikum lässt sich außerdem langfristig ein Draht zu unseren Zielgruppen aufbauen."

Dieser Vorschlag wurde in der Runde abgewogen und für gut befunden. Besonders unsere Chefin war begeistert, denn ein solches Instrument gab ihr die Chance, den Kunden über die Kampagne hinaus langfristig zu binden.

Einige Zeit später warf irgendjemand das Schlagwort Event in die Runde. Die Begründung war schlagend. Alle bisherigen Vorschläge würden nur auf dem Papier kommunizieren. Das wäre zu wenig. Wir müssten die Wohnbau zum Anfassen präsentieren.

„Wie wär's mit der längsten Kaffeetafel der Welt", platzte Nadine in die Runde. Bis auf Benno konnte sich niemand für ihren Vorschlag erwärmen.

„Diese Guinessbuch-Events haben doch einen Bart" lästerte Torpedo.

Ich schlug eine Forumsveranstaltung vor und erläuterte: Wir bringen auf der Veranstaltung Leute zusammen, die wirklich was zum Thema Wohnen sagen können. Wir lassen sie über die Zukunft des Wohnens diskutieren. Es versteht sich von selbst, dass es dabei nicht um Villen am See, sondern um bezahlbares Wohnen für breite Bevölkerungsschichten geht. Das Forum – nennen wir es „Wohnforum 2000" – unterstreicht die Kompetenz der Wohnbau Nord in Sachen Wohnen und zeigt, wohin es in Zukunft für die Großsiedlung gehen könnte."

Die Antwort der anderen war Schweigen. Ein Schweigen, das ich jedoch als nachdenkliche Zustimmung interpretierte. In die Stille hinein meldete sich Nadine zaghaft zu Wort:

„Ich habe da noch eine Idee. Die Wohnbau organisiert Touren durch das Viertel – so richtig mit Bus und Führung. Wir laden gezielt Journalisten und wichtige Leute dazu ein. Die lernen das Viertel mit eigenen Augen kennen – und erleben die vielen positiven Seiten der Großsiedlung."

Hansi signalisierte Zustimmung: „Die Richtung stimmt – beide Events könnten wir systematisch mit Pressearbeit koppeln und so eine massive Außenwirkung sicherstellen. So bekommen alle in der Stadt mit, dass sich im Viertel was tut."

„Weil wir gerade beim Thema sind, Hansi, wie siehst du die Chancen für die Pressearbeit," hakte daraufhin unsere Chefin nach.

Für Hansi war der Leerstandsjob eine leichte Übung: „Ich habe mir die Presseausschnitte der letzten Monate angeschaut. Es ist immer das Gleiche. In der Siedlung passiert was Negatives, die Medien berichten darüber und die Wohnbau reagiert darauf. Dieser Herr Luther gerät ständig in die Defensive und das ist eine denkbar schlechte Position für einen PR-Mann. Mein Ansatz ist eine offensive Pressefunktion. Unser Ziel ist mindestens einmal im Monat, wenn nicht öfter, einen positiven Bericht in den lokalen Medien zu platzieren. Zusammen mit diesem Herrn Luther würde ich zukünftig die entsprechenden Themen recherchieren und für die Journalisten aufbereiten."

„Meinst du, es gibt genügend Themen?"

„Mehr als genug. Dieser Luther ist jedoch so von seiner Alltagsarbeit zugedeckt, dass er wahrscheinlich den freien Blick dafür verloren hat."

Mindestens ein Dutzend weiterer Vorschläge wurden diskutiert. Einige davon befanden wir für gut und andere wurden wieder verworfen. Baustein für Baustein fügte sich das Maßnahmensystem zusammen. Draußen wurde es gerade dunkel, als die Chefin mit einem Mal sehr hektisch wurde und unsere traute Runde innerhalb weniger Augenblicke beendete. Schon halb im Aufbruch wurden die Aufgaben verteilt und die nächsten Termine festgehalten.

Torpedo gönnte sich noch eine letzte Zigarette. Hansi vertilgte die Reste der Schokoladentrüffel. Ich hatte Kopfschmerzen vom Rauch und einen verklebten Magen von der vielen Schokolade. Zuhause warteten meine Kinder und wollten mit mir spielen.

6. Akt: Die Präsentation

Unser Team lief zur Hochform auf. Torpedo entwickelte für jede unserer essentiellen Stärken ein Plakatmotiv und eine Anzeige. Benno goss die Kampagne der Stärken in griffige Formulierungen. Sein Kampagnenslogan hieß: „Mehr als nur vier Wände". Das Angebot der Wohnbau Nord wertete er mit dem klingenden Namen „Mehrwertwohnen" auf. Überhaupt zog sich das kleine Wörtchen „mehr" wie ein roter Faden durch die gesamte Kampagne: mehr Grundrisse, mehr Grünflächen und mehr Service. Was wollte man mehr?

Weniger Glück mit ihrer Arbeit hatte Nadine. Als sie eine erste Etatkalkulation für die Kampagne vorlegte, erntete sie harsche Kritik unserer Chefin:

„Um Himmels Willen, Nadine, willst du uns in den Ruin treiben. Das ist doch alles viel zu knapp kalkuliert. Da stecken doch keine Puffer drin. Wie immer werden wir auch bei diesem Job Überraschungen erleben. Wie immer wird auch dieses Mal einiges schief gehen? Und was dann? Nein, das Ganze bitte noch einmal."

Die arme Nadine wurde verdonnert, alle wichtigen Etatposten mit einem Sicherheitspolster ausreichend abzufedern.

Währenddessen saß ich fast zwei Tage lang vor dem Computer und hämmerte das schriftliche Konzept Seite für Seite in die Tasten. Je länger der Text wurde, desto größer wurden meine Zweifel, ob jemals jemand dieses Konzept von Anfang bis Ende lesen würde.

Viel wichtiger für den Erfolg war auf jeden Fall die Präsentation. Die musste unbedingt auf den Punkt kommen. In der Agentur war es üblich, mit Notebook und Videoprojektor zu präsentieren – so auch bei der Wohnbau Nord. Etwa 30 Minuten Präsentationszeit hatte uns Herr Luther zugestanden, dazu kamen weitere 15 Minuten für Fragen und Diskussion. In dieser Zeit konnte ich unmöglich alle Feinheiten der Kampagne vorstellen. Ich entschloss mich, für meine Präsentation nur wenige Textcharts zu entwickeln. Im Mittelpunkt der Präsentation sollten die tollen Plakate und Anzeigenlayouts von Torpedo stehen.

„Füttere das Auge!", lautet die goldene Regel einer guten Präsentation.

Am Nachmittag vor der Präsentation machte ich ausnahmsweise pünktlich Feierabend. Schließlich musste ich mich schonen, um am Freitagmorgen für meinen Präsentationsvortrag topfit zu sein. Ursprünglich hatte ich eigentlich eine Probepräsentation in der Agentur geplant. Aber die Grafiker bastelten immer noch an der Präsentationsgestaltung herum. Wie schon so oft gab es technische Schwierigkeiten mit der Software. Ein Expressbote sollte mir die auf CD-ROM gebrannte Präsentation später nach Hause bringen, damit ich sie mir dort noch einmal in Ruhe hätte anschauen können.

Zuhause saß ich noch lange mit der Familie zusammen. Wir machten Pläne für das Wochenende an der Ostsee. Nach Usedom sollte es gehen. Gleich Samstag in aller Frühe wollten wir los und erst am Montagnachmittag wieder zurück.

Kurz vor Mitternacht ging ich ins Bett. Der Bote hatte sich immer noch nicht blicken lassen. Ich rief in der Agentur an. Das gesamte Team war noch im Einsatz. Die Konzepte mussten gebunden werden. Das Kalkulationspapier drohte mal wieder dicker als mein Konzeptpapier zu werden und Nadine schien am Rande eines Nervenzusammenbruchs angekommen. Und meine Präsentation, die war immer noch nicht fertig.

Erst als wir am nächsten Tag im Auto saßen und zum alles entscheidenden Termin fuhren, konnte ich mir im Auto die Präsentation zum ersten Mal auf dem Notebook anschauen. Wir waren spät dran und die Chefin trat aufs Gaspedal. In letzter Minute trafen wir an Ort und Stelle ein, doch die Sekretärin vertröstete uns, dass die erste Agentur noch lange nicht fertig sei. Wir sollten so lange nebenan Platz nehmen. Dann hieß es warten. Nichts ist schlimmer als die Wartezeit vor Präsentationen. Die Zeit floss wie zähflüssiger Sirup.

Eine Ewigkeit später startete meine Präsentation. Ich stand da, die Fernbedienung meines Projektors fest umklammert, und kämpfte mich durch die einleitenden Worte. Der Anfang ist immer schwer. Nach einigen Minuten erwischt man dann aber eine Welle und fängt an, durch die Präsentation zu surfen. Ein Gefühl von Leichtigkeit stellt sich ein, alles fließt einem zu. Aber wehe, man rutscht vom Surfbrett.

Mir direkt gegenüber saß Herr Schulze-Höllerich, ihm zur Rechten Herr Luther. Dazu kamen vier unbekannte Gesichter, deren Ausdruck mir allerdings verriet, dass für sie diese Präsentation wohl eher eine Pflichtveranstaltung war.

Mein kurzer analytischer Teil traf auf allgemeines Kopfnicken. In diesem Punkt waren mir alle gefolgt und das gab mir Sicherheit.

Ich wechselte in den strategischen Teil über und stellte die Zielsetzung vor. Die Kampagne sollte durch gezielte Imageimpulse das Wohnen im Viertel aufwerten und so die Vermietung erleichtern. Alle schienen mir zu folgen. Dann setze ich erfolgreich über die Hürde der Zielgruppendefinition. Den Schwerpunkt auf die „externe Öffentlichkeit" kommentierte Schulze-Höllerich mit einem lauten „Unbedingt!". Auch die Positionierung als „moderner Wohndienstleister" und der Begriff des „Mehrwertwohnens" kam bei ihm sichtlich gut an.

Ich wurde immer sicherer und hatte das feste Gefühl, das Rennen für unsere Agentur entscheiden zu können. Denn jetzt waren Torpedos Plakate an der Reihe und die konnten sich sehen lassen. Tatsächlich ging ein Ruck durch alle Beteiligten. Sogar der unterkühlte Herr Luther lächelte. Die Fensteridee gefiel ihnen. Meine innere Stimme jubelte.

Doch mit jedem weiteren Motiv wurde die Reaktion verhaltener und bei den direkt anschließenden Anzeigen schüttelte Schulze-Höllerich sogar energisch mit dem Kopf. Wenig später
beim Wohnforum signalisierte er erneut seine Ablehnung. Und noch einmal. Und noch einmal. Was lief da bloß verkehrt?

Mein Vortrag geriet ins Trudeln. Die Welle war abgeebbt. Statt schwerelos zu surfen, fühlte ich
mich wie ein Verdurstender, der durch die Wüste mühsam dem Ende seines Vortrags entge-
genkroch. Meine Zunge fing an, am Gaumen zu kleben. Ich brauchte dringend einen Schluck
Wasser. Mit letzter Kraft kam ich zum Fazit meines Vortrags. Jeder Satz fiel mit schwer, lag mir
staubtrocken in der Kehle und wollte nicht raus. Ich betonte noch ein letztes Mal die Bedeutung eines starken und positiven Images. Dann ein letzter Satz. Ein kurzes Dankeschön.

Normalerweise hätte jetzt der Beifall kommen müssen. In den meisten Präsentationen bekam
ich an dieser Stelle Beifall. Aber keine Hand rührte sich. Stille. Totenstille. Alle schauten auf
den Vorstand. Schulze-Höllerich schaute auf den Tisch vor sich.

Dann schien er einen Entschluss zu fassen, schaute auf und in die Runde. Er lächelte, bedankte
sich mit den üblichen höflichen Floskeln und kam zur Sache:

„Doch, doch mit Ihrer einleitenden Situationsanalyse da haben Sie sicher recht. Da haben Sie
vieles von dem gesagt, was bei uns schon lange diskutiert wird. Meine Kollegen hier werden
das bestätigen.

Auch ihre Strategie findet bei uns in vielen Punkten durchaus Zustimmung, aber ...“

Aha, jetzt kam sein großes Aber,

„ ... aber ein schwerwiegender Denkfehler ist Ihnen unterlaufen. Sie bauen auf einer Image-
strategie auf, was ja korrekt und von uns vorgegeben ist. Aber Sie meinen etwas anderes damit
als wir. Sie haben unser Problem nicht verstanden. Wir haben steigenden Leerstand. Das ist
ein Drama. Das kommt einer Erosion gleich. In dieser Situation gilt für meine Kollegen und
mich sine qua non: wir müssen vermieten, vermieten, vermieten. Wir brauchen eine Imagekampagne, die schlagkräftige Verkaufsimpulse setzt. Eine Imagekampagne, die unseren Leerstand wirksam reduziert. Alles andere ist in unserer Situation kontraproduktiv. Ich will ganz
offen sein: Für ein schöngeistiges Imagekonzept wie das ihre, macht mein Aufsichtsrat keine
zusätzlichen Mittel locker. Die Damen und Herren Aufsichtsräte würden mich auslachen.“

„Wir haben mit unserem Konzept immer auch an den Leerstand gedacht. Alle Maßnahmen
setzen indirekt auch Vermietungsimpulse“, versuchte meine Chefin die Situation zu entschär-
fen, aber Schulze-Höllerich war nicht zu bremsen:

„Indirekt ist indiskutabel. Das sage ich ungeschminkt. Das überzeugt uns alle nicht. Das ist
uns zu wenig. Also ich kann nicht erkennen, wie Sie mit ihren Maßnahmen Vermietungsdruck
erzeugen wollen. Oder Kollege Luther, ist Ihnen das klar?“

„Äh nein – zumindest nicht in ausreichendem Maße.“

„Sie haben die Agentur doch gründlich mit unserem Leerstandsproblem vertraut gemacht,
lieber Luther.“

„Doch, doch, Herr Schulze-Höllerich, ich habe den Agenturen die Position des Hauses ausführlich dargestellt."

Die Chefin rollte mit den Augen. Ich war wie paralysiert und hatte den ganzen Leerstandsjob schon verloren gegeben.

Doch mit einem Mal, hast du nicht gesehen, schlug Herr Schulze-Höllerich einen überraschenden Haken:

„Genug der Kritik. Ich will Ihre Leistung ja keinesfalls im Ganzen verdammen. Im Gegenteil. Sie haben gründlich gearbeitet. Die Idee mit dem Fenster ist zweifelsohne erfrischend. Und auch sonst stecken viele interessante Ansätze in ihren Ausführungen. Ich denke, da sind wir doch alle einer Meinung, liebe Kollegen?"

Die Runde nickte.

„Also, lassen Sie mich mal ganz jovial sagen: mischen Sie eine herzhafte Prise Vermietungsimpulse unter ihre Maßnahmen und dann ist das ganz nach unserem Geschmack. Im Ernst, sie sollten ihren Kampagnenvorschlag noch einmal daraufhin überarbeiten und mir das Ergebnis dann spätestens am Montag schriftlich an die Hand geben. Am Dienstag ist Aufsichtsrat und da will ich mir unbedingt grünes Licht für den Kampagnenetat holen. Sonst müsste ich bis Mai warten und würde wertvolle Zeit verlieren."

Schulze-Höllerich hielt einen Moment inne, schaut erst mich und dann meine Chefin an, um dann zum Schluss zu kommen:

„Ich mute Ihnen damit Wochenendarbeit zu. Aber wie ich gehört habe, ist das ja in Ihrer Branche durchaus nichts Ungewöhnliches."

Meine Chefin und ich nickten in einer Art konditioniertem Reflex. Was wäre uns auch anderes übriggeblieben. Wir wollten im Rennen bleiben, mehr noch: wir wollten dieses Rennen für uns entscheiden.

„Klaus, ich bitte dich inständig, blase dein Urlaubswochenende ab. Du kannst jetzt unmöglich an die Ostsee fahren. Ich ruf auch deine Frau an, wenn du willst?"

Meiner Chefin war das Ernst und sie bot all ihre Überredungskünste auf:

„Ich sag dir, wir sind ganz dicht dran. Der Schulze-Höllerich will mit uns. Der hätte sonst nicht so reagiert, der hätte uns auch kalt abfertigen können. Fahr die Woche drauf mit den Kindern. Fahr von mir aus ´ne ganze Woche, aber bleib jetzt bloß am Ball."

Und was soll ich sagen, ich ließ mich breitschlagen. Aber die Lockrufe meiner Chefin waren nur die eine Seite der Medaille. Wenig später lernte ich die Kehrseite kennen. Meine Frau war außer sich:

„Sag mal, dass ist ja wohl der Abschuss. Du hast uns das Wochenende hoch und heilig versprochen. Die Kinder freuen sich wie die Schneekönige ... und du?"

„Ich dachte ..."

„Komm mir jetzt bloß nicht mit dem Argument, dass du dein Team nicht in Stich lassen kannst. Das kenn´ ich inzwischen schon. Das habe ich tausendmal gehört."

„Ohne mich kriegen die das nie in Griff."

„Klaus – so langsam reicht mir das. Es steht mir bis hier oben. Du musst dich langsam entscheiden. Zwischen deiner Familie in der Agentur oder unserer Familie hier zu Hause. Welche ist dir wichtiger?"

7. Akt: Das Finish

„Wir haben es! Wir haben es tatsächlich geschafft! Dieser Schulze-Höllerich hat gerade angerufen – höchstpersönlich – um mir mitzuteilen, dass der Etat uns gehört."

Die Chefin war glücklich, überglücklich. Sie schickte sofort Nadine los, um Champagner für alle zu kaufen. Für den Rest des Tages wurde die Arbeit eingestellt und gefeiert. Die ganze Agentur stand Kopf und sogar die sonst so korrekte Buchhaltung ließ sich anstecken

„Der Schulze-Höllerich meinte, wir seien die Besseren, konzeptionell durchdachter und kreativ packender," fast wäre mir die Chefin um den Hals gefallen, aber im nächsten Moment besann sie sich wieder: „Nur über das Finanzielle, da will er mit mir noch verhandeln. Das wird kein Flirt unter Freunden. Wenn ich nicht das Sicherheitspolster hätte einkalkulieren lassen, dann ständen wir jetzt mit dem Rücken zur Wand. Ich darf gar nicht dran denken."

Am Wochenende zuvor hatte unser Team in der Agentur noch kräftig an der Kampagne gedreht. Das gesamte Konzept wurde stärker auf Vermietung und Vertrieb getrimmt. In das Wohnforum 2000 bauten wir einen großen „Vermietungsmarkt" mit interessanten Wohnungsangeboten ein. Bei der ebenfalls zum Kampagnenstart geplanten Vierteltour stand nun auch die Besichtigung von freien Wohnungen auf dem Programm. Das Wohnmagazin bestand in der neuen Version zur Hälfte aus Vermietungsangeboten. Und auf allen Plakaten und Anzeigen prangte jetzt groß und knallrot die Nummer des Vermietungstelefons. Torpedo hatte sich zwar verzweifelt gegen diese offensichtliche Verschandelung seiner Motive gewehrt. Aber ich wich kein Jota zurück.

Mir war klar, dass wir mit diesen massiven Vermietungsimpulsen eine ziemliche Resonanzwelle auslösen würden. Aber in welcher Stärke und mit welchen Folgen? Es blieb einfach zu wenig Zeit, um noch einmal den Kampagnenmechanismus kritisch auf den Prüfstand zu stellen. Der Termin saß uns wie ein Fallbeil im Nacken. Im letzten Moment hatte ich noch eine Eingebung und fügte ins Konzept ein, dass unser Vermietungstelefon nicht in Eigenregie, sondern über ein Callcenter laufen solle.

Mit der neuen Konzeptversion jedenfalls schienen Vorstand und Aufsichtsrat der Wohnbau Nord voll zufrieden. Sie gaben uns grünes Licht und übernahmen unser Maßnahmensystem fast unverändert. Nur Hansi aus der Presseabteilung musste eine Enttäuschung einstecken. Herr Luther klammerte große Teile der Pressearbeit für die Agentur aus:

„Die klassische Pressearbeit ziehe ich mit meinen Leuten selbst durch, dazu brauche ich keine Agentur", erklärte er. „Und was heißt schon offensive Pressearbeit? Was denken Sie, was ich hier seit Jahren mache?"

Uns kam es so vor, als ob er unsere Vorschläge nicht als Chance, sondern als Anschlag auf seine Stellung betrachtete und deshalb mauerte. Schade eigentlich.

In den darauffolgenden Wochen liefen die Kampagnenvorbereitungen in der Agentur auf Hochtouren. Ich bekam davon allerdings nur wenig mit. Denn zuerst fuhr ich eine Woche mit meiner Familie an die Ostsee und dann stürzte ich mich sofort in das nächste Konzept.
Ungefähr fünf Konzepte später – es war inzwischen Anfang April – startete die Image- und Vermietungskampagne der Wohnbau Nord. Zum Wohnforum 2000 mit angekoppeltem Vermietungsmarkt kamen rund 2.300 Interessenten. Der Bus für unsere Vierteltour war voll besetzt. Eine ganze Reihe von Journalisten fuhren mit und sogar der zweite Bürgermeister kam an Bord. Er erzählte den Journalisten, er habe in seiner Jugend selbst 4 Jahre im Viertel gewohnt. Die Presseresonanz war entsprechend positiv und Herr Luther schien rundum zufrieden.
Alle Erwartungen übertraf das Vermietungstelefon. Die kräftige Resonanz auf Anzeigen und Plakate überraschte sogar das Callcenter. Es meldeten sich fast 1.600 Mietinteressenten in den ersten 10 Tagen. Bei allen Beteiligten herrschte eitel Sonnenschein. Ein voller Erfolg, hieß es allgemein.

Epilog: Die Erfolgskontrolle

Eins habe ich gelernt: Verlass dich nie auf die offiziellen Erfolgsmeldungen des Kunden oder der Agentur. Die sehen das Ganze mehr aus der unternehmenspolitischen Sicht – und mit der Politik ist das so eine Sache.
Ich habe daher meine eigene kleine Evaluierungsmethode entwickelt, die ich wenn möglich einsetze. So auch beim Leerstandsjob. In der zweiten Kampagnenwoche griff ich zum Telefon und wählte die Nummer des Vermietungstelefons:
"Hallo, ich interessiere mich für eine Wohnung. Es sollte eine kleine Wohnung sein, 60 Quadratmeter oder so. Ich lebe nämlich allein. Und Parterre oder dunkel darf die Wohnung auf keinen Fall sein."
„Ja, da haben wir ganz sicher was für Sie", erklärte mir die Stimme am anderen Ende.
„Könnten Sie mir ein Exposé zuschicken?"
„Exposé? – so etwas gibt es nicht bei uns, hat es noch nie gegeben. Da müssen Sie schon in unserem Vermietungsbüro vorbeikommen", meinte die Stimme und tat sehr bestimmt.
Drei Tage später hatte ich in der Gegend einen anderen Kundentermin und machte einen Abstecher zum Vermietungsbüro der Wohnbau Nord – natürlich inkognito.
Auf dem Flur vor dem Büro standen schon etwa 30 Mietinteressenten und warteten. Die Luft war stickig, der Flur dunkel und die Tür zum Vermietungsbüro fest geschlossen. Die wenigen Sitzplätze waren vergeben. Ich lehnte mit dem Rücken an der Wand, starrte Löcher in die Luft und wartete und wartete und wartete. Eine halbe Ewigkeit später öffnete sich endlich die Tür für mich.

Laut Namensschild an der Brust hieß meine Gegenüber Dorothee Schenkel und war Vermietungsberaterin. Frau Schenkel machte einen überaus gestressten und genervten Eindruck.

„Viel zu tun?", wagte ich zu fragen.

„Das können Sie laut sagen. Wir hätten nie und nimmer gedacht, dass so viele Leute aufgrund dieser Plakate und Anzeigen anrufen. Keiner von uns hat mit einem solchen Ansturm gerechnet und jetzt können wir das hier in der Vermietung alles ausbaden."

Ich erläuterte Frau Schenkel mein Anliegen, beschrieb die kleine Wohnung, die nicht Parterre und nicht dunkel sein dürfe. Nach kurzer Zeit fand sie ein passendes Angebot. Zwei Zimmer, Küche, Bad, Veranda, ca. 62 Quadratmeter-Wohnung im 7. Stock. Ich wollte die arme Frau nicht weiter plagen und signalisierte sofort Interesse:

„Die würde ich mir gern anschauen!"

„Einen Besichtigungstermin meinen Sie?" Frau Schenkel schaute mich an, als hätte ich in ein Fettnäpfchen getreten. Aber ich ließ mich nicht beirren:

„Na ja, besichtigen würde ich die Wohnung schon gerne."

„Selbstverständlich. Wir können sofort einen Besichtigungstermin ausmachen – aber Sie müssen wissen, der nächste freie Termin unseres verantwortlichen Mitarbeiters ... der wäre ... lassen Sie mich nachschauen ... der wäre in etwa 7 Wochen."

Buchliste

Liebe Leser!

Die nachfolgende Literaturliste erhebt keinen Anspruch auf Vollständigkeit. Im Gegenteil, sie ist sogar herzlich unvollständig. Es ist eine persönliche Liste der Bücher, die wir nutzen und oft sogar mögen.

Integrierte Kommunikation

- Integrierte Unternehmenskommunikation, Theoretische und empirische Bestandsaufnahme und eine Analyse amerikanischer Großunternehmen – von Karin Kirchner, Wiesbaden 2001: Westdeutscher Verlag
- Kommunikationspolitik – von Manfred Bruhn, München 1997: Verlag Vahlen
- Integrierte Unternehmens- und Markenkommunikation – Strategische Planung und operative Umsetzung – von Manfred Bruhn, 3. Auflage 2003: Verlag Schaeffer-Poeschel
- Kommunikationsmanagement – von Werner Pepels , Stuttgart 2001: Verlag Schäfer Poeschl

Marketinggrundlagen

- Marketing-Management. Analyse, Planung und Verwirklichung – von Philip Kotler, Friedhelm Bliemel, Stuttgart 2001: Verlag Schäfer-Poeschel
- Marketing-Konzeption – von Jochen Becker, München 2001: Verlag Vahlen
- Marketing – von Heribert Meffert, Wiesbaden 2000: Gabler Verlag
- Marketing – von Hans Christian Weis Kiehl, Ludwigshafen 13. Auflage 2004

Public Relations

- Wie Profis PR-Konzeptionen entwickeln. Das Buch zur Konzeptionstechnik. - von Klaus Dörrbecker, Renée Fissenewert-Goßmann, Frankfurt a.M. 1996: F.A.Z.-Institut
- Konzeptionspraxis – von Stefanie Schmidt, Renée Fissenewert, Frankfurt a. M 2002: FAZ-Institut
- Konzepte entwickeln – von Jürg W. Leipziger, Frankfurt a. M. 2003: FAZ-Institut
- Neue Kommunikationskonzepte für die Praxis – von Nicole Zeiter, Frauenfeld 2002: Huber Verlag
- Public Relations – von Dieter Herbst, Berlin 2003 (Taschenbuch): Cornelsen Verlag
- Ausgezeichnete PR – Von Profis lernen: Fallbeispiele exzellenter Kommunikation – herausgegeben von Manfred Piwinger, Monika Prött, Frankfurt a.M. 2002: FAZ-Institut

- Unternehmensführung und Öffentlichkeitsarbeit. Grundlegung einer Theorie der Unternehmenskommunikation und Public Relations – von Ansgar Zerfaß, Opladen 2005: Westdeutscher Verlag
- Die Praxis der Investor Relations. Effiziente Kommunikation zwischen Unternehmen und Kapitalmarkt – herausgegeben von Kirchhoff und Piwinger, Neuwied/Kriftel 2001: Luchterhand Verlag
- Power Lobbying: Das Handbuch der Public Affairs – von Peter Köppl, 2003: Linde Verlag

Werbung
- Werbekonzeption und Briefing. Ein praktischer Leitfaden – von Ralph Hartleben, Berlin 2001: Publicis MCD Verlag
- Momentum – Die Kraft, die Werbung heute braucht – von Holger Jung, Jean-Remy von Matt, Berlin 2002: Lardon-Verlag
- Rasierte Stachelbeeren – So werden Sie Nr. 1 im Kopf Ihrer Zielgruppe – von Sawschtenko und Herden, o.O. 2000: Gabal

Verkaufsförderung
- Verkaufsförderung. Konzepte und Instrumente im Marketing-Mix von Wolfgang Fuchs, Fritz Unger, Wiesbaden o.J.: Gabler Verlag
- Verkaufsförderung. Erfolgreiche Sales Promotion – von Dieter Pflaum et al., München o.J.: Verlag MI
- Verkaufsförderung – von Karin Gedenk, München 2002: Verlag Vahlen

Direktmarketing
- Professionelles Direktmarketing – von Uwe Neumann, Thomas Nagel, München o.J.: DTV-Beck
- Direktmarketing, so geht's. Preiswerte Beispiele für den Sofortstart von Christina Ewald, München o.J.: Verlag WRS
- Praxishandbuch Direktmarketing. Instrumente, Ausführung und neue Konzepte – von Horst Löffler, Andreas Scherfke, Berlin o.J.: Cornelsen Verlag
- Dialogmethode. Das Verkaufsgespräch per Brief und Antwortkarte – von Siegfried Vögele, München o.J.: Verlag MI
- Neunundneunzig (99) Erfolgsregeln für Direktmarketing. Der Praxis-Ratgeber für alle Branchen – von Siegfried Vögele München o.J.: Verlag MI
- Permission Marketing. Kunden wollen wählen können – von Seth Godin, München 2001: FinanzBuch Verlag
- Professionelles Direkt- und Dialogmarketing per E-Mail – von Martin Aschoff, München 2002: Hanser Verlag

294

Customer Relationship Management

- Customer Relationship Management. Das neue Konzept zur Revolutionierung der Kundenbeziehungen – von Reinhold Rapp, Frankfurt a. M. o.J.: Campus
- Das e-CRM-Praxisbuch – von Alfredo Zingale und Mathias Arndt, o.O. 2002: Wiley/VCH

Event-Marketing

- Event-Marketing. Grundlagen, Rahmenbedingungen, Konzepte, Zielgruppe Zukunft – von Wolfgang Müller, Norderstedt o.J.: BoD
- Event-Marketing. Grundlagen und Erfolgsbeispiele – von Oliver Nickel, München 1998: Verlag Vahlen
- Event-Marketing. Die Marke als Inszenierung – von Peter Bremshey, Ralf Domning, München 2001: Gabler Verlag
- Eventmanagement. Veranstaltungen professionell zum Erfolg führen – von Ulrich Holzbaur u.a., Berlin/Heidelberg: Springer-Verlag
- Event-Marketing. Neue Wege der Kommunikation. Konzeption, Inszenierung, Controlling – von Anne-Katrin Sträßer, Norderstedt 2001: BoD

Online-Kommunikation

- Internet PR – von Dieter Herbst, Berlin 2001: Cornelsen Verlag
- E-Branding – starke Marken im Netz – von Dieter Herbst, Berlin 2002: Cornelsen Verlag
- Professionelle Online-PR – von Nicola Sauvant, Frankfurt a.M. 2002: Campus Verlag

Sponsoring

- Sponsoring. Der Leitfaden für die Praxis – von Dubach und Frey, Bern, Stuttgart Wien 2002: Haupt-Verlag
- Sponsoring. Systematische Planung und integrativer Einsatz.
  von Manfred Bruhn , München 1998: Gabler Verlag

Interne Kommunikation

- Erfolg durch interne Kommunikation. Mitarbeiter besser informieren, motivieren, aktivieren – von Franz Klöfer, Ulrich Nies, Neuwied/Kriftel 2001: Luchterhand
- Das Intranet – Ein Medium der Mitarbeiterkommunikation – von Claus Hoffmann, Konstanz 2001: UVK Medien

Product Placement und Merchandising

- Product Placement im Spielfilm – von Reinhard D. Schultze, München 2001: C.H. Beck
- Merchandising und Licensing Grundlagen, Beispiele, Management – von Karin Böll, München 1999: Verlag Vahlen

Linkliste

Liebe Surfer!

Es ist schon beeindruckend, was das Internet an Informationsvielfalt zu bieten hat Es ist oft mühselig, die Spreu vom Weizen zu trennen. Das Netz ist offen für jeden Unsinn. Die Qualität vieler Fakten und Aussagen erscheint zweifelhaft

Wir haben interessante Websites zu fast allen Bereichen der Kommunikation zusammengestellt. Das sind Sites, die wir selbst ab und zu nutzen, die weiterhelfen und die wir weiterempfehlen können. Kurz vor Redaktionsschluss wurden alle Links noch einmal überprüft. Da das Internet aber extrem schnelllebig ist, bitte nicht böse sein, wenn der ein oder andere Link nicht mehr funktioniert.

Marketing

- www.marketing-webguide.de – Link-Portal zu allen Websites, die für Marketing und Kommunikation wichtig sind.
- www.absatzwirtschaft.de – Gepflegte Site mit vielen aktuellen Infos und Hintergrundwissen.
- www.guerilla-marketing-portal.de – Für alle, die im Marketing gern Außergewöhnliches und Überraschendes tun, gibt es auf dieser Site viele nützliche Tipps und Fallbeispiele

PR

- www.newsaktuell.de – Umfangreicher Informationsdienst für Journalisten und PR-Fachleute.
- www.pr-guide.de – Gut gepflegte Informationen rund um die Public Relations mit PR-Literatur-Datenbank.
- www.pressrelations.de – Viel Service für Journalisten und PR-Leute, unter anderem Abfrage einer Datenbank mit Unternehmens-Pressemitteilungen.
- www.mediabiz.de – Umfassende Infos und viele Datenbanken rund um die Entertainment- und Media-Branche.
- www.neues-prportal.de – Themen, Trends und Neuigkeiten aus der PR-Branche, immer auf dem neuesten Stand.

Recherche

- www.tdwi.de – Die Typologie der Wünsche ist eine Online-Datenbank des Burda-Verlages, mit deren Hilfe man viele Informationen über unterschiedlichste Zielgruppen sammeln kann.
- www.medialine.de – Leser-, Markt- und Medienstudien des Focus zu einer Vielzahl von Themen.
- www.xipolis.net – Der große Brockhaus, der komplette Duden und vieles mehr. Das Meiste davon ist kostenpflichtig.
- www.co.guj.de – Eine Reihe von Markt- und Zielgruppen-Datenbanken. Viele können online abgefragt werden.
- www.mediapilot.de – Marktanalysen, Leserstudien und Konkurrenzuntersuchungen des Axel Springer-Verlages
- www.recherchetipps.de – Ein gute Startrampe für den Einstieg in die Internet-Recherche.
- www.infobote.de – Die zweite Startrampe für die Recherche, viele Online-Datenbanken und Suchmaschinen.
- www.genios.de – Die professionelle Datenbank bietet Recherchen in Tageszeitungen, Fachzeitschriften und vieles mehr. Die Recherche kostet Geld.
- www.gbi.de – Ebenfalls eine professionelle Datenbank mit einer Vielzahl von qualifizierten Recherchemöglichkeiten. Kostenpflichtig.

Werbung

- www.wuv.de – Website der Fachzeitschrift Werben und Verkaufen mit einem Verzeichnis aller aktuellen Marktforschungsstudien.
- www.kress.de – Fakten, Infos und Gerüchte rund um die Werbe- und Medienbranche mit Personendatenbank
- www.slogans.de – Die Datenbank mit über 16.000 Slogans. Die Nutzung ist kostenfrei.

Verkaufsförderung

- www.salesprofi.de – News, Infos, Service rund um das Thema Vertrieb und Verkauf.

Direktmarketing

- www.direktportal.de – Das deutschsprachige Forum der Direktmarketingbranche.
- www.onetoone.de – Website der Zeitschrift „One to One" mit reichhaltigen Infos zum Thema One to One-Marketing.

Event

- www.guxme.de – Das große Eventportal rund um Event-Marketing und Eventtechnik.
- www.eventmanager.de – Aspekte, Adressen und anderes rund um die Eventkommunikation.

Online-Kommunikation

- www.multimedia.de – Alles Wissenswerte zur Internet-Kommunikation und anderen neuen Medien.
- www.e-commerce-magazin.de – Ein Internetmagazin, das umfangreiches Wissen zum aktuellen Stand des E-Commerce vermittelt.

Sponsoring

- www.esb-online.com – Marktplatz für Marketingkooperationen im Bereich Sponsoring und Events.

Präsentation

- www.presentersuniversity.com – Englischsprachige Site mit viel Wissen und nützlichen Tipps zur Präsentation als „Stunde der Wahrheit"

Klaus Schmidbauer
Vorsprung mit Konzept
Erfolgreiche Konzepte für die Unternehmens- und Marketingkommunikation entwickeln

Mit Konzept kommunizieren, ist einfacher als Sie denken. Dieses Buch zeigt, wie Sie selbst unter Zeitdruck und mit begrenzten Ressourcen Konzepte entwickeln, die funktionieren und Ihre Unternehmens- und Marketingkommunikation nach vorne bringen.

„Vorsprung mit Konzept" leitet Sie Schritt für Schritt und mit vielen Praxisbeispielen durch den gesamten Prozess der Konzeptionsentwicklung:

1. Die Grundregeln der Kommunikation und Konzeption beachten
2. Mit Briefing, Recherche und Analyse ein Lagebild erstellen
3. Die maßgeblichen Koordinaten der Strategie bestimmen
4. Adäquate kreative Ideen finden und integrieren
5. Auf Basis der Strategie geeignete Mittel und Maßnahmen planen
6. Die Realisierung des Konzepts begleiten

Das Buch ist zu 100% für die Praxis geschrieben. Es wendet sich an alle, die im großen Feld der Unternehmens- und Marketingkommunikation aktiv sind. Aufgrund der anschaulich erklärenden Darstellung finden auch Anfänger und Studenten sofort den Einstieg.

ISBN 978-3-933689-08-5 / 24,80€
im Buchhandel und bei www.talpa.de

Ulrike Führmann
Klaus Schmidbauer
Wie kommt System in die interne Kommunikation?
Ein Wegweiser für die Praxis

In deutschen Unternehmen hat in letzter Zeit ein Wertewandel eingesetzt. Gewinnmaximierung und Effizienzsteigerung verlieren an Dominanz. Die Unternehmen setzen wieder mehr auf klassische Werte wie Zuverlässigkeit, Integrität und Fairness. Im Zuge dieser Entwicklung gewinnt auch die interne Kommunikation an Bedeutung, denn eine entsprechende „Wertschöpfung" braucht den stabilen Rückhalt der Mitarbeiter. Das Praxisbuch „Wie kommt System in die interne Kommunikation" zeigt einfache Wege zur systematischen Kommunikation und erklärt in sicheren Schritten den gesamten Konzeptionsweg von der einleitenden Statusanalyse über die anschließende Entwicklung der strategischen Koordinaten bis hin zur praktischen Umsetzung.

Es entsteht eine praxisnahe Gebrauchsanweisung für konzeptionelles Arbeiten in der internen Kommunikation. Die Anweisungen sind für die Praxis geschrieben. Sie sind anschaulich erklärt und einfach zu verstehen. Viele Schaubilder, Checklisten und ausführliche Praxisbeispiele unterstützen das Verständnis. „Wie kommt System in die interne Kommunikation" wendet sich an alle, die in der internen Kommunikation planen und arbeiten, mitreden und entscheiden. Der konzeptionelle Weg ist bewusst so gebaut, dass er auch für Einzelkämpfer mit kleinem Budget und wenig Unterstützung erfolgreich umzusetzen ist.

2. aktualisierte und überarbeitete Auflage
ISBN 978-3-933689-06-1 / 29,80€
im Buchhandel und bei www.talpa.de

Ihre Notizen